高职高专测绘类新型立体化规划教材
全国测绘地理信息类职业教育规划教材

控制测量

（第2版）

主　编　褚　喆

控制测量课程简介

黄河水利出版社
·郑　州·

内容提要

本书是测绘地理信息类专业核心课程立体化系列教材,以传统纸质教材为承载,充分利用移动互联网及二维码识别技术,使用者可通过手机、PAD 等移动终端,对教材上的二维码进行扫描识别。每个二维码分别对应有相关知识点的学习内容,该内容以多媒体形式立体呈现,主要包括教学视频、生产案例视频、实训视频、二维动画、三维动画、图片、PPT 课件、试卷等立体资源。

本教材以工作过程系统化为指导,在教材建设上以构建结构体系为依托,结合专业特点,在强调理论知识的同时,注重学生动手能力的培养,坚持从实际工作中来到课堂中去,从实践中来到理论中去,设计适合多元化教学的新型教学方案。

本教材的编写以实用性、可操作性为主导,结合工程实际,可满足中等职业学校和工程领域的一线工程测量人员学习和参考。

图书在版编目(CIP)数据

控制测量/褚喆主编. —2 版. —郑州:黄河水利出版社,2022. 7

高职高专测绘类新型立体化规划教材 全国测绘地理信息类职业教育规划教材

ISBN 978-7-5509-3166-4

Ⅰ. ①控… Ⅱ. ①褚… Ⅲ. ①控制测量-高等职业教育-教材 Ⅳ. ①P221

中国版本图书馆 CIP 数据核字(2021)第 244341 号

策划编辑:陶金志　　电话:0371-66025273　　E-mail:838739632@ qq. com

出 版 社:黄河水利出版社　　网址:www. yrcp. com

地址:河南省郑州市顺河路黄委会综合楼 14 层　　邮政编码:450003

发行单位:黄河水利出版社

发行部电话:0371-66026940、66020550、66028024、66022620(传真)

E-mail:hhslcbs@ 126. com

承印单位:河南承创印务有限公司

开本:787 mm×1 092 mm　1/16

印张:19. 25

字数:470 千字

版次:2022 年 7 月第 1 版　　印次:2022 年 7 月第 1 次印刷

定价:54. 00 元

前 言

本书从现代测绘应用中遇到的实际问题出发,采用“项目引导、任务驱动”的项目化教学编写方式,体现“基于工作过程”“教、学、做”一体化的教学理念和实践特点。本书围绕工程控制测量,划分为四部分。除总论外,其余三部分均以“项目—任务”两级形式编排,每个项目按照工作节点划分为多个任务予以实施。全书根据各个项目的特点总共设计了 13 个任务,每个任务按照任务描述、任务分析、任务流程、知识点、任务实训、习题思考进行编排与组织。内容主要包括:总论、三维导线测量、工程坐标系的建立与坐标转换、精密水准测量。每个项目设置项目导航和学习目标,每个任务设置案例,并按照“提出问题”→“分析问题”→“解决问题”→“动手练习”的步骤展开,使读者能够通过工程案例完成相关知识的学习和技能的训练。

本书是高职高专测绘类新型立体化规划系列教材,全国测绘地理信息类职业教育规划系列教材,以传统纸质教材为承载,充分利用移动互联网及二维码识别技术,使用者可通过手机、PAD 等移动终端,对教材上的二维码进行扫描识别。每个二维码分别对应有相关知识点的学习内容,该内容以多媒体形式立体呈现,主要包括教学视频、生产案例视频、实训视频、二维动画、三维动画、图片、PPT 课件、试卷等立体资源。全书共录制微课 38 个,二三维动画 12 个,虚拟仿真视频 8 个,生产案例 7 个,思政小课堂 4 个。

本书由河南测绘职业学院教务处组织编审,河南省测绘工程院、广州南方测绘科技有限公司、河南省地球物理信息研究院、上海地质调查研究院参与编写,审稿。褚喆任主编,许永朋、杨磊、赵亚蓓、孙树芳、朱小韦、吕宝奇(河南省测绘工程院)任副主编,马苗苗、侯威震、陈春辉(河南省地球物理信息研究院)、熊福文(上海地质调查研究院)、王瑞芳、毛川、张向伟、刘永义、马世龙、荆地参编,褚喆负责全书统稿。本书得到周荣副教授、张予东副教授等多位专家教授的大力指导,并得到了河南测绘职业学院教务处、测绘工程系、国土信息与管理系、空间信息工程系和遥感工程系的大力支持和帮助,得到了广州南方测绘科技股份有限公司虚拟仿真软件以及南方测绘郑州分公司的技术支持,在此,对给予指导的专家表示感谢!对黄河水利出版社为本教材顺利出版给予的大力支持表示感谢。本书在编写的过程中参考了兄弟院校及有关测绘单位的教材和资料,也得到了孙仿飞、益鹏举等同志的帮助与支持,在此一并表示感谢。

由于编者水平有限,书中难免有缺点、错误、疏漏之处,诚请读者批评指正。

编 者

2022 年 4 月

目 录

总 论

知识目标

1. 了解控制测量学的定义、任务和作用。
2. 了解控制测量的布设原则。
3. 掌握平面控制网的布网方法和高程控制网的布网方法。
4. 了解控制测量技术设计,掌握控制测量技术总结。
5. 了解外业测量工作和内业计算的基准。
6. 了解水准面、大地水准面、大地体等概念。
7. 了解国际上的一些坐标系统的定义和建立。
8. 了解关于椭球的一些知识。
9. 掌握我国常用的几套坐标系统概念、参考框架。
10. 掌握目前常用的几套高程系统:正高、正常高、大地高的定义。
11. 掌握这几种高程系统之间的关系。
12. 掌握目前我国所采用的高程系统和高程基准。
13. 理解控制网平差有条件平差和参数平差(间接平差)两种基本方法。
14. 了解全站仪“三轴误差”的产生原因、规律,以及消除方法,了解各种误差的检定方法。
15. 掌握测量误差的来源主要有哪些方面。
16. 了解水平角测量误差影响因素和减弱方法。
17. 了解距离测量误差的原因及减弱方法。
18. 了解水准测量过程中出现的问题及减弱误差影响的方法。
19. 了解三角高程测量过程中的误差影响因素。

能力目标

1. 能够独立设计符合任务需要的控制网。
2. 能够独立完成控制网的布设。
3. 能写出控制测量技术设计书和技术总结。
4. 能够知道为什么要进行控制测量,为什么要选择大地水准面作为外业基准面、参考椭球面作为内业基准面。
5. 能够根据所学知识判断所属的坐标系,以及各坐标系的特点。
6. 能够根据坐标系的特点判断出属于我国哪套坐标系,熟悉坐标系之间的转换。
7. 掌握几种高程系统之间的关系,能够根据其中一个高程系统求出另一个高程系统。
8. 知道我国的水准原点在哪里,具体的高程值是多少。
9. 掌握清华山维的 Nasew 和南方的 PA2005 软件的操作方法。

10. 知道控制测量误差的来源都有哪些,能够对测量成果的正确性进行分析,找出出现误差的原因。

11. 能够掌握正确的水准观测方法,减弱观测过程中误差的影响。

素质目标

1. 培养学生学习控制测量的兴趣,增进学生和老师之间的交流。
2. 培养学生吃苦耐劳的测绘精神和创新精神。
3. 培养学生严谨、求实、勇于创新的科学精神。

项目重点

1. 控制测量任务、建网原则。
2. 控制测量的布网方法。
3. 如何进行控制测量技术设计、控制测量技术总结。
4. 清华山维的Nasew和南方的PA2005软件的操作方法,利用演示软件的使用方法。
5. 野外工作和内业计算的基准。
6. 天文地理坐标系、大地坐标系、空间直角坐标系的定义和建立。
7. 我国常用的几套坐标系统:1954北京坐标系,1980西安坐标系,2000国家大地坐标系(CGCS2000)。
8. 正高、正常高、大地高的定义。
9. 我国的高程基准和水准原点。
10. 水平角观测过程中影响角度观测的因素和减弱措施。
11. 水准观测过程中注意事项以及减弱观测误差影响的措施。
12. 减弱三角高程测量观测误差的措施。

项目难点

1. 平面控制测量和高程控制测量的布网方法。
2. 结合实际工程案例编写控制测量技术设计、控制测量技术总结。
3. 椭球的一些知识。
4. 大地坐标系、天文坐标系、空间坐标系的特点。
5. 正高、正常高、大地高之间的关系和区别。
6. 控制网平差原理,结合平差实例。
7. 水平角观测过程中影响角度观测的因素和减弱措施。
8. 水准观测过程中减弱观测误差影响的措施。
9. 减弱三角高程测量观测误差的措施。

总论说明

控制测量技术是一门以精确测定和描绘地面控制点空间位置及其变化的测量技术,其主要内容为在一定区域范围内通过建立工程控制网而获取控制点三维坐标的理论和方法。它是保证工程建设任务顺利实施的重要保障,也是保证工程质量的基本技术手段,在工程建设测量中占有非常重要的地位。

控制测量的服务对象主要是各种工程建设、城镇建设和土地规划与管理等工作。控制测量技术是测绘工作者必须要掌握的一门实用技术,是工程测量专业必修的主干课程,该课程对于工程测量专业人才培养目标的实现具有至关重要的作用。

本课程主要介绍了控制测量的技术设计、选点、埋石、组网、外业观测、检核、概算、平差、技术总结等控制测量的全过程。通过这门课程的学习，学生可以掌握建立控制网的理论和方法，具备进行控制测量工作的基本职业技能。

为了科学地将理论教学和实践教学统一起来，便于学习者的理解与使用，本书采用了项目引导、任务驱动的编排形式，把理论与实践完美地结合在一起。首先通过总论，让使用者对本门课程在总体上有所把控，通过总论可以让学习者初步掌握控制测量的基本理论和基本概念，为后续项目任务的实施打下坚实的知识基础。

总论内容

总论部分是本课程基本知识体系的精华缩编，没有琐碎的叙述与铺垫，言简意赅。通过总论可使读者快速地认知和掌握控制测量的基本知识。总论部分是后续项目实施、任务执行的基本知识保障，其主要包含以下几个方面的内容：

(1)控制测量的概念与分类；

(2)控制测量的任务；

(3)控制测量的建网原则；

(4)控制测量的建网方法；

(5)控制测量的技术设计；

(6)控制测量的技术总结；

(7)控制测量基准；

(8)控制测量概算；

(9)控制测量平差；

(10)控制测量误差。

一、控制测量的概念与分类

(一)控制测量的概念

在一定区域内，按测量任务所要求的精度，测定一系列控制点的平面位置和高程，建立起测量控制网，作为各种测量的基础，这种测量工作称为控制测量。

控制测量的概念和分类

控制测量具有控制全局、限制测量误差累积的作用，是各项测量工作的依据。对于地形测图，等级控制是扩展图根控制的基础，以保证所测地形图能互相拼接成为一个整体。对于工程测量，常需布设专用控制网，作为施工放样和变形观测的依据。

(二)控制测量的分类

控制测量按工作内容分为平面控制测量和高程控制测量。平面控制网与高程控制网一般分别单独布设，也可以布设成三维控制网。平面控制测量是为测定控制点的平面坐标而进行的；高程控制测量是为测定控制点高程而进行的；三维控制测量是为同时测定控制点的平面坐标和高程或空间三维坐标而进行的。

控制测量按使用用途分为大地控制测量和工程控制测量。大地控制测量是指在全国广大的区域内，按照国家统一颁布的法式、规范进行的控制测量，这样建立的控制网叫国家大地控制网。大地控制网中的点叫大地控制点。为了某项工程建设或施测局部大比例尺地形图的需要,在较小的地区范围内,在大地控制网的基础上独立建立的控制网,叫工程控制网。

二、控制测量的任务

控制测量服务于工程建设工作,与工程建设的不同阶段承担的任务有关。工程建设大体上可分为设计、施工和运营三个阶段,每个阶段都对控制测量提出不同的要求,控制测量在各阶段的基本任务分别如下所述。

控制测量的任务

(一)设计阶段建立用于测绘大比例尺地形图的测图控制网

在设计阶段,设计人员要在大比例尺地形图上进行建筑物的设计或区域规划,以求得设计所依据的各项数据。因此,控制测量的任务是布设作为图根控制依据的测图控制网,以保证地形图的精度和各幅地形图之间的准确拼接。此外,对于随着改革开放而发展起来的房地产业,这种测图控制网也是相应地籍测量的根据。

(二)施工阶段建立用于施工的施工控制网

在施工阶段,施工测量的主要任务是将图纸上设计的建筑物放样到实地上去。对于不同的工程来说,施工测量的具体任务也不同。例如,隧道施工测量的主要任务是保证对向开挖的隧道能按照规定的精度贯通,并使各建筑物按照设计的位置修建;放样过程中,仪器所安置的方向、距离都是依据控制网计算出来的。因而在施工放样之前,需建立具有必要精度的施工控制网。

(三)工程竣工后的运营阶段,建立以监测建筑物变形为目的的变形监测专用控制网

由于在工程施工阶段改变了地面的原有状态,加之建筑物本身的重量将会引起地基及其周围地层的不均匀变化。此外,建筑物本身及其基础,也会由于地基的变化而产生变形,这种变形如果超过了某一限度,就会影响建筑物的正常使用,严重的还会危及建筑物的安全。因此,在竣工后的运营阶段,需要建立变形监测控制网进行变形监测,以保障建筑物的安全运行。

三、控制测量的建网原则

工程控制网的建立,必须根据任务来源和目的,依据技术规范与标准,结合实际情况,按照控制网的布设原则进行设计与布设,其遵循的布网原则如下所述。

控制测量的建网原则

(一)分级布网、逐级控制

对于工程控制网,通常先布设精度要求最高的首级控制网,随后根据测图需要,测区面积的大小再加密若干级较低精度的控制网。用于工程建筑物放样的专用控制网,往往分二级布设:第一级做总体控制,第二级直接为建筑物放样而布设。用于变形观测或其他专门用途的控制网,通常无须分级。

(二)要有足够的精度

以工程控制网为例,一般要求最低一级控制网(四等网)的点位中误差能满足大比例尺1:500的测图要求。按图上0.1 mm的绘制精度计算,这相当于地面上的点位精度为$0.1\times 500=5$(cm)。对于国家控制网而言,尽管观测精度很高,但由于边长比工程控制网长得多,待定点与起始点相距较远,因而点位中误差远大于工程控制网。

(三)要有足够的密度

不论是工程控制网或专用控制网,都要求在测区内有足够多的控制点。如前所述,控制点的密度通常是用边长来表示的。

(四)要有统一的规格

为了使不同的工程测量部门施测的控制网能够互相利用、互相协调,也应制定统一的规范,如现行的《城市测量规范》(CJJ/T 8—2011)和《工程测量标准》(GB 50026—2020)。

四、控制测量的建网方法

控制测量是由平面控制测量和高程控制测量组成的。平面控制测量是通过建立平面控制网,以确定地面点在地球椭球面上或某一投影平面上的位置;高程控制测量是通过建立高程控制网,以确定地面点的高程。

(一)建立平面控制网的测量方法

1. 卫星定位测量法

卫星定位测量法是利用接收机同时接收空间多颗定位卫星信号来实现地面点位置的一种定位方法。鉴于卫星定位测量具有精度高、速度快、全天候、操作简便的优点,现在该项技术被广泛应用在测绘领域,并代替传统测量手段成为建立控制网的主要手段。目前,正在运行的卫星定位系统主要有美国的GPS全球定位系统和俄罗斯的GLONASS卫星导航定位系统,以及欧盟正在建立的GALILEO卫星导航定位系统和我国建立的北斗卫星导航系统。

卫星定位测量法

卫星定位的原理

2. 导线测量法

导线测量法是指在地面上按一定的要求选定一系列的点(导线点),使它们与相邻点互相通视,相邻点之间以折线的形式连接起来构成导线。若干导线纵横交错构成网状则称导线网。在至少具备一个已知点和一个起始方位角,并且观测相邻点间的边长和各个顶点的转折角后,就可以逐一推算出各个导线点的坐标。图0-1为导线测量示意图。

导线测量法

导线测量的优点是:呈单线布设,坐标传递迅速;只需前后两个相邻导线点通视,易于越过地形、地物障碍,布设灵活;各导线边均直接测定,精度均匀;导线纵向误差较小。缺点是:控制面积小,检核观测成果质量的几何条件少,横向误差较大。因此,在不易进行三角形网测量的地区和隐蔽地区,以及无法使用卫星定位测量的地方,一般用导线测量方法建立平面控制网。

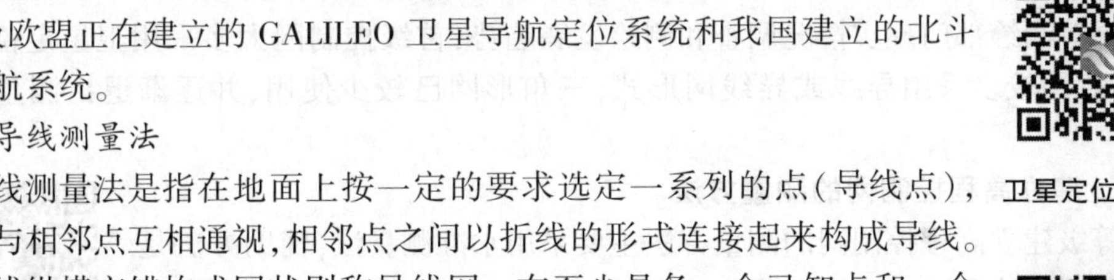

图0-1　导线测量示意图

3. 三角形网测量法

在地面上按一定的要求选定一系列的点(三角点),以三角形的形式把它们连接起来,构成地面上的三角网或锁,这样的测量控制网称为三角形网。三角形网是传统三角网、三边网、边角网的统称。三角形网测量法就是通过测定三角形网中各个三角形的顶点水平角、各边的长度,来确定控制点坐标的一种方法。图 0-2 为三角形网的示意图。

三角形网测量法

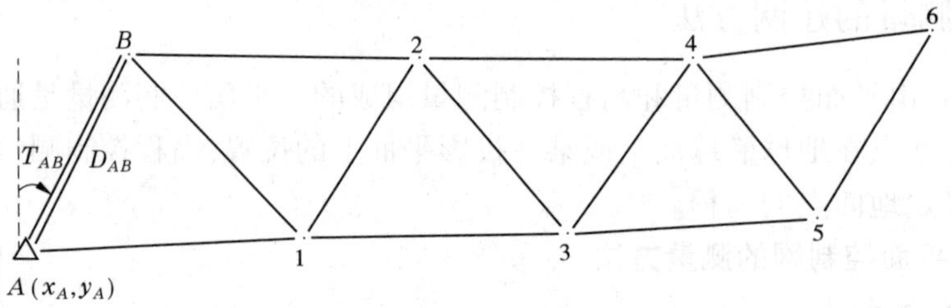

图 0-2　三角形网示意图

三角形网测量是早期主要的平面控制网建网方法,我国的传统天文大地网就是以三角形网测量为主、以导线测量为辅的方法建立的。由于三角形网需多方向通视,并常常需建立高标,且耗时、费力、成本高,并且随着电磁波测距仪和卫星测量方法的广泛使用,现在已基本不再采用三角形网测量法布设新网,代之的是卫星定位网和导线网。

根据对测绘部门现实情况调查和测绘发展趋势,首级控制网大多采用卫星定位测量控制网,加密网较多采用导线或导线网形式,三角形网已较少使用,并逐渐退出测量历史的舞台。

(二)建立高程控制网的测量方法

各等级建立高程控制网的测量方法主要采用水准测量法,辅助方法是三角高程测量法和 GPS 高程测量法。

建立高程控制网的测量方法

1. 几何水准测量

几何水准测量是建立国家高程控制网的主要方法。它的基本原理是:利用水准仪的水平视线读取竖直放置在水准仪前后两地面点上的水准标尺的分划线,求得两地面点间的高差,进而逐点推算出地面点的高程。图 0-3 为水准测量原理图。

几何水准测量的优点是精度较高,如一等水准测量的每千米偶然中误差不超出±0.45 mm,测得的高程以大地水准面(严格地说是似大地水准面)为基准面,具有物理意义,能够较好地为生产建设服务。因此,几何水准测量被广泛采用。

2. 三角高程测量

三角高程测量的基本原理是测定地面上两点间的水平距离和垂直角,计算两点间的高差,进而求得地面点的高程。三角高程测量简便灵活,受地形条件的限制较少,作业简单,布设灵活,不受地形条件的限制。其缺点是:由于受大气垂直折光的影响,垂直角观测值含有较大的误差,使得测定的高差或高程精度较低。因此,三角高程测量虽然在高程控制中得到广泛应用,但必须有足够数量的直接高程点(用几何水准测量法测定其高程的点)作为其高程起算点,用这种方法建立的高程控制网又称为三角高程网。它没有水准网的精度高,主要

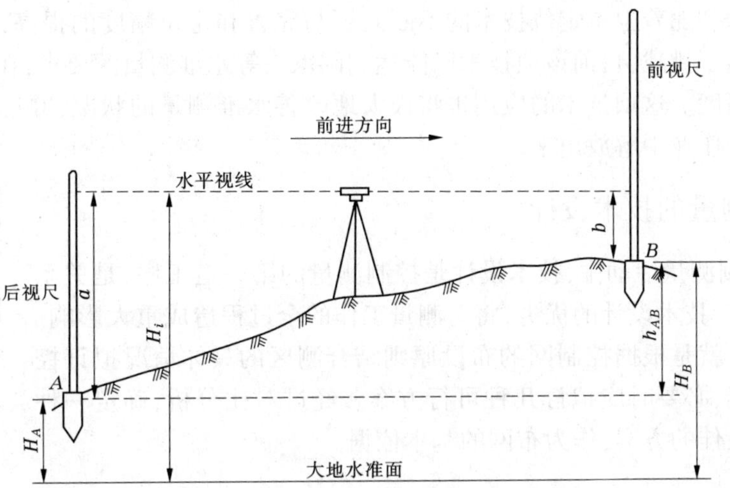

图 0-3 水准测量原理图

用于各种小比例尺测图的高程控制。图 0-4 为三角高程测量原理图。

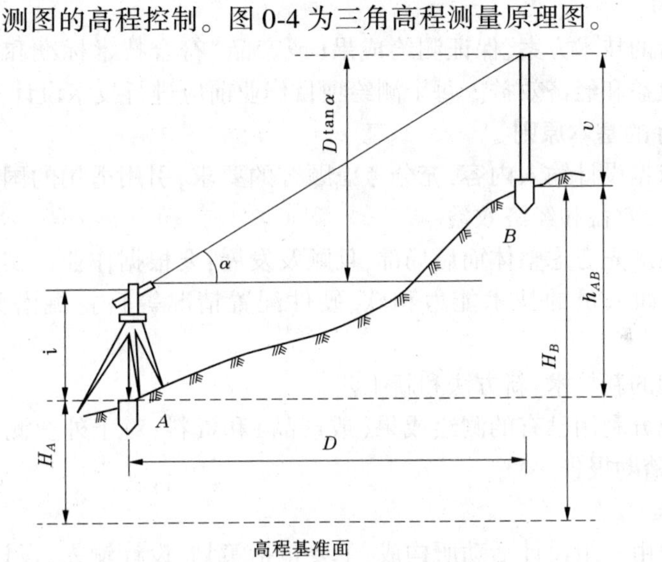

图 0-4 三角高程测量原理图

近年来,许多研究文章和实践都表明,利用电磁波测距三角高程法,在垂直角观测中再采取一定措施,并对观测成果加以折光差改正,其结果足以满足三、四等水准的精度要求。因此,在山区和丘陵地区用测距三角高程法建立高程控制网是很有发展前途的。

3. GPS 高程测量

GPS 高程测量是利用 GPS 卫星定位技术测定点位大地坐标,利用似大地水准面成果和点位坐标获得该点的高程异常,根据大地高和高程异常求解点位的正常高。或在小区域范围内,采用 GPS 高程拟合方法计算得到点位的正常高的方法。该方法精度已达到厘米级,应用越来越广。

这种方法是利用 GPS 测量技术联合(似)大地水准面模型获取(正常高)正高的一种先

进高程测量技术。随着卫星定位技术的不断发展与完善和定位精度的提高,GPS精密测高向精密水准发出了挑战,目前该项技术已能达到国家三等水准测量的要求,在大范围内可接近二等水准的精度。这项技术的应用也将极大地改善水准测量的状况,并逐渐将测量工作者从繁重的水准作业中解放出来。

五、控制测量的技术设计

控制测量技术设计书

在整个控制测量活动中,技术设计是控制测量的第一道工序,是关系全局的重要环节,技术设计的优劣,将对测量工作的全过程造成重大影响。技术设计的任务就是根据控制网的布设原则结合测区的具体情况拟订控制网的布设方案,必要时应拟订几种可行方案。经过对比分析,确定一种从整体来说为最佳的方案,作为布网的基本依据。

(一)概念

测绘技术设计就是将顾客或社会对测绘成果的要求转换为测绘成果(或产品)、测绘生产过程或测绘生产体系规定的特性或规范的一组过程。

(二)设计目的

制订切实可行的技术方案,保证测绘成果(或产品)符合技术标准和满足顾客要求,并获得最佳的社会效益和经济效益。每个测绘项目作业前应进行技术设计。

(三)技术设计的基本原则

技术设计应依据设计输入内容,充分考虑顾客的要求,引用适用的国家、行业或地方的相关标准,重视社会效益和经济效益。

技术设计方案应先考虑整体而后局部,且顾及发展;要根据作业区实际情况,考虑作业单位的资源条件(如人员的技术能力和软、硬件配置情况等),挖掘潜力,选择最适用的方案。

积极采用适用的新技术、新方法和新工艺。

认真分析和充分利用已有的测绘成果(或产品)和资料;对于外业测量,必要时应进行实地勘察,并编写踏勘报告。

(四)设计过程

设计过程通常由一组设计活动所构成,主要包括策划、设计输入、设计输出、设计评审、设计验证(必要时)、设计审批和设计更改。

策划:在技术设计实施前,对测绘技术设计进行策划,并对整个设计过程进行控制。

设计输入:与成果(或产品)、生产过程或生产体系要求有关的、设计输出必须满足的要求或依据的基础性资料。设计输入通常又称设计依据。

设计输出:设计过程的结果。表现形式为技术设计文件。

设计评审:为确定设计输出达到规定目标的适宜性、充分性和有效性所进行的活动。

设计验证:通过提供客观证据对设计输出满足输入要求的认定。

设计审批:为确保测绘成果(或产品)满足规定的使用要求或已知预期用途的要求而对技术设计文件进行的审批。

设计更改:技术设计文件一经批准,不得随意更改。当确需更改或补充时,应按标准规定对更改内容进行更改或补充内容进行评审、验证和审批后才能实施。

(五)技术设计书的主要内容

技术设计书的内容通常包括概述、作业区自然地理概况与已有测量成果资料分析、引用文件、成果(或产品)主要技术指标和规格、技术设计方案等部分。

1. 概述

主要说明任务的来源、目的、任务量、作业范围和作业内容、行政隶属以及完成期限等任务基本情况。

2. 作业区自然地理概况

应根据不同专业测绘任务的具体内容和特点,根据需要说明与测绘作业有关的作业区自然地理概况,内容如下:

(1)作业区的地形概况、地貌特征:居民地、道路,水系、植被等要素的分布与主要特征,地形类别、困难类别、海拔高度、相对高差等。

(2)作业区的气候情况:气候特征、风雨季节等。

(3)作业区需要说明的其他情况,如作业区有关工程地质与水文地质的情况,以及作业区经济发达状况等。

3. 已有测量成果资料分析

主要说明已有资料的数量、形式、施测年代、采用的坐标系统,高程和重力基准,资料的主要质量情况(包括已有资料的主要技术指标和规格等)和评价;说明已有资料利用的可能性和利用方案等。

4. 引用文件(作业技术依据)

说明编写过程中所引用的标准、规范或其他技术文件。文件一经引用,便构成技术设计书设计内容的一部分。

5. 成果(或产品)主要技术指标和规格

根据具体成果(或产品)规定其主要技术指标和规格,一般可包括成果(或产品)类型及形式、坐标系统、高程基准、重力基准、时间系统,比例尺、分带、投影方法,精度或技术等级以及其他主要技术指标等。

6. 技术设计方案

控制测量专业技术设计主要包括选点与埋石、平面控制测量、高程控制测量、重力测量和大地测量数据的处理几个部分,每部分设计方案的内容一般包括以下几个方面。

1)选点与埋石设计方案的主要内容

(1)规定作业所需的主要装备、工具、材料和其他设施。

(2)规定作业过程、各工序作业方法和精度质量的要求。

①选点:测量线路、标志布设的基本要求;点位选址、重合利用旧点的基本要求;需要联测点的踏勘要求;点名及其编号规定;选址作业中应收集的资料和其他相关要求等。②埋石:测量标准、标石材料的选取要求;石子、砂、混凝土的比例;标石、标志、观测墩的数学精度;埋设的标石、标志及附属设施的规格及类型;测量标志的外部整饰要求;埋设过程中需获取的相应资料(地质、水文、照片等)及其他应注意的事项;路线图、点之记绘制要求;测量标志保护及其委托保管要求;其他有关的要求。

(3)上交和归档成果及其资料的内容和要求。

(4)有关附录。

2)平面控制测量设计方案的主要内容

a.全球定位系统(GPS)测量

设计方案主要包括以下内容:

(1)规定GPS接收机或其他测量仪器的类型、数量、精度指标以及对仪器校准或检定的要求,规定测量和计算所需要的专业应用软件和其他配置。

(2)规定作业的主要过程、各工序作业方法和精度质量要求:①确定观测网的精度等级和其他技术指标等;②规定观测作业各过程的方法和技术要求;③规定观测成果记录的内容和要求;④外业数据处理的内容和要求:外业成果检查(或检验)、整理、预处理的内容和要求,基线向量解决方案和数据质量检核的要求,必要时需确定平差方案、高程计算方案;⑤规定补测与重测的条件和要求;⑥其他特殊要求:拟订所需的交通工具、主要物资及其供应方式、通信联络方式以及其他特殊情况下的应对措施。

(3)上交和归档成果及其资料的内容和要求。

(4)有关附录。

b.三角测量和导线测量

设计方案主要包括以下内容:

(1)规定测量仪器的类型、数量、精度指标以及对校准或检定的要求,规定测量和计算所需的计算机、软件及其他配置。

(2)规定作业的主要过程、各工序作业方法和精度质量要求:①说明所确定的锁、网(或导线)的名称、等级、图形、点的密度,已知点的利用和起始控制情况;②规定觇标类型和高度,标石的类型;③水平角和导线边的测定方法和限差要求;④三角点、导线点高程的测量方法,新旧点的联测方案等;⑤数据的质量检核、预处理及其他要求;⑥其他特殊要求:拟订所需的交通工具、主要物资及其供应方式、通信联络方式及其他特殊情况下的对应措施。

(3)上交和归档成果及其资料的内容和要求。

3)高程控制测量设计方案的主要内容

(1)规定测量仪器的类型、数量、精度指标以及对仪器校准或检定的要求,规定测量和计算所需的专业应用软件及其他配置。

(2)规定作业的主要过程、各工序作业方法和精度质量要求:①规定测站设置基本要求;②规定观测、联测、检测及跨越障碍的测量方法,观测的时间、气候条件及其他要求等;③规定观测记录的方法和成果整饰要求;④说明需要联测的气象站、水文站、验潮站和其他水准点;⑤规定外业成果计算、检核的质量要求;⑥规定成果重测和取舍要求;⑦必要时,规定成果的平差计算方法、采用软件和高差改正等技术要求;⑧其他特殊要求:拟订所需的交通工具、主要物资及其供应方式、通信联络方式及其他特殊情况下的对应措施。

(3)上交和归档成果及其资料的内容和要求。

(4)有关附录。

4)重力测量设计方案的主要内容

(1)规定测量仪器的类型、数量、精度指标以及对仪器校准或检定的要求,规定对重力仪的维护注意事项,规定测量和计算所需的专业应用软件和其他配置,并规定测量仪的运载工具及其要求。

(2)规定作业的主要过程、各工序作业方法和精度质量要求:①规定重力控制点和加密点的布设和联测方案;②规定重力点平面坐标和高程的施测方案,说明已知重力点的利用和联测情况;③规定测量成果检查、取舍、补测和重测的要求和其他相关的技术要求;④其他特殊要求:拟订所需的交通工具、主要物资及其供应方式、通信联络方式及其他特殊情况下的应对措施。

(3)上交和归档成果及其资料的内容和要求。

(4)有关附录。

5)大地测量数据处理设计方案的主要内容

(1)规定计算所需的软、硬件配置及其检验和测试要求。

(2)规定数据处理的技术路线或流程。

(3)规定各过程作业要求和精度质量要求,包括:①说明对已知数据和外业成果资料的统计、分析和评价的要求。②说明数据预处理和计算的内容和要求,如采用的平面、高程、重力基准和起算数据;确定平差计算的数学模型、计算方法和精度要求,规定程序编制和检验的要求等。③其他有关的技术要求内容。

(4)规定数据质量检查的要求。

(5)规定上述成果内容、形式、打印格式和归档要求。

(6)有关附录。

7.提交的成果

(1)外业观测成果。包括外业观测数据、外业观测手簿(按要求必须填写齐全)、点之记、外业观测技术总结。

(2)平面控制平差文件。控制点成果(CGCS2000 坐标系、WGS-84 坐标系、1980 西安坐标系、1954 北京坐标系、1985 国家高程基准)。

(3)精度信息。包括:控制点的地心坐标、大地坐标的坐标分量中误差(文本);导线(基线)边长、高差的中误差、边长相对中误差(文件);最弱点位中误差及点名(文本);最弱边边长及边长中误差,相对中误差(文本);边长相对精度分布区间表(文本)。

(4)水准平差成果。包括水准平差手簿、水准网略图、附合或闭合环闭合差信息统计、1985 国家高程基准成果。

(5)技术报告。如控制测量技术报告、GPS 数据处理技术报告、似大地水准面精化成果及技术报告。

(6)仪器鉴定证书。如 GPS 接收机鉴定证书、水准仪及水准标尺检验报告等。

六、控制测量的技术总结

控制测量技术总结

(一)概念

测绘技术总结是在测绘任务完成后,对测绘技术设计文件和技术标准、规范等的执行情况,技术设计方案实施中出现的主要技术问题和处理方法,成果(或产品)质量、新技术的应用等进行分析研究、认真总结,并做出客观描述和评价。

(二)作用

测绘技术总结为用户(或下工序)对成果(或产品)的合理使用提供方便,为测绘单位持续质量改进提供依据,同时也为测绘技术设计、有关技术标准、规定的制定提供资料。测绘技术总结是与测绘成果(或产品)有直接关系的技术性文件,是长期保存的重要技术档案。

(三)编写依据

其编写的依据主要是上级下达任务的文件(或任务书)或者企业的招标文件,顾客书面要求或口头要求的记录,市场的需求或期望;测绘技术设计文件,相关的法律、法规、技术标准和规范;有关专业的技术总结;测绘成果(或产品)的质量检查报告、验收报告;适用时,以往测绘技术设计、测绘技术总结提供的信息以及现有生产过程和产品的质量记录和有关数据;其他有关的文件和材料。

(四)编写要求

技术总结的编写需满足以下要求:

(1)内容要真实、完整、齐全。对技术方案、作业方法和成果质量应做出客观的分析和评价。对应用的新技术、新方法、新材料和生产的新品种要认真细致地加以总结。

(2)文字要简明扼要,公式、数据和图表应准确,名词、术语、符号、代号和计量单位等均应与有关法规和标准一致。

(3)项目名称应与相应的技术设计书及验收(检查)报告一致。

(五)技术总结内容

1. 概述

(1)测绘项目的名称、测绘任务的来源;测绘任务的内容、任务量和目标,产品交付与接收情况等。

(2)计划完成工作量与实际完成工作量的比较,作业率的统计。

2. 技术设计执行情况

(1)说明专业活动所依据的技术性文件,内容包括:①专业技术设计书及其有关的技术设计更改文件,必要时也包括本测绘项目的项目设计书及其设计更改文件;②有关的技术标准和规范。

(2)说明和评价专业技术活动过程中,专业技术设计文件的执行情况,并重点说明专业测绘生产过程中,专业技术设计书的更改情况(包括专业技术设计更改内容、原因的说明等)。

(3)描述专业测绘生产过程中出现的主要技术问题和处理方法、特殊情况的处理及其达到的效果等。

(4)当作业过程中采用新技术、新方法、新材料时,应详细描述和总结其应用情况。

(5)总结专业测绘生产中的经验、教训(包括重大的缺陷和失败)和遗留问题,并对今后生产提出改进意见和建议。

3. 测绘成果(或产品)质量情况

说明和评价测绘成果(或产品)的质量情况(包括必要的精度统计),产品达到的技术指标,并说明测绘成果(或产品)的质量检查报告的名称和编号。

4. 上交测绘成果(或产品)和资料清单

说明上交测绘成果(或产品)和资料的主要内容和形式,主要包括:

(1)测绘成果(或产品):说明其名称、数量、类型等,当上交成果的数量或范围有变化时需附上交成果分布图。

(2)文档资料:专业技术设计文件、专业技术总结、检查报告,必要的文档簿(图历簿)以及其他作业过程中形成的重要记录。

(3)其他须上交和归档的资料。

(六)测绘技术总结编写内容示例

(1)项目概述。

(2)技术标准执行情况。

(3)使用的仪器设备、器材,及其计量检定或检校、校准情况。

(4)新技术、新方法、新材料应用。

(5)利用已有成果资料情况。

(6)特殊问题处理,特别是新项目实施过程中的主要技术问题、技术措施、效果等应详细总结。

(7)作业定额、工天利用率、作业率统计。

(8)成果质量评价。

(9)有关精度指标统计和专业成果质量统计。

(10)质量结果评价、分析。

(11)存在的主要问题。

(12)对技术设计、实施方案、作业方法、技术指标等的意见和建议、经验或教训。

(13)附图、附表和上交测绘成果资料清单。

七、控制测量基准

控制测量基准是进行控制测量内、外业工作的基本依据,包括测量基准、计算基准、坐标基准和高程基准等。

控制测量外业基准线和基准面

(一)野外测量基准

1. 重力与水准面

地面上的任一点都同时受到地球的引力和地球自转造成的离心力,两者的合力称为重力。重力的方向就是铅垂线的方向,如图0-5所示。

平衡静止的液面处处与重力线(铅垂线)垂直,这种平衡静止的液体表面就叫水准面。静止的湖泊表面就是一个较大的可见水准面。水准面的实质是地球重力等位面,不管是否有水,有重力的地方就有客观存在的相应的水准面。

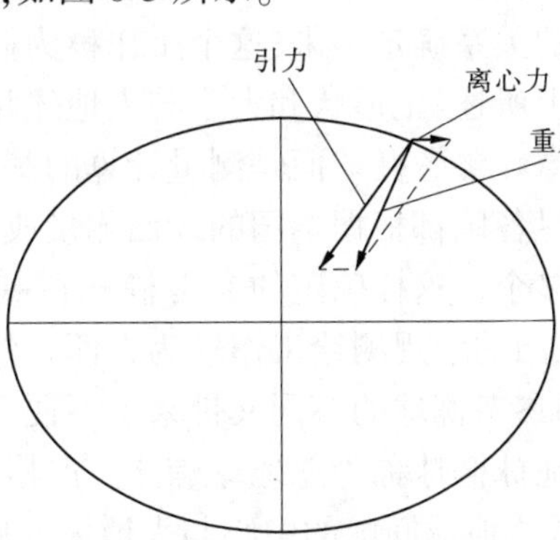

图0-5 重力方向

观测水平角时,置平经纬仪就是使仪器的纵轴位于铅垂线方向,从而使水平度盘位于通过度盘中心的水准面的切平面上。因此,所测的水平角实际上就是视准线与其在水准面上的投影线之间的夹角。此外,用水准测量所求出的两点间的高差,就是过这两点的水准面间的垂直距离。对于边长的观测值,也存在化算到哪个高程水准面上的问题。

上述三类地面观测值,除水平角外,都同水准面的选取有关,特别是水准测量的结果,更是直接取决于水准面的选择。于是,为了使不同测量部门所得出的观测结果能够互相比较、互相统一、互相利用,有必要选择一个最有代表性的水准面作为外业成果的统一基准。

2. 大地水准面与大地体

众所周知,海洋面积约占地球总面积的71%,从总体上来说,海水面是地球上最广大的天然水准面。假设海洋面处于完全平衡静止状态,并把它按物理特性延伸穿过大陆所形成的封闭曲面,称为大地水准面。该面处处和铅垂线垂直,是无叠痕和棱角的曲面。大地水准面所包围的形体称为大地体。大地水准面是理想的地球表面,也是大地测量研究的表面。

3. 野外测量的基准面和基准线

由于大地水准面的形状和大地体的大小均接近地球自然表面的形状和大小,并且它的位置是比较稳定的,所以可用大地体代表整个地球的形状。由于铅垂线(重力线)处处与大地水准面垂直,因此在野外观测中,以铅垂线作为安置仪器的基准线,以大地水准面作为测量外业的基准面。

(二)内业计算基准

1. 参考椭球、总地球椭球与计算基准

控制测量内业基准线和基准面

虽然大地水准面最适合于作为外业测量的基准面,但是控制测量的最终目的是精确确定控制点在地球表面上的位置,为此必须确知所依据的基准面的形状。也就是说,基准面的形状要能用数学公式准确地表达出来。但是由于大地水准面是略有起伏的不规则表面,无法用数学公式把它精确地表达出来,也就无法确知其形状。为此必须寻求一个可以用数学公式准确表示的能用于进行有关测量计算的面。由于地球的形状接近于一个两极略扁的旋转椭球,椭球是可以用简单的数学公式将它准确地表达出来的,因而世界各国通常都采用旋转椭球代表地球。

选好一定形状和大小的椭球后,还不能直接在它上面计算点位坐标,这是因为测量成果不是以这个表面为根据的,而应该首先将以大地水准面为基准的野外观测成果化算到这个表面上。要做到这一点只选定椭球面的形状和大小是不够的,还必须将它与大地水准面在位置上的关系确定下来,这个工作称为椭球定位。

综上所述,把形状和大小与大地体相近并且两者之间的相对位置确定的旋转椭球称为参考椭球。参考椭球面是测量计算的基准面,法线是测量计算的基准线。

世界各国都根据本国的地面测量成果选择一种适合本国要求的参考椭球,因而参考椭球有许多个。这样确定的参考椭球在一般情况下和各国区域内的局部大地水准面最为接近,对该国的常规测绘工作较为方便。然而当将各国的测量成果联系起来进行国际间的合作时,则参考椭球的不同又带来了不便,因此从全球着眼,必须寻求一个与大地体外形符合最好的地球椭球称为总地球椭球。严格地说,总地球椭球必须具备下列三个条件:

(1)总地球椭球的中心与大地体的质心重合,二者的赤道平面也重合。

(2)总地球椭球的体积与大地体的体积相等。

(3)总地球椭球的面与大地水准面之间高差的平方和最小。

总地球椭球的确定,必须以全球范围的大地测量和重力测量资料为根据。然而由于地球上海洋面积约占地球总面积的71%,因而过去只根据占少数的陆地测量成果推算总地球椭球是不可能的。近年来,由于人造卫星大地测量技术的发展,已根据人造卫星和陆地大地测量的成果求出一些总地球椭球的近似数据供使用。人们最终将使用总地球椭球。

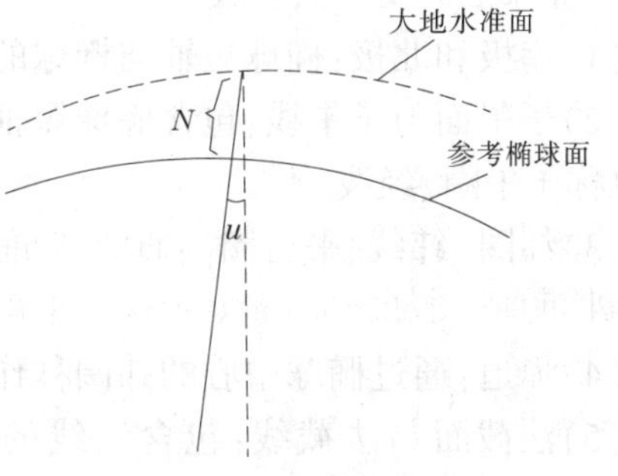

图 0-6　垂线偏差

无论是参考椭球还是总地球椭球,其表面都不可能与大地水准面处处重合,因而在同一点上所作的椭球面的法线与大地水准面的铅垂线也必然不会重合,两线之间的夹角称为垂线偏差 u,如图 0-6 所示。大地水准面与参考椭球面在某一点上的高差称为大地水准面差距,用 N 表示。当前者高于后者时,$N>0$;反之,$N<0$。

2. 椭球的表达

1)椭球的几何表示

确定椭球形状和大小的基本元素(见图 0-7)有:

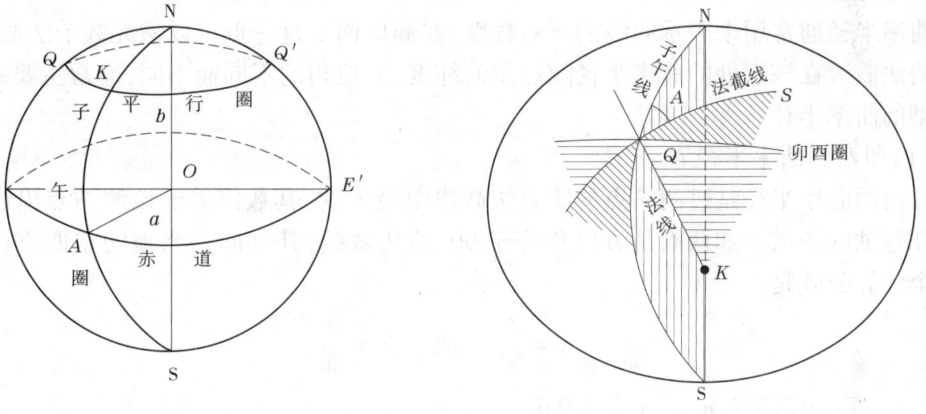

(a)　(b)

图 0-7　参考椭球体元素

(1)椭球长半轴 a;

(2)椭球短半轴 b;

(3)椭球扁率 α:$\alpha=\dfrac{a-b}{a}$;

(4)椭球第一偏心率平方 e^2:$e^2=\dfrac{a^2-b^2}{a^2}$;

(5)椭球第二偏心率平方 e'^2:$e'^2=\dfrac{a^2-b^2}{b^2}$;

(6)椭球的极曲率半径 C:$C=\dfrac{a^2}{b}$。

人们习惯上用椭球长半轴和扁率来表示椭球的形状和大小,而把椭球第一偏心率、第二偏心率称为第二决定元素。

2)椭球上的重要点与线

(1)南极和北极:椭球短轴与椭球的两个交点,一般用S表示南极,N表示北极。

(2)子午面与子午线:包含椭球短轴的平面称为子午面,子午面与椭球面的交线称子午线,也称子午圈、经线。

(3)纬圈(纬线、平行圈):垂直于椭球短轴的平面与椭球面的交线称为纬圈,也称纬线、平行圈。

(4)赤道:通过椭球中心的纬圈称作赤道。

(5)法截面与法截线:包含法线的平面称为法截面;法截面与椭球面的交线叫作法截线。

(6)卯酉面与卯酉线:与子午面相垂直的法截面称为卯酉面;卯酉面与椭球面的交线叫作卯酉线,或叫卯酉圈。

(7)法线:过测站点向椭球面引垂线,该垂线称作过测站点的法线。

(8)大地线:椭球面上两点之间最短程的曲线,叫作大地线。在测量中,大地线是最重要的曲线,往往用大地线来表示椭球上的相关元素。

3)椭球上的曲率半径

曲率半径通常用来表示曲线的弯曲程度,在椭球面上过一点可以做无数个法截线,不同方位的法截线在该点处的曲率半径随点位的纬度、方位角的不同而不同,通常主要有以下几个典型的曲率半径。

(1)卯酉圈曲率半径 N。

卯酉圈曲率半径是过测站点的所有法截线中最大的,其数值等于该测站点沿法线方向到椭球短轴的距离。卯酉圈是方位角等于90°的法截线,其方向是当地的东西方向。常用的两个计算公式是:

$$N=\frac{C}{V} \quad 或 \quad N=\frac{a}{W} \tag{0-1}$$

式中:$V=\sqrt{1+e'^2\cos^2B}$;$W=\sqrt{1-e^2\sin^2B}$。

N 的大小与纬度有关,且随着纬度 B 的增大而增大。

(2)子午圈曲率半径 M。

子午圈是方位角等于0°的法截线,其方向是当地的南北方向,它是过测站点的所有法截线中最小的。其常用的计算公式是:

$$M=\frac{C}{V^3} \quad 或 \quad M=\frac{N}{V^2} \tag{0-2}$$

同样,M 的大小也与纬度 B 有关,且随着纬度 B 的增大而增大。

(3)任意方向上的法截线曲率半径 R_A。

方位角是 A 的法截线曲率半径为:

$$R_A=\frac{N}{1+e'^2\cos^2B\cos^2A} \tag{0-3}$$

很显然,在椭球面上任一点 Q 处有:$N \geqslant R_A \geqslant M$,$R_A$ 的大小还随着方位角 A 的变化而变化。

(4)平均曲率半径 R。

椭球面上一点处的平均曲率半径是指该点各个方向法截线曲率半径的总平均值,在数值上等于卯酉圈曲率半径 N 和子午圈曲率半径 M 乘积的几何平均值,即

$$R = \sqrt{NM} = \frac{C}{V^2} \tag{0-4}$$

由于 R_A 计算比较麻烦,在满足精度的前提下,常用 R 代替 R_A。

(5)M、N、R 的关系。

椭球面上某一点的 M、N、R 值均是自该点起沿法线向内量取,其长度通常是不相等的,由前面公式可知它们的关系为:$N>R>M$,只有在极点上,它们才相等,且均等于极曲率半径 C,即

$$N_{90} = R_{90} = M_{90} = C \tag{0-5}$$

很显然,平均曲率半径 R 也是随纬度 B 的增大而增大的。由于 R_A 计算起来较麻烦,在满足精度要求的前提下,常用 R 来代替 R_A。

(6)平行圈曲率半径 r。

平行于赤道面的平面在椭球面上的截线为平行圈。因为平行圈上各点纬度相等,所以又称纬圈或纬线。除赤道圈外,所有平行圈都不是法截线,但平行圈半径则与法线长有关,其公式为

$$r = N\cos B \tag{0-6}$$

由式(0-6)可知,平行圈半径 r 随纬度 B 的增大而减小,在两极变为0。

(三)坐标基准

无论是在某椭球面上进行有关测量计算,还是在某投影平面上进行相关计算,都需要建立相应的坐标系来表示控制点的位置。

1. 以大地体为基准的天文地理坐标系

以大地水准面为基准面,以铅垂线为基准线,可以建立一套表示地面点水平位置和高程的坐标系,叫作天文地理坐标系,有时简称天文坐标系。

天文地理坐标系是通过天文经度 λ、天文纬度 φ 和正高 $H_{正}$ 来定义的(见图0-8)。它表示了地面点在天文坐标系里的三维坐标。

(1)天文经度 λ:起始子午面与测站天文子午面间的夹角。

(2)天文纬度 φ:测站铅垂线与地球赤道面间的夹角。

(3)正高 $H_{正}$:地面点沿铅垂线到大地水准面的距离。

(4)天文方位角 α:测站上照准目标点的竖直照准面与测站天文子午面间的夹角。

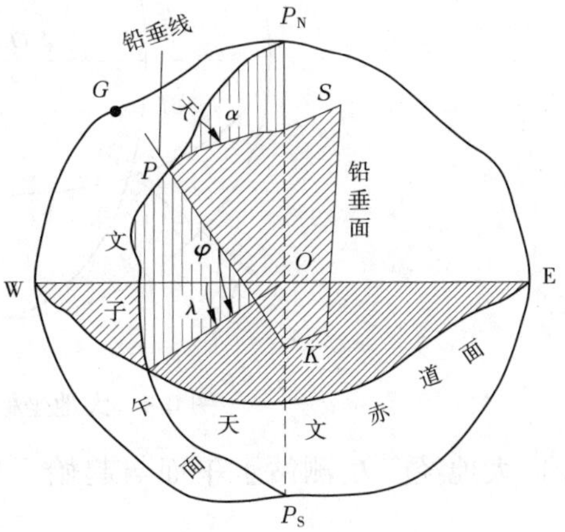

图0-8 天文地理坐标系

天文方位角实际上是测站至目标的水平方向线与测站北方向之间的夹角,可通过观测目标和北极星间的水平角而获得。天文方位角自北方向起算,取值0°~360°。

天文经纬度是通过观测天文目标获得的,观测时仪器的垂直轴重合于测站的铅垂线,所

以,测站的天文经纬度实际上代表的是该点的铅垂线方向。天文坐标系在研究大地水准面的形状中,在传统控制测量化算中起着重要作用。

在历史上,天文经纬度被用来标志地面点的地理位置,但随着科学技术的进步,人们发现,铅垂线有不规则偏差,同时,大地水准面有不规则起伏,不能作为严密的大地测量计算的基准面。也就是说,天文坐标系不能作为严密的大地测量计算的坐标系,需要建立一个严密规范的大地测量坐标系。

2. 以参考椭球为基准的大地坐标系和空间直角坐标系

由于天文坐标系不能作为严密的大地测量计算的坐标系,所以需要寻求一个严密合适的大地测量计算的基准面。这个基准面应该在数学上严密规范,其形状应接近于大地体。由于大地体的形状接近于由微小扁率的椭圆绕其短轴旋转而得到的旋转椭球,人们选用旋转椭球体来代替大地体,用椭球面来作为测量计算的基准面,并基于椭球建立严密的大地测量坐标系。

在参考椭球的基础上可以建立大地坐标系或者空间直角坐标系,它们虽然表示形式不一样,但实质是完全相同的,它们之间可以通过公式进行转换。

1) 大地坐标系

大地坐标系是通过大地经度 L、大地纬度 B 和大地高 H 来定义的。如图 0-9 所示,大地坐标系是数学上严密规范的坐标系,是大地测量的基本坐标系。它对于大地点精确位置的表示、大地测量计算、研究地球形状和大小、编制地图都具有不可替代的重要作用。

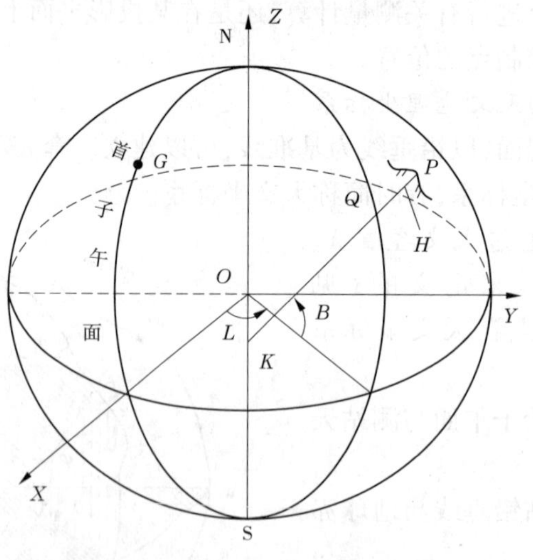

图 0-9　大地坐标系与空间直角坐标系

(1) 大地经度 L:测站子午面与起始子午面之间的夹角,有东经、西经之分,取值 0°~180°。

(2) 大地纬度 B:测站法线与赤道面的夹角,分南纬、北纬,取值 0°~90°。

(3) 大地高 H:地面点沿法线至参考椭球面的距离。

(4) 大地方位角 A:测站上包含照准点的法截面与测站子午面的夹角,自北起算,取值 0°~360°。

2)空间直角坐标系

以参考椭球为基础,还可以建立空间直角坐标系。如图 0-9 所示,以参考椭球中心 O 为坐标原点,以起始子午面与赤道面交线为 X 轴,以椭球旋转轴的北向为 Z 轴,Y 轴垂直于 XOZ 平面,与 X、Z 轴构成 $O-XYZ$ 右手空间直角坐标系。

3)大地坐标系与空间直角坐标系间的换算

(1)$B,L,H \rightarrow X,Y,Z$

$$\left.\begin{aligned} X &= (N+H)\cos B\cos L \\ Y &= (N+H)\cos B\sin L \\ Z &= [N(1-e^2)+H]\sin B \end{aligned}\right\} \tag{0-7}$$

方程组中的 N 为法线长,e^2 为椭球第一偏心率平方。

(2)$X,Y,Z \rightarrow B,L,H$

按以下三步计算:

①计算 L:

$$L = \arctan\frac{Y}{X} \tag{0-8}$$

②取初值:

$$B_0 = \arctan\frac{Z}{\sqrt{X^2+Y^2}} \tag{0-9}$$

以式(0-10)、式(0-11)循环迭代计算 B:

$$N = \frac{a}{\sqrt{1-e^2\sin^2 B}} \tag{0-10}$$

$$B = \arctan\frac{Z+Ne^2\sin B}{\sqrt{X^2+Y^2}} \tag{0-11}$$

求 H

$$H = \frac{\sqrt{X^2+Y^2}}{\cos B} - N \tag{0-12}$$

3. 我国常采用的坐标系统

1)1954 北京坐标系

中华人民共和国成立初期,为了迅速开展我国的测绘事业,鉴于当时的实际情况,将我国一等锁与苏联远东一等锁相连接,然后以连接处呼玛、吉拉宁、东宁基线网扩大边端点的苏联 1942 年普尔科沃坐标系的坐标为起算数据,平差我国东北及东部区一等锁,这样传算过来的坐标系就定名为 1954 北京坐标系。因此,1954 北京坐标系可归结为:

(1)属参心大地坐标系。

(2)采用克拉索夫斯基椭球的两个几何参数。

(3)大地原点在苏联的普尔科沃。

(4)采用多点定位法进行椭球定位。

(5)高程基准为 1956 年青岛验潮站求出的黄海平均海水面。

(6)高程异常以苏联1955年大地水准面重新平差结果为起算数据，按我国天文水准路线推算而得。

自1954北京坐标系建立以来，在该坐标系内进行了许多地区的局部平差，其成果得到了广泛的应用。

1954北京坐标系参考椭球基本几何参数如下：

长半轴 $a=6\ 378\ 245$ m

短半轴 $b=6\ 356\ 863.018\ 8$ m

扁　率 $\alpha=1/298.3$

第一偏心率平方 $e^2=0.006\ 693\ 421\ 622\ 966$

第二偏心率平方 $e'^2=0.006\ 738\ 525\ 414\ 683$

2)1980西安坐标系

1978年4月在西安召开全国天文大地网平差会议，确定重新定位，建立我国新的坐标系，为此有了1980国家大地坐标系。1980国家大地坐标系采用国际地理联合会(IUGG)第十六届大会推荐的椭球参数，大地坐标原点在陕西省泾阳县永乐镇，又称1980西安坐标系。1980西安坐标系是为了进行全国天文大地网整体平差而建立的。根据椭球定位的基本原理，在建立1980西安坐标系时有以下先决条件：

(1)大地原点在我国中部，具体地点是陕西省泾阳县永乐镇。

(2)1980西安坐标系是参心坐标系，椭球短轴 Z 轴平行于地球质心指向地极原点方向，大地起始子午面平行于格林尼治平均天文台子午面；X 轴在大地起始子午面内与 Z 轴垂直指向经度0°方向；Y 轴与 Z、X 轴成右手坐标系。

(3)椭球参数采用IUGG 1975年大会推荐的参数，因而可得1980西安坐标系椭球两个最常用的几何参数为：

长半轴 $a=(6\ 378\ 140\pm5)$ m

短半轴 $b=6\ 356\ 755.288\ 2$ m

扁　率 $\alpha=1/298.257$

第一偏心率平方 $e^2=0.006\ 694\ 384\ 999\ 59$

第二偏心率平方 $e'^2=0.006\ 739\ 501\ 819\ 47$

椭球定位时按我国范围内高程异常值平方和最小为原则求解参数。

(4)多点定位。

(5)高程基准以1956年青岛验潮站求出的黄海平均水面为基准。

3)新1954北京坐标系

新1954年北京坐标系是将1980西安坐标系下的全国天文大地网整体平差成果，以克拉索夫斯基椭球体面为参考面，通过坐标转换整体换算至1954北京坐标系下而形成的大地坐标系统。

新1954北京坐标系提供的成果是在1980国家大地坐标系基础上，把IUGG1975椭球改为原来的克拉索夫斯基椭球，通过在空间三个坐标轴上进行平移转换而来的。因此，其坐标不但体现了整体平差成果的优越性，它的精度和1980国家大地坐标系坐标精度一样，克服了原1954北京坐标系是局部平差的缺点；又由于恢复至原1954北京坐标系的椭球参数，从而使其坐标值和原1954北京坐标系局部平差坐标值相差较小。

新 1954 北京坐标系与原 1954 北京坐标系椭球的参数和克氏椭球一样，而定位与定向的依据又完全与 1980 国家大地坐标系一样。即新 1954 坐标系的点位坐标与 1980 国家大地坐标系的同一点坐标的不同，仅仅是两系统定义不同产生的系统差；而新 1954 坐标系和老 1954 坐标系成果，两系统同一点坐标的不同主要原因是一个是全国统一平差的结果，另一个是局部平差的结果。

4）WGS-84 坐标系

WGS-84 坐标系是美国国防部研制确定的大地坐标系。其坐标系的几何定义是：原点在地球质心，Z 轴指向国际时间局（BIH）1984.0 定义的协议地极（CTP）方向，X 轴指向 BIH1984.0 的协议子午面和 CTP 赤道的交点，Y 轴与 Z 轴、X 轴垂直构成右手坐标系，称为 1984 世界大地坐标系。这是一个国际协议地球参考系统（ITRS），是目前国际上统一采用的大地坐标系。GPS 广播星历是以 WGS-84 坐标系为根据的。

对应于 WGS-84 坐标系有一个 WGS-84 椭球，其常数采用 IUGG 第 17 届大会大地测量常数的推荐值。下面给出 WGS-84 椭球两个最常用的几何常数：

长半轴 $a=(6\ 378\ 137\pm2)$ m

短半轴 $b=6\ 356\ 752.314\ 2$ m

扁　率 $\alpha=1/298.257\ 223\ 563$

第一偏心率平方 $e^2=0.006\ 694\ 379\ 990\ 13$

第二偏心率平方 $e'^2=0.006\ 739\ 496\ 742\ 23$

5）CGCS2000 坐标系

由于全球卫星定位系统的广泛应用，常规大地测量技术正在被卫星大地测量技术所取代。卫星定位测量及其实时应用，客观上要求采用地心坐标系，因而世界各国纷纷采用或即将采用适合于卫星全球定位技术的地心坐标系。CGCS2000 是我国独立建立的以地球质量（包括海洋和大气在内）中心为原点的地心大地坐标系，Z 轴为国际地球自转局（IERS）参考极（IRP）方向，X 轴为 IERS 的参考子午面（IRM）与垂直于 Z 轴的赤道面的交线，Y 轴与 X 轴和 Z 轴构成右手正交坐标系。各基准的参数比较见表 0-1。

表 0-1　各基准的参数比较

地球椭球	坐标系统			
	1954 北京坐标系	1980 西安坐标系	WGS-84 坐标系	2000 国家 大地坐标系
椭球名称	克拉索夫斯基	IUGG1975	WGS-84	CGCS2000
建成年代	20 世纪 50 年代	1979 年	1984 年	2008 年
椭球类型	参考椭球	参考椭球	总地球椭球	总地球椭球
a(m)	6 378 245	6 378 140±5	6 378 137±2	6 378 137
J2 或 C20(f)	— (1:298.3)	J2: $1.082\ 63\times10^{-3}$ (1:298.257)	C20: $484.166\ 85\times10^{-6}$ (1:298.257 223 563)	J2: $1.082\ 629\ 832\ 258\times10^{-3}$ 1:298.257 222 101
GM(m^3/s^2)	—	$3.986\ 005\times10^{14}$	$3.986\ 005\times10^{14}$	$3.986\ 004\ 418\times10^{14}$
ω(rad/s)	—	$7.292\ 115\times10^{-5}$	$7.292\ 115\times10^{-5}$	$7.292\ 115\times10^{-5}$

4. 以高斯平面为基准的平面直角坐标系

1) 高斯投影概述

为了得到控制测图所需要的平面坐标,需要采用一定的投影方法将椭球面的元素归算到某一投影平面上。不同的投影,有不同的投影平面。投影的方法有很多种,我国目前采用高斯-克吕格投影(简称高斯投影)。

高斯投影

高斯投影是地图投影的一种。所谓地图投影,就是将椭球面上的大地坐标、大地线的方向和长度、大地方位角按照一定的数学法则化算到平面上。研究这个问题的专门学科叫地图投影学。这里所说的“一定的数学法则”,可用下面两个方程式(坐标投影公式)表示:

$$\left.\begin{aligned} x &= F_1(B,L) \\ y &= F_2(B,L) \end{aligned}\right\} \tag{0-13}$$

式中　B、L——椭球面上某一点的大地坐标;

x、y——该点投影后在平面上的直角坐标。

这里所说的平面,通常叫投影平面。

椭球面是不可展曲面,因此按照一定的条件把椭球面上的元素投影到投影平面上时,就和原来的距离、角度、图形呈现差异,这一差异称为投影变形。投影变形一般分为角度变形、长度变形和面积变形三种。对于各种投影变形,可用特定的投影条件来控制,使某一种变形减小到一定程度,但不能使全部变形都为零。地图投影的方式主要有等角投影、等距投影、等积投影。

高斯投影是正形投影(等角投影)中的一种。所谓高斯投影,就是按照高斯投影条件(正形条件,中央子午线投影后为直线,中央子午线投影后长度不变),把参考椭球面展成平面。

如图 0-10 所示,将一个椭圆柱面横套在地球椭球体外面,并与某一条子午线(此子午线称为中央子午线或轴子午线)相切,椭圆柱的中心轴通过椭球体中心,然后在椭球中心 O 放一光源,将中央子午线两侧各一定经差范围内的地区投影到椭圆柱面上,再将此椭圆柱面展开即高斯投影平面 P。

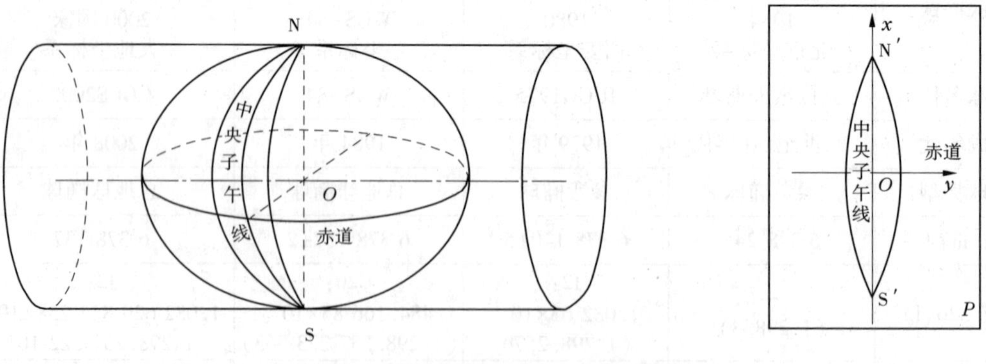

图 0-10　高斯投影与高斯平面示意图

高斯投影具有中央子午线无变形;角度无变形,图形保持相似;离中央子午线越远,变形越大的特点。

2) 高斯投影分带

为了缩小投影变形,高斯投影必须分带进行。我国规定按经差 6°和 3°投影。在特殊情况下,工程测量也可采用 1.5°带或任意带。但为了测量成果的通用,需同国家 6°带或 3°带相联系。

(1) 高斯投影 6°带。

自 0°子午线起每隔经差 6°自西向东分带,依次编号 1,2,3,…。我国 6°带中央子午线的经度,由 75°起每隔 6°而至 135°,共计 11 带(13~23 带),带号用 n 表示,中央子午线的经度用 L 表示,它们的关系是:$L_0=6n-3$,如图 0-11 所示。

(2) 高斯投影 3°带。

它的中央子午线一部分同 6°带中央子午线重合,一部分同 6°带的分界子午线重合,如用 n' 表示 3°带的带号,L 表示 3°带中央子午线经度,它们的关系是:$L=3n'$,如图 0-11 所示。我国 3°带共计 22 带(24~45 带)。

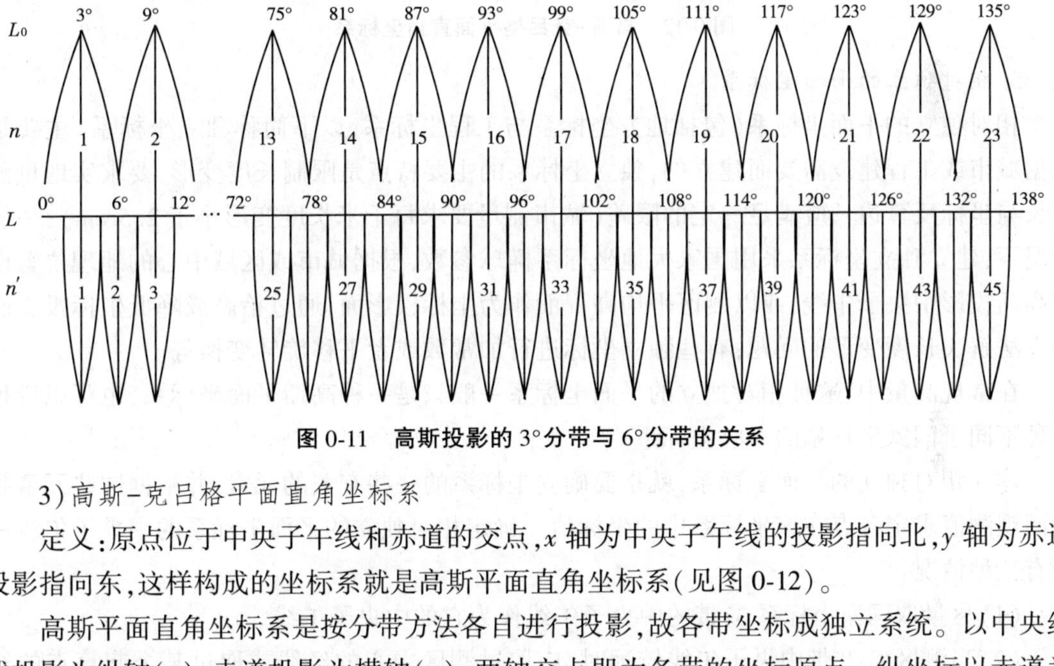

图 0-11　高斯投影的 3°分带与 6°分带的关系

3) 高斯-克吕格平面直角坐标系

定义:原点位于中央子午线和赤道的交点,x 轴为中央子午线的投影指向北,y 轴为赤道投影指向东,这样构成的坐标系就是高斯平面直角坐标系(见图 0-12)。

高斯平面直角坐标系是按分带方法各自进行投影,故各带坐标成独立系统。以中央经线投影为纵轴(x),赤道投影为横轴(y),两轴交点即为各带的坐标原点。纵坐标以赤道为零起算,赤道以北为正,以南为负。我国位于北半球,纵坐标均为正值。横坐标如以中央经线为零起算,中央经线以东为正,以西为负,横坐标出现负值,使用不便,故规定将坐标纵轴西移 500 km 当作起始轴,凡是带内的横坐标值均加 500 km。由于高斯-克吕格投影每一个投影带的坐标都是对本带坐标原点的相对值,所以各带的坐标完全相同。为了区别某一坐标系统属于哪一带,在横轴坐标前加上带号,如(4 231 898 m,21 655 933 m),其中 21 即为带号。

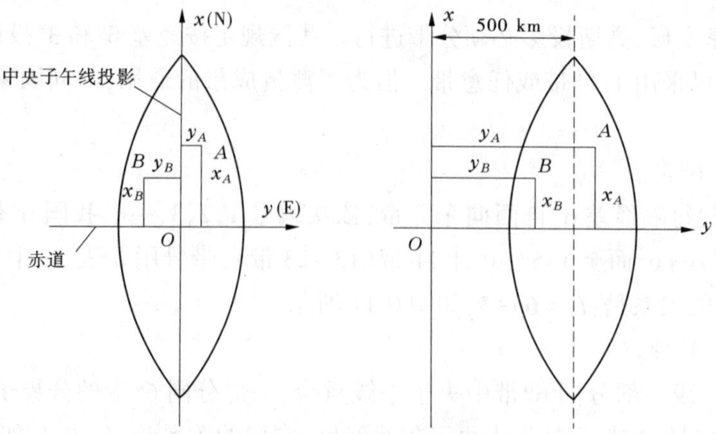

(a)坐标原点西移前的高斯平面直角坐标系　(b)坐标原点西移后的高斯平面直角坐标系

图 0-12　高斯-克吕格平面直角坐标系

5. 相对独立的平面坐标系

相对独立的平面坐标系(包括地方坐标系与工程坐标系,以下简称独立坐标系)主要是根据城市或工程建设需要而建立的,独立坐标系的主要特点是限制长度变形,要求实地量测边长与坐标反算边长应满足一定的限差(城市测量要求每千米长度变形小于 2.5 cm),一般情况下,建立独立坐标系采用国家大地坐标系椭球参数,根据城市或区域中心的地理位置设定高斯投影中央子午线,或以测区平均高程面作为坐标投影面,通过抬高或降低坐标投影面的方法解决长度变形的问题;有些独立坐标进行加常数或者平移旋转变换等。

在常规测量中,这种相对独立的平面坐标系一般只是一种高斯平面坐标系,也可以说是一种不同于国家坐标系的参心坐标系。

建立相对独立的平面坐标系,就是要确立坐标系的一些有关的元素,并根据这些元素和地面观测值求定各点在该坐标系中的坐标值。确定相对独立的平面坐标系的中央子午线一般有三种情况:

(1)尽量取国家坐标系 3°带的中央子午线作为它的中央子午线。

(2)当测区离 3°带中央子午线较远时,应取过测区中心的经线或取过某个起算点的经线作为中央子午线。

(3)若已有的相对独立的平面坐标系没有明确给定中央子午线,则应该根据实际情况进行分析,找出该相对独立的平面坐标系的中央子午线。

相对独立的平面坐标系见图 0-13。

(四)高程基准

建立统一的国家高程控制网,首先要选择高程系统和建立水准原点。选择高程系统,就是确定表示地面点高程的统一基准面。不同的高程基准面,有不同的高程系统。比较重要的高程系统有大地高系统、正高系统和

高程基准

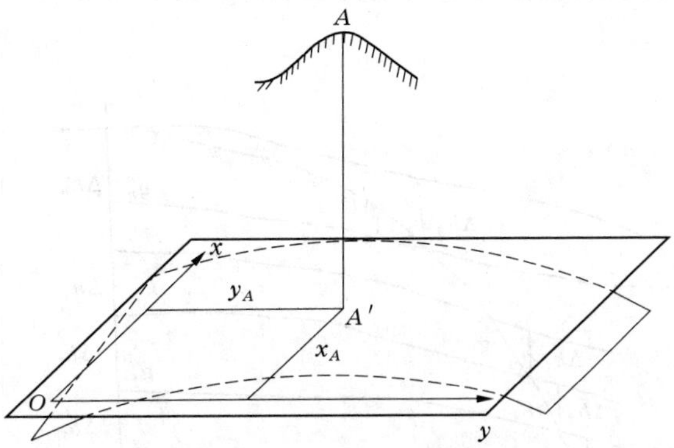

图 0-13 相对独立的平面坐标系

正常高系统。建立水准原点,就是确定国家高程控制网中用来传算高程的统一起始点。

1. 大地高系统

以参考椭球面为高程基准面的高程系统,称为大地高系统。这个系统的高程,是地面点沿法线方向到参考椭球面的距离,称为大地高。如图 0-14 中的 AO'是地面点 A 的大地高。

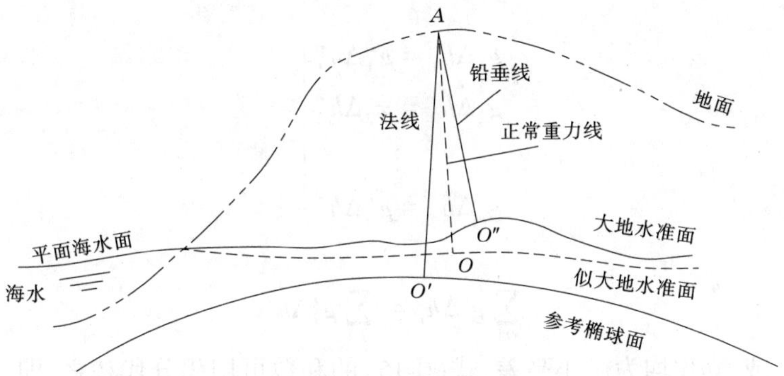

图 0-14 高程系统

大地高系统只有几何意义。这个系统的高差,是两地面点大地高之差,称为大地高差。在大地测量中,用三角高程测量方法进行高程控制测量时,是用经过垂线偏差改正的垂直角求得两地面点间的高差,因此是大地高差。

2. 正高系统

以大地水准面为高程基准面的高程系统,称为正高系统。这个系统的高程,是地面点沿铅垂线方向到大地水准面的距离,称为正高。图 0-14 中,AO''是点 A 的正高 $H_{正}$,这个系统的高差,是两地面点间正高之差,称为正高差。由图 0-14 可以看出,大地水准面将大地高($H_{大}$)分为两部分,即正高($H_{正}$)和大地水准面至参考椭球面的距离——大地水准面差距 N,关系式如下:

$$H_{大} = H_{正} + N \tag{0-14}$$

地面上任一点的正高只有一个,是唯一确定的。问题是能不能用地面上测得的水准高差计算出正高。下面说明正高与水准观测高差的关系式。

如图 0-15 所示,g_i 表示放置标尺处的重力值,以 g_i'表示沿 $O'A$ 线在相应水准面上的重力值。

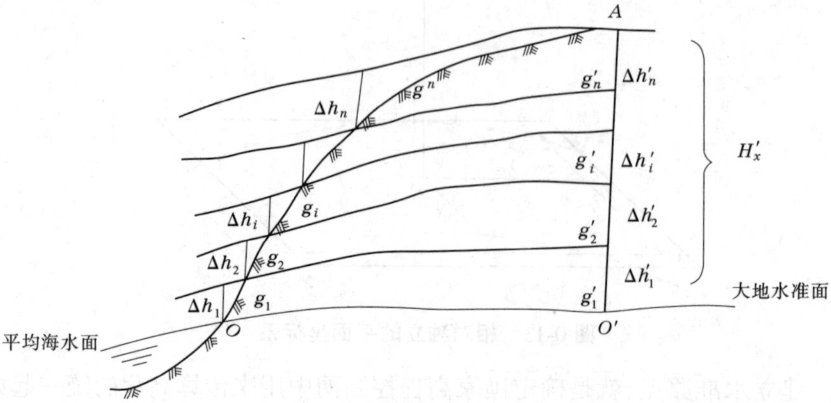

图 0-15　正高高程与重力的关系

根据水准面的意义,不难理解,由一个水准面沿铅垂线到相邻水准面重力所做的功为

$$dW_i = g_i\Delta h'_i = g'_i\Delta h'_i$$

可以写出

$$\left.\begin{aligned} g_1\Delta h_1 &= g'_1\Delta h'_1 \\ g_2\Delta h_2 &= g'_2\Delta h'_2 \\ &\vdots \\ g_n\Delta h_n &= g'_n\Delta h'_n \end{aligned}\right\}$$

取总和为

$$\sum_{OA} g_i\Delta h_i = \sum_{O'A} g'_i\Delta h'_i \tag{0-15}$$

式中的 Δh_i 或 $\Delta h'_i$ 均为微小高差,式(0-15)的和数可用积分代替之,即

$$\int_{OA} g\mathrm{d}h = \int_{O'A} g'\mathrm{d}h' \tag{0-16}$$

图 0-15 中 O'是过 A 点的铅垂线与大地水准面的交点。如果取铅垂线 AO'上各点的重力 g'_i 的平均值为 g_m^A,则式(0-16)可写为

$$g_m^A\int_{O'A}\mathrm{d}h' = \int_{OA} g\mathrm{d}h \tag{0-17}$$

因为,$H_{正}^A = \int_{O'A}\mathrm{d}h'$

所以有:

$$g_m^A H_{正}^A = \int_{OA} g\mathrm{d}h \tag{0-18}$$

或

$$H_{正}^A = \frac{1}{g_m^A}\int_{OA} g\mathrm{d}h \tag{0-19}$$

这就是地面点的正高与地面水准观测高差之间的关系。由此关系式可知,要求得地面点 A 的正高,除了要进行水准测量,还必须知道沿水准路线的重力值 g,以及地面点 A 沿铅

垂线 AO' 上各点重力值 g' 的平均值 g_m^A。由于 g_m^A 既不能实测，也不能精确推算出来，因此严格地说，地面上一点的正高是不可能精密求得的。换句话说，在陆地上无法精确测定出大地水准面的形状。

3. 正常高系统

1）正常高的理论定义

由于 g_m^A 无法精确求得，把式(0-19)中的 g_m^A 用正常重力 r_m^A 来代替，并将由此算出的高程称作正常高，即

$$H_{常}^A = \frac{1}{r_m^A}\int_{OA} g\mathrm{d}h \tag{0-20}$$

式中 g——由重力测量测得；

$\mathrm{d}h$——由水准测量测得；

r_m^A——由 O' 到 A 的正常重力平均值。

式(0-20)说明为了求得 A 点的正常高，必须计算出 A 点的正常重力平均值 r_m^A。正常重力是一个假定的重力值，它由具有确定参数的国际椭球产生。下面给出几个重要的椭球面上的正常重力值公式：

1975 年国际地球物理和大地测量联合会推荐的公式

$$r_0 = 978\ 032 \times (1 + 0.005\ 302\sin^2 B - 0.000\ 005\ 8\sin^2 2B) \tag{0-21}$$

我国 2000 国家大地坐标系的公式

$$r_0 = 978\ 032.533\ 61 \times (1 + 0.005\ 302\ 44\sin^2 B - 0.000\ 005\ 82\sin^2 2B) \tag{0-22}$$

式中 r_0——椭球面上的正常重力，mGal(毫伽)；

B——该点纬度。

地面某点的正常重力值与该点离开椭球面的距离(该点的大地高)有关，重力值随大地高的增大而减小。在计算地面点混合重力异常时用到的地面点相应正常重力值为

$$r = r_0 - 0.308\ 6H \tag{0-23}$$

这里的 H 为起算于相应国际椭球的大地高，单位为 m。式(0-23)表示点位升高 1 m 重力值减小 0.308 6 mGal。

由上面的公式，理论上可以算得 A 点的正常重力平均值 r_m^A，因而 A 点的正常高值是可以精确求得的，且与水准路线的变换无关。另外，正常高在数值上与正高十分接近，因此我国水准规范规定，采用正常高系统。

2）似大地水准面

由于 r_m^A 一般不等于 g_m^A，所以正常高在数值上不等于正高。这样，从地面点 A 沿正常重力线往下量取 $H_{常}^A$ 到达的也就不是大地水准面。把地面各点向下量取该点的正常高而获得的点组成的连续曲面称作似大地水准面。这样，可以说正常高的起算面是似大地水准面。似大地水准面是一个计算辅助面，它不是大地水准面，但与大地水准面十分接近。在海洋上，似大地水准面与大地水准面重合；在低平原地区，两者相差甚微；在高山地区也只相差几米的数量级。

由图0-14可以看出,似大地水准面将大地高分为两部分,即正常高 $H_常$ 和似大地水准面至参考椭球面的距离——高程异常 ζ。关系式如下:

$$H_大 = H_常 + \zeta \tag{0-24}$$

3)由水准观测高差求得点的正常高

实用上,某点的正常高并不用定义式(0-20)计算,而是由水准高差加上一些改正数求得。如已知 A 点的正常高,由 A 到 B 进行了水准观测,则有

$$H_常^B = H_常^A + h_{AB_测} + \varepsilon + \lambda \tag{0-25}$$

式中 $h_{AB_测}$——水准观测高差;

ε——正常水准面不平行改正;

λ——重力异常改正。

正常水准面不平行改正 ε 仅随纬度和高程变化,可以通过计算求得。重力异常改正 λ 需利用实测重力值求得。根据我国目前的重力资料,已有条件进行此项计算。经过上述两项改正后的高差,推算出的高程即是正常高。

4)大地高与正高、正常高的关系

如图0-16所示,大地高的起算面为参考椭球面,正高的起算面为大地水准面,正常高的起算面为似大地水准面。大地高与正高的关系式为

$$H_大 = H_正 + N \tag{0-26}$$

式中 $H_大$——大地高程;

$H_正$——正高高程;

N——大地水准面差距。

大地高与正常高的关系式为

$$H_大 = H_常 + \zeta \tag{0-27}$$

式中 $H_大$——大地高程;

$H_常$——正常高程;

ζ——高程异常。

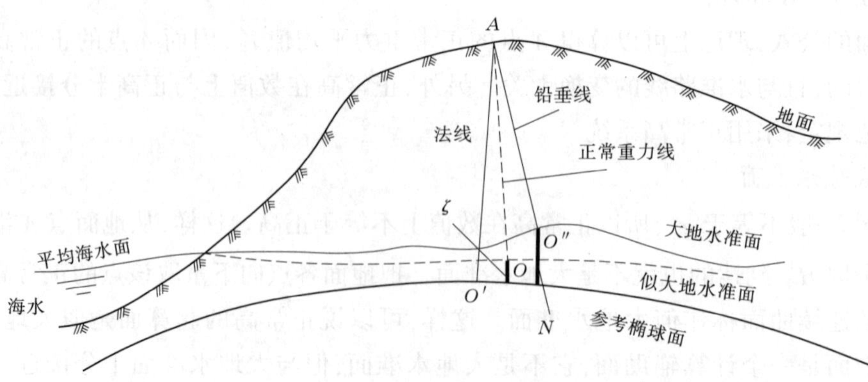

图0-16 大地高、正高、正常高的关系

高程异常 ζ 值可在国家测绘部门存有的高程异常图中查取。

5) 高程基准与国家水准原点

国家高程基准与水准原点

a. 高程基准面

高程基准面就是地面点高程的统一起算面，由于大地水准面与整个地球较为接近，因此通常采用大地水准面作为高程基准面。

长期观测海水面水位升降的工作称为验潮，进行这项工作的场所称为验潮站。

根据各地的验潮结果表明，不同地点平均海水面之间还存在着差异，因此对于一个国家来说，只能根据一个验潮站所求得的平均海水面作为全国高程的统一起算面。

b. 1956 黄海高程基准

1956 年，我国根据基本验潮站应具备的条件，认为青岛验潮站位置适中，地处我国海岸线的中部，而且青岛验潮站所在港口是有代表性的规律性的半日潮港，又避开了江河入海口，具有外海海面开阔，无密集岛屿和浅滩，海底平坦，水深在 10 m 以上等有利条件。因此，在 1957 年确定青岛验潮站为我国基本验潮站，验潮井建在地质结构稳定的花岗石基岩上。

1956 年 9 月 4 日，国务院批准试行《中华人民共和国大地测量法式（草案）》，首次建立国家高程基准，称 1956 黄海高程系统，简称“黄海基面”，是以青岛验潮站 1950~1956 年验潮资料算得的平均海水面为零的高程系统。原点设在青岛市观象山。该原点以“1956 黄海高程系统”计算的高程（72.289 m）为准。

c. 1985 国家高程基准

1956 黄海高程系统的高程基准面的确立，对统一全国高程有其重要的历史意义，在国防和经济建设、科学研究等方面都起了重要的作用。但从潮汐变化周期来看，确立 1956 黄海高程系统的平均海水面所采用的验潮资料时间较短，还不到潮汐变化的一个周期（一个周期一般为 18.61 年），同时又发现验潮资料中含有粗差，因此有必要重新确定新的国家高程基准。确定 1985 国家高程基准所依据的黄海平均海水面是利用青岛验潮站 1952~1979 年的验潮数据，并用中数法的计算值推算出来的。根据这个高程基准面作为全国高程的统一起算面，称为 1985 国家高程基准。

1987 年国家测绘局公布：中国的高程基准面启用 1985 国家高程基准取代国务院 1956 年批准启用的“黄海平均海水面”。由于新布测的国家一等水准网点是以 1985 国家高程基准起算的，因此进行各等级水准测量、三角高程测量以及各种工程测量，尽可能与新布测的国家一等水准网点联测，也即使用国家一等水准测量成果作为传算高程的起算值，如不便于连测，可在 1956 黄海高程系统的高程值上改正一固定数值，而得到以 1985 国家高程基准为准的高程值。1985 国家高程基准比 1956 黄海平均海水面上升 29 mm。

d. 水准原点

为了长期、牢固地表示出高程基准面的位置，作为传递高程的起算点，必须建立稳固的水准原点，用精密水准测量方法将它与验潮站的水准标尺进行连测，以高程基准面为零，推求水准原点的高程，以此高程作为全国各地推算高程的依据。在 1985 国家高程基准系统中，我国水准原点的高程为 72.260 m。

我国的水准原点网建于青岛附近,水准原点的标石构造如图0-17所示。

图0-17 国家水准原点位置图和水准原点的标石构造

我国在1949年前曾采用过以不同地点的平均海水面作为高程基准面。高程基准面的不统一,致使高程值较为混乱,因此在使用过去的高程资料时,应弄清楚当时采用的是以什么地点的平均海水面作为高程基准面。

八、控制测量概算

控制测量外业工作获得了大量的外业观测值(如水平方向、边长和天文方位角等)和必要的测绘资料(如归心投影用纸等),将这些地面上观测成果化算到高斯平面上,为平差计算做好数据准备工作是概算工作的主要任务。

无论是平面控制网还是高程控制网都是通过野外采集某些数据——观测量,经过适当处理,最终获得待定点的坐标和高程。然而,观测量之间的矛盾是客观存在的,合理处理观测量之间矛盾的工作称为平差,而在平差之前又必须将所有观测值归算到某一个基准面上,这是项重要又必不可少的工作,称这项工作为概算。概算的目的不仅仅是为平差做准备,而且也在于检查和评价外业资料(也包括起算数据)的质量。

(一)概算的步骤和内容

控制网外业概算的大体步骤和内容如下:

(1)外业观测成果的整理、检查。

(2)绘制网的略图、编制观测数据表和已知数据表。

(3)观测成果归化到标石中心。

(4)观测成果归化到椭球面上。

(5)观测成果进一步归化到高斯投影平面上。

(6)依平面控制网应满足的条件检查观测成果的质量。

在我国除全国性的天文大地网在椭球面上进行平差外,一般平面控制网,尤其是工测控制网都是在高斯平面上进行的,因此必须按上述工作内容逐项进行。

由上列各项工作可以看出,概算的工作量很大,内容也相当多,概算中的差错将直接影响平差结果,且又不易发现,所以概算结果的正确性和计算精度应特别注意。

概算精度要求主要考虑两个方面:一是不损害观测量的精度,二是有利于工作进行,只保留必要的有效数字。对三、四等控制网,由于边长较短,因此它的方向计算值和各项改正数的计算分别达到 0.1″和 0.01″即可,边长概算取至毫米位,而各项改正数的计算则至 0.1 mm。

概算所选用的算式,既要确保精度,又能进行检核,还要便于使用电子计算机。

(二)概算流程框图

平面控制网概算流程框图见图 0-18。

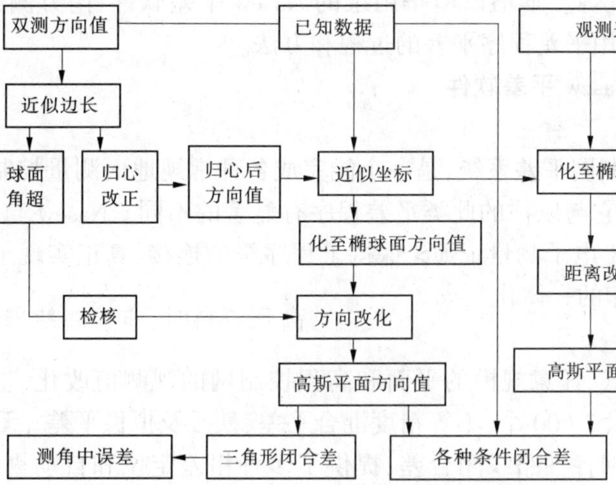

图 0-18 平面控制网概算流程框图

(三)概算程序框图

概算程序框图见图 0-19。

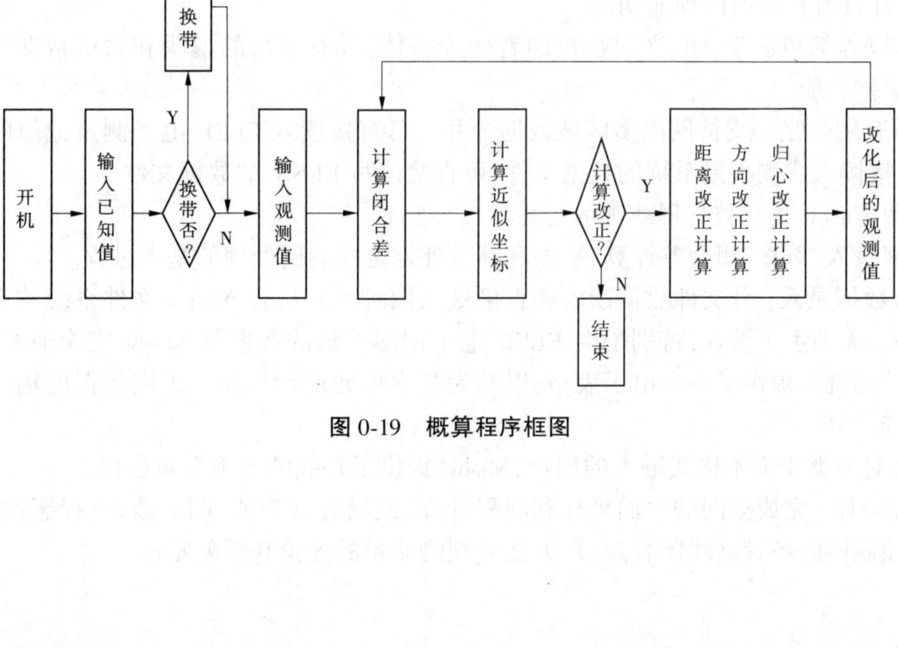

图 0-19 概算程序框图

九、控制测量平差

控制网在完成外业概算后,应进行平差计算,以求得最后的坐标和高程,并评定测量成果的精度。控制网平差有条件平差和参数平差(间接平差)两种基本方法。两种方法计算结果是完全一致的。但由于参数平差规律性强,易于计算机编程,且易于进行精度评定,所以现今计算机平差程序大多采用参数平差模型。关于平差的有关知识可参阅《测量平差》等有关教程。

在测绘生产中,控制网的平差总是用平差软件在计算机上进行的。国内的优秀平差软件很多,具有代表性的有清华山维的 Nasew 平差软件、南方测绘公司的平差易 PA2005 软件、武汉大学的科傻系统等。本书以清华山维的 Nasew 平差软件、南方测绘公司的平差易 PA2005 为例,简单介绍用平差程序平差的过程和方法。

(一)清华山维的 Nasew 平差软件

1. Nasew 概述

Nasew 工程测量控制网平差系统,是一个能完成各种常规地面测量控制网优化设计、外业概算和平差的程序。它与以往的此类平差程序有显著的不同。Nasew 与支持各种全站仪进行等级测量的 <ELER 电子测量记簿> 保持了程序级的连接,真正实现了从数据采集、记簿整理、平差和成果打印的一体化。

1)Nasew 的特点

(1)适用于任意形式、任意规模的平面和高程控制网的观测值改化、坐标概算、平差和控制网设计,可解未知量 2 000 个,不等精度混合平差、秩亏及拟稳平差 ,无须编码。

(2)自动求解控制网各种路线闭合差,提供了多种粗差定位和自动剔除功能。具有如验后定权法等多种平差方法可选。

(3)具有现代电子表格效能的数据编辑和操作环境。观测值输入可选标准格式和多种常用格式,还可自定格式;可选具有内联的文本编辑方式。

(4)提供了与打印机和纸张自适应的网图打印、成果打印功能。格式和有效位数等可控易控,并具有打印前的预显功能。

(5)操作简单易学,图、文、数、控四者融为一体,具有丰富的说明和联机帮助。具有工作现场保护功能。

(6)互用性强。支持网内多区域数据合并。可直接读入 ELER 电子测量记簿的整理数据,可直接读入武测平差系统的数据文件,可直接读写 EPSW 的数据文件。

2)用 Nasew 进行控制网处理的过程

数据录入、概算、闭合差计算、平差和精度评定是控制网处理的基本过程。

(1)数据录入:分文件数据读入和直接键入两种。凡符合 Nasew 文件系统约定的数据均可读入,无须手工键入,特别是由 ELER 电子记簿采集的数据与 Nasew 完全兼容。Nasew 为手工数据键入提供了一个电子表格,以站为基本单元进行操作。观测数据的输入有多种方式可选。

(2)对习惯于文本格式输入的用户,Nasew 提供了在线的文本编辑窗口。

(3)概算:完成全网的平面坐标和高程计算,或反算观测值、归心改正、投影改化等,并能计算控制网的各种路线闭合差,以方便对观测质量的评价和粗差定位。

(4)平差：首先应定义单位权中误差等基本定权量。对小型网只做简单的单次平差；对大型网或复杂的网，Nasew 提供了多种平差方法，以满足不同的需要。

(5)精度评定：Nasew 对所有点和边进行精度评定，还可对用户指定的边进行评定。优化设计中提供了分析数据和结果。

(6)成果输出：根据打印机和纸张的设置，以及所选的字体，Nasew 自动设计和调整每页输出的内容和行数等，并提供了模拟预显功能。网图打印时，Nasew 保证网格的精度。

3)Nasew 的操作特点

Nasew 的界面风格与 Windows 完全一致，具有菜单、工具条、状态条等基本框架要素。主窗口分隔成多个可滚动的视口，命令选择和参数设置则通过对话框与用户对话，修改后的设置及运行断点自动记忆。

4)简单网的一般处理过程

(1)数据输入，可以是键入整理好的观测记录，也可以是从 ELER 生成的 MSM 文件。

(2)概算、计算坐标等。闭合差计算，并存储闭合差结果。

(3)平差，在"选择平差"中设置先验误差，进行单次平差或验后定权法平差。

(4)打印成果，先建立成果文件，再模拟、打印。

2. Nasew 工作台

所有数据处理，从建库、概算、平差一直到成果输出均可在 Nasew 提供的工作台上反复进行直至完成。该工作台提供了丰富而强大的功能，其概貌如图 0-20 所示。

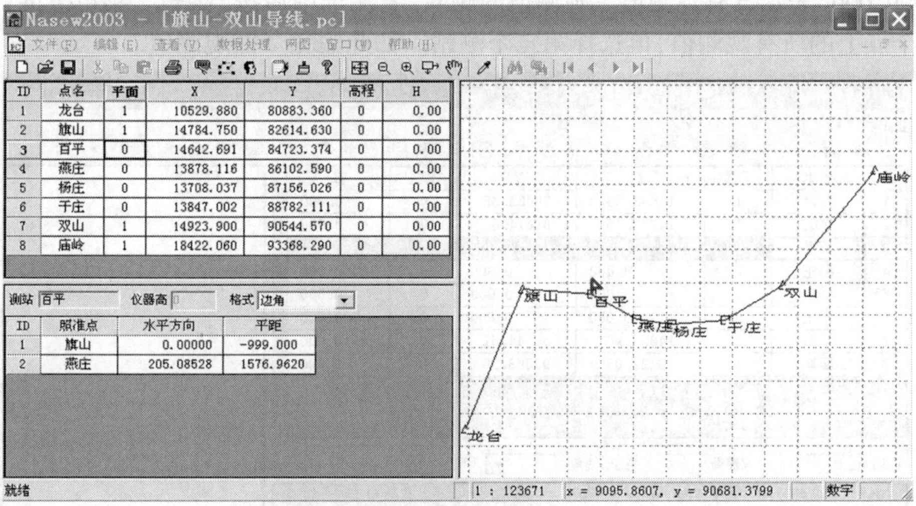

图 0-20 Nasew 工作台屏幕显示

工作台的基本屏幕分成以下五个部分：

(1)菜单和工具条(屏幕上部)。

(2)控制点平面坐标和高程显示编辑区(菜单和工具条下的屏幕左半面上部)。

(3)测站名和测站观测值显示编辑区(屏幕左半面下部)。

(4)控制网网形、精度显示控制区(屏幕右半面)。

(5)工作状态提示区(屏幕下部)。

对控制网基本数据的编辑都在主编辑区中完成，所有控制操作则在弹出式窗口或菜单中进行。

3. 简单导线平差示例

Nasew 能适应各种类型的平差计算,且有很强的各种计算处理功能。这里只能以一平面附合导线为例简单地介绍它的应用,以给读者一个简单的概念。全面地学好一个平差程序,只能参看程序说明书,在使用程序中慢慢掌握。

1)测站输入

在控制点坐标高程显示编辑区(屏幕左半面上部)输入控制点信息和已知坐标、高程值。每输一个控制点信息,先点击“编辑”菜单,选择“增加控制点”,点击“点名”下的空格,输入控制点名。在“平面”栏下,显示缺省值为0,表示该点 X、Y 未知;若该点 X、Y 已知,应输1,并接着输入该点的 X、Y 坐标。在右边的第二个“高程”栏下,若高程已知输1,并在H栏下输入该点的高程;高程未知的不做操作。如此输入全部控制点信息。

2)测站观测值输入

在测站名和测站观测值显示编辑区(屏幕左半面下部)输入观测值,参见图0-21。要输入某测站的观测值时,先在左上部的控制点编辑区用鼠标选择控制点,这时测站名会出现在下部测站观测值编辑区。点击测站一行“格式”右边的方框,选择“边角”。每输入一个照准点,要先点击“编辑”菜单,选择“增加观测值”,再在下面的编辑区输入照准点名,接着输入测站至该方向的方向观测值,图中百平—燕庄方向的205.08528表示205°08′52.8″。接着输入平距。图中百平—旗山方向的平距为-999.000,是因为在旗山点上已经输过了该边平距,“-999.000”表示没有观测值。观测值的删除:要在选中后按“编辑”菜单下的“删除”。输完一个点上的所有观测值,再选择第二个测站。如此输完全部观测值。

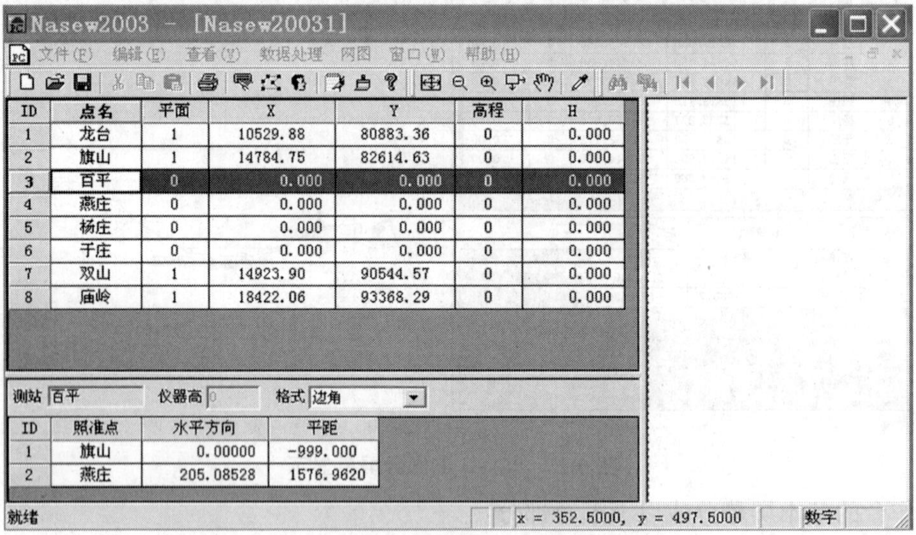

图0-21　测站观测值输入

3)选择计算方案

正式计算前,应当选择计算方案。在“数据处理”菜单下选择“计算方案”。首先进行工程任务的选择,如图0-22所示。

再进行概算方案选择。本例由于已是高斯平面方向值,所以不选择进行归心改正和高

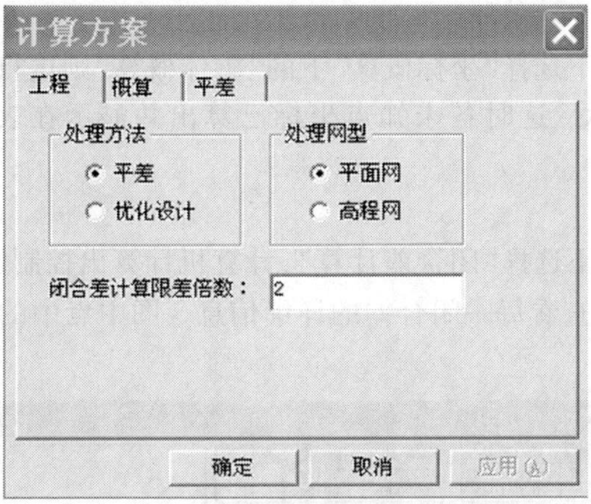

图 0-22　选择计算方案

斯改化,见图 0-23。

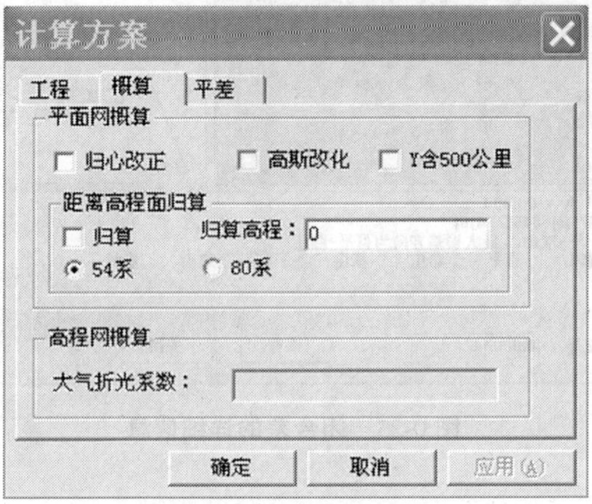

图 0-23　选择概算方案

然后选择平差方案,如图 0-24 所示。图中固定误差指边长固定误差,以 m 为单位,比例误差为边长比例误差系数,以百万分之一为单位。图中的方向误差为 1.8″。

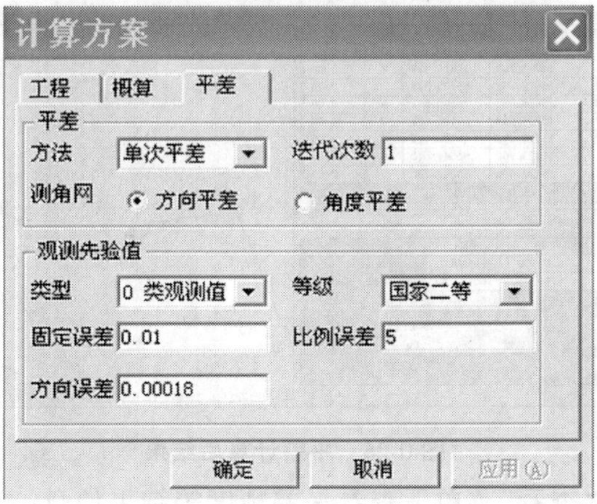

图 0-24　选择平差方案

4) 坐标概算

在“数据处理”菜单下选择“坐标概算”下的“整体概算”则进行各点坐标计算。概算结束后显示如图0-20所示。这时各未知点坐标已算出并显示在表格里,右边显示出控制网图。

5) 闭合差计算

在“数据处理”菜单下选择“闭合差计算”,计算机计算出控制网的各项闭合差并显示,如图0-25所示。可点击查看每一闭合差的详细信息。图中点中的是序号为2的附合路线闭合差信息。

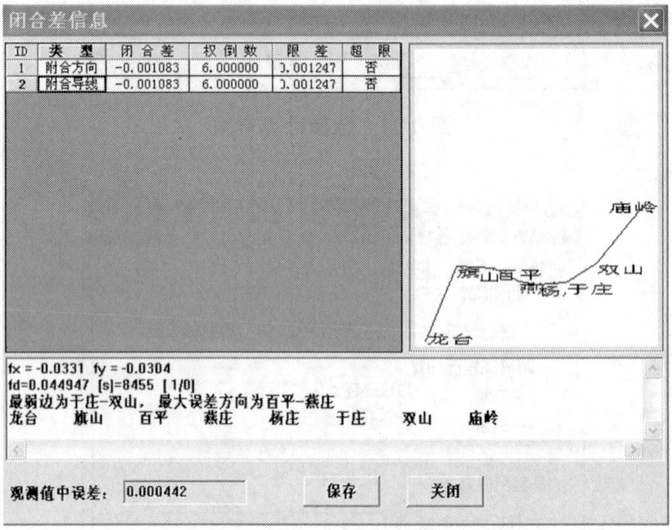

图0-25　闭合差的详细信息

6) 平差计算

当闭合差检验合限后,可进行平差计算。在“数据处理”菜单下选择“单次平差”,则程序完成平差计算,并显示平差后坐标,如图0-26所示。

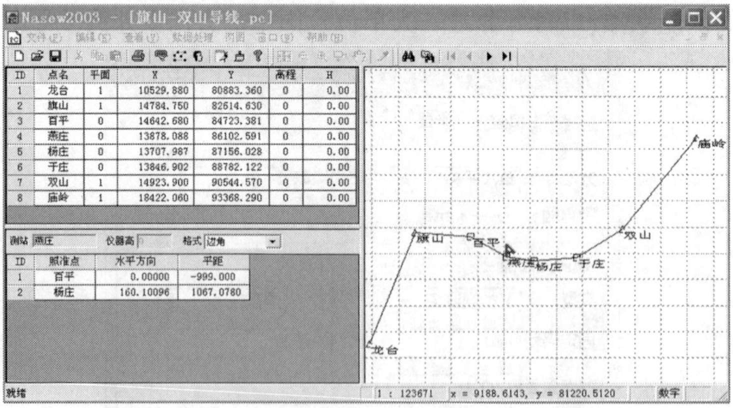

图0-26　平差计算后结果

平差完成后还可在“查看”菜单下查看平差精度等结果信息。如图0-27所示为平差精度等结果信息显示的是各未知点的点位中误差和误差椭圆元素。

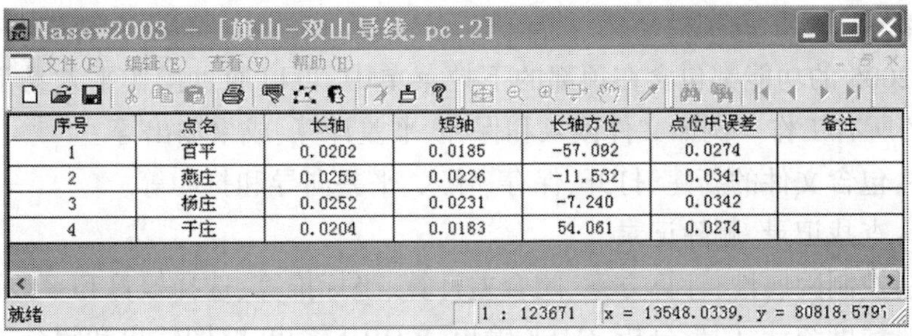

序号	点名	长轴	短轴	长轴方位	点位中误差	备注
1	百平	0.0202	0.0185	-57.092	0.0274	
2	燕庄	0.0255	0.0226	-11.532	0.0341	
3	杨庄	0.0252	0.0231	-7.240	0.0342	
4	于庄	0.0204	0.0183	54.061	0.0274	

图 0-27 平差精度等结果信息

全部平差完后，可将平差资料和成果打印输出。

(二)南方测绘公司的平差易 PA2005 系统

1. 概述

平差易 PA2005，是在 Windows 系统下用 VC 开发的控制测量数据处理软件，采用了 Windows 风格的数据输入技术和多种数据接口（南方系列产品接口、其他软件文件接口），同时辅以网图动态显示，实现了从数据采集、数据处理和成果打印的一体化。成果输出丰富强大、多种多样，平差报告完整详细，报告内容也可根据用户需要自行定制，另有详细的精度统计和网形分析信息等。其界面友好，功能强大，操作简便，是控制测量理想的数据处理工具。

南方公司与本软件平行发布的“控制精灵”（CG2005）是一个基于掌上机的控制测量外业的采集与记录工具，它所测的数据可以直接导入本软件中，从而可以实现控制测量内、外业的一体化。

2. 主界面

平差易 PA2005 的操作界面主要分为两部分：顶部下拉菜单和工具条，如图 0-28 所示。主界面包括测站信息区、观测信息区、图形显示区以及顶部下拉菜单和工具条。

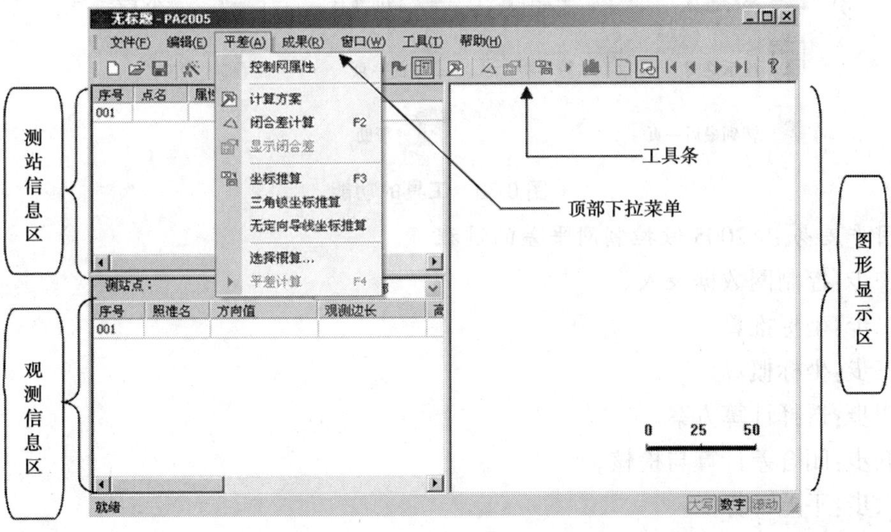

图 0-28 平差易 PA2005 主界面

1)下拉菜单

所有PA2005的功能都包含在顶部的下拉菜单中,可以通过操作平差易下拉菜单来完成平差计算的所有工作。例如文件读入和保存、平差计算、成果输出等。

(1)文件:包含文件的新建、打开、保存、导入、平差向导和打印等。

(2)编辑:查找记录、删除记录。

(3)平差:控制网属性、计算方案、闭合差计算、坐标推算、选择概算和平差计算等。

(4)成果:精度统计、图形分析、CASS输出、WORD输出、略图输出和闭合差输出等。

(5)窗口:平差报告、网图、报表显示比例、平差属性、网图属性等。

(6)工具:坐标换算、解析交会、大地正反算、坐标反算等。

2)工具条

工具条包括保存、打印、视图显示、平差和查看平差报告等功能,如图0-29所示。

图0-29　工具条

各个工具的功能如图0-30所示。

图0-30　工具的功能

3. 用平差易PA2005做控制网平差的过程

第一步:控制网数据录入。

第二步:坐标推算。

第三步:坐标概算。

第四步:选择计算方案。

第五步:闭合差计算与检核。

第六步:平差计算。

第七步:平差报告的生成和输出。

4. 作业流程图。

平差计算流程如图0-31所示。

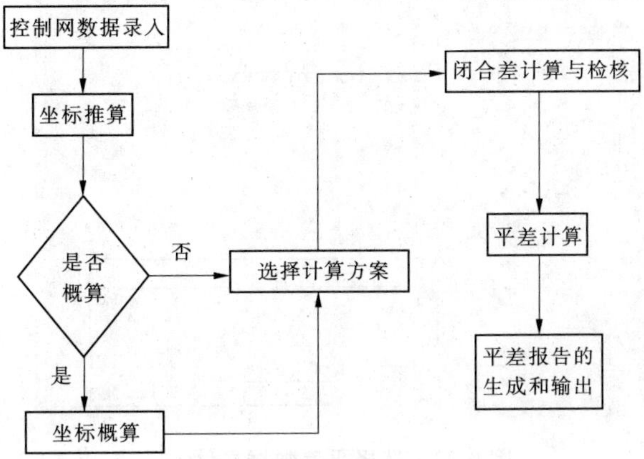

图 0-31 平差计算流程

5. 向导式平差

向导即是按照应用程序的文字提示一步一步操作下去，最终达到应用的目的。平差易 PA2005 提供了向导式平差，根据向导的中文提示点击相应的信息即可完成全部的操作。

向导式平差需要事先编辑好数据文件，这里就以 DEMO 中的“边角网 4. txt”文件为例来说明。

第一步：进入平差向导

首先启动“南方平差易 PA2005”，然后用鼠标点击下拉菜单“文件\平差向导”，如图 0-32 所示。

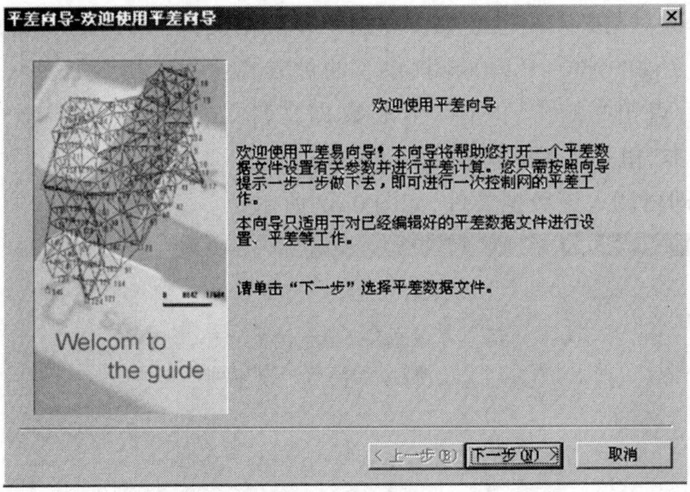

图 0-32 平差向导

请注意平差向导的中文提示和应用说明，并依据提示进行。

第二步：选择平差数据文件

点击“下一步”进入平差数据文件的选择页面，如图 0-33 所示。

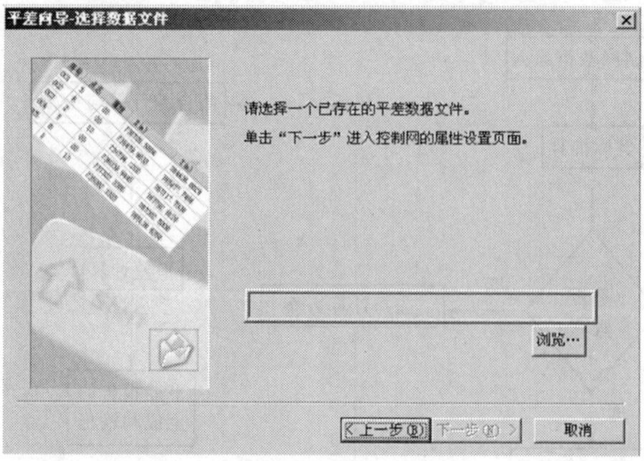

图 0-33　选择平差数据文件

点击“浏览”来选择要平差的数据文件，如图 0-34 所示。

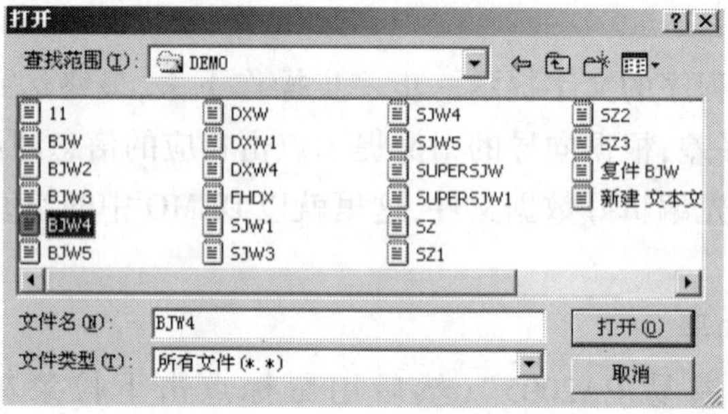

图 0-34　打开数据文件

注意：所选择的对象必须是已经编辑好的平差数据文件，如 PA2005 的 DEMO 中“边角网 4”。对于数据文件的建立，PA2005 提供了两种方式：一是启动系统后，在指定表格中手工输入数据，然后点击“文件\保存”生成数据文件；二是依照附录 A 中文件格式，在 Windows 的“记事本”里手工编辑生成。

点击“打开”即可调入该数据文件，如图 0-35 所示。

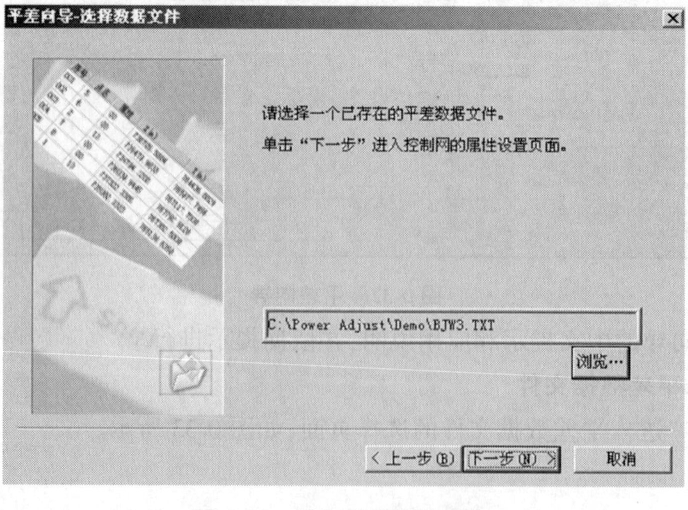

图 0-35　调入平差数据文件

第三步:控制网属性设置

调入平差数据后点击“下一步”即可进入控制网属性设置界面,如图 0-36 所示。

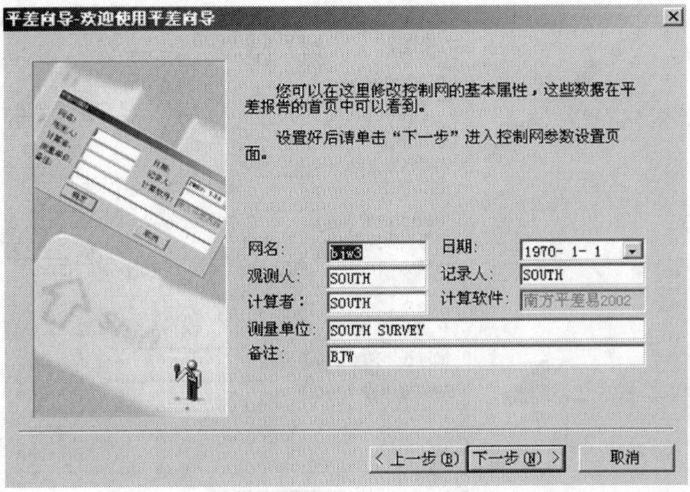

图 0-36　控制网属性设置

该功能将自动调入平差数据文件中控制网的设置参数,如果数据文件中没有设置参数则此对话框为空,同时也可对控制网属性进行添加和修改,向导处理完后该属性将自动保存在平差数据文件中。

点击“下一步”进入计算方案的设置界面,如图 0-37 所示。

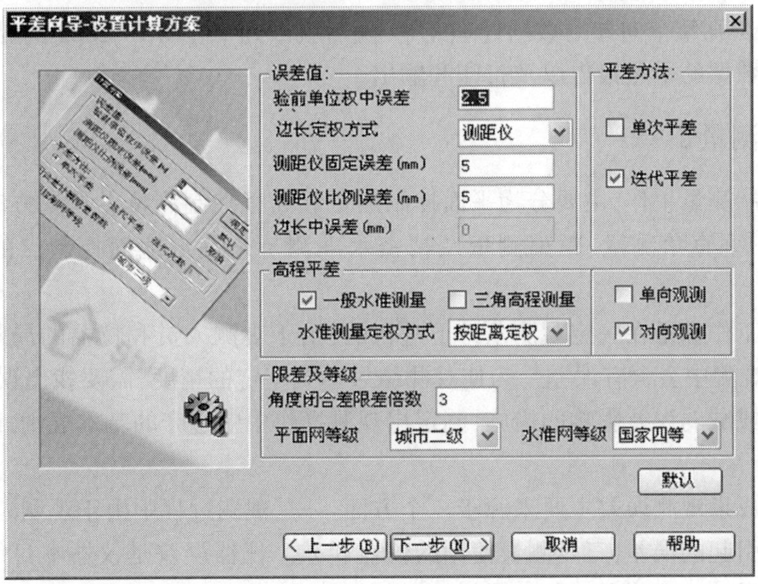

图 0-37　计算方案设置

第四步:设置计算方案

设置平差计算的一系列参数,包括验前单位权中误差、测距仪固定误差、测距仪比例误差等,如图 0-37 所示。该向导将自动调入平差数据文件中计算方案的设置参数,如果数据文件中没有该参数则此对话框为默认参数(2. 5、5、5),同时也可对该参数进行编辑和修改,向导处理完后该参数将自动保存在平差数据文件中。

点击“下一步”进入坐标概算选择界面,如图 0-38 所示。

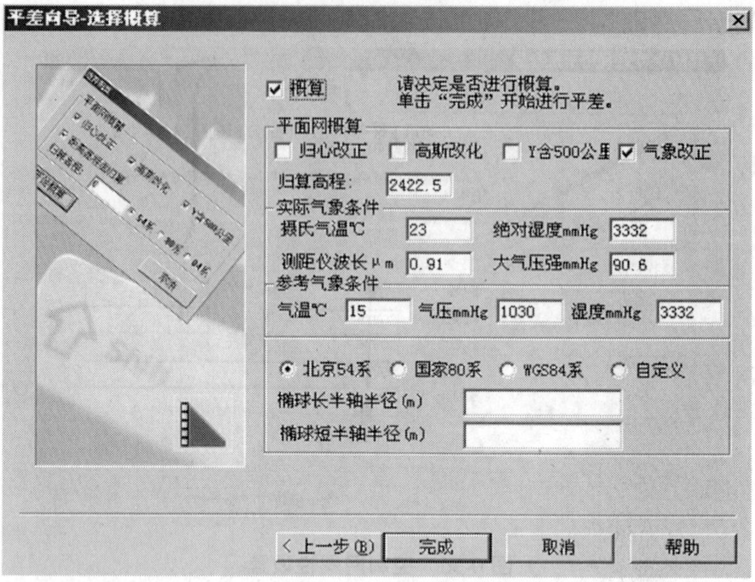

图 0-38　选择概算

第五步:选择概算

概算是对观测值的改化包括边长、方向和高程的改正等。当需要概算时就在“概算”前打“✍”,然后选择需要概算的内容。

点击“完成”则整个向导的数据处理完毕,随后就回到平差易 PA2005 的界面,在此界面中就可查看该数据的平差报告以及打印和输出。

十、控制测量误差

常规的控制测量工作,主要分为平面控制测量和高程控制测量。常规方法通过进行精密水平角测量、垂直角测量、距离测量及精密水准测量来确定地面控制点的平面位置和高程。

任何测量工作都是在一定观测条件下进行的,由于观测人员和仪器的局限性以及外界因素的影响 ,观测中会含有误差。为使观测结果达到一定的精度,需要找出误差的规律,研究和采取消除或减弱误差影响的措施,制定出观测操作中应遵守的基本规则,以保证观测成果的精度。

控制测量成果观测误差主要来源于三个方面:一是观测过程中由于观测者引起的误差,二是外界条件引起的误差,三是测量使用的仪器误差。仪器误差是仪器本身的误差和操作过程中产生的误差。观测者引起的误差,主要是通过提高观测技能加以减弱。

根据控制测量测定数据的特点,下面分别对水平角测量、距离测量、精密水准测量和三角高程测量等的误差来源进行分析,找出消除或减弱误差的方法,从而可以提高观测精度。

(一)水平角测量误差

1. 外界条件对观测精度的影响

外界条件主要指观测时大气的温度、湿度、太阳照射方位及地形、地物等因素。它对测角精度的影响,主要表现在观测目标成像的质量、观测视线的弯曲、觇标或脚架的扭转等方面。

1) 目标成像质量

主要是大气层密度的变化和大气透明度对目标成像质量的影响。大气中的水气和灰尘、太阳辐射、空气对流使成像不稳定。观测目标是测角的照准标的,它的成像好坏,直接影响着照准精度。

a. 原因

(1) 大气层密度的变化对目标成像稳定性的影响:早晨太阳升起时,目标成像也仅有轻微的波动。日出以后,有一段时间,一般 1~3 h,成像较稳定;12 时至 15 时,成像波动较大;日落前有一段成像稳定而有利于观测的时间。夜间大气层一般是平衡的。

(2) 大气透明度对目标成像清晰的影响(雾、烟、尘)。

b. 影响

成像模糊、跳动,目标成像不清晰,照准精度低。对成果精度的影响呈偶然性。

c. 减弱措施

(1) 保证足够的视线高度。选点时,确保视线有一定高度,在观测时,必要时也可采取适当措施,提高视线高度。

(2) 选择有利的观测时间。有利的观测时间为阴天或晴天 10 时至 14 时。

2) 水平折光

光线通过密度不均匀的空气介质时,经连续折射形成一条曲线,并弯向密度大的一侧。当相邻两地的地形和地面覆盖物不同时,在阳光照耀下,会出现两地靠近地面处空气密度的差异而产生水平对流现象。当视线从分界面附近通过密度不同的空气层时,成为弯向一侧的曲线,产生水平折光,视线两侧的空气密度差别愈大,则水平折光影响就愈大。

水平折光

a. 原因

产生水平折光的根本原因就在于视线通过的大气层的水平方向的密度不同。

b. 影响

一般情况下,除视线远离地面,或视线两侧的地形和地面覆盖物完全相同外,都会在不同程度上存在水平折光的影响。水平折光对水平角观测影响的一般规律如下:

(1) 由于白天和夜间大气温度变化的情况相反,因而水平折光对方向值的影响,白天与夜间的数值大小趋于相等,符号相反。

(2) 视线越靠近对热量吸收和辐射快的地形、地物,水平折光影响就越大。

(3) 视线通过形成水平折光的地形、地物的距离越长,影响就越大。

(4) 引起空气密度分布不均匀的地形、地物越靠近测站,水平折光影响就越大。

(5) 视线两侧空气密度悬殊越大,水平折光的影响就越大。

(6) 视线方向与水平密度梯度方向越垂直,水平折光影响越大。

从上述的规律不难看出,水平折光影响的性质是:就一测站的某一方向而言,在相同的观测时间和类似的气象条件下,水平折光总是偏向某一侧,对观测方向值产生系统性影响。但是,在大面积三角锁网中,每一条视线所受的影响各不相同,对锁网中所有方向来说,具有偶然性。如果锁网中有大的河流、山脉等,则沿它们边沿的一系列视线就会含有同符号的系统影响。

c. 减弱措施

根据作业实践证明,水平折光是影响测角精度比较严重、数值较大的误差,应该采取有力的措施减弱其影响。作业中常用的措施如下所述:

(1)选点时,要保证视线超越或旁离障碍物一定的距离。视线应尽量避免从斜坡、大的河流、较大的城镇及工矿区的边沿通过。若无法避开,应采取适当措施,如增加视线高度。

(2)造标时,应使视线至觇标各部位保持一定的距离,如一、二等应不小于 20 cm,三、四等应不小于 10 cm。

(3)一等水平角观测,一份成果的全部测回应在三个以上时间段(上午、下午、夜间各为一个时间段)完成。每一角度的各测回应尽可能在不同条件下观测,至少应分配在两个不同的时间段,同一角度不得连续观测。二等点上的观测,一般应在两个以上不同时间段内完成。每个角度的全部测回,分配在上午、下午观测。

(4)选择有利的观测时间。在日出前后、日落前后,虽然目标成像是理想的,但这时水平折光影响也最大,应停止观测。

(5)在水平折光严重的地理条件下,应适当缩短边长或尽量避开。

3)觇标内架或仪器脚架扭转的影响

在觇标上观测时,仪器整置在觇标内架上;在地面观测时,通常把仪器整置在脚架上,当觇标内架或仪器脚架发生扭转时,就会使仪器基座也随之发生转动,给观测结果带来误差。

a. 原因

外界湿度的变化,使木标或脚架的各部件发生不均匀胀缩,引起扭转。一定的风力影响使木标产生弹性变形。引起钢标扭转的主要原因是:温度的变化,使钢标各部件受热不均匀而引起扭转。白天各个时刻的太阳照射方向不同,钢标各部件受热不均匀的膨胀,造成扭转。

木标或脚架扭转的特征是:整个白天或整个夜间扭转的方向固定不变,但白天与夜间的扭转方向相反,扭转的角度整个白天与整个夜间近似相等,其变化的转折点在日出和日落前后。钢标扭转的特征是:白天扭转剧烈且不均匀;而整个夜间几乎不扭转;单位时间内扭转量的变化,比木标更不规则。

b. 影响

对成果精度的影响成系统性。

c. 减弱觇标内架或脚架扭转影响的措施

(1)在日出、日落前后及温度、湿度有显著变化的时间内不宜观测。

(2)观测时,上、下半测回照准目标的顺序相反,同时,尽可能地缩短一测回的观测时间。

(3)将仪器脚架存放在阴凉、干燥的地方,避免受潮或雨淋。观测时不要让日光直接照射脚架。

4)照准目标的相位差

a.原因

在二、三、四等水平角观测中,照准目标是觇标的圆筒。理想的情况是:应照准圆筒的中心轴线。但由于日光的照射,圆筒上会出现明亮和阴暗两部分,如果背景是阴暗的,往往照准其较明亮的部分;如果背景是明亮的,会照准其较阴暗的部分。这样,照准的实际位置就不是圆筒的中心轴线,从而给方向观测带来误差影响,这种误差叫相位差。

b.影响

相位差的影响不仅随日光照射方向变化,也随目标的颜色、大小、形状、视线方位及背景的不同而变化。在一个观测时间段内,对某一方向的影响基本相同,呈系统性影响。但上午与下午的观测结果会出现系统差异。在二、三、四等水平角观测中,其影响不容忽视。

c.减弱相位差影响的措施

(1)一个测站上最好在上午和下午各观测半测回。

(2)要求观测者仔细辨别圆筒的实际轮廓进行照准。

(3)根据背景情况将圆筒涂成黑色或白色。

(4)可使用反射光线较小的圆筒(如微相位差圆筒)。

(5)对个别相位差影响较大的方向,可照准回光(回照器或回光灯发来的光)进行观测。

2.仪器误差对观测精度的影响

使用全站仪进行精密水平角测量。影响水平角观测精度的仪器误差主要包括全站仪的三轴误差(视准轴误差、水平轴倾斜误差、垂直轴倾斜误差)和操作仪器的过程中可能产生的一些误差。仪器操作过程中的误差主要有照准部转动时的弹性带动误差、脚螺旋的空隙带动误差、水平微动螺旋的隙动差。

1)三轴误差的影响

仪器的三轴误差主要是仪器三轴之间关系的不正确造成的。光学经纬仪主要是通过对三轴之间关系的检验校正来减少仪器误差对测角精度的影响;而全站仪则主要是通过"三轴"自动补偿器改正实现的。经补偿改正后,观测结果中含有的误差只有通过分析误差影响的规律,采取一定的措施加以减弱或者消除。

三轴误差

a.视准轴误差

望远镜物镜中心与目镜十字丝的连线叫视准轴。视准轴应垂直于望远镜水平轴,如果不垂直,则偏差的小角度叫视准轴误差 C。

(1)原因。

望远镜的十字丝分划板安置不正确;望远镜调焦镜运行时晃动;气温变化引起仪器部件的胀缩,特别是仪器受热不均匀使视准轴位置变化。

(2)影响。

视准轴误差对方向观测值的影响大小 ΔC 可用式(0-28)计算

$$\Delta C = C/\cos\alpha \tag{0-28}$$

式中 α——观测目标的垂直角。

(3)分析。

$\alpha=0°$，$\Delta C = C$；α 增大，ΔC 增大，即垂直角越大则视准轴误差对水平度盘读数的影响越大。

盘左、盘右观测同一目标时，C 角大小相等，偏离方向相反。故它对水平度盘读数的影响，大小相等，符号相反。

当存在视准轴误差时，用盘左、盘右观测同一目标时，水平度盘的读数中都有 ΔC 存在，并且大小相等、符号相反。

(4)消减措施。

可通过盘左、盘右观测取中数消除视准轴误差 C 对方向观测值的影响。

由于望远镜的调焦镜运行不正确，也就是运行中有晃动可以引起视准轴位置的变化，所以规定在一测回内不得重新调焦。

b. 水平轴倾斜误差

望远镜的水平轴应垂直于垂直轴，如果不垂直，则倾斜的小角度 i 叫水平轴倾斜误差。

(1)原因。

仪器左、右两端的支架不等高，水平轴两端轴径不相等都会产生水平轴倾斜误差。

(2)影响。

水平轴倾斜误差 i 对观测方向值的影响 Δi 可用式(0-29)计算：

$$\Delta i = i\tan\alpha \tag{0-29}$$

式中　α——观测目标的垂直角。

(3)分析。

$\alpha=0°$时，$\Delta i= 0$；α 增大，Δi 增大，即垂直角越大则水平轴倾斜误差对水平角的影响越大。

盘左、盘右观测同一目标时，水平轴倾斜的 i 角正好大小相等，倾斜方向相反，故它对水平度盘读数的影响，大小相等，方向相反。

(4)消减措施。

可通过盘左、盘右观测取中数消除水平轴倾斜误差 i 对方向观测值的影响。

c. 垂直轴倾斜误差

水平角观测时，仪器垂直轴应当垂直（仪器垂直轴应当与测站铅垂线相一致），如果不垂直，而是倾斜一个小角度 v，则有垂直轴倾斜误差。

(1)原因。

由于仪器没有整置水平，使垂直轴与铅垂线存有微小夹角。

(2)影响。

由于垂直轴与水平轴垂直，当垂直轴倾斜可导致仪器水平轴倾斜，倾斜量在不同的方向上不同，可通过照准部水准器气泡偏移量显示出来。垂直轴倾斜而引起水平轴倾斜的方向在望远镜倒转前后也是相同的，与盘左、盘右无关，因而对任一观测方向盘左、盘右观测结果不能消除这种误差。

(3)消减措施。

观测时精密整平仪器，尽量减小垂直轴的倾斜角 v 值；测回间适当增加整平仪器的次数;对水平方向观测值施加垂直轴倾斜改正数。

2)照准部转动时的弹性带动误差

a.原因

当照准部转动时,垂直轴与轴套间的摩擦力使仪器的基座部分产生弹性扭转,与基座相连的水平度盘也被带动而发生微小的方位变动。

b.影响

这种带动主要发生在照准部开始转动时,因为必须克服轴与轴套间互相密接的惯力,而照准部在转动过程中只需克服较小的摩擦力,故当照准部向右转动时,水平度盘也随之向右带动一个微小的角度,使读数偏小;向左转动照准部时,使读数偏大,这就给观测结果带来系统性影响。

c.消减措施

在半测回中,照准部旋转方向保持不变。这样就使照准各个目标所产生的误差影响的符号相同,大小基本相等,则由各方向组成的角度值中可基本消除它。在一、二等三角观测中规定,一测回中照准部旋转方向保持不变。

3)脚螺旋的空隙带动误差

a.原因

由于脚螺旋与螺孔之间存在微小空隙,当转动照准部时就带动基座使脚螺旋靠近螺孔壁的一侧,直到空隙完全消失。在观测过程中,基座连同水平度盘就产生微小的方位移动,使观测结果受到误差影响。这种微小的方位移动就叫作脚螺旋空隙带动。

b.影响

显然,这种误差对在改变照准部旋转方向后的第一个目标影响最大,若保持照准部旋转方向不变,对以后各方向的观测结果的影响逐渐减小。

c.消减措施

减弱这种误差影响的方法是:在开始照准目标之前,先将照准部按预定旋转方向转动1~2周,再照准目标进行观测,以后半测回中,照准旋转方向始终不变。

4)水平微动螺旋的隙动差

a.原因

当水平微动螺旋弹簧的弹力减弱或受油腻影响,旋退水平微动螺旋照准目标时,螺旋杆端就出现微小的空隙,在读数过程中,弹簧才逐渐伸张而消除空隙,使视准轴离开目标,给读数带来误差,这就是水平微动螺旋的隙动差。

b.消减措施

照准每一目标,均需向"旋进"方向转动水平微动螺旋。

所谓旋进方向,就是压紧弹簧的方向。当水平微动螺旋旋进时,望远镜所指方向将向左移动,所以在概略转动照准时,无论顺旋或逆旋,都要使目标在望远镜纵丝的左侧少许,在望远镜中观看,若见的是倒像,目标应在纵丝的右侧少许,然后用水平微动螺旋旋进照准目标。另外,要尽量使用水平微动螺旋的中间部位。为做到这一点,每一测回开始前,应将微动螺旋旋到中间部位。

通过以上分析可以看出,虽然点上的观测工作是在外界复杂条件下进行的,存在着较多误差影响,但它们都有一定的规律,只要善于掌握这些规律,通过必要的措施,误差影响的绝大部分是可以消除的。

3. 观测误差的影响

观测误差主要包括照准误差和读数误差。照准误差受外界因素的影响较大。例如,目标影像的跳动会使照准误差增大好几倍;又如目标的背景不好,有时也会增大照准误差甚至照准错误。因此,除选择有利的观测时间外,作业员认真负责地进行观测是提高精度的有效措施。对于电子显示的全站仪,读数误差可以忽略不计。

对于具有偶然性质的读数误差和照准误差,还可以用多余观测取平均值的办法来削弱其影响。

4. 水平角观测操作的基本规则

为了提高测角的精度,消除或减弱误差的影响,现将一些行之有效的措施汇总成观测操作的基本规则如下:

(1)观测前要认真调好焦距,消除视差。在一测回不得变动焦距,以免引起视准轴变化。

(2)各测回起始方向读数要均匀分配在度盘和测微器的不同位置上,以消除和减弱度盘分划长、短周期误差和测微器分划误差的影响。

(3)在上、下半测回之间纵转望远镜,使一测回的观测在盘左、盘右进行。以消除或减弱视准轴误差、水平轴倾斜误差的影响。同时,还可由盘左、盘右之差获得二倍视准差,以检验观测质量。

(4)上、下半测回照准目标的次序要相反,并保持照准每一目标的操作时间大致相等,以消除或减弱与时间成正比变化的误差,如脚架扭转误差等。

(5)在上、下半测回开始前,照准部应按将要旋转的方向先转 1、2 周。在半测回观测过程中,照准部不得反转,若视准轴旋出目标,应多旋 1 周后,再重新照准,以减弱仪器操作中的弹性带动误差和空隙带动误差。

(6)测微螺旋和微动螺旋应以“旋进”方向结束操作,以消除隙动差。

(7)为减弱垂直轴倾斜误差的影响,观测中应注意保持水准气泡居中。必要时在测回间应重新整平仪器,使垂直轴倾斜误差具有偶然性,从而在测回中数中减弱其影响。当照准方向的垂直角一等超过±2°,二等超过±3°时,应加垂直轴倾斜改正。

(8)垂直微动螺旋使用不正确时,观测水平角过程中不得使用,以免由此带入照准误差。

(二)距离测量误差

全站仪电磁波测距误差的大小与仪器的质量、仪器操作方法、观测时的外界条件有着密切的关系。以此得出的误差来源有仪器误差(加常数误差、乘常数误差、周期误差)、观测误差(仪器和反射镜的对中误差)、外界条件(大气折光、空气透光率、电磁场干扰等)的影响。外业电磁波测距得到的被测距离经过改正计算可以消除加常数误差、乘常数误差、周期误差和气象条件误差。本部分内容主要从电磁波测距的公式出发分析测距的误差来源及性质,找出消除或减弱误差的措施和方法。

距离测量误差

1. 误差来源

相位式测距的基本公式为：

$$D = \frac{1}{2f}\frac{c_0}{n}(N + \frac{\Delta\varphi}{2\pi}) + K \tag{0-30}$$

式中 c_0——电磁波在真空中传播的速度(真空光速)，$c_0 = cn$；

f——仪器调制频率；

n——测距时的大气折射率；

$\Delta\varphi$——相位差尾数；

K——仪器加常数。

将其线性化并根据误差传播定律得测距误差：

$$M_D^2 = D^2\left[\left(\frac{m_{c_0}}{c_0}\right)^2 + \left(\frac{m_f}{f}\right)^2 + \left(\frac{m_n}{n}\right)^2\right] + \left(\frac{\lambda}{4\pi}\right)^2 m_{\Delta\varphi}^2 + m_K^2 \tag{0-31}$$

式中 λ——调制波的波长；

m_{c_0}——真空光速值测定中误差；

m_f——调制频率中误差；

m_n——大气折射率中误差；

$m_{\Delta\varphi}$——相位测定中误差；

m_K——仪器加常数测定中误差。

由于仪器内部信号受干扰产生的周期误差的测定中误差设为 m_A，测距时不可避免的仪器对中误差为 m_g，则测距误差较完整的表达式为

$$M_D^2 = D^2\left[\left(\frac{m_{c_0}}{c_0}\right)^2 + \left(\frac{m_f}{f}\right)^2 + \left(\frac{m_n}{n}\right)^2\right] + \left(\frac{\lambda}{4\pi}\right)^2 m_{\Delta\varphi}^2 + m_K^2 + m_A^2 + m_g^2 \tag{0-32}$$

由式(0-32)可见，电磁波测距误差分为两部分：一部分是与被测距离成比例的误差(真空光速值误差、测距调制频率误差和大气折射率误差)，这些误差称为比例误差；另一部分是与距离无关的误差(测相误差、加常数误差、对中误差)，这些误差称为固定误差。周期误差有其特殊性，它与距离有关但不成比例，可通过对测距成果进行周期误差改正来削弱其影响。

从各项误差影响的性质来看，误差有系统误差(m_{c_0}、m_f、m_K、m_n、m_A)，也有偶然误差($m_{\Delta\varphi}$、m_g)。对于偶然误差，可以采取不同条件下的多次观测来削弱其影响；而对于系统误差影响则不然，但可以事先通过精确检定，缩小这类误差的数值，达到控制其影响的目的。

根据测距误差的理论公式，一般可将测距仪的精度写成表达式为：

$$m_D = \pm(a + bD) \tag{0-33}$$

式中 a——固定误差，mm；

b——比例误差系数，mm/km；

bD——比例误差，mm；

D——被测距离，km。

2. 比例误差的影响

由式(0-32)可以看出，真空光速值误差、调制频率误差和大气折射率误差使测距误差随

距离 D 而增加,它们属于比例误差。这类误差对短程测距影响不大,但对中远程精密测距影响十分显著。

1) 真空光速值 c_0 的误差影响

1975 年国际大地测量学会建议采用的光速暂定值 $c_0=(299\ 792\ 458\pm1.2)$ m/s,这是目前国际上通用的数值,其相对误差 $\frac{m_{c_0}}{c_0}=4\times10^{-9}$,这样的精度是非常高的,真空中光速值 c_0 对测距误差的影响甚微,可以忽略不计。

2) 调制频率 f 的误差影响

调制频率的误差主要包括频率校正的误差(反映了频率的精确度)和频率的漂移误差(反映了频率稳定度)。前者用高精度数字频率计(高于 10^{-7})进行频率的校正后,这项误差很小可忽略不计。后者则是频率误差的主要来源。精密测距仪上的振荡器采用恒温装置或者气温补偿装置,并采取了稳压电源的供电方式,以确保频率的稳定,尽量减少频率误差。

频率误差影响在精密中远程测距中是不容忽视的,作业前后应及时进行频率检校,必要时还得确定晶体的温度偏频曲线,以便给以频率改正。

3) 大气折射率 n 的误差影响

在式(0-30)中,若只是大气折射率 n 有误差,则有

$$\mathrm{d}D/D=-\mathrm{d}n/n \tag{0-34}$$

通常大气折射率 n 接近 1,于是有

$$\mathrm{d}D/D=-\mathrm{d}n \tag{0-35}$$

可见,由折射率误差所引起的距离误差随距离增大而增大;当要求测距精度达到 10^{-6} 时,折射率的精度也应达到 10^{-6}。

对于红外光($\lambda=0.835$ μm)测距来说,大气折射率 n 由式(0-36)给出,即

$$n=1+\frac{105.91P-15.02e}{273.2+t}\times10^{-6} \tag{0-36}$$

由式(0-36)可以看出,大气折射率 n 的误差是由确定测线上平均气象元素(P 气压、t 温度、e 湿度)误差引起的,气象误差包括测定误差和气象代表性误差(取用的气象要素与整条测线上的气象要素不符合)。各气象元素对 n 值的影响,可按式(0-36)分别求微分,并取一般大气条件下的数值($P=101.325$ kPa, $t=20$ ℃, $e=1.333\ 22$ kPa)代入后有

$$\left.\begin{aligned}\mathrm{d}n_t&=-0.95\times10^{-6}\mathrm{d}t\\ \mathrm{d}n_P&=+0.37\times10^{-6}\mathrm{d}p\\ \mathrm{d}n_e&=-0.05\times10^{-6}\mathrm{d}e\end{aligned}\right\} \tag{0-37}$$

可见,激光测距中温度误差对折射系数的影响最大。当 $\mathrm{d}t=1$ ℃时,$\mathrm{d}n_t=-0.95\times10^{-6}$,由此引起的测距误差约为一百万分之一。影响最小的是湿度误差。

从以上的误差分析来看,正确地测定测站和镜站上的气象元素,并使算得的大气折射系数与传播路径上的实际数值十分接近,从而大大地减少大气折射的误差影响,这对精密中、远程测距是十分重要的。因此,在实际作业中必须注意以下几点:

(1)气象仪表必须经过检验,才能保证应有的气象测定精度。

(2)气象代表性的误差影响较为复杂,它受到测线周围的地形、地物和地表情况以及气象条件诸因素的影响。为了削弱这方面的影响,选点时应注意地形条件,尽量避免测线两端高差过大的情况,避免视线穿过水域。

(3)气象代表性的误差影响,在不同的时间(如白天与黑夜),不同的天气(如阴天和晴天),具有一定的偶然性,有相互抵消的作用。因此,采取不同气象条件下的多次观测取平均值,也能进一步削弱气象代表性的误差影响。

3. 固定误差的影响

对中误差 m_g 、仪器加常数误差 m_K 和测相误差 $m_{\Delta\varphi}$ 都属于固定误差。它们都具有一定的数值,与距离的长短无关,所以在精密短程测距时,这类误差的影响比较突出。

1) 对中误差 m_g

垂球或对中杆对中误差小于±2 mm,光学对中器对中误差小于±1 mm,只要作业人员认真操作一般可以达到。这对于一般的测距精度来说影响不大。但在精密短程测距时,尽可能采用强制归心方法,最大限度地削弱此项误差影响。

2) 仪器加常数误差 m_K

仪器加常数在仪器出厂前已测定,并进行补偿预置。仪器加常数出厂前测定不准确含有的测定误差,仪器在运输和使用过程中使 K 发生变化而产生加常数变更的影响,因此应经常对加常数进行及时检测,予以发现并改用新的加常数来避免这种影响。

3) 测相误差 $m_{\Delta\varphi}$

测相误差 $m_{\Delta\varphi}$ 是由多种误差综合而成的。这些误差有测相设备本身的误差、幅相误差、照准误差以及仪器信噪比引起的误差。此外,由仪器内部的固定干扰信号而引起的周期误差也在测相结果中反映出来。

(1)测相设备本身的误差。

对于自动数字测相的仪器,数字相位计本身的误差与检相电路的时间分辨率、时间脉冲频率,以及一次测相的检相次数有关。测相灵敏度除与设备的质量有关外,还与信号的强弱有关,而信号的强弱又与大气能见度、反光镜大小等因素有关。所以,选择良好的大气条件配置适当的反光镜,也可以减少数字相位计产生的测相误差。

(2)幅相误差。

幅相误差是由于接收信号的强弱不同而引起的测相误差。为了减小幅相误差,除在制造工艺上改善电路系统外,尽量使内外光路信号强度大致相当。比如可在机内设置自动增益控制电路;设置手动减光板等设备,供作业时随时调节接收信号强度;在测距时,应按仪器规定的信号强度范围作业。

(3)照准误差(束相误差)。

当发射光束的不同部位照射反射镜时,测量结果有所不同,这种测量结果不一致而存在的偏差称为照准误差。产生照准误差的原因是发射光束的空间相位的不均匀性,相位漂移以及大气的光束漂移而产生的。照准误差是影响测相精度的一项主要误差来源。为了尽可能地消除这种误差影响,观测前要精确进行光电瞄准,使反射器处于光斑中央。多次精心照准和读数取平均值;选择有利观测时间和多次观测的办法加以削弱。

(4)噪声引起的误差。

由于大气抖动和仪器内部光电转换过程中可能产生的噪声(包括光噪声、电噪声和热噪声)使测相产生的误差。这种误差是随机变化的,它的影响随信号强度的增强而减小。因此,可通过增大信号强度、增多检相次数取平均值的办法来削弱噪声误差的影响。

4. 周期误差的影响

所谓周期误差,是指按一定距离为周期而重复出现的误差。它主要来源于仪器内部固定的干扰信号。这种干扰主要由机内电信号的串扰而产生。如发射信号通过电子开关、电源线等通道或空间渠道的耦合串到接收部分,从而形成固定不变的串扰信号,此时相位计测得的相位值就不仅是测距信号的相位值,还包含有串扰信号的相位值,这就使测距产生误差。

对测距成果加入周期误差改正,可以提高测距精度。因此,在检定短程测距仪时,首先要检定周期误差,在进行常数测定时,将其观测值加入周期误差改正后再计算仪器常数,这样可使计算成果更准确。

综上所述,电磁波测距误差可概括如下:

- 电磁波测距误差
  - 比例误差
    - 真空光束误差
    - 测距调频误差
    - 大气折射误差
  - 固定误差
    - 仪器加常数测定误差
    - 仪器对中误差
    - 测相误差
      - 数字相位计误差
      - 幅相误差
      - 束相误差
      - 噪声引起的误差
      - 周期误差

此外,由仪器内部的固定干扰信号而引起的周期误差也在测相结果中反映出来。

(三)水准测量误差

水准测量误差按其来源可分为仪器误差、外界因素引起的误差和观测误差。

1. 仪器误差

1) i 角误差

a. 原因

视准轴与水准器轴不平行,在垂直面上投影线的夹角称为 i 角,i 角的存在对观测高差带来误差。

水准仪的 i 角不可能检校到零,只要求小于 15″(一、二等)、20″(三、四等)。仪器总是带着 i 角观测。

水准测量仪器误差

b. 影响

如图 0-39 所示,当 i 存在时,前视标尺和后视标尺的读数分别为 b 和 a;当 i 角为零时,前视标尺、后视标尺的读数分别为 b' 和 a'。由于 i 角的影响,产生的误差为 δh,则

水准测量 i 角误差

$$\delta h = h_{ab} - h_{a'b'} = (a - b) - (a' - b') = (a - a') - (b - b') \tag{0-38}$$

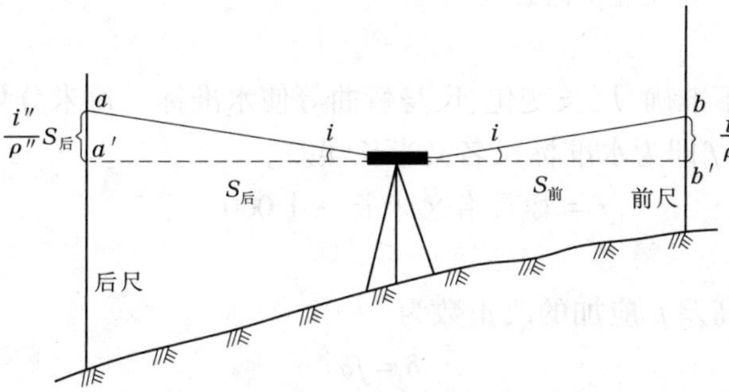

图 0-39 i 角误差

因为
$$a - a' = \frac{i''}{\rho''}S_后$$
$$b - b' = \frac{i''}{\rho''}S_前$$

所以
$$\delta h = \frac{i''}{\rho''}(S_后 - S_前) \tag{0-39}$$

c. 分析

i 角误差的大小与 i 角及前后视距差的大小成正比。在 i 角保持不变的情况下,只要使前后视距差为零,就可以在高差中消除 i 角误差的影响。

d. 消减措施

一个测站上的前、后视距相等。

但在实际作业中,要求前、后视距完全相等是困难的,但应限制每站的前后视距差(一等为 0.5 m、二等为 1 m、三等为 2 m、四等为 3 m),每站前后视距累积差(各等分别为 1.5 m、3 m、5 m、10 m)。

2) 交叉误差

a. 原因

视准轴与水准器轴不平行时,其在水平面上投影的交角称为交叉误差。

b. 影响

若仪器不存在 i 角,在仪器的垂直轴严格垂直时,交叉误差并不影响水准标尺上的读数,对水准测量并无不利影响;当仪器垂直轴倾斜时,如与视准轴正交的方向倾斜一个角度,那么这时视准轴虽然仍在水平位置,但水准轴两端却产生倾斜,从而水准气泡偏离居中位置,仪器在水平方向转动时,水准气泡将移动,当重新调整水准气泡居中进行观测时,视准轴就会偏离水平位置而倾斜,显然它将影响在水准标尺上的读数。

c. 消减措施

为了减少这种误差对水准测量成果的影响,应对水准仪上的圆水准器进行检验与校正和对交叉误差进行检验与校正。

3) 水准标尺名义米长误差 f 的影响

a. 原因

由于水准尺分划不准确、尺长变化、尺身弯曲等使水准标尺每米分划间隔实际长度与名义长度不相等,其差值 f 即为水准标尺名义米长误差。

$$f = \text{标尺名义米长} - 1\ 000 \tag{0-40}$$

b. 影响

一个测站的观测高差 h 应加的改正数为

$$\delta = fh \tag{0-41}$$

式中　f——系统性误差。

c. 消减措施

(1) 检定标尺名义米长,对于一、二等,$|f|>0.1$ mm;对于三、四等,$|f|>0.5$ mm,则禁止使用。

(2) 计算改正(f 须在限值内):$\delta = fh$,式中,δ 为改正数,h 为测段观测高差。

(3) 谨慎保护标尺,防止尺长变化,高差大的测段,避免使用 $|f|$ 大的标尺。

4) 一对水准标尺零点不等差的影响

a. 原因

由于水准标尺底部磨损变形等使标尺带有零点差,一对标尺的零点差不一致,它们之间的差值称为一对标尺的零点不等差。

b. 影响

如图 0-40 所示,设 a、b 水准标尺零点误差分别为 Δa 和 Δb,它们都会在水准标尺上产生误差。

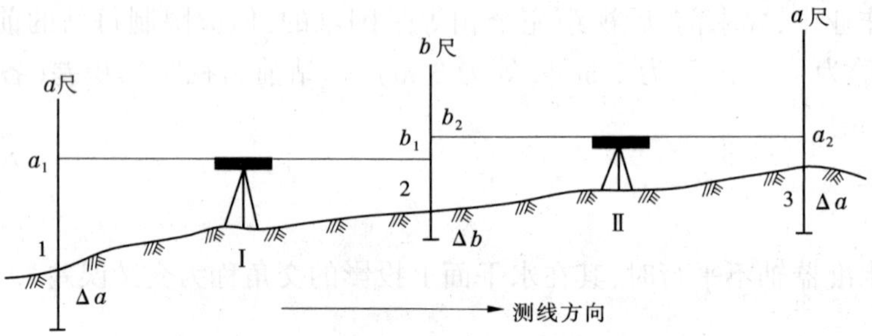

图 0-40　一对标尺零点不等差的消除

在测站Ⅰ上顾及两水准标尺的零点误差对前、后视水准标尺上读数 b_1、a_1 的影响,则测站Ⅰ的观测高差为

$$h_{12} = (a_1 - \Delta a) - (b_1 - \Delta b) = (a_1 - b_1) - \Delta a + \Delta b \tag{0-42}$$

在测站Ⅱ上顾及两水准标尺零点误差对前、后视水准标尺上读数 a_2、b_2 的影响,则测站Ⅱ的观测高差为

$$h_{23} = (b_2 - \Delta b) - (a_2 - \Delta a) = (b_2 - a_2) - \Delta b + \Delta a \tag{0-43}$$

则 1、3 点的高差,即Ⅰ、Ⅱ测站所测高差之和为

$$h_{13} = h_{12} + h_{23} = (a_1 - b_1) + (b_2 - a_2) \tag{0-44}$$

c. 分析

尽管两水准标尺的零点误差 $\Delta a \neq \Delta b$，但只要在一个测段中设置偶数站，且在相邻测站间互换前、后标尺，即可消除一对标尺零点不等差的影响。

d. 消减措施

测段间采用偶数站观测，可以消除其影响。

2. 外界因素引起的误差

1) 温度变化对 i 角的影响

a. 原因

仪器在温度逐渐升高或降低的过程中，由于各部件的膨胀系数不同，势必使仪器结构发生微小变化，或者仪器单面受热或受凉，亦会使仪器结构发生微小变化。仪器结构变化的效应之一就是 i 角发生微小变化。在观测过程中，仪器 i 角的变化部分会给观测结果带来误差。

外界条件引起的误差

b. 影响

由于 i 角受温度变化的影响很复杂，因而对观测高差的影响是难以用改变观测程序的办法来完全消除的，而且这种误差影响在往返测不符值中也不能完全被发现，这就使高差中数受到系统性的误差影响。

c. 消减措施

(1) 作业前把仪器放在阴影下半小时，使仪器与外界气温趋于一致；设站时，用测伞遮蔽阳光；迁站时，罩以仪器罩；天气突变时停止测量。

(2) 相邻测站采用相反的观测程序。

(3) 各测站的往、返测分别安排在上午和下午进行。

2) 大气垂直折光影响

a. 原因

近地面处，大气在垂直方向上的密度变化相对较大，造成视线在垂直方向上发生偏折（往上偏或往下偏），使水准标尺上的读数偏大或者偏小而产生误差。

b. 影响

若前后视环境相当，视线高度一致，视距相等，则前后视折射影响大体相当，对观测高差影响不大。当水准路线经过一段较长的斜坡时，因前后视线离开地面高度不一，且总是前高后低，或总是前低后高，垂直折光影响就会积累起来，导致不可忽视的误差。

c. 消减措施

(1) 前、后视距尽量相等。

(2) 视线离开地面应有足够的高度。

(3) 在坡度较大的地段应适当缩短视线。

(4) 在有利的时间内进行观测。日出后半小时，日落前半小时，以及中午前后一段时间不要进行水准测量。

3) 仪器脚架和水准标尺（尺台或尺桩）垂直位移的影响

a. 原因

仪器脚架和水准标尺（尺台或尺桩）压入地面后，由于压力将引起脚架、标尺轻微下沉。

随后由于地面反作用力,会对其造成轻微的上升。这一过程在一测站的观测中会对观测高差产生误差。

b. 影响

按图 0-41 中的观测程序,当仪器的脚架随时间而逐渐下沉时,在读完后视基本分划读数读前视基本分划读数,由于仪器下沉,而使前视基本分划读数偏小。同理,后视辅助分划读数比前视辅助分划读数偏小,若前视基本分划和后视辅助分划的读数偏小的量相同,则采用"后前前后"的观测程序所测得的基辅高差的平均值中,可以较好地消除这项误差的影响。在偶数测站则采用"前后后前"的观测程序。

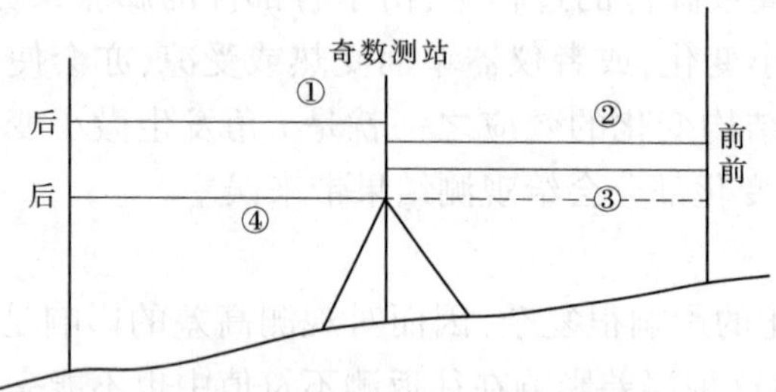

图 0-41　脚架垂直位移的消除

水准标尺(尺台或尺桩)的垂直位移,则主要发生在迁站的过程中,由原来的前视尺转为后视尺而产生下沉,使后视读数偏大,造成各测站的观测高差都偏大,成为系统性的误差影响。这种误差影响在往返测高差的平均值中可以得到有效的抵偿,所以水准测量一般都要求进行往返测。

c. 消减措施

(1)应选择良好土质的路线作为水准观测路线。

(2)精密水准测量尽量用尺桩。

(3)立尺轻拿轻放,仪器迁站时,原前视标尺应取下,应在立尺 20~30 s 后进行观测。

(4)每测段设为偶数站,并进行往返观测,相邻测站观测顺序相反。

(5)安置脚架时,使其自然伸展,切忌强力扭转,观测员应绕单脚走动并应离脚架 0.5 m 以外。

(6)尽量缩短一测站的观测时间。

4)补偿式自动安平水准仪的磁感应误差

a. 原因

有些自动安平水准仪的补偿器会被外强磁场略微磁化,或被外磁场(含地磁)感应,结果不是稳定在测站重力方向上,而是被磁力稍微拉偏,导致观测误差。

b. 消减措施

(1)精密水准不采用有磁感应的水准仪。

(2)测定磁感应误差的值,对观测结果进行改正。

3. 观测误差

观测误差主要包括水准器气泡居中误差、照准水准标尺上分划的误差,这些误差都是属于偶然性质的。由于精密水准测量使用的是现代精密仪器,可以提高读数精度,减小照准误差。因此，这些误差影响都可以有效地控制在很小的范围内。

以上各项误差可归纳如表 0-2 所示。

表 0-2 水准测量误差

水准测量误差			误差产生的原因	误差消除和减弱的方法(注意事项)
仪器误差	水准仪误差	*i* 角误差	视准轴与水准器轴不平行在垂直面上投影的交角	前、后视距相等
		交叉误差	视准轴与水准器轴不平行在水平面上投影的交角	对交叉误差进行检验与校正
	水准尺误差	水准标尺名义米长误差	水准标尺分划不准确、尺长变化、尺身弯曲	选用符合要求的水准标尺，计算改正
		水准标尺零点不等差	水准尺底部磨损引起的一对标尺零点不等差不一致	使测段的测站数为偶数
观测误差	水准管气泡居中误差		水准管气泡没有严格居中引起的	气泡尽量居中，用有自动补偿器的水准仪
	读数误差		在水准标尺上估读引起的	采用精密仪器
	照准标尺误差		水准仪横丝没有对准标尺刻划引起的	水准仪楔形丝卡准标尺刻划
外界条件的影响	仪器下沉误差		在松软的地方安置水准仪，水准仪产生下沉引起的	“后前前后”或“前后后前”的观测程序
	尺垫下沉误差		尺垫下沉引起的	往返观测
	地球曲率及大气折光误差		地球曲率及大气折光引起的	前、后视距相等，视线一定高度，有利观测时间
	i 角变化误差		温度变化引起的	撑伞遮阳、选择有利的观测时间、相邻测站采用相反观测程序

4. 精密水准观测操作的一般规定

(1)选择有利的观测时间。水准观测在日出半小时之后才能开始，日落前半小时应停止观测；中午前后阳光强烈的 2 h 内也应停止观测；标尺成像不清晰或不稳定、风大、天气骤变时都应停止观测。

(2)避免水准仪受外界温度变化的影响。测前应将仪器置于阴凉、通风处半个小时，使仪器温度与外界气温趋于一致；为避免阳光直射仪器，观测中用白色测伞遮蔽阳光，迁站时罩以白色仪器罩。这样可以减小 *i* 角变化带来的误差影响。

(3)设测站的前、后视距应大致相等，视线不得超过规定的长度，视线应保证一定的高度，这样可以消除或减弱 *i* 角误差、大气垂直折光差、地球弯曲差等与距离有关的误差影响。

(4)每站观测应按“后前前后”或“前后后前”的程序进行。这样可以消除或减弱 i 角变化、仪器垂直升降等与时间有关的误差影响。

(5)一个测段间应设偶数站,以便消除一对标尺零点不等差的影响。由往测转为反测时应互换两标尺的位置。

(6)往测和返测应沿同一条路线,且分别在上午或下午进行。

(四)三角高程测量误差

精密导线测量中,控制点的高程,少数由直接水准测量获得,大部分则是通过三角高程测量的方法传算点位高程的。这就要求在各测站上观测垂直角。

三角高程测量误差

采用三角高程测量的方法获得控制点高程,其误差来源主要为:垂直角观测误差、大气折光误差、边长误差,以及仪器高、目标高的量测误差。

1. 垂直角观测误差

垂直角观测误差包括仪器误差、观测误差及外界条件的影响等。

1)仪器误差

仪器误差不可避免。可以根据具体情况选取更精密的仪器来测量。在仪器误差中,垂直角指标差仅对垂直角测量有影响。所谓垂直角指标差,是由竖直度盘指标线不处于正确位置引起的。当用盘左、盘右照准某一目标时,盘左的垂直角值和盘右的垂直角值之和理论应该是360°,如果不是360°,则其与360°差值的一半为垂直角指标差(垂直角零基准),该项垂直角指标差可以对全站仪进行校正,校正之后可采用盘左、盘右观测一测回,取其平均值作为垂直角成果的方法来消除垂直角指标差。

2)观测误差

垂直角的观测误差主要有照准误差、读数误差、气泡居中误差。这些误差与水平角测量中误差类似,不再详述。由于人眼的分辨力有限,在工作中垂直角用全站仪观测多个测回取平均值,则可以在一定程度上提高测量精度。

3)外界环境条件的影响

外界环境条件对观测也会产生一定的影响,如空气清晰程度,会很大程度上干扰观测时的瞄准质量,从而影响观测值的精度。

对于上述误差,有的也可以通过观测方法来减弱或者消除:事先仔细检验仪器竖直度盘分划误差;改进觇标结构;在观测程序上采用盘左、盘右分别依次照准觇标,即可使垂直角观测精度提高。

2. 大气折光误差

大气垂直折光现象产生的原因,主要是由于重力的作用,大气的总体分布是上疏下密,致使来自观测目标的光线在大气中穿过时向下偏折,形成如图0-42所示的弧形轨迹。

上面讲的是大体情况,实际上大气在垂直方向上的密度变化除与地球重力有关外,还随地区的不同,地形条件的不同,季节的不同,一天中时刻的不同,地面覆盖物的不同,以及高度的不同而表现出差异。所以,影响大气垂直折光的因素既多且复杂。由于难以用精确的数学模型来表达光线的垂直折光情况,因而垂直折光成为影响三角高程测量精度的主要因素之一。

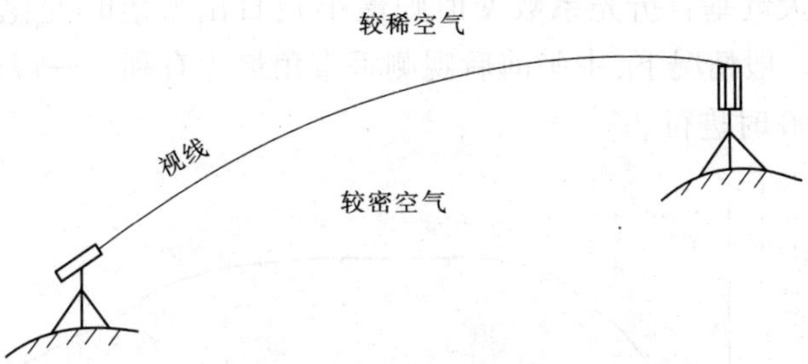

图 0-42　大气垂直折光

为了减弱垂直折光的影响,提高三角高程测量的精度,测量工作者总结出以下四项措施:

(1)对向观测垂直角。

对向观测垂直角是指在 A 点设站向 B 点观测垂直角,然后又在 B 点设站向 A 点观测垂直角。这样,可以得到往测、返测两个三角高差值。

$$h_{12} = d_{12}\sin\alpha_{12} + i_1 - a_2 + C_{12}d_{12}^2\cos^2\alpha_{12} \tag{0-45}$$

$$h_{21} = d_{21}\sin\alpha_{21} + i_2 - a_1 + C_{21}d_{21}^2\cos^2\alpha_{21} \tag{0-46}$$

取往、返测的高差平均值

$$\bar{h}_{12} = \frac{1}{2}(h_{12} - h_{21}) \tag{0-47}$$

这里 h_{21} 前取"-"号,是因为理论上有 $h_{12} =- h_{21}$,将式(0-45)和式(0-46)代入式(0-47),并顾及

$$d_{12}^2\cos^2\alpha_{12} = d_{21}^2\cos^2\alpha_{21} = d_0^2 \tag{0-48}$$

则有

$$\bar{h}_{12} = \frac{1}{2}(d_{12}\sin\alpha_{12} - d_{21}\sin\alpha_{21}) + \frac{1}{2}(i_1 - a_2 - i_2 + a_1) + \frac{1}{2}(C_{12} - C_{21})d_0^2 \tag{0-49}$$

式中,C 为球气差系数,若往、返测大气垂直折射情况完全对称,即认为 $C_{12} = C_{21}$,式(0-49)变为

$$\bar{h}_{12} = \frac{1}{2}(d_{12}\sin\alpha_{12} - d_{21}\sin\alpha_{21}) + \frac{1}{2}(i_1 - a_2 - i_2 + a_1) \tag{0-50}$$

则在往、返测高差中数中,大气折射的影响被完全消除。若往返测大气折射情况有一定的差异,$k_{12} \neq k_{21}$,则仅仅其差值的一半对高差的计算有影响,也就是说,大气垂直折射的影响被大部分抵消了。

从上面的分析可以得出结论:对向观测垂直角,取往返测高差平均值可以极大地削弱大气垂直折光对三角高差计算的影响,大大提高三角高程测量的精度。所以,在实际控制测量作业中,三角高程测量一般采用对向观测垂直角。

(2)选择有利的观测时间。

因为 $C = \dfrac{1-k}{2R}$,实践中,常常通过研究球气差系数 C 来研究大气垂直折光系数 k。

图0-43是典型的球气差系数 C 的周日变化图。由图0-43可以看出：中午前后 C 值稳定，且最大(对应的是大气垂直折光系数 k 值则最小)；日出日落时变化较快，C 值较小(对应 k 值则最大)，因此一般情况下，中午前后观测垂直角最为有利。一般规定：垂直角观测在地方时间10：00~16：00时进行。

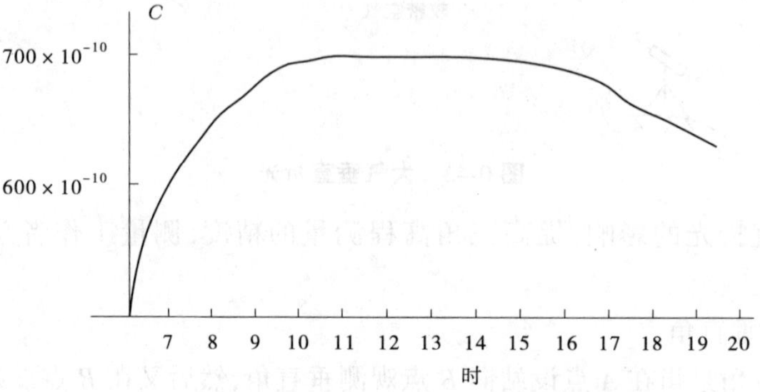

图0-43 球气差系数 C 的周日变化曲线

(3)提高视线高度。

实践证明，视线距地面越近，折光系数变化越大。例如在珠穆朗玛峰地区进行三角高程测量时，由于珠穆朗玛峰方向的视线距地面很高，该方向的折光系数 k 周日变化只有0.01~0.02，而其他方向的 k 值变化比较大，最大达到0.105。这就说明，提高视线高度可以减弱大气垂直折光的影响。

(4)尽可能利用短边传算高程。

由单向观测高差计算公式可看出：折光系数误差对高差的影响与边长的平方成正比。例如：当 $\Delta k = 0.01$，$S = 13$ km时，对高差的影响 $\Delta h = 0.13$ m；当 $S = 25$ km时，$\Delta h = 0.49$ m。由此可见，用短边传算高程较用长边传算有利。

3. 边长误差

在三角高程测量中高差的基本计算式中，用到的平距或者斜距都是用全站仪直接测量所得的，而仪器本身有其精度限制，因而不可避免地会产生误差。因此，可以采用相对精确的测距仪器来获取两点之间的水平距离或者斜距。然后根据仪器本身提供的相关参数对测得的数据进行相应的改正，提高数据的精度。

4. 仪器高、目标高的量测误差

仪器高和棱镜高量取误差直接影响着高差值，因此应认真、细致地量取仪器高和棱镜高，以控制其在最小误差范围内。在量测时，一般用钢尺量两次。两次应在钢尺的不同尺段上量，以避免出现粗差，读数至毫米。取两次量测结果的中数为最后结果，从而使得精度得到提高。还可以通过改变测量方式，如采用中间观测法，避免仪器高的量测，减少了一个误差的来源。

在以上的几种误差中，垂直角的误差对测量结果的影响最大。由于在基本测量公式中垂直角需要与距离相乘，而距离一般都比较大，进行乘法运算后的值也就相应的变得比较大。所以，在观测中垂直角的精度一定要得到保证。

总论小结

总论部分是后续项目实施、任务执行的基本知识保障，总论主要介绍了控制测量的概念与分类、控制测量的任务、建网原则、建网方法、技术设计、技术总结、控制测量基准、概算、平差和控制测量的误差这几个方面的内容，通过这些内容可以快速地认知和掌握控制测量的基本知识。其中，控制测量的建网原则、建网方法、控制测量基准和误差需要重点掌握；会编写控制测量的技术设计书和技术总结。

案 例

××省所布测的C级GPS三维空间大地控制网，在××省国民经济建设和社会发展中发挥了重要作用。为了促进市级基础测绘工作，为地方经济建设服务，××市国土资源局决定开展以大地控制网和区域大地水准面精化为主要目标的空间坐标基准框架建设。项目的实施可以满足××市的快速成图和GPS技术综合服务的需求，有力地推动和加速"数字××"的建设，为"数字区域"的建设起到示范作用，为××市经济建设和重大工程建设提供高精度的测绘成果。

以××省C级GPS基础控制点作为起算点，在××市域内布设D级GPS控制网，控制网由337个点组成。按照D级GPS精度要求进行观测；用四等水准联测D级GPS点高程，为××市建立高精度的测量基准，确定××市准确、可靠的WGS-84坐标系至1980西安坐标系和1954北京坐标系的坐标转换参数（平移参数、尺度比、旋转因子），并且为大地水准面的精化研究奠定一个坚实的基础，从而更好地为国民经济建设服务。

××市地处中纬度地区，属温带季风气候，四季分明，温度适中，雨量丰沛，日照充足，适于农作物生长。无霜期200 d左右，年平均气温13.6 ℃，年平均降雨量600 mm。

问题：请为该市D级GPS三维空间大地控制网编写控制测量技术设计书。

案例小结：本案例考查的是控制测量技术设计书的编写，通过该案例让学生掌握控制测量技术设计书的内容和编写方法。

××市 D 级 GPS 三维空间大地控制网

技术设计书

设 计 单 位:×× 省×× 测 绘 院

设 计 者:××× ×× ×××

审 查 者:×××

日 期:2005 年 4 月

审 批 单 位:××市国土资源局

审 查 者:×××

审 批 者:×××

日 期:2005 年 5 月

目 录

1 任务概述

1.1 任务名称

××市D级GPS三维空间大地控制网

1.2 任务来源和目的

××省所布测的C级GPS三维空间大地控制网,在××省国民经济建设和社会发展中发挥了重要作用。为了促进市级基础测绘工作,为地方经济建设服务,××市国土资源局决定开展以大地控制网和区域大地水准面精化为主要目标的空间坐标基准框架建设。项目的实施可以满足××市的快速成图和GPS技术综合服务的需求,有力地推动和加速“数字××”的建设,为“数字区域”的建设起到示范作用,为××市经济建设和重大工程建设提供高精度的测绘成果。

1.3 任务量

以××省C级GPS基础控制点作为起算点,在××市域内布设D级GPS控制网,控制网由337个点组成。按照D级GPS精度要求进行观测;用四等水准联测D级GPS点高程,为××市建立高精度的测量基准,确定××市准确、可靠的WGS-84坐标系至1980西安坐标系和1954北京坐标系的坐标转换参数(平移参数、尺度比、旋转因子),并且为大地水准面的精化研究奠定一个坚实的基础,从而更好地为国民经济建设服务。

2 测区概况

2.1 测区范围及行政隶属

××市现辖四区(××区、××区、××区、××区)、两市(××市、××市)、六县(××县、××县、××县、××县、××县、××县),本测区介于东经×××°××′至×××°××′和北纬××°××′至××°××′,全市总面积××××km^2。

2.2 测区特征

××市地处……(此处略)

××市工业发达,已形成纺织、电子、机械、、医药、建材等骨干行业,布局合理,配套齐全的新兴工业城市。

××市境内矿产资源丰富,耕地以旱地为主,粮食作物有小麦、玉米、大米等,经济作物有棉花、芝麻、花生、药材、油菜籽等,是全国优质小麦和商品粮生产基地。

××市旅游资源丰富。主要有:……(此处略)

2.3 测区气候

××市地处中纬度地区,属温带季风气候,四季分明,温度适中,雨量丰沛,日照充足,适于农作物生长。无霜期200 d左右,年平均气温13.6 ℃,年平均降雨量600 mm。

2.4 测区交通

××市交通便利……(此处略)

3 已有测量成果资料的分析和利用

3.1 平面资料

××省C级GPS基础控制网(2003年完成,精度符合规范要求)可作为本次D级GPS控制网测量的起算依据。本测区内有 35 个 C 级 GPS 点(详见控制网图)。

本测区内国家四等以上控制点,只要点位完好,符合 GPS 观测要求的,均可利用。

3.2 高程资料

测区内的国家Ⅰ等水准××线,国家Ⅱ等水准××线、××线、××线、××线(1985 国家高程基准)及测区内的 C 级 GPS 点水准高程(Ⅲ等)均可作为四等水准测量的起算点。

3.3 地形图资料

总参测绘局测制的 1∶5万地形图、××省测绘局测制的 1∶1万地形图及各种交通图、行政区划图,均可供设计、选点及生产计划、指挥使用。

4 作业技术依据

(1)《全球定位系统(GPS)测量规范》(GB/T 18314—2001)。

(2)《全球定位系统(GPS)测量型接收机检定规程》(CH 8016—95)。

(3)《国家三、四等水准测量规范》(GB 12898—1991)。

(4)《测绘产品质量评定标准》(CH 1003—1995)。

(5)《测绘产品检查验收规定》(CH 1002—1995)。

(6)《测绘技术总结编写规定》(CH/T 1001—2005)。

(7)本技术设计书。

5 采用的基准及精度标准

5.1 坐标及高程基准

5.1.1 平面坐标系:1980 西安坐标系、1954 北京坐标系,中央子午线为×××°。

5.1.2 地心坐标系:ITRF97 参考框架。

5.1.3 高程系统:1985 国家高程基准。

5.1.4 重力系统:2000 国家重力基本网。

5.1.5 地球重力场模型:EGM96、WDM94 等。

5.2 基本精度

GPS 网相邻点间基线长度精度:

$$\sigma = \pm\sqrt{a^2 + (b \times d)^2}$$

式中 σ——标准差,mm;

a——固定误差,mm;

b——比例误差系数;

d——相邻点间距离,km。

6 D 级 GPS 网布测方案

6.1 布设原则

在 C 级 GPS 点的基础上加密 D 级 GPS 网,D 级 GPS 网可布设为多边形或附合路线。最简独立闭合环或附合路线的边数≤8。相邻点间平均距离 5~10 km,基线边长度应尽可能接近,相邻点最小距离可为平均距离的 1/3~1/2,相邻点最大距离可为平均距离的 2~3 倍。

6.2 点位选择及要求

6.2.1 点位必须选在地基坚实且适合 GPS 观测并有利于长期保存的稳定区域。若必须选在地基松软的区域,为了增强点位的稳定性,在埋石时,需进行地基处理。

6.2.2 点位须远离大功率无线电发射源(如电视台、微波站等),其距离不得小于 400 m;远离高压输电线,其距离不得小于 200 m,控制点要尽量布设在四周开阔的区域,在地面高度角 15°内不应有成片的障碍物。

6.2.3 点位应选在交通方便,又有利于安全作业、长期保存的地方。点位附近不应有大面积的水域或其他强烈干扰卫星信号接收的物体(如金属广告牌等),应尽量避免在主要道路边设点。

6.2.4 点的布设应考虑到图形结构,尽可能地均匀分布,且利于生产和工程施工使用。同时,应尽可能重合于高级控制点上。

6.2.5 已有四等以上等级控制点,点位符合 GPS 观测条件的,应充分利用,若点位已破坏或无法满足 GPS 观测要求的,应在附近选埋新点;点位设计应充分利用已有水准点,利用水准点时点位应符合 GPS 观测要求,并在中心标志上做平面定位点标志,若点位不符合要求,可以选择该水准线路上邻近的符合要求的水准点,附近无符合要求的水准点时,应在附近埋设新点,新埋设的点也应进行四等水准联测。

6.2.6 对 GPS 观测有特殊要求(如:需升高天线、带大扳手卸觇标的标头、带强制对中装置的连接螺丝等)的应在点之记中加以说明。

6.2.7 选点结束后应提交 GPS 网选点图。

6.3 标石埋设

6.3.1 标石埋设的基本要求

本测区 D 级 GPS 控制网标石采用预先预制或用混凝土现场浇筑,标石顶面中心设置中心标志,标石干后,野外埋置;在平坦地区,GPS 点点位选择与墩标埋设须同时满足水准测量的有关要求。

6.3.2 埋设标石类型

D 级 GPS 点采用预先预制或用混凝土现场浇筑,尺寸为:底 40 cm×40 cm、高 50 cm、顶 30 cm×30 cm;中心标志为用 20 cm 长、直径为 3.0 cm 的不锈钢柱(下面带有十字形钢筋便于固定于混凝土中)制作,露出标石面 1.5 cm,成圆台状,上面刻有十字丝(宽度不大于 0.10 cm)。埋设时,标石顶部距地面 30 cm 左右,标石底部平整、夯实;位于露岩地上的 D 级 GPS 点,按《全球定位系统(GPS)测量规范》(GB/T 18314—2001)附录 B4 标石类(d)要求的尺寸进行现场浇筑;位于建筑物楼顶上的 D 级 GPS 点,按《全球定位系统(GPS)测量规范》(GB/T 18314—2001)附录 B4(j) 要求的尺寸进行现场浇筑。

6.3.3 新埋设的各类型标石

标石面上应刻有“××国土”“D 级 GPS”字样;字头方向为正北方向。利用旧标石时可不用刻印,但应在点之记、计算手簿、网图、技术总结等中说明。标石规格要符合要求;标石面应美观端正,刻印的字应清晰美观;建筑物上的标石严禁在隔热板上、沥清面上浇筑。

6.3.4 所有的 D 级 GPS 点(包括利用的旧点)均应在实地绘制点之记

点号、点名均应填入点之记。所在地应认真了解,点的位置说明要简洁明确,要说明至居民地的方向距离,并量注标石中心至三个以上地物点的距离,略图绘制与实地方位一致,点所在图幅栏填写 1:5万的图幅号。

6.4 控制点的命名与编号

6.4.1 控制点的命名

控制点的点名用埋设地点的村庄名、山名等自然地名或邻近的自然地名命名,必要时,可加相关方位说明(如××东、××南、××西、××北等)。

6.4.2 控制点的编号

为方便作业,每个控制点应给出相应的点号,编号采用DG×××表示(D为GPS等级,G为××市汽车牌照的第一个英文字母,最后三位为点号)。设计图已对设计点位进行了预编号,实地作业时尽可能以预编号为准。

6.4.3 利用的旧控制点仍用原点名,点号按6.4.2款重新编号。测区内点名不得同名,点号不得重号。

6.5 外业观测方法及技术要求

外业数据采集是建网的核心工作,其质量对整个项目关系重大,因而必须按照高起点、高技术、高标准、高质量的要求进行作业。

6.5.1 使用仪器

GPS接收机应满足:固定误差 $a \leqslant 10$ mm;比例误差系数 $b \leqslant 10$ ppm(1 ppm $= 1 \times 10^{-6}$,全书同),应采用双频GPS接收机。

6.5.2 观测前准备

6.5.2.1 在控制点标石埋设完毕后,应使其稳定一段时间,使之稳固后再进行观测。

6.5.2.2 GPS接收机应按GPS检定规程进行检定。用于GPS测量的通风干、湿气温表、气压表应按GPS规范的检定条款进行检验。光学对中器应在作业前及作业中经常进行检验和校正,尤其在高标上进行观测时对中器应进行严格检验和校正。

6.5.3 为满足厘米级大地水准面精化的要求,D级网的观测时间应长于《全球定位系统(GPS)测量规范》(GB/T 18314—2001)所规定的时段长度。其基本技术要求:

卫星高度角≥15°;

PDOP值≤8;

有效观测卫星总数≥4颗;

所有网的时间段中任一卫星有效观测时间≥30 min;

数据采样间隔为15 s;

观测时段数≥1.6;

每个时段为2 h;

两次量高误差≤3 mm;

同步观测接收机数≥3台。

6.5.4 外业观测的基本原则

6.5.4.1 采用双频GPS接收机进行施测。尽可能避开中午12~15 h进行观测,以减弱电离层的影响。

6.5.4.2 观测手簿中的内容在现场用铅笔认真填写,不得伪造、涂改。填错的内容可划改,正确的内容填写在划改内容的上方,划改的内容须清晰地保留。

6.5.4.3 正确量取天线高,并记入观测手簿中,天线高采取每时段测前和测后各量取一次,每次应从天线三个不同方向(间隔120°)量取,两次量高误差≤3 mm,取其平均值;还应画出天线量测的示意图。注明是垂高还是斜高。

6.5.4.4　正确输入各项参数,存储数据的文件名命名合理。

6.5.4.5　气象数据每小时量测一次并做好记录。

7　四等水准联测

7.1　为了满足似大地水准面精化的要求,D级GPS网必须要进行足够的水准联测,水准等级不低于四等,且应合理分布。

7.2　水准测量采用仪器不低于DS_3型的水准仪,标尺采用双面区格式木质标尺。

7.3　采用1985国家高程基准,四等水准测量以国家三等以上水准点为起算点,布设成附合路线或网状。

7.4　用于水准观测的水准仪、水准标尺,应按《国家三、四等水准测量规范》(GB 12898—1991)5.2条所规定的要求检验和校正,检验的各项指标均应符合规范5.3条的要求,并将检验记录装订上交。

四等水准观测时测站视线长度、前后视距差、视线高度按表1的规定执行。

观测顺序和方法按《国家三、四等水准测量规范》(GB 12898—1991)6.3条执行。

测站观测限差按表2的规定执行。观测时尽可能采用电子手簿。

表1　水准测量视距和视线高度的要求　(单位:m)

仪器类型	视线长度	前后视距差	每站的前后视距差累积	视线高度
DS_3	≤100	≤3.0	≤10.0	三丝能读数
DS_1,DS_{05}	≤150			

表2　水准测量测站观测限差　(单位:mm)

观测方法	基、辅分划(黑红面)读数的差	基、辅分划(黑红面)所测高差之差	附合线路或环线闭合差	
			平原	山区
中丝读数法	3.0	5.0	$20\sqrt{L}$	$25\sqrt{L}$

注:L为路线长度,km。

7.5　电磁波测距高程导线

在进行几何水准测量确有困难的地区,可用电磁波测距高程导线进行测量。

7.5.1　电磁波测距高程导线边长不应超过700 m,视线垂直角不得超过15°,视线高度和离开障碍物的距离不得小于1.5 m。

7.5.2　电磁波测距高程导线采用对向观测。前后视线长度之差不大于100 m。

7.5.3　应在成像清晰、信号稳定时进行斜距和垂直角的观测,主要技术要求如下:

7.5.3.1　斜距观测两测回(每测回照准一次,读数四次),各次读数互差和测回中数之间的互差为10 mm和15 mm,每站需量取气温、气压值;

7.5.3.2　垂直角观测采用中丝法观测四个测回,测回差和指标差互差,均不大于5″;

7.5.3.3　仪器高、觇标高应在测前、测后各量测一次,两次互差不大于2 mm,取中数作为最后成果。

7.5.4　对向观测高差较差不应大于$\pm 40\sqrt{D}$(mm)(D为以千米为单位的测距边水平距

离),附合路线或环线闭合差限差同四等水准测量要求。

7.5.5 计算时,垂直角的取位应精确至0.1″;测距距离与高程的取位应精确至1 mm。单向观测时的高差根据采用斜距或平距,分别应按下列公式计算:

$$h = s\sin\alpha + (1-k)\frac{s^2\cos^2\alpha}{2R} + i - v$$

$$h = D\tan\alpha + (1-k)\frac{D^2}{2R} + i - v$$

式中 h——高程导线边两端点的高差,m;

s——高程导线边的倾斜距离,m;

D——高程导线边的水平距离,m;

α——垂直角;

k——当地的大气折光系数;

R——地球平均曲率半径,m;

i——仪器高,m;

v——觇标高,m。

7.6 平差计算

7.6.1 外业观测后要进行高差改正数计算

高差改正数计算包括:水准标尺长度误差的改正,正常水准面不平行的改正,水准路(环)线闭合差的改正。

7.6.2 平差计算使用清华山维工程测量控制网平差系统软件或××省测绘局等级水准网平差系统软件进行严密平差并评定精度,并进行不平行改正,其公式为

$$\delta = -AH\Delta\varphi$$

式中 $\Delta\varphi$——纬差,(′);

H——平均高程,m;

A——常系数。

8 基线处理

8.1 软件

基线处理软件采用随接收机配备的商用软件。利用广播星历解算的基线仅用于同步环和异步环的检验,平差时采用 Trimble Geomatics Office (TGO 1.6)软件利用精密星历解算的基线进行网平差。

8.2 基线解算

按同步观测时段为单位进行。

8.3 起算坐标

基线解算中,应保持数据传递的连续性,利用 C 级 GPS 点的 WGS-84 坐标作为起算点来解算相邻的同步观测网,乃至整个 GPS 控制网。

8.4 观测值应加入对流层延迟修正,对流层延迟修正模型中的气象元素采用标准气象元素。

8.5　基线解算时,15 km 以内的基线,采用双差固定解。15 km 以上的基线,可在双差固定解和双差浮点解中选择最优结果。

8.6　计算中所用的输入值应打印以备检查,计算过程中的问题应随时记录。

8.7　同一时段观测值的数据剔除率,其值宜小于 10%。

8.8　复测基线的长度较差 ds,两两比较应满足 $ds \leqslant 2\sqrt{2}\sigma$,式中 σ 为规定的精度(按实际平均边长计算)。

8.9　同步环闭合差

三边同步环闭合差应满足:

$$W_X \leqslant \sqrt{3}/5\sigma$$
$$W_Y \leqslant \sqrt{3}/5\sigma$$
$$W_Z \leqslant \sqrt{3}/5\sigma$$

式中　σ——规定的精度(按实际平均边长计算)。

8.10　独立闭合环或附合路线坐标闭合差应满足:

$$W_X \leqslant 3\sqrt{n}\sigma$$
$$W_Y \leqslant 3\sqrt{n}\sigma$$
$$W_Z \leqslant 3\sqrt{n}\sigma$$
$$W_S \leqslant 3\sqrt{3n}\sigma$$

式中　n——闭合环边数;

σ——规定的精度(按实际平均边长计算);

$W_S = \sqrt{W_X^2 + W_Y^2 + W_Z^2}$。

9　重测和补测

9.1　未按施测要求,外业缺测、漏测或数据处理后不满足要求时,有关成果应及时重测。

9.2　在进行闭合差检验时,允许舍弃在复测基线边长较差、同步环闭合差、独立闭合环或附合路线坐标闭合差检验中超限的基线,而不必进行该基线或与该基线有关的同步图形的重测,但必须保证舍弃基线后的独立环所含基线数符合要求;否则,应重测该基线有关的同步图形。

9.3　由于点位不满足 GPS 测量要求而造成一个测站多次重测仍不能满足各种限差检核要求时,经批准允许时,可以布设新点重测或者舍弃该点。

9.4　对需补测或重测的观测时段或基线,要具体分析原因,在满足 GB/T 18314—2001 中表 7 要求的前提下,尽量安排一起进行同步观测。

9.5　补测或重测的分析应写入数据处理报告。

10　D 级 GPS 网平差

网平差使用的软件:采用 Trimble Geomatics Office(TGO 1.6)。网平差时使用 Trimble Geomatics Office (TGO 1.6)采用精密星历解算的基线。

10.1 无约束平差

在基线向量检核符合要求后,以三维基线向量及其相应方差——协方差作为观测信息,以一个点的 WGS-84 坐标系三维坐标作为起算依据,进行网的无约束平差。无约束平差须提供各点在 WGS-84 坐标系下的三维坐标、各基线向量及其改正数和其精度信息。

10.2 无约束平差中,基线分量的改正数绝对值($V_{\Delta X}$、$V_{\Delta Y}$、$V_{\Delta Z}$)应满足:

$$V_{\Delta X} \leqslant 3\sigma$$
$$V_{\Delta Y} \leqslant 3\sigma$$
$$V_{\Delta Z} \leqslant 3\sigma$$

式中 σ——基线的精度。

否则,认为该基线或附近的基线存在粗差,应在平差中采用软件提供的自动方法或人工方法剔除,直至满足上式要求。

10.3 二维约束平差

利用无约束平差后的可靠观测量,分别在 1980 西安坐标系和 1954 北京坐标系下进行二维约束平差。平差结果应输出二维坐标、基线向量改正数、基线边长、方位、转换参数及其相应的精度信息。

10.4 约束平差中,基线向量改正数与经过粗差剔除后的无约束平差结果的同一基线相应改正数较差的绝对值($dV_{\Delta X}$、$dV_{\Delta Y}$、$dV_{\Delta Z}$)应满足:

$$dV_{\Delta X} \leqslant 2\sigma$$
$$dV_{\Delta Y} \leqslant 2\sigma$$
$$dV_{\Delta Z} \leqslant 2\sigma$$

式中 σ——基线的规定精度。

否则,认为作为约束的已知坐标、已知距离、已知方位中存在一些误差较大的值,应采用自动或人工的方法剔除这些误差较大的约束值,直到满足要求。

11 技术总结

11.1 概述

11.1.1 测区概况——自然地理特征、范围、名称、隶属、交通等。

11.1.2 任务来源、测量目的、作业起止时间、人员情况等。

11.1.3 作业的技术依据。

11.1.4 GPS 控制网的情况介绍,包括网的控制面积、点数、同(异)步环数、基线条数等。

11.2 利用的已有资料情况

11.2.1 采用的平面坐标系和高程基准。

11.2.2 起算点点名(号)、等级及来源。

11.2.3 其他图件资料的来源及用途。

11.3 作业方法

11.3.1 标石制作、选埋及利用旧点情况。

11.3.2 接收机类型、数量、检验情况。

11.3.3 观测方法,重测、补测情况,重合点情况。

11.3.4 野外数据检核情况,数据处理的方法、内容、精度,利用的软件情况,网平差情况及精度统计分析。

11.4 三、四等水准

11.4.1 水准网的布设情况。

11.4.2 水准观测所使用的仪器、标尺及手簿情况。

11.4.3 水准网的闭合环及附合线路的精度统计等。

11.5 技术结论

11.5.1 对本次测量成果进行综合评价,满足规范、设计书的情况。

11.6 对遗留问题的说明和建议。

11.7 附图及附表

11.7.1 列出上交成果清单。

11.7.2 必要的附表、附图。

12 质量控制

12.1 具体工作实施前须编制实施方案、运行计划、外业观测作业纲要、质量控制细则。

12.2 参加作业人员应进行强化培训。

12.3 实行三级检查制度,即作业组进行100%自查互查,作业队检查人员进行100%过程检查,质量检查人员进行最终检查,确认为各工序成果达100%优良后再提交甲方验收。

13 似大地水准面精化

充分利用该地区新、老重力点成果,不低于30″×30″分辨率数字高程模型,360阶次的国内外先进的重力场模型(EGM96、WDM94等)及分布较均匀的、现势性较好的GPS网及水准测量成果,采用重力法(Stokes、Molodensky原理)及移去-恢复技术完成该地区分辨率为2.5′×2.5′的高精度的似大地水准面成果。

14 提交的成果

14.1 外业观测成果

(1)外业观测数据。

(2)外业观测手簿(按要求必须填写齐全)。

(3)点之记。

(4)外业观测技术总结。

14.2 基线解算文件

(1)基线解算结果(文件)。

(2)基线解算信息(文件)。

(3)重复基线比较文件(文本)。

14.3 控制点成果

WGS-84坐标系、1980西安坐标系、1985国家高程基准、1954北京坐标系各一套。

14.4 精度信息

控制点的地心坐标、大地坐标的坐标分量中误差(文本)。

基线边长、高差的中误差、边长相对中误差(文件)。

基线改正数分布区间表(文本)。

最弱点位中误差及点名(文本)。

最弱边边长及边长中误差,相对中误差(文本)。

边长相对精度分布区间表(文本)。

14.5 水准平差成果

水准平差手簿。

水准网略图。

附合或闭合环闭合差信息统计。

1985 国家高程基准成果。

14.6 GPS 数据处理技术报告(文本)

14.7 似大地水准面精化成果及技术报告

14.8 仪器鉴定证书

GPS 接收机鉴定证书。

水准仪及水准标尺检验报告。

思政小课堂

测量珠穆朗玛峰高度的意义

我们在课本里知道,珠穆朗玛峰(简称珠峰)的高度为 8 848.43 m。既然已经知道了这一高度,为什么还要再次测量呢,其意义何在?

测量珠峰高度的意义

一、珠穆朗玛峰的高度有争议

珠穆朗玛峰的高度问题,在国际中一直都存在争论。1954 年印度人公布珠穆朗玛峰的高度为 8 848 m,1992 年意大利人公布珠穆朗玛峰的高度为 8 849.04 m,1995 年美国人宣布珠穆朗玛峰的高度为 8 850 m,等等。我国第一次测量珠穆朗玛峰高度是在 1975 年,并公布珠穆朗玛峰的测量高度为 8 848.13 m。我国的课本中所描述的珠穆朗玛峰的高度,就源于 1975 年的这次测量。

二、珠穆朗玛峰的高度如何测量

珠穆朗玛峰的高程测量分为三步来进行。

第一步:高精度地确定珠穆朗玛峰的零海拔基准面。

测绘人员需要从青岛的水准原点出发,最多每隔 60 m 确定一个测量点。在测量点两端设立起两个标尺,结合路程和角度数据计算出两个测量点的高度差。就这样一点点向珠穆朗玛峰的方向延伸,通过高度差的不断累加,最终得到珠穆朗玛峰从山脚到山峰的高度数据。在珠穆朗玛峰地区,测绘人员还要进行大量的前期和外围测量工作,包括在珠穆朗玛峰地区的卫星定位测量、水准测量、地面重力测量、航空重力测量等,然后精确地将这个零海拔高"基准面"延伸到珠穆朗玛峰下面。

第二步:峰顶"会战"测量。

珠穆朗玛峰峰顶"会战"也分为三步。首先要通过高精度卫星定位方法,测量出珠穆朗玛峰雪顶的位置;其次是在海拔6 000 m左右,利用交会和三角高程测量方法,测量队员们登顶后插在峰顶的觇标,确定珠穆朗玛峰高度;最后通过雷达雪深测量,测量峰顶一定范围内雪面到岩石面的距离,也就是峰顶冰雪层厚度。

此次测量将综合运用GNSS卫星测量、精密水准测量、光电测距、雪深雷达测量、重力测量、天文测量、卫星遥感、似大地水准面精化等多种传统和现代测绘技术,精确测定珠穆朗玛峰高程。在技术创新和突破上,本次珠穆朗玛峰高程测量将依托北斗卫星导航系统,开展测量工作;应用航空重力技术,提升测量精度;利用实景三维技术,直观展示珠穆朗玛峰自然资源状况。

第三步:最终确定珠穆朗玛峰高度。

测量工作完成后,技术协调组将组织相关单位完成全部的外业测量数据的整理,包括峰顶数据的整理、外业观测成果的质量检查、数据汇总等。之后,将全部的外业测量数据提交给数据处理团队,进行数据处理和分析。这个过程大概要花2~3个月的时间,其中最重要的一项就是得出珠穆朗玛峰峰顶的三维坐标。

三、测量数据的价值

珠穆朗玛峰高程测量除关键的峰顶测量数据,同时还在珠穆朗玛峰地区观测了大量的用于海拔高度"基准传递"的测量数据,这些数据可广泛应用于青藏地区地球动力学板块运动、地震对珠穆朗玛峰高程的影响等领域的研究。

此外,与珠穆朗玛峰高程测量相关的其他数据,如精确的峰顶雪深、航空重力数据,以及气象、风速和冰川监测等数据成果,将为珠穆朗玛峰及其周边地区的自然资源监测和生态环境保护等提供第一手资料。

除获取重要地理信息外,最重要的一点是,珠穆朗玛峰高程的变化能典型地反映出全球气候变暖的趋势。这些数据结果,以珠穆朗玛峰为切入点,可以让公众了解目前青藏高原正在发生的一些气候和环境变化,比如近十年来高原湖泊面积有扩大的趋势,比如青藏高原冰川消融的速度,等等。这也将加强公众对目前全球气候和环境变化的认识与关注。

在总论中加入珠穆朗玛峰测量意义的思政内容,让同学们了解珠穆朗玛峰测量的原理以及所用到的测绘知识,从而知道学习控制测量这门课的重要性,深刻体会"热爱祖国、忠诚事业、艰苦奋斗、无私奉献"的十六字测绘精神。

虚拟仿真

卫星定位测量法

习题演练

单选题　　多选题　　判断题

项目一　三维导线测量

知识目标

1. 掌握导线测量的作业流程。
2. 熟悉全站仪角度观测步骤。
3. 了解全站仪的构造和仪器检校方法。
4. 掌握导线测量方位角、坐标计算方法。

能力目标

1. 能够根据不同的地势环境,进行科学合理的选点、埋石,填写外业手簿。
2. 能够熟练操作全站仪进行角度观测和距离观测。
3. 能够独立完成导线计算各项成果并提交技术总结。

素质目标

培养学生的团队意识、精益求精的工匠精神、严谨的工作作风和对测绘成果的负责任意识。

项目重点

1. 导线测量选点、埋石注意事项。
2. 导线测量外业观测内容,角度观测、距离观测、高程测量方法、技术要求以及操作步骤。
3. 技术总结内容编写。

项目难点

1. 全站仪检验与矫正。
2. 导线测量平面控制网概算、三差改正。

项目导航

在控制测量工作中,导线测量是目前平面控制测量中建立控制网的一种重要方法,它是利用精密测角、测距仪器,通过测定转折角和各导线边长值而进行坐标传递的一种方法,广泛应用于地形测量、地籍测量、工程测量等领域。随着 GNSS 卫星定位技术的普遍采用,传统的建立控制网手段已逐渐被 GNSS 卫星定位技术所代替。但由于导线测量具有易于克服地形障碍、布设方便、坐标传算迅速等优点而成为 GNSS 卫星定位技术的重要补充形式被广泛使用。

导线测量作为控制网的一种形式，其一般工作流程为：

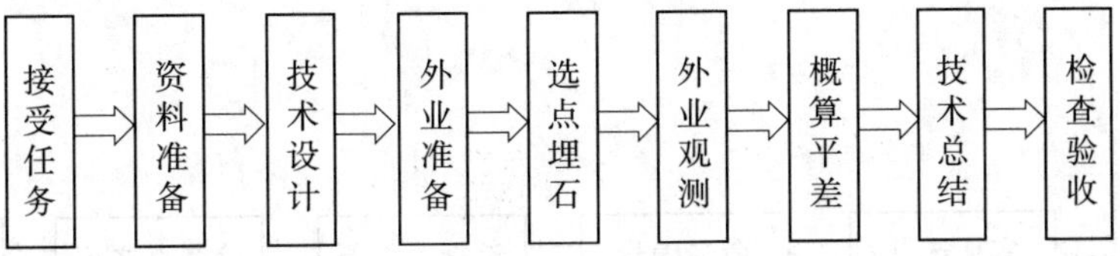

本项目由以下五个任务组成：

任务一　导线选点、埋石、绘制点之记

任务二　全站仪的认识与使用

任务三　全站仪的选用与检验

任务四　导线外业观测

任务五　导线测量数据处理

任务一　导线选点、埋石、绘制点之记

任务描述

按照工程设计要求，某地铁平面控制网分两级布设，首级为 GPS 控制网，构成涵盖地铁线路走向的骨架控制网，已布网完成，由 40 个 C 级 GPS 点组成。二级为精密导线控制网，尚未布网。请按照精密导线网应起闭于地铁沿线的 GPS 控制边，结合线路设计站位、竖井位置和现场实际情况沿线布设成直伸形状，形成挂在 GPS 点上的附合导线、多边形闭合导线或结点网的总体要求(示例见图 1-1)，完成精密导线的布点、埋石等工作。

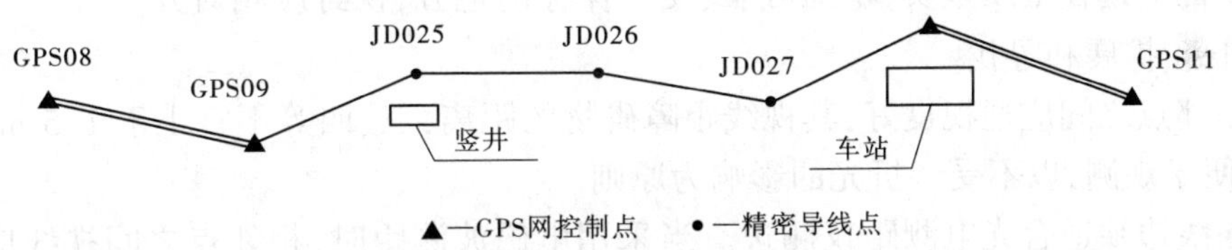

图 1-1　附合单导线形式

任务分析

现今的控制网主要以卫星定位测量的方法建设，在卫星定位测量受限的地方，则采用传统地面测量方法。本任务根据工程施工要求，需要按照精密导线的特点，进行精密导线网的选点、埋石、绘制点之记的工作。

精密导线网的布网，常常是图上设计和实地踏勘选点同步交叉进行的，有时要经过多次反复修改后才能最后确定出网形设计和实地点位，接着埋设带有中心标志的标石，把点位固定下来，为了在以后还能找到这个点，还需要绘制点之记，并且还要在点位所在地向有关部门进行托管。

本任务要求工作者按照精密导线测量的基本技术规定，进行导线点的选点、埋石和点之记的绘制工作。

➤ 任务流程

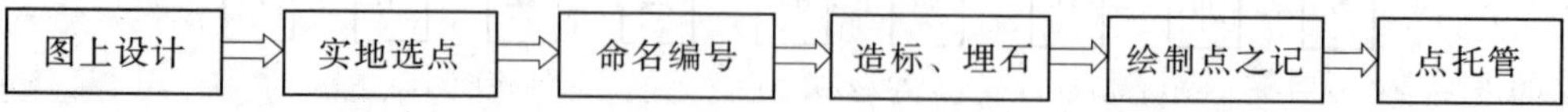

一、图上设计

在选点时,首先调查收集测区已有的地形图和控制点的成果资料,一般是在现有中比例尺(1:10 000~1:1 000 000)的地形图上进行控制网设计。根据测区内现有的国家控制点或测区附近其他工程部门建立的可资利用的控制点,确定与其联测的方案及控制网点位置。在布网方案初步确定后,可对控制网进行精度估算,必要时对初定控制点做调整。然后到野外去勘探、核对、修改和落实点位。如须测定起始边,起始边的位置应优先考虑。如果测区没有以前的地形资料,则须详细勘察现场,根据已知控制点的分布、地形条件及测图和施工需要等具体情况,合理地拟定导线点的位置,并建立标志。

二、实地选点

导线的选点
埋石点之记

选点就是在测区内选定控制点的位置。在完成图上设计后,应到实地去落实点位,并对图上设计进行检查和纠正。控制点位置的选定应满足相应工程的基本要求。《三、四等导线测量规范》(CH/T 2007—2001)和《工程测量标准》(GB 50026—2020)中对导线点位的选定,给出下列规定:

(1)点位应选在地质坚实、稳固可靠、便于保存的地方,视野应相对开阔,便于加密、扩展和寻找。

(2)相邻点之间应通视良好,其视线距障碍物的距离,三、四等不宜小于1.5 m;四等以下要保证便于观测,以不受旁折光的影响为原则。

(3)导线边须适合光电测距仪测边。当采用电磁波测距时,相邻点之间视线应避开大面积水域,以及烟囱、散热塔、散热池等发热体及强电磁场等不利条件。

(4)相邻两点之间的视线倾角不宜过大。导线边长要大致相等,不能悬殊。

(5)充分利用旧有控制点,布设的导线点要有一定的密度,以便控制整个测区。

(6)导线边两端点高差不宜过大,若两端点的高差是用对向三角高程方法测定的,则高差的限差应符合以下公式的要求:

$$h \leqslant \frac{8S}{T} \times 10^3 \tag{1-1}$$

式中 h——导线边两端点的高差,m;

S——实测边长,m;

T——该等级导线边长相对中误差的分母数值。

(7)若导线边两端点的高差采用等级水准测定,则高差大小不受限值。

三、命名编号

单一附合导线应以其两端点的地名由西向东或由北向南命名或编号。导线网内两交叉点间的若干导线节称为导线段,导线段一律以其两端点的地名由西向东或由北向南命名,并以罗马数字表示其间的导线节号,以阿拉伯数字表示导线点号,有自然地名时,在点号后用括号加注点名。当测区范围较小或作为首级控制时,应统一命名或编号。三、四等导线点的命名亦可参照《国家三角测量规范》(GB/T 17942—2000)的有关规定执行。其名称的编号应适用于计算机处理。

四、造标、埋石

(一)造标

三、四等导线点可视需要建造测量觇标,觇标类型一般采用寻常标,或其他类型的测量觇标,其标型规格参照《国家三角测量规范》(GB/T 17942—2000)执行。建造的各类觇标须标形端正,基础坚实,标架稳固,照准标中心、仪器台中心、标石中心应位于同一铅垂线上,其偏差最大不应超过 0.1 m,视线距橹柱不应小于 0.1 m。

(二)埋石

三、四等导线点均须埋设永久性测量标石,其规格和类型与《国家三角测量规范》(GB/T 17942—2000)相应等级要求相同。

标石埋设时应将坑底填以砂石,捣固夯实,然后埋设,标石周围的土亦应夯实。埋设的标石须使各层标志中心严格在同一铅垂线上,其偏差不得大于 3 mm。利用旧点时,应确认该点标石是否完好,并符合同等级导线点的标石规格,且能长期保存。

《工程测量标准》(GB 50026—2020)中对平面控制点标志及标石的埋设规格要求如下:二、三、四等平面控制点标志可采用磁质或金属等材料制作,其规格如图 1-2 和图 1-3 所示。一、二级平面控制点及三级导线点、埋石图根点等平面控制点标志可采用直径 14~20 mm、长度 30~40 cm 的普通钢筋制作,钢筋顶端应锯“+”字标记,距底端约 5 cm 处应弯成勾状。

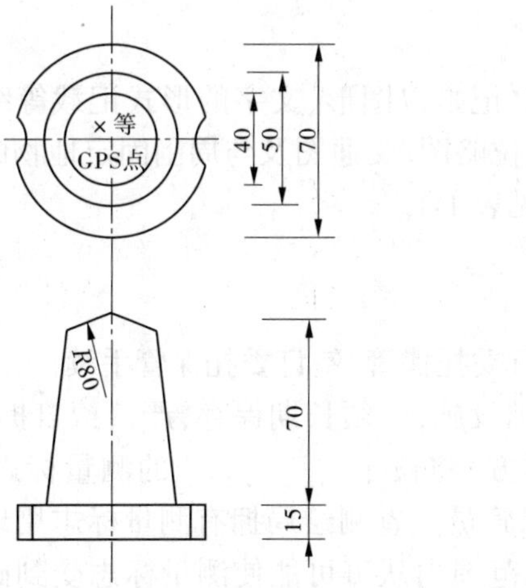

图 1-2　磁质标志图　(单位:cm)

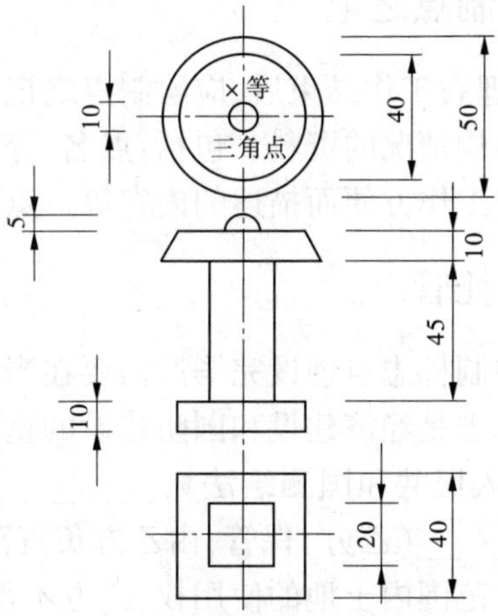

图 1-3　金属标志图　(单位:cm)

二、三等平面控制点标石规格及埋设结构图如图 1-4 所示,柱石与盘石间应放 1~2 cm 厚粗砂,两层标石中心的最大偏差不应超过 3 mm。四等平面控制点可不埋盘石,柱石高度应适当加大。

一、二级平面控制点标石规格及埋设结构图如图 1-5 所示。三级导线点、埋石图根点的标石规格及埋设,可参照图 1-5 略缩小或自行设计。

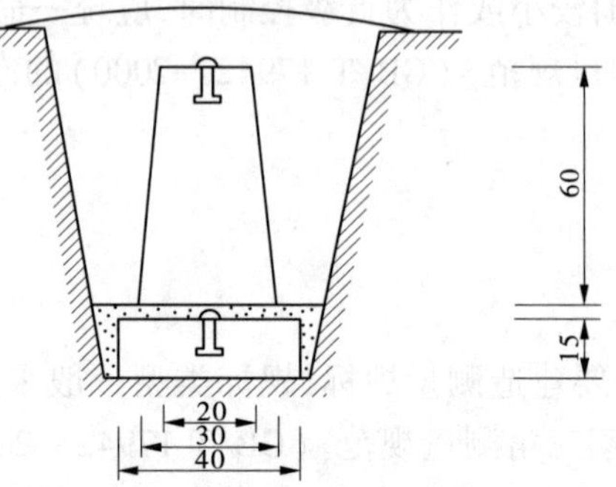

图 1-4　二、三等平面控制点标石规格及埋设结构图　(单位:cm)

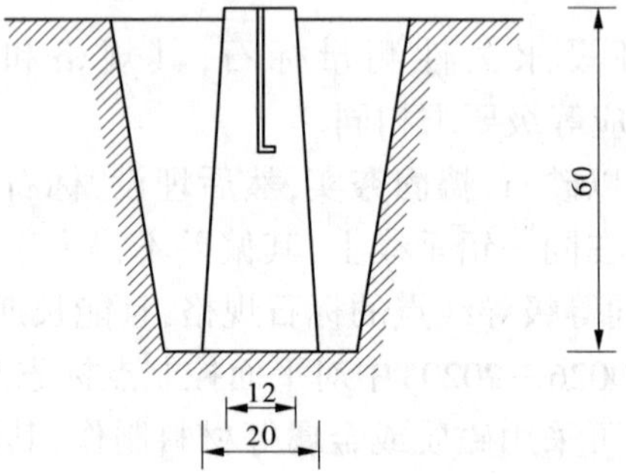

图 1-5　一、二级平面控制点标石规格及埋设结构图　(单位:cm)

五、绘制点之记

造标、埋石工作结束后,应绘制点之记。点之记是以图形、文字的形式记载等级控制点的位置和结构情况的资料。包括:点名、等级、点位略图、交通图及与周围固定地物的相关尺寸和为后续工作方便而描述的内容等。点之记见表 1-1。

六、点托管

地面控制标志点埋设完毕后需要在当地进行委托保管,签订委托保管手续。

测量标志是经济建设和国防建设的重要基础设施,必须长期保存,严禁擅自拆除移动。根据《中华人民共和国测绘法》,__________(甲方)将位于__________的测量标志(见图)委托__________(乙方)保管,由乙方负责落实保管员。省测绘局拥有测量标志用地地籍调查宗地界址范围内土地的使用权,乙方不得在此范围内从事可能使测量标志受到破坏或失去使用效能的活动,发现测量标志损坏或可能危及安全的情况及时向甲方报告。甲方每年年底前向保管员支付保管津贴__________元。本协议一式五份,如表 1-2 所示。甲、乙双方、上级测绘管理部门、乡(镇)人民政府和测量标志保管员各存一份。

表 1-1　四 等导线点点之记

点名:ID13　　　　等级:四等

<table>
<tr><td colspan="3">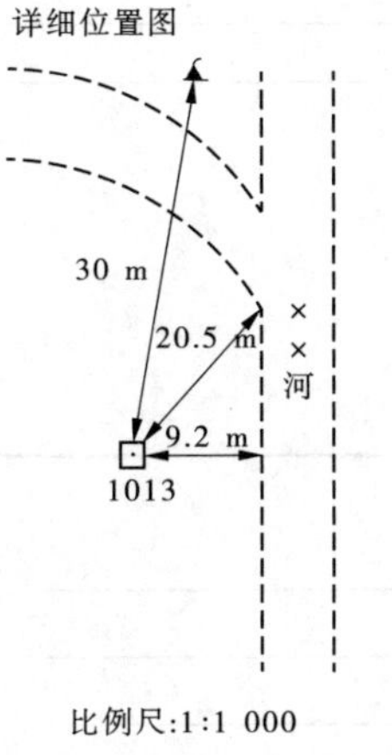</td><td colspan="3">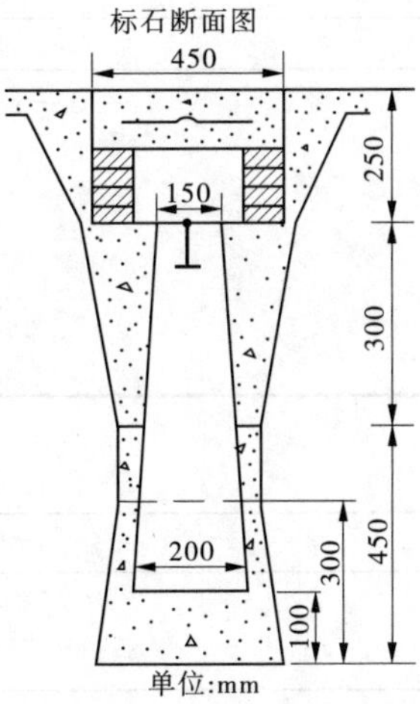</td></tr>
<tr><td>所在图幅</td><td></td><td>标石类型</td><td colspan="3">混凝土普通标石</td></tr>
<tr><td>经、纬度</td><td></td><td>标石材料</td><td colspan="3">混凝土标石、不锈钢标志</td></tr>
<tr><td>所在地</td><td colspan="5">××乡××村</td></tr>
<tr><td>地别</td><td>单位用地</td><td>土地使用者</td><td colspan="3"></td></tr>
<tr><td>交通路线</td><td colspan="5">×××路</td></tr>
<tr><td>点位详细说明</td><td colspan="5">1. 该点至北面的发射塔 30 m。
2. 该点至东北面的××河分汊处 20.5 m。
3. 该点至东边的××河 9.2 m</td></tr>
<tr><td>保管单位</td><td></td><td>责任人</td><td></td><td>保管员</td><td></td></tr>
<tr><td>选点单位</td><td>×××局</td><td>埋石单位</td><td>×××局</td><td>观测单位</td><td>×××局</td></tr>
<tr><td>选点者</td><td>×××</td><td>埋石者</td><td>×××</td><td>观测者</td><td></td></tr>
<tr><td>选点日期</td><td>2009-11-03</td><td>埋石日期</td><td>2009-11-05</td><td>观测日期</td><td></td></tr>
<tr><td>备注</td><td colspan="5"></td></tr>
</table>

表1-2 永久性测量标志委托保管协议

<table>
<tr><td colspan="2">网(线)名及点号:____________________ 所在图幅:____________________
标石种类:____________________ 标志质料:____________________
完整情况:____</td></tr>
<tr><td>点位略图</td><td></td></tr>
</table>

甲方:____________________	乙方:____________________
代表:____________________	代表:____________________
	保管员:____________________
地址:____________________	地址:____________________
邮编:____________________	邮编:____________________
电话:____________________	电话:____________________
日期:_____年_____月_____日	日期:_____年_____月_____日

➤ 知识点

一、旁折光

大气层的密度随着温度、湿度、气压的变化,随时都在千变万化,大气层中空气上下左右不断地对流,使得大气层的密度极不均匀。由物理学知,当光线通过密度不均匀的介质时,必然产生折射现象,形成一条光曲线。仪器照准的视线,正是这条光曲线的切线方向,切线与弦线之间的夹角称为微分折光。微分折光可分为垂直方向和水平方向两个分量,大气层的温度梯度主要发生在竖直面内,因而垂直分量比较大,它直接影响着天顶距的观测。微分折光的水平分量形成旁折光,虽然在数值上它远小于垂直分量形成的垂直折光,但它对视线水平方向的影响则是系统性的,也是水平角观测中一项最主要的系统误差。

二、觇(chān)标

觇标又称测标,是一种测量标志,设置在三角点或导线点上供观测或测站照准使用的标架。标架用几米到几十米高的木料或金属等制成,呈三角锥形或四角锥形,高度自数米到数十米不等,架设在观测点上,作为观测、瞄准的目标。三等以上的三角点和导线点,一般需建造测标,四等点可视情况而定。一、二级小三角点和导线点,则一般不建测标,而竖立的临时性标志(如标杆等)作为照准目标。

觇标的类型有:①寻常标,无内架的木制、钢制或用其他材料建造成三脚或四脚锥形的测标;②双锥标,内架(安放仪器)与外架(支撑照准标的)不相连接的木制或钢制三脚或四脚锥形测标；③墩标，是用混凝土、天然石、砖块或木材构筑成仪器墩并在其上架设照准圆筒。觇标类型见图 1-6。

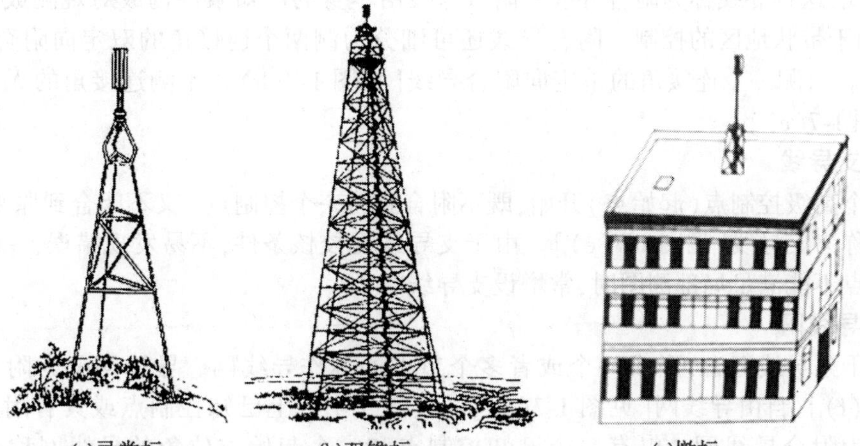

图 1-6　觇标类型

三、导线的布设形式

导线测量目前是建立平面控制网的主要形式，导线布设的基本形式有闭合导线、附合导线、支导线三种。导线测量布设图形见图 1-7。

导线的布设形式

(一) 闭合导线

从一个高级控制点(起始点)开始，经过各个导线点，最后又回到原来的起始点，形成闭合多边形，这种导线称为闭合导线[见图 1-7(d)]。闭合导线有着严密的几何条件，构成对观测成果的校核作用，常用于面积开阔的局部地区控制。

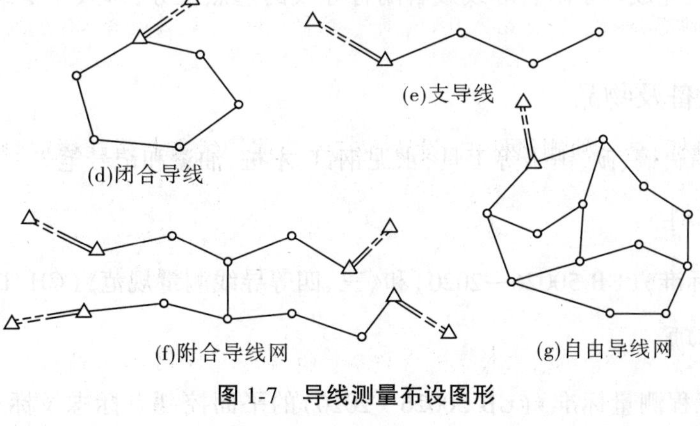

图 1-7　导线测量布设图形

(二)附合导线

从一个高级控制点(起始点)开始,经过各个导线点,附合到另一高级控制点(终点),形成连续折线,这种导线称为附合导线。附合导线由本身的已知条件构成对观测成果的校核作用,常用于带状地区的控制。附合导线还可细分为测两个连接角的双定向附合导线[见图 1-7(a)]、只测一个连接角的单定向附合导线[见图 1-7(b)]、不测连接角的无定向附合导线[见图 1-7(c)]。

(三)支导线

从一个高级控制点(起始点)开始,既不附合到另一个控制点, 又不闭合到原来起始点,这种导线称为支导线[见图 1-7(e)]。由于支导线无校核条件,不易发现错误,一般不宜采用。导线点不能满足局部测图时,常增设支导线。

(四)导线网

由若干条导线汇合,形成一个或者多个节点的称作导线网。导线网分为附合导线网[见图 1-7(f)]、自由导线网[见图 1-7(g)]。具有一个以上已知控制点或具有附合条件的导线网称为附合导线网。仅有一个已知控制点和一个起始方位角的导线网称为自由导线网。

导线网中导线相交的交点称为结点,只含有一个结点的导线网,称为单结点导线网;多于一个结点的导线网称为多结点导线网。

应该指出,与闭合导线类似,自由导线网的可靠性较差,在实际测量工作中应避免单独使用。

➤ 任务实训

一、实训目的

(1)掌握导线控制点选点要领,了解标石埋设规格及控制网网型的设计。

(2)掌握导线选点的技术流程和点之记的绘制方法。

二、实训内容

(1)结合测区(校区)的实际情况,依据技术设计书规定,完成一条附合导线或者闭合导线的选点任务,能正确绘制所有导线点的点之记并检查。

(2)要求每组完成一条附合导线或者闭合导线的选点任务,每人至少绘制 1~2 个点的点之记。

三、实训设备及物品

预制好的标石,镐、锹、锤子等工具,水泥钢钉、木桩、油漆和记号笔。

四、参考资料

《工程测量标准》(GB 50026—2020)和《三、四等导线测量规范》(CH/T 2007—2001)。

五、注意事项

(1)参照《工程测量标准》(GB 50026—2020)的平面控制点标志及标石的埋设规格要

求埋设；

(2)参照本教材点之记格式进行记录填写，需保证有3个以上的点位位置关系及尺寸；

(3)注意安全，以小组为单位组织实施。

六、上交资料

(1)导线选点图。

(2)导线点点之记(格式见表1-1)。

任务二　全站仪的认识与使用

➢ 任务描述

为完成某一精密导线的测量任务，甲单位选用了具有同时测角、测距功能的全站仪投入使用，根据任务要求，作业人员必须充分了解全站仪的结构、测量原理和使用特点，完成有关的测角、测距任务。

➢ 任务分析

在导线测量中，既要进行水平角、垂直角的测定，又要进行边长距离值的测定，这就需要具备能够同时进行测角和测距的设备。而全站仪正好可以满足这一要求。本任务根据这一要求，通过对全站仪的组成结构、原理和使用方法的介绍，使使用者在熟悉全站仪结构的基础上掌握利用全站仪进行测角测距的方法。

➢ 任务流程

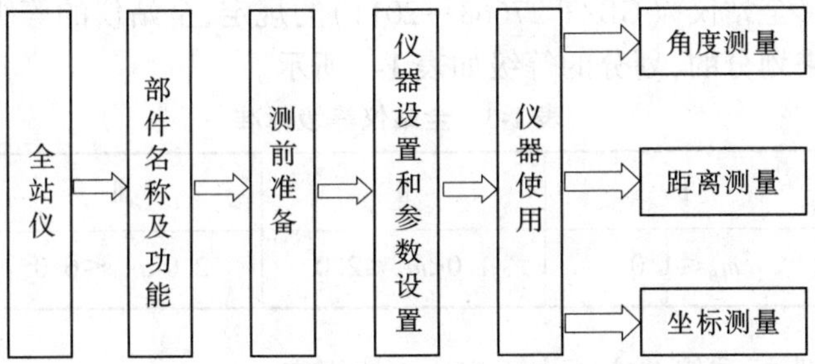

一、全站仪

(一)全站仪简介

全站仪的认识与使用

全站型电子速测仪又称电子全站仪(electronic total station)，简称全站仪。它是一种兼有自动测距、测角、计算和数据自动记录及传输功能的自动化、数字化的三维坐标测量与定位系统。它由光电测距单元、电子测角及微处理器单元，以及电子记录单元组成，是一种广泛应用于控制测量、地形测量、地籍与房产测量、工业测量及近海定位等的电子测量仪器。全站仪按其结构,可分为整体式与积木式两种。前者是将测距、测角与电子计算单元和仪器的光学与机械系统设计成整体;后者则分别由各自独立的光电测距头、电子经纬仪与电子计算单元组成。

(二)全站仪的结构

全站仪的基本组成包括电子经纬仪、光电(多为红外线)测距仪、数据自动记录装置(电子手簿)和微处理器。

全站仪基本结构

1. 电子经纬仪

电子经纬仪的外形、机械转动部分及光学照准部分与一般光学经纬仪基本相同,其主要的不同点在于,电子经纬仪采用电子手段测定不同方向的角度。在其内部还装置了一个微处理器,由它来控制电子测角、测距,以及各项固定参数(如温度、气压等信息)输入、输出,还由它进行安置、观测误差的改正、有关数据的实时处理及控制电子手簿。

2. 光电测距仪

光电测距仪又称光速测距仪,是利用调制的光波进行精密测距的仪器。光电测距仪根据测定时间 t 的方式,分为直接测定时间的脉冲测距法和间接测定时间的相位测距法。高精度的测距仪,一般采用相位式。

3. 数据自动记录装置(电子手簿)

全站仪有与之相匹配的数据自动记录装置,它不仅具有自动数据记录功能,还具有编程处理功能,还配有不少程序,如能进行自由设站的坐标计算、交会法计算和放样数据计算等。用户还可以用配备的高级语言编写应用程序,以方便用户。目前的全站仪采用内存储器或插入式存储卡,实现了观测装置与存储装置一体化,可非常方便地进行数据自动记录和查询。

(三)全站仪的等级及基本参数

根据国家标准《全站仪》(GB/T 27663—2011)的规定,全站仪的等级是以其标称的角度测量标准偏差 m_β 来划分的,划分的等级如表1-3所示。

表1-3　全站仪等级标准

等级	Ⅰ	Ⅱ	Ⅲ	Ⅳ
m_β 范围(″)	$m_\beta \leq 1.0$	$1.0 < m_\beta \leq 2.0$	$2.0 < m_\beta \leq 6.0$	$6.0 < m_\beta \leq 10.0$

不同等级的测距标准偏差应不大于表1-4的规定。

表1-4　全站仪测距标准

等级及限差	Ⅰ	Ⅱ	Ⅲ	Ⅳ
	1.0″	2.0″	5.0″	10.0″
测距标准偏差 m_d(mm)	$\pm(1+1\times10^{-6}D)$	$\pm(3+2\times10^{-6}D)$	$\pm(5+5\times10^{-6}D)$	

注:D 为测量距离,km。

不同等级对一测回水平方向标准偏差、一测回垂直角标准偏差应不大于表 1-5 的规定。

表 1-5　全站仪测角标准

等级及限差	Ⅰ		Ⅱ	Ⅲ	Ⅳ
	0.5″	1.0″	2.0″	5.0″	10.0″
一测回水平方向标准偏差(″)	0.5	0.7	1.6	3.6	7.0
一测回垂直角标准偏差(″)	0.5	1.0	2.0	5.0	10.0

二、部件名称及功能

拓普康 GTS-332N 电子全站仪外形如图 1-8 所示，有两面操作按键及显示窗，操作很方便。能自动进行水平和垂直倾斜改正，补偿范围为±3′。GTS-332N 全站仪的测角最小读数为 1″，测角精度为 2″，采用绝对法读数；测距的最小读数为 0.2 mm，测距精度为±(2 mm±2 ppm)，单棱镜测距为 3~3.5 km，三棱镜测距为 4~4.7 km；内有自动记录装置，可记录 2 000 个测量点。GTS-332N 全站仪除能进行角度测量、距离测量、坐标测量、偏心测量、悬高测量和对边测量外，还能进行数据采集、放样及存储管理等功能。

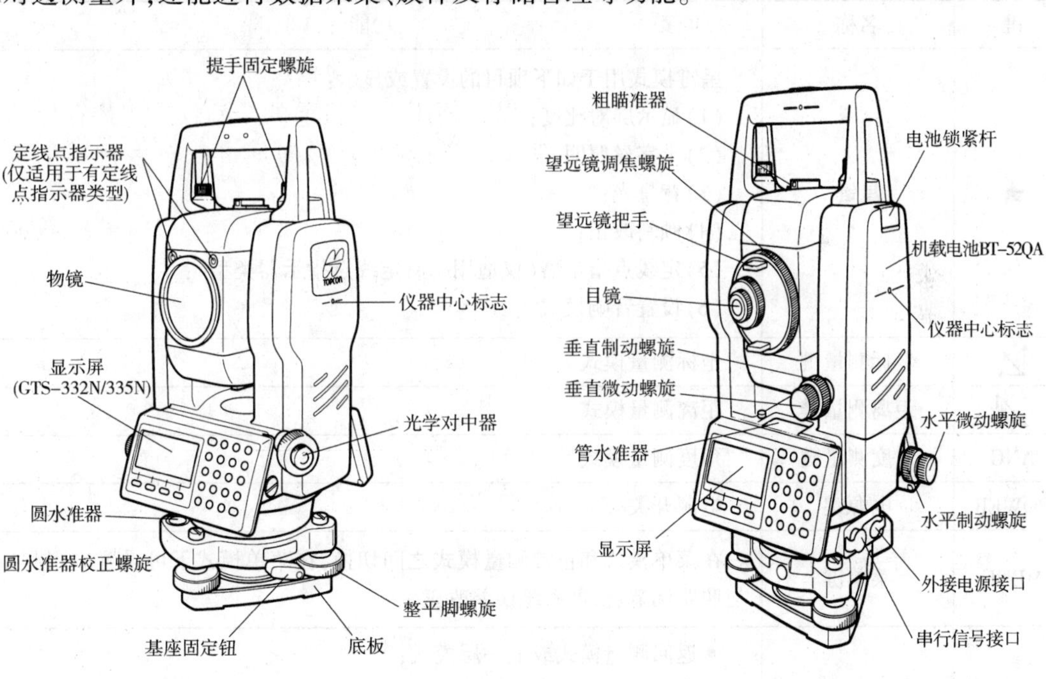

图 1-8　GTS-332N 系列全站仪外观及各部件名称

(一)部件名称

GTS-332N 电子全站仪有 24 个按键，如图 1-9 所示，其名称与功能见表 1-6。

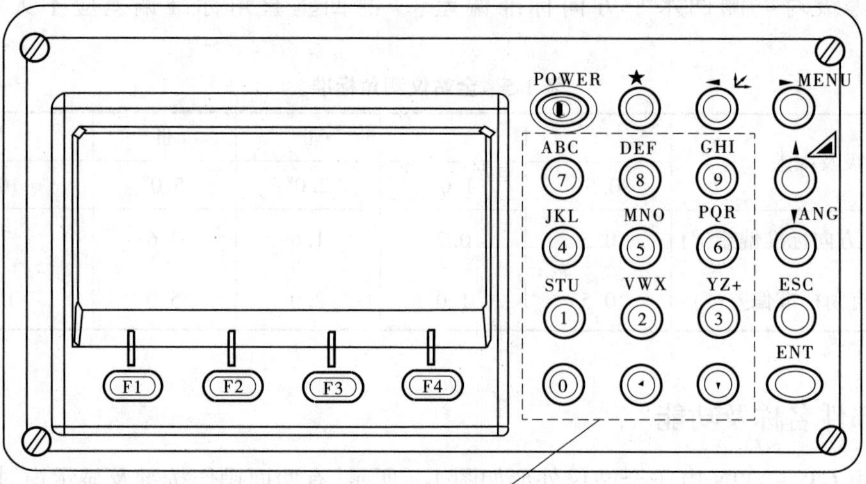

图 1-9　GTS-332N 系列全站仪的操作界面

(二)面板上按键功能

面板上按键功能见表 1-6。

表 1-6　面板上按键功能

键	名称	功能
★	星键	星键模式用于如下项目的设置或显示: (1)显示屏对比度; (2)十字丝照明; (3)背景光; (4)倾斜改正; (5)定线点指示器(仅适用于有定线点指示器类型); (6)设置音响模式
↗(坐标键符号)	坐标测量键	坐标测量模式
◢	距离测量键	距离测量模式
ANG	角度测量键	角度测量模式
POWER	电源键	电源开关
MENU	菜单键	在菜单模式和正常测量模式之间切换,在菜单模式下可设置应用测量与照明调节、仪器系统误差改正
ESC	退出键	• 返回测量模式或上一层模式; • 从正常测量模式直接进入数据采集模式或放样模式; • 也可用作为正常测量模式下的记录键 设置退出键功能的方法参见 16“选择模式”
ENT	确认输入键	在输入值末尾按此键
F1~F4	软键(功能键)	对应于显示的软键功能信息

(三)显示屏上显示符号的含义

GTS-332N 显示窗采用点阵式液晶显示(LCD),可显示 4 行,每行 20 个字符。通常前三行显示测量数据,最后一行显示随测量模式变化的按键功能。前三行常显示符号的意义见表 1-7。

表 1-7 显示屏上显示符号含义

显示	内容	显示	内容
V%	垂直角(坡度显示)	N	北向坐标
HR	水平角(右角)	E	东向坐标
HL	水平角(左角)	Z	高程
HD	水平距离	*	EDM(电子测距)正在进行
VD	高差	m	以 m 为单位
SD	倾斜距离	f	以 ft/in 或英寸为单位

注:1 ft=12 in=0. 304 8 m。

(四)测量模式

软键的有关信息显示在最低行,各软键的功能见相应的显示信息。各软键在角度测量、距离测量和坐标测量中的功能见表 1-8~表 1-10。

(1)角度测量模式(见表 1-8)。

表 1-8 角度测量模式

页数	软键	显示符号	功能
1	F1	置零	水平角置为 0°00′00″
	F2	锁定	水平角读数锁定
	F3	置盘	通过键盘输入数字设置水平角
	F4	P1↓	显示第 2 页软键功能
2	F1	倾斜	设置倾斜改正开或关,若选择开,则显示倾斜改正值
	F2	复测	角度重复测量模式
	F3	V%	垂直角百分比坡度(%)显示
	F4	P2↓	显示第 3 页软键功能
3	F1	H-蜂鸣	仪器每转动水平角 90°是否要发出蜂鸣声的设置
	F2	R/L	水平角右/左计数方向的转换
	F3	竖盘	垂直角显示格式(高度角/天顶距)的切换
	F4	P3↓	显示下一页(第 1 页)软键功能

(2)距离测量模式(见表 1-9)。

表 1-9　距离测量模式

1	F1	测量	启动测量
	F2	模式	设置测距模式,精测/粗测/跟踪
	F3	S/A	设置音响模式
	F4	P1↓	显示第 2 页软键功能
2	F1	偏心	偏心测量模式
	F2	放样	放样测量模式
	F3	m/f/i	m、ft 或者 ft、in 单位的变换
	F4	P2↓	显示第 1 页软键功能

(3)坐标测量模式(见表 1-10)。

表 1-10　坐标测量模式

1	F1	测量	开始测量
	F2	模式	设置测量模式,精测/粗测/跟踪
	F3	S/A	设置音响模式
	F4	P1↓	显示第 2 页软键功能
2	F1	镜高	输入棱镜高
	F2	仪高	输入仪器高
	F3	测站	输入测站点(仪器站)坐标
	F4	P2↓	显示第 3 页软键功能
3	F1	偏心	偏心测量模式
	F3	m/f/i	m、ft 或者 ft、in 单位的变换
	F4	P3↓	显示第 1 页软键功能

(4)菜单模式。

功能:按 MENU 进入,可进行数据采集、坐标放样、程序执行、内存管理、参数设置等。

三、测前准备

(一)安置仪器

将仪器安装在三角架上,精确对中和整平。

(二)照准目标

旋转照准部,利用望远镜上方粗瞄准器概略照准目标,固定水平制动螺旋;转动目镜调节环,调节目镜,使十字丝清晰;旋转物镜调焦环,使目标成像清晰,且无视差存在;旋转水平微动螺旋和垂直微动螺旋,使十字丝精确照准目标。

(三)开机

(1)按下 POWER 键,即打开电源,显示器初始化约 2 s 后,直接进入角度测量模式界面,在该界面上可以通过电池电量显示标记判断电池使用情况,以便及时充电与更换。电量的显示见图 1-10。

```
V :    90° 10′ 20″
HR:     0° 00′ 00″

置零    锁定    置盘    P1↓
```

图 1-10 电量的显示

(2)确认棱镜常数值(PSM)和大气改正值,还可以通过按[F1](↓)键或[F2](↑)键进行对比度的调节,为了在关机后保存设置值,可按[F1](回车)键。

(3)使用 GTS-330N 全站仪输入字母和数字是借助面板上的字母键配合软键(F1、F2、F3、F4)来实现的。按[INPUT](F1)键输入开始,按[ENT](F4)键输入结束。

四、仪器设置和参数设置

(一)仪器设置

测量前,要进行如下设置:

按◢或⤡,进入距离测量模式或坐标测量模式,再按第 1 页的 S/A(F3)。

(1)棱镜常数(PRISM)的设置。

一般原配棱镜设置为 0,国产棱镜设置为-30 mm。具体可根据厂家提供的参数进行设置。

(2)大气改正值(PPM)的设置。

按"T—P",分别在"TEMP."和"PRES."栏,输入测量时的气温、气压(或者按照说明书中的公式计算出 PPM 值后,按"PPM"直接输入)。PSM、PPM 设置后,在没有新设置前,仪器将保存现有设置。

(二)参数设置

在角度测量、距离测量和坐标测量模式下设置的参数(或作业模式)关机后不能保留,通常在使用全站仪之前,在专门的参数设置状态下设置参数。按[F2]键的同时,打开电源,仪器进入参数设置状态(或称模式),可进行 F1:单位设置、F2:模式设置和 F3:其他设置。具体内容见表 1-11。

表 1-11 参数设置内容

菜单	项目	选择项	内容
F1:单位设置	温度和气压	C/F hPa/mmHg/inHg	内容选择大气改正用的温度单位和气压单位
	角度	DEG(360°)/ GON(400 G)/ MIL(6 400 M)	选择测角单位,deg/gon/mil(度/哥恩/密位)
	距离	METER/FEET/FEET 和 inch	选择测距单位,m/ft/ft. in(米/英尺/英尺.英寸)
	英尺	美国英尺/ 国际英尺	选择 m/ft 转换系数 美国英尺 1 m=3.280 833 333 333 3 ft 国际英尺 1 m=3.280 839 895 013 123 ft

续表 1-11

菜单	项目	选择项	内容
F2:模式设置	开机模式	测角/测距	选择开机后进入测角模式或测距模式
	精测/粗测/跟踪	精测/粗测/跟踪	选择开机后测距模式,精测/粗测/跟踪
	平距/斜距	平距和高差/斜距	说明开机后优先显示的数据项,平距和高差或斜距
	竖角 ZO/HO	天顶 0/水平 0	选择垂直角读数从天顶方向为零基准或水平方向为零基准计数
	N 次重复	*N* 次/重复	选择开机后测距模式,*N* 次/重复测量
	测量次数	0~99	设置测量次数,若设置为 1 次,即为单次测量
	NEZ/ENZ	NEZ/ENZ	选择坐标显示顺序,NEZ/ENZ
	HA 存储	开/关	设置水平角在仪器关机后可被保存在仪器中
	ESC 键模式	数据采集/放样/记录/关	可选择[ESC]键的功能 数据采集/放样:在正常测量模式下按[ESC]键,可以直接进入数据采集模式下的数据输入状态或放样菜单 记录:在进行正常或偏心测量时,可以输出观测数据 关:回到正常功能
	坐标检查	开/关	选择在设置放样点时是否要显示坐标(开/关)
	EDM 关闭时间	0~99	设置电子测距(EDM)完成后到测距功能中断的时间可以选择此功能,它有助于缩短从完成测距到启动测距的第一次测量时间(缺省值为 3 min) 0:完成测距后立即中断测距功能 1-98:在 1~98 min 后中断 99:测距功能一直有效
	精读数	0.2/1 MM	设置测距模式(精测模式)最小读数单位 1 mm 或 0.2 mm
	偏心竖角	自由/锁定	在角度偏心测量模式中选择垂直角设置方式 FREE:垂直角随望远镜上、下转动而变化 HOLD:垂直角锁定,不因望远镜转动而变化

续表 1-11

菜单	项目	选择项	内容
F3:其他设置	水平角蜂鸣声	开/关	说明每当水平角为90°时是否要发出蜂鸣声
	信号蜂鸣声	开/关	说明在设置声响模式下是否要发出蜂鸣声
	两差改正	关/K=0.14/K=0.20	设置大气折光和地球曲率改正,折光系数有:K=0.14、K=0.20或不进行两差改正
	坐标记忆	开/关	选择关机后测站点坐标、仪器高和棱镜高是否可以恢复
	记录类型	REC-A/REC-B	数据输出的两种模式:REC-A或REC-B REC-A:重新进行测量并输出新的数据; REC-B:输出正在显示的数据
	CR,LF	开/关	确定数据输出是否含回车和换行
	NEZ记录格式	标准方式/标准12位/附原始观测/附观测12位	选择坐标记录格式,标准格式或12位并附原始观测数据
	输入NEZ记录	开/关	确定在放样模式或数据采集模式下是否记录由键盘直接输入的坐标
	语言*	英语/其他*	选择显示用的语言
	ACK模式	标准方式/省略方式	设置与外部设备进行数据通信的过程 STANDARD:正常通信过程 OMITTED,即使外部设备去[ACK]联络信息数据也不再被发送
	格网因子	使用/不使用	确定在测量数据计算中是否要使用坐标格网因子
	挖与填	标准方式/挖和填	在放样模式下,可显示挖和填的高度,而不显示dz
	回显	开/关	可输出回显数据
	对比度菜单	开/关	在仪器开机时,可显示用于调节对比度的屏幕并确认棱镜常数(PSM)和大气改正值(PPM)

五、角度测量

开机后仪器一般默认直接进入角度测量模式,或者按[ANG]键进入角度测量模式。

水平角观测

(一)水平角左角和垂直角测量

如图1-11所示,欲测A、B两方向的水平角,在O点整置仪器后,照准

目标 A,按[F1](置零)键和[是]键,可设置目标 A 的水平读数为 0°00′00″。旋转仪器照准目标 B,直接显示目标 B 的水平角 H 和垂直角 V。

全站仪测角

(二)水平角右角、左角的切换

水平角右角,即仪器右旋角,从上往下看水平度盘,水平读数顺时针增大;水平角左角,即左旋角,水平读数逆时针增大。在测角模式下,按[F4](↓)键两次转到第3页功能,每按[F2](R/L)一次,右角 HR/HL、左角交替切换。通常使用右角模式观测。

(三)水平读数设置

水平读数设置有两种方法:

方法1:通过锁定水平读数进行设置。先转动照准部,使水平读数接近要设置的读数,接着用水平微动螺旋旋转至所需的水平读数,然后按[F2](锁定)键,使水平读数不变,再转动照准部照准目标。按[F3](是)键完成水平读数设置。

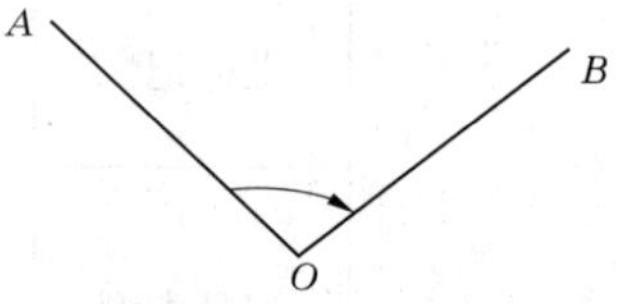

图 1-11　水平角测量

方法2:通过键盘输入进行设置,先照准目标,再按[F3](置盘)键,按提示输入所要的水平读数。

在测角模式下,可进行角度复测、水平角 90°间隔蜂鸣声的设置,垂直角与百分度(%)(坡度)切换、天顶距与高度角切换等。

六、距离测量

距离观测

距离测量可设为单次测量和 N 次测量。一般设为单次测量,以节约用电。距离测量可区分三种测量模式,即精测模式、粗测模式、跟踪模式。一般情况下用精测模式观测,最小显示单位为 0.2 mm 或 1 mm,测量时间 1.2~2.8 s。粗测模式最小显示单位为 10 mm 或 1 mm。测量时间约 0.7 s。跟踪模式用于观测移动目标,最小显示单位为 10 mm,测量时间约 0.4 s。

当距离测量模式和观测次数设定后,在测角模式下,照准棱镜中心,按◢键,即开始连续测量距离,显示内容从上往下为水平角(HR)、平距(HD)和高差(VD)。若再按◢键一次,显示内容变为水平角(HR)、垂直角(V)和斜距(SD)。当连续测量不再需要时,可按[F1](测量)键,按设定的次数测量距离,最后显示距离平均值。

注意:当光电测距正在工作时,HD 右边出现“ * ”标志。

七、坐标测量

GTS-322N 全站仪可在坐标测量模式[⤡]下直接测定碎部点(立棱镜点)坐标。在坐标测量之前必须将全站仪进行定向。输入测站点坐标。若测量三维坐标,还必须输入仪器高和棱镜高。具体操作如下:

在坐标测量模式下,先通过第2页的[F1](镜高)、[F2](仪高)、[F3](测站)分别输入棱镜高、仪器高和测站点坐标,再在角度测量模式下,照准后向点(后视点),设定测站点到定向点的水平度盘读数,完成全站仪的定向。然后照准立于碎部点的棱镜,按[⤡]键,开始测量,显示碎部点坐标(N、E、Z),即(X、Y、H)。

➢ 知识点

一、全站仪测角原理

全站仪的测角功能部分称为经纬仪,经纬仪作为测角的基本工具,其结构必须与水平角和垂直角的基本定义相适应。

(一)水平角和垂直角

1. 水平角

如图 1-12 所示,A、P_1、P_2 为地面上的三个控制点。A 为测站点,P_1、P_2 为照准点。AV 为 A 点的铅垂线(重力方向线),过 A 点作垂直于 AV 的平面 M。平面 M 称为水平面。铅垂线 AV 与视准线 AP_1、AP_2 分别构成两个垂直面 Q_1、Q_2,两个垂直面 Q_1、Q_2 与水平面的交线分别为 Aq_1、Aq_2。Aq_1、Aq_2 分别叫作视准线 AP_1、AP_2 的水平视线。两水平视线 Aq_1、Aq_2 的夹角(Q_1、Q_2 两垂直面的二面角)称为测站点 A 观测目标 P_1、P_2 的水平角。

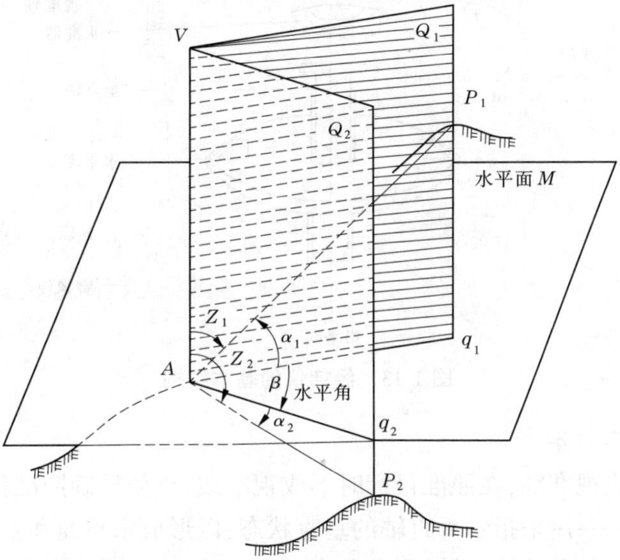

图 1-12 水平角和垂直角

可见,水平角不是两条视准线间的夹角,而是两条视准线在水平面上投影线的夹角,就是说,水平角是在水平面上度量的。水平角在 0°~360°范围内按顺时针方向量取。

2. 垂直角和天顶距

如图 1-12 所示,视准线 AP_1 与其水平视线 Aq_1 的夹角称为 A 点照准 P_1 点的垂直角。同样,视准线 AP_2 与其水平视线 Aq_2 的夹角为 A 点对 P_2 点的垂直角。所以,垂直角是视准线与其相应的水平视线的夹角,通常以 α 表示。

垂直角是在垂直面上度量的。水平视线以上为正(见图 1-12 中的 α_1),水平视线以下为负(见图 1-12 中的 α_2)。

视准线 AP_1、AP_2 与铅垂线 AV 的夹角 Z_1、Z_2 分别称为 AP_1、AP_2 的天顶距。由图 1-12 可见,某一照准点的天顶距与垂直角有如下关系:

$$\alpha = 90° - Z \tag{1-2}$$

(二)精密测角仪器的构造

要获得水平角和垂直角的正确值,必须正确地确定出视准线、铅垂线以及水平面和垂直面。因此,经纬仪的基本结构必须能构成这些面、线,并保持正确关系。经纬仪的基本结构见图1-13。

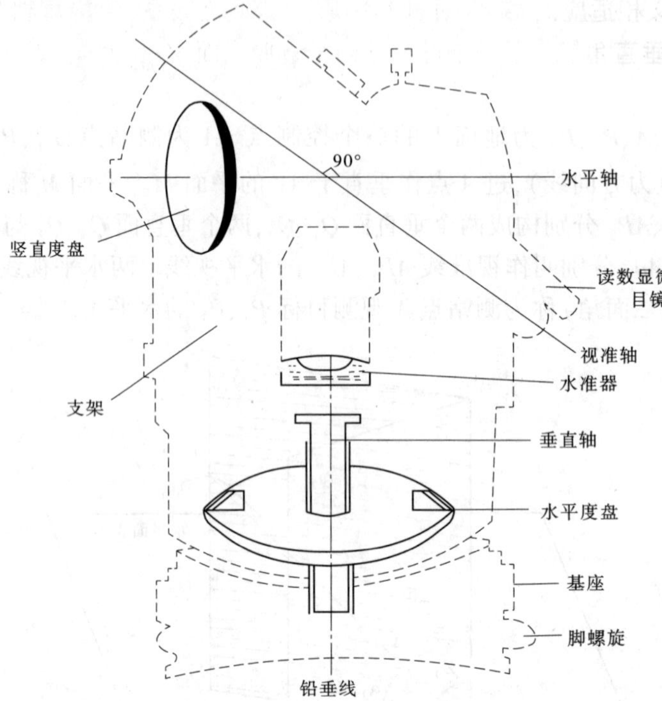

图1-13 经纬仪的基本结构

1. 经纬仪的主要部件

望远镜——构成视准轴,在照准目标时形成视准线,以便精确照准目标。

照准部水准器——用来指示垂直轴的垂直状态,以形成水平面和垂直面。

垂直轴——作为仪器的旋转轴,测定角度时,应与测站铅垂线一致。

水平轴——作为望远镜俯仰的转轴,以便照准不同高度的目标。

水平度盘——用来在水平面上度量水平角,应与水平面平行。

竖直度盘——用来量度垂直角。

另外,为了精确读取度盘读数,在水平度盘和竖直度盘上均有测微器。

经纬仪的以上部件,除水平度盘外,合称为经纬仪的照准部,照准部可以绕垂直轴旋转。

仪器的基座、水平度盘、垂直轴套和调平仪器的脚螺旋,是经纬仪的基础部分,叫作基座。

2. 经纬仪各主要部件之间的相互关系

为了测得水平角和垂直角,经纬仪不仅要具有上述各种主要部件,而且这些部件还应按下列关系结合成一个整体:

(1)垂直轴与照准部水准器轴正交。即当照准部水准气泡居中时,垂直轴与测站铅垂线一致。

(2)垂直轴与水平度盘正交且通过其中心。这样,当垂直轴与测站铅垂线一致时,水平度盘就与测站水平面平行,在其上面量取的角度,才是正确的水平角。

(3)水平轴与垂直轴正交,视准轴与水平轴正交,当垂直轴与测站铅垂线一致,俯仰望远镜,视准轴所形成的面才是垂直照准面。

(4)水平轴与竖直度盘正交,且通过其中心。满足此关系,当垂直轴与测站铅垂线一致,水平轴水平时,竖直度盘就平行于过测站的垂直照准面,在它上面量取的角度,才是正确的垂直角。

经纬仪各主要部件的上述关系,总的来说,就是三轴(垂直轴、水平轴、视准轴)两盘(水平度盘和竖直度盘)之间的关系,一旦它们之间的关系被破坏,就将给角度观测带来误差。

(三)经纬仪测角原理

1. 水平角测量原理

经纬仪的水平度盘是一个刻有360°分划的圆盘,安置在基座里,与仪器垂直轴相垂直,垂直轴穿过其中心。当仪器照准部水平转动时水平度盘保持不动。进行1、2两方向间的水平角观测时,转动照准部,使望远镜视准线照准目标1,水平度盘读数指针(它随照准部转动,相当于视准线在水平度盘上的投影)便读出1号方向在水平度盘上的读数L_1,顺时针旋转照准部,使望远镜视准线照准目标2,水平度盘读数指针又读出2号方向的读数L_2,则两方向间的水平角为

$$\beta = L_2 - L_1 \tag{1-3}$$

2. 垂直角测量原理

图1-14为经纬仪竖直度盘和读数指标在盘左时的相对位置情况,图中的读数指标水准器与读数指标相连。通过指标水准器来保证读数指标总是指向水平位置。当视准轴水平时,读数指针指向90°。经纬仪的竖直度盘是与望远镜固联的,望远镜视准轴与90°、270°刻度方向相固联。图为盘左观测垂直角的情况,当望远镜绕水平轴转动时,竖直度盘也跟着转动,读数指针则保持指向水平位置不变,而读数则变为L。因垂直角的定义是视准轴与水平线的夹角,由图1-14可知,在盘左时,所测垂直角可由下式算得:

垂直角测量

$$\alpha = 90° - L \tag{1-4}$$

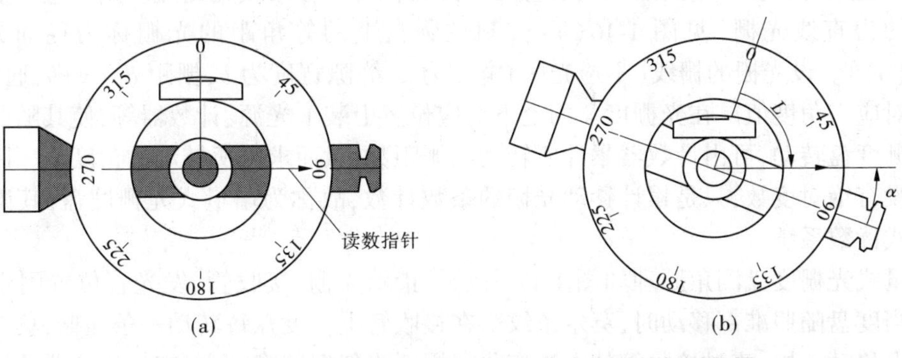

图1-14　经纬仪竖直度盘和读数指标在盘左时的相对位置

(四)电子测角原理

电子经纬仪与传统光学经纬仪在结构上的主要不同点是用编码度盘、光栅度盘或条码度盘。

1. 编码度盘测角原理

在玻璃圆盘上刻划几个同心圆,每一个环带表示一位二进制编码,称为码道。如果再将全圆划分成若干扇区,则每个扇形区有几个梯形,如果每个梯形分别以“亮”和“黑”表示“0”和“1”的信号,则该扇形可用几个二进数表示其角值。例如,用四位二进制表示角值,则全圆只能刻成 $2^4=16$ 个扇形,则度盘刻划值为 3 600/16 =42. 50,如图 1-15 所示,这显然是没有什么实用意义的。如果最小值为 20″,则需刻成(360　60　60)/20 =64 800 个扇形区,而 64 800 $=2^{16}$,即要刻成 16 个码道。因为度盘直径有限,码道愈多,靠近度盘中心的扇形的间隔愈小,又缺乏使用意义,故一般将度盘刻成适当的码道,再利用测微装置来达到细分角值的目的。

早期的电子速测仪多为“编码度盘”,如美国的 HP3800A 电子速测仪的主度盘上只有 8 个码道,即全圆划成 256 个扇形区,角值为 1. 402 50,再用两个独立的测微系统,可分别读至 10″和 0. 3″。编码度盘一般属于绝对测角系统。

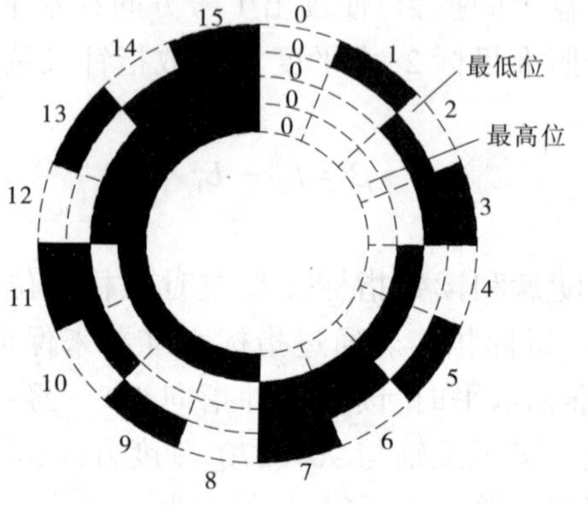

图 1-15　编码度盘

2. 增量式光栅度盘测角原理

均匀地刻有许多一定间隔细线的直尺或圆盘称为光栅尺或光栅盘。刻在直尺上用于直线测量的为直线光栅[见图 1-16(a)],刻在圆盘上的等角距的光栅称为径向光栅[见图 1-16(b)]。设光栅的栅线(不透光区)宽度为 a,缝隙宽度为 b,栅距 $d=a+b$,通常 $a=b$,它们都对应一角度值。在光栅度盘的上下对应位置上装上光源、计数器等,使其随照准部相对于光栅度盘转动,可由计数器累计所转动的栅距数,从而求得所转动的角度值。因为光栅度盘上没有绝对度数,只是累计移动光栅的条数计数,故称为增量式光栅度盘,其读数系统为增量式读数系统。

增量式光栅度盘测角原理如图 1-17 所示。指示光栅、接收管、发光管位置固定在照准部上。当度盘随照准部移动时,莫尔条纹落在接收管上。度盘每转动一条光栅,莫尔条纹在接收管上移动一周,流过接收管的电流变化一周。当仪器照准零方向时,让仪器的计数器处于零位,而当度盘随照准部转动照准某目标时,流过接收管电流的周期数就是两方向之间所夹的光栅数。由于光栅之间的夹角是已知的,计数器所计的电流周期数经过处理就刻有显

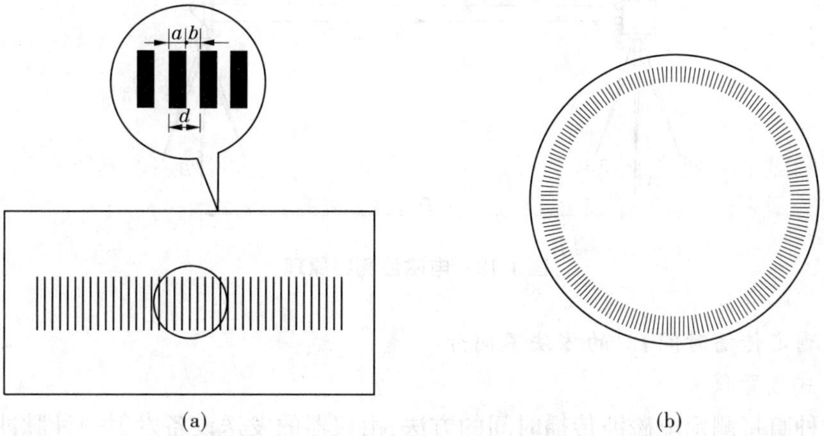

图 1-16 光栅尺和光栅盘

示处角度值。如果在电流波形的每一周期内再均匀内插 n 个脉冲,计算器对脉冲进行计数,所得的脉冲数就等于两个方向所夹光栅数的 n 倍,就相当于把光栅刻划线增加了 n 倍,角度分辨率也就提高了 n 倍。使用增量式光栅度盘测角时,照准部转动的速度要均匀,不可突快或太快,以保证计数的正确性。

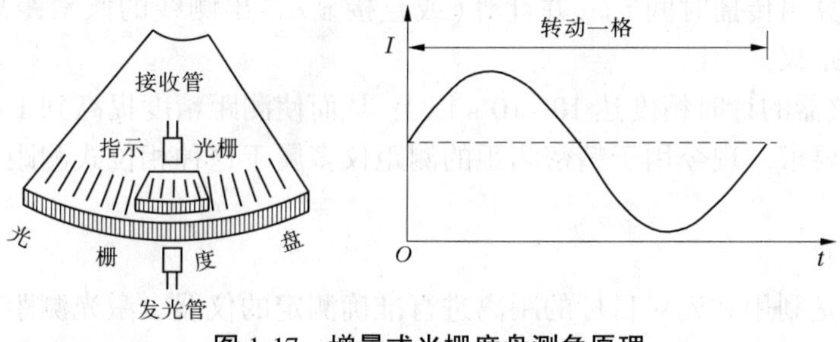

图 1-17 增量式光栅度盘测角原理

二、全站仪测距原理

全站仪的测距功能部分称为测距仪,测距仪作为测距的基本工具,其工作原理与电磁波测距仪的工作原理是完全一致的。

全站仪测距的基本原理是利用仪器发出的电磁波束在待测距离上往返传播的时间 t_{2D} 来计算待测距离 D 的,如图 1-18 所示,电磁波测距的基本公式为

$$D = \frac{1}{2}ct_{2D} \tag{1-5}$$

式中 c ——电磁波在大气中的传播速度。

不难看出,利用电磁波测距,只要在测程范围内,中间无障碍,如高山之间、江河两岸,甚至星际之间(如激光测月、人卫激光测距)等任何地形条件下均可测量。目前,各种类型的电磁波测距仪在大地测量、工程测量、地形地籍测量及其他测量中广泛应用。

(一)电磁波测距仪的分类

目前,对于电磁波测距仪有多种不同的分类方法。

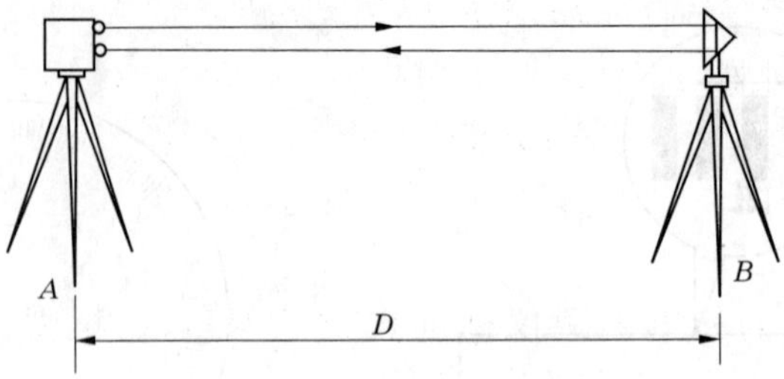

图 1-18　电磁波测距原理

1. 按照测定传播时间 t_{2D} 的方法不同分

1)脉冲式测距仪

它是一种直接测定电磁波传播时间的方法,由仪器的发送设备发射一种脉冲波,被目标反射回来,再由仪器接收器接收,最后由仪器的显示系统显示出脉冲在测线上往返传播的时间 t_{2D} 或直接显示出测线的斜距。这种测距仪称为脉冲式测距仪。

2)相位式测距仪

它是一种间接测定电磁波传播时间的方法,由仪器发射一种连续调制波,被反射回来后进入仪器接收器,通过发射信号与返回信号的相位比较,即可测定调制波往返于测线的滞后相位便可间接推算出传播时间 t_{2D} ,并计算(或直接显示)出测线的倾斜距离。这种测距仪器称为相位式测距仪。

目前,这种仪器的计时精度达 10~10 s 以上,从而使测距精度提高到 1 cm 左右,可基本满足精密测距的要求。现今用于精密测距的测距仪多属于这种相位式测距仪。

2. 按载波分

1)激光测距仪

激光测距仪是利用激光对目标的距离进行准确测定的仪器。激光测距仪在工作时向目标射出一束很细的激光,由光电元件接收目标反射的激光束,计时器测定激光束从发射到接收的时间,计算出从观测者到目标的距离。

2)红外测距仪

红外测距仪是利用调制的红外光进行精密测距的仪器。当红外线从测距仪发出碰到反射物被反射回来被测距仪接受到再根据红外线从发出到被接受到的时间及红外线的传播速度就可以算出距离。

3)微波测距仪

微波测距仪指利用微波作载波进行精密测距的仪器。操作简便,测距精度较高,测程 10 km 以上。

3. 按测程分

1)短程测距仪

短程测距仪的测程在 3 km 以内,测距精度一般在 1 cm 左右。这种仪器可用来测量三等以下的三角锁网的起始边,以及相应等级的精密导线和三边网的边长,适用于工程测量和矿山测量。

短程光电测距仪多采用砷化镓(GaAs)发光二极管作为光源(发出红外荧光),少数仪器也用氦-氖(He-Ne)气体激光器作为光源。砷化镓发光二极管是一种能直接发射调制光的器件,即通过改变砷化镓发光二极管的电流密度来改变其发射的光强。

2)中程光电测距仪

测程在 3~15 km 的仪器称为中程光电测距仪,这类仪器适用于二、三、四等控制网的边长测量。

3)远程激光测距仪

测程在 15 km 以上的光电测距仪称远程激光测距仪,精度一般可达±(5 mm+1×$10^{-6}D$),能满足国家一、二等控制网的边长测量。

中、远程光电测距仪多采用氦-氖(He-Ne)气体激光器作为光源,也有采用砷化镓激光二极管作为光源,还有其他光源的,如二氧化碳(CO_2)激光器等。由于激光器发射激光具有方向性强、亮度高、单色性好等特点,其发射的瞬时功率大,所以在中、远程光电测距仪中多用激光作载波,称为激光测距仪。

4. 按精度分

根据测距仪出厂的标称标准差,归算到 1 km 的测距标准差,测距仪的精度分为三级,如表 1-12 所示。

表 1-12 测距仪的精度分级

准确度等级	测距标准差	
	中、短程光电测距仪	远程光电测距仪
Ⅰ	$m_d \leqslant (1+D)$ mm	$m_d \leqslant (5+D)$ mm
Ⅱ	$(1+D)$ mm $< m_d \leqslant (3+2D)$ mm	
Ⅲ	$(3+2D)$ mm $< m_d \leqslant (5+5D)$ mm	
Ⅳ(等外级)	$m_d > (5+5D)$ mm	

注:D 为测量距离,km。

测距仪出厂标称标准差表达式为

$$m_D = \pm(a + bD) \tag{1-6}$$

式中 a——测距仪标称精度的固定误差,mm;

b——测距仪标称精度比例误差系数,mm/km;

D——测量距离,km,计算仪器标称精度时以 1 km 计算;

m_D——测距精度,mm。

在测绘作业过程中,知道了技术设计中对距离测量的精度要求,就可以根据仪器出厂的标称精度来选择测量应使用的仪器。

(二)电磁波测距原理

电磁波测距仪根据不同的测时方法可以把电子测距分为脉冲法测距、相位法测距和干涉法测距。

1. 脉冲法测距

脉冲法测距就是直接测定脉冲信号在被测距离是往返传播所需的时间，利用公式 $S=VT/2$ 来计算距离，其基本原理如图1-19所示。

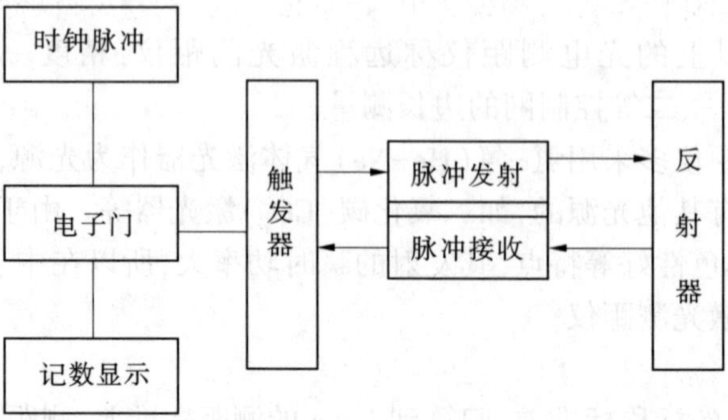

图1-19　脉冲法测距原理

其测时方法是：当测距仪向反射器（通常所说的反射棱镜）发射一个脉冲信号时，还给触发器发射一个脉冲，经过触发器去打开电子门，电子门一打开，计时用的时标脉冲就通过电子门进入计数器，当发向反射器的脉冲信号被反射器反射回测距仪，经测距仪接收后，也送入触发器，通过触发器去关闭电子门，电子门关闭后，时标脉冲就不能通过电子门，那么计数器记录下的时标脉冲个数为 m，将对应与测距脉冲信号在被测距离 D 上往返传播所需的时间 t。根据时标脉冲的个数可以计算出时间，从而获得距离。

2. 相位法测距

相位法测距是目前应用最广泛的一种测距方法，其技术比较简单，目前国产的全站仪全使利用红外线或激光作为载波，采用相位法进行测距。

相位法测距又称为间接法测距，它不直接测定电磁波在传播距离上的往返时间，而是测定由仪器发出的连续正弦电磁信号在被测距离上往返传播而产生的相位变化（相位差），根据相位差来求得距离。

➤ 任务实训

实训一　全站仪的认识

一、实训目的

(1)熟悉仪器的结构和仪器各部件名称。

(2)熟悉仪器的功能和使用方法。

(3)熟练规范地操作使用仪器。

二、实训内容

(1)全站仪各部件名称及功能的认识。

(2)全站仪的安置与设置。
(3)角度、距离和坐标的测量认识。

三、实训设备及物品

全站仪1台(含电池和脚架),棱镜2个,记录板1块,钢卷尺,仪器使用说明书,自备笔、纸。

四、参考资料

《拓普康全站型电子速测仪使用手册》和《仪器使用规程及管理规定》。

五、注意事项

(1)测量仪器属精密仪器,使用时必须严格按照操作程序,在任何时候,仪器必须有人看管,做到"人不离仪器"。
(2)实习前应检查仪器箱背带及提手是否牢固。装卸仪器时,必须握住提手,将仪器从仪器箱取出或装入仪器箱时,请握住仪器提手并托住基座。
(3)在太阳光照射下观测仪器,应给仪器打伞,并带上遮阳罩,以免影响观测精度。
(4)使用微动螺旋时,应先旋紧制动螺旋。转动仪器时,应先松开制动螺旋,然后平稳转动。外业完毕后应将所有微动螺旋旋至中央位置。
(5)当测站之间距离较远,搬站时应将仪器卸下,装箱后背着走;当测站之间距离较近,搬站时可将脚架合起,双臂微屈,双手握紧脚架进行搬站,但仪器要尽量保持直立。
(6)仪器任何部分发生故障,不勉强使用,应立即检修,否则会加剧仪器的损坏程度。
(7)观测过程中,除正常操作仪器螺旋外,尽量不要用手扶仪器及脚架,以免碰动仪器,影响观测精度。

六、上交资料

仪器认识记录。

实训二　水平角与垂直角观测

一、实训目的

(1)熟练掌握全站仪的测角原理,全面认识全站仪的构造及使用。
(2)正确使用全站仪进行水平角和垂直角的观测。
(3)掌握水平角和垂直角的观测、记录与计算。

二、实训设备及物品

全站仪1台(含电池和脚架)、棱镜2个(含脚架2个,可多组共用)、记录板1块、记录手簿、铅笔、仪器使用说明书。

三、实训内容与步骤

(一)内容

设置两个目标方向,用角观测法和中丝法完成测站水平角、左右转折角各三测回,垂直角两测回的观测和站记录计算任务,并上交观测成果。

(二)步骤

(1)在导线点 D02 上架设全站仪,精确对中、整平。

(2)开机。打开电源开关<POWER>键,如图 1-20 所示。

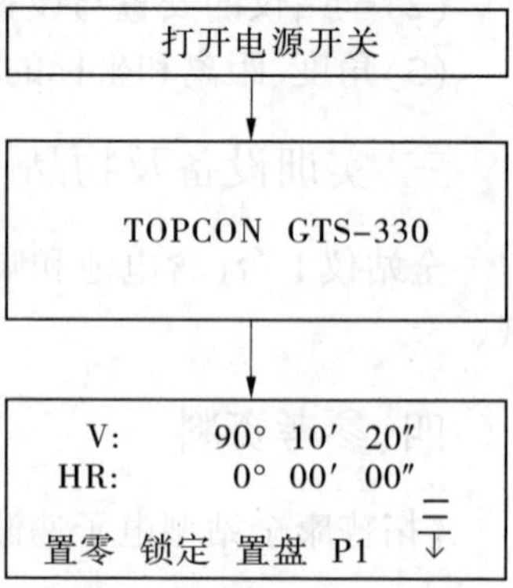

图 1-20 角度测量模式界面

(3)角度测量(水平角和垂直角)。

(4)一测回操作如下(在测角模式下):

上半测回:精确照准后视目标 D01,设置该目标的水平角为 0°00′00″(按[F1]置零键和"是"键),读取水平方向值和垂直角;顺时针方向旋转照准部,精确照准前视目标 D03,读取水平方向值和垂直角。

下半测回:倒转望远镜,精确照准前视目标 D03,读取水平方向值和垂直角;逆时针方向旋转照准部,精确照准前视目标 D01,读取水平方向值和垂直角。

以上为一测回的操作步骤。其他测回操作同此,不过其他测回的零方向还是以第一测回的零方向为准的,即 D01 为零方向,可通过[F2]键锁定角度值或者[F3]键输入角度值进行零方向的设置。如果进行右角观测,应在左角的起始方向配置度盘,上下半测回照准目标与读数方向与左角观测相反。角观测示意图见图 1-21。

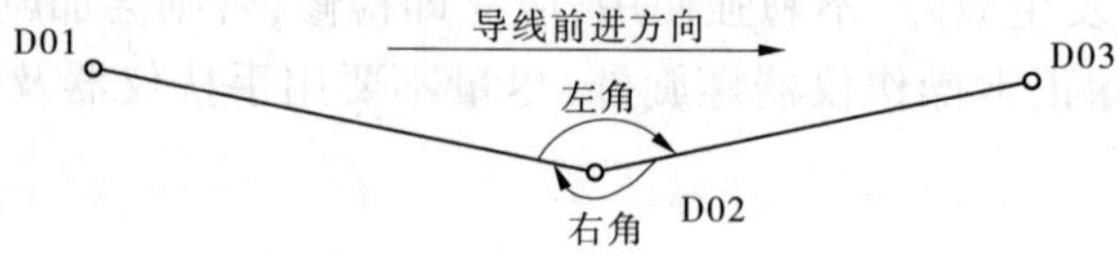

图 1-21 角观测示意图

(三)手簿记录、计算

角度观测记录表见表 1-13。按竖直度盘读数计算垂直角和指标差的公式列于表 1-14 中。

四、实训要求

(1)正确安置全站仪和反射棱镜,并量取仪器高和棱镜高。

(2)对全站仪进行正确设置,如角度单位、角度显示形式等。

(3)进行水平角和垂直角的观测练习,并在测回间进行水平度盘的正确配置。

五、上交观测成果

(1)水平角观测记录、计算手簿。

(2)垂直角观测记录、计算手簿。

表 1-13　角度观测记录表

测站：D02　天气：晴　班级：　观测者：

仪器高：1.515 m　成像：清晰　组别：　记录者：

仪器型号：GTS-302N　时间：　年　月　日

水平角观测：

测回序号	觇点	读数(°　′　″) 盘左	盘右	2C (″)	一测回方向值 (°　′　″)	归零后方向值 (°　′　″)
Ⅰ	D01	0　00　03	180　00　06	-03	53　33　51	0　00　00
	D03	53　33　54	233　33　59	-05	53　33　53	53　33　52
Ⅱ	D03	143　33　53	323　33　58	-06	306　26　11	0　00　00
	D01	90　00　04	270　00　08	-04	306　26　10	306　26　10
Ⅲ	D01					
	D03					
Ⅳ	D03					
	D01					

垂直角观测：

测回序号	觇点	读数(°　′　″) 盘左	盘右	指标差 (′　″)	垂直角 (°　′　″)	目标高 (m)
Ⅰ	D01	90　30　14	269　29　40	-0　03	-0　00　17	1.634
	D03	90　30　18	269　29　49	+0　04	-0　00　15	1.543
Ⅱ	D03					
	D01					

表 1-14　垂直角和指标差计算公式及限差

仪器类型	计算公式		各测回互差限值	
	垂直角	指标差	垂直角	指标差
J1(T3)	$\alpha=L-R$	$i=(L+R)-180°$	10″	10″
J2(T2,010)	$\alpha=\frac{1}{2}[(R-L)-180°]$	$i=\frac{1}{2}[(L+R)-360°]$	15″	15″

实训三　精密距离测量

一、实训目的

(1)熟练掌握全站仪的测距原理,并能正确使用全站仪。

(2)正确使用全站仪进行斜距、平距和高差的观测。

(3)掌握距离的观测、记录与计算。

二、实训设备及物品

全站仪1台(含电池和脚架)、棱镜2个(含脚架2个)、记录板1块、记录纸、铅笔、仪器使用说明书。

三、实训内容与步骤

(一)内容

全站仪测距练习,读取斜距、平距和高差。

(二)步骤

1. 仪器常数的设置

通过相关方法测定出全站仪的仪器常数后,进行设置。步骤如表1-15所示。

表1-15　仪器常数设置步骤

操作过程	操作按键	屏幕显示
按住[F1]键,开机	F1+POWER	校正模式　1/2 F1:竖角零基准 F2:仪器常数 F3:指标差/轴系差　P↓
选择[F2]键"仪器常数"	F2	仪器常数设置: 仪器常数 -0.5 mm 输入　___　___　回车
选择[F1]键输入测定的仪器常数,完成后按[F4]键结束	F1	仪器常数设置: 仪器常数 -3 mm 输入　___　___　回车

2. 棱镜常数的设置

根据所选用的棱镜进行棱镜常数的设置,步骤如表1-16所示。

表 1-16　棱镜常数设置步骤

操作过程	操作按键	屏幕显示
按“测距”键		V:　271°55′54″ HD[r]:　m VD:　m 测量　模式　S/A　P1↓
选择[F3]键	F3	设置音响模式 PSM:0.0　PPM:0.0 信号:【　】 棱镜　PPM　T-P　回车
选择[F1]键进入棱镜常数设置。选择[F1]键进行输入,完成后按[F4]键结束	F1	棱镜常数设置: 仪器常数 0.0 mm 输入　___　回车

3. 气象改正的设置

预先测得测站周围的温度和气压,进行设置。步骤如表 1-17 所示。

表 1-17　气象改正设置步骤

操作过程	操作按键	屏幕显示
按“测距”键		V:　271°55′54″ HD[r]:　m VD:　m 测量　模式　S/A　P1↓
选择[F3]键	F3	设置音响模式 PSM:0.0　PPM:0.0 信号:【　】 棱镜　PPM　T-P　回车
选择[F3]键进入气象改正设置。选择[F1]键进行输入,完成后按[F4]键结束	F3	温度和气压设置: 温度→0.0 ℃ 气压:1 013.2 hPa 输入　___　___　回车

4. 全站仪测距操作

安置好全站仪后,精确照准目标棱镜。测量距离的操作步骤如表1-18所示。

表1-18 距离测量操作步骤

操作过程	操作按键	屏幕显示
盘左位置照准目标P6安置的棱镜中心	照准	V: 88°05′24″ HR: 0°02′12″ 置零 锁定 置盘 P1↓
按"距离测量"键 屏幕显示中: HD为平距,VD为高差		V: 271°55′54″ HD[r]: m VD: m 测量 模式 S/A P1↓
按"测量"键,测取平距	F1	V: 271°55′54″ HD[r]: 123.456 m VD: 5.719 m 测量 模式 S/A P1↓
重复上一步,获取多次距离测量结果	F1	

★**提示:**重复按,可以实现平距和斜距的相互切换。斜距的测量和平距测量方法相同。斜距测量界面如图1-22所示。SD为斜距。

V: 271°55′54″
HR: 1°50′35″
SD: 5.719 m
测量 模式 S/A P1↓

图1-22 斜距测量界面

电磁波测距记录表如表1-19所示。

四、实训要求

(1)正确安置全站仪和反射棱镜。

(2)对全站仪进行设置,如加常数、乘常数及温度和气压输入等。

(3)进行距离的观测练习。

五、上交资料

距离观测记录手簿。

表 1-19 电磁波测距记录表

测　　站：　　　　　　　　测站点气温：　　　　　　　　测站点气压：

作业日期：　　　　　　　　观　测　者：　　　　　　　　记　录　者：

项目			第一测回	第二测回
读数	斜距/平距	次数		
		1		
		2		
		3		
		4		
一测回读数间较差(mm)				
一测回平均值(m)				
各测回平均值(m)				

任务三　全站仪的选用与检验

任务描述

某单位承担了某项工程的平面控制测量任务，首级控制网已采用卫星定位测量方法建立了 GPS 控制网，二级控制网根据工程实际情况和设计要求，须采用精密导线的形式予以布设。现请根据技术设计的要求选用合适的测量仪器来进行测量。

任务分析

导线测量主要是角度和距离的测量，角度和距离的施测现在主要采用全站仪来进行，那么究竟采用什么等级的全站仪是首先考虑的问题，即仪器的选用问题。接下来就要考虑选用的仪器是否满足仪器设计的各项要求，是否能达到测量的标准。众所周知，仪器的设计和制造不论如何精细，各主要部件之间的关系也不可能完全满足理论要求；另外，仪器在使用的过程中，由于震动、磨损和温度变化的影响，仪器各部件之间的正确关系也会改变；此外，电子元件也会自然老化，这些变化将导致仪器运行不良、技术指标降低、观测误差增大。为了全面掌握仪器的性能，合理利用仪器获得合格的测量成果，仪器在使用的过程中，必须对仪器进行定期的检验和校正。国家计量检定规程规定，全站仪的检定周期不能超过 1 年，仪器只有经过国家授权的鉴定部门鉴定合格，并颁发年检合格证明才能持证上岗，其测绘的产品才能被认可。所以，仪器使用前必须鉴定。

全站仪的鉴定项目可分为三部分：电子测角系统的检验、电子测距系统的检验、存储卡的检验。

➤ 任务流程

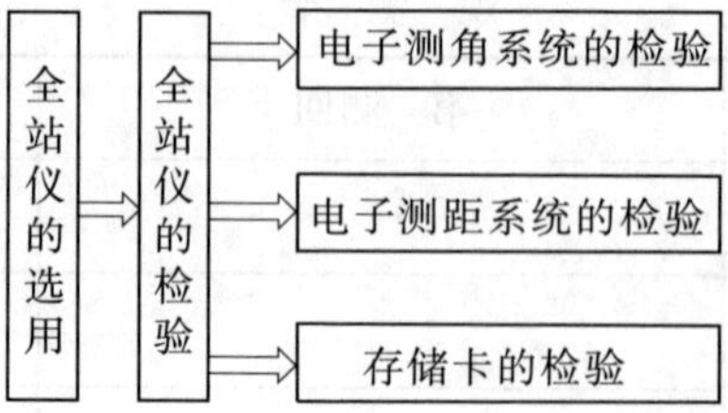

一、全站仪的选用

全站仪的选用必须考虑施测导线的技术要求。选用时要同时考虑全站仪测角和测距的两项技术标准,以不低于施测导线等级的技术要求为准。根据《工程测量标准》(GB 50026—2020)中导线测量的主要技术要求标准(见表 1-20)和测距的技术要求标准(见表 1-21),三、四等导线测量须使用测角精度不低于 2″级,测距精度不低于 10 mm,综合两方面考虑,需使用不低于Ⅱ级的全站仪进行测量。

表 1-20　导线测量的主要技术要求标准

等级	导线长度(km)	平均边长(km)	测角中误差(″)	测距中误差(mm)	测距相对中误差	测回数			方位角闭合差(″)	导线全长相对闭合差
						1″级仪器	2″级仪器	6″级仪器		
三等	14	3	1.8	20	≤1/150 000	6	10	—	$3.6\sqrt{n}$	≤1/55 000
四等	9	1.5	2.5	18	≤1/80 000	4	6	—	$5\sqrt{n}$	≤1/35 000
一级	4	0.5	5	15	≤1/30 000	—	2	4	$10\sqrt{n}$	≤1/15 000
二级	2.4	0.25	8	15	≤1/14 000	—	1	3	$16\sqrt{n}$	≤1/10 000
三级	1.2	0.1	12	15	≤1/7 000	—	1	2	$24\sqrt{n}$	≤1/5 000

注: n 为转折角个数。

二、全站仪的检验

根据规范和国家产品质量的要求,所使用的仪器及其附属设备、气象观测仪器须经检验合格后,方可用于测量工作。全站仪的检验项目主要包括电子测角系统(电子经纬仪)的检验、电子测距系统(测距仪)的检验和存储卡的检验。不同厂家的仪器在使用说明中都有相关的检验说明,在使用前参照说明来进行有关检验。

(一)电子测角系统(电子经纬仪)的检验

国家《三、四等导线测量规范》(CH/T 2007—2001)规定,全站仪的电子测角系统(电子经纬仪)的检验项目和限差要求按表 1-22 执行。

表 1-21 测距的技术要求标准

平面控制网等级	仪器精度等级	每边测回数		一测回读数较差（mm）	单程各测回较差（mm）	往返测距较差（mm）
		往	返			
三等	5 mm 级仪器	3	3	≤5	≤7	$\leqslant \pm 2(a+bD)$
	10 mm 级仪器	4	4	≤10	≤15	
四等	5 mm 级仪器	2	2	≤5	≤7	
	10 mm 级仪器	3	3	≤10	≤15	
一级	10 mm 级仪器	2	—	≤10	≤15	—
二、三级	10 mm 级仪器	1	—	≤10	≤15	

注：D 为测量距离，km；a、b 分别为测距仪标称精度中的固定误差和比例误差系数。

表 1-22 全站仪的检验项目和限差要求

序号	检验项目	新仪器		使用前		限差	
		DJ_1	DJ_2	DJ_1	DJ_2	DJ_1	DJ_2
1	外观及键盘功能	+	+	+	+		
2	工作电压显示的正确性	+	+	+	+	符合额定值	
3	照准部旋转正确性的检验	+	+	+	+	15″	1 格
4	水平轴不垂直于垂直轴之差 i 角检验	+	+	+	+	≤10″	≤15″
5	照准部旋转时仪器基座的稳定度的检验	+	+	+	+	≤0.3″	≤1.0″
6	测距轴与视准轴的重合性	+	+	+	+	≤1.5′	≤1.5′
7	倾斜补偿器的零位误差、补偿范围和补偿准确度的检验	+	+	+	+		
8	光学对中器的检验（0.8～1.5 m 范围内）	+	+	+	+	≤1 mm	≤1 mm
9	垂直微动螺旋使用正确性的检验	+	+	+	+		

注："+"为应检验的项目。

在这些检验的项目中，4、5、8、9 项与光学经纬仪相同。其他的主要检验项目具体如下所述：

1. 外观和键盘功能的检验

(1) 仪器表面不得有碰伤、划痕、脱漆和锈蚀，盖板及部件结合整齐，密封性好。

(2) 光学部件表面清洁，应无擦痕、霉斑和麻点及脱膜等现象；望远镜十字丝成像清晰，粗细均匀,视场明亮,亮度均匀;目镜调焦及物镜调焦转动平稳,不得有分划影像晃动或自动滑动的现象。

(3)长水准器和圆水准器不应有松动,脚螺旋转动松紧适度,无晃动;水平和竖直制动及微动机构运转平稳可靠,无跳动现象;组合式全站仪中,电子经纬仪与测距仪的连接机构可靠,仪器和基座的连接锁紧机构可靠。

(4)操作键盘各按键反应灵敏,每个键的功能正常;通过键的组合读数显示数据及存储或传递数据功能正常。

(5)液晶显示屏显示提示符号,字母及数字清晰、完整、对比度适当。

(6)数据输出接口、外接电源接口完好,内接电池接触良好,内(外)接电池容量充足,充电器完好。

(7)记录存储卡完好无损,表面清洁,在仪器上能顺当地装入或取下,存储卡内装纽扣电池容量充足,磁卡阅读器完好。

(8)使用中和修理后的仪器,仪器外表或某些部件不得有影响仪器准确度和技术功能的一些缺陷。

2. 工作电压显示的正确性检验

(1)仪器开机后,读记仪器显示的电压指示数据,其值应与说明书提供的额定电压数据一致。

(2)若仪器显示的电压指示数据与说明书上不一致,应测试仪器正常工作状态下的工作电压,可读记稳压电源的电压数据,或测试仪器电源电池的电压数据,其值应为该仪器的工作电压。

(3)仪器开机后若其显示的工作电压数据和测试的工作电压均与说明书上的要求不一致时,则该仪器工作状态不正常,应进行维修。

3. 照准部旋转正确性的检验

(1)机内没有测试垂直轴稳定性的专门指令程序的全站仪,其检验方法和技术要求与光学经纬仪该项目相同。

(2)机内配有测试垂直轴倾斜量专门指令的全站仪,可行显示的垂直轴倾斜量的变化幅度检验其照准部旋转的正确性。其检定步骤如下:

①仪器安置于稳定的仪器或脚架上,整平后转动照准部几周,置水平方向读数为零。

②输入测试指令,顺时针转动照准部,从显示屏记下0°位置和每隔45°各位置上垂直轴倾斜量,连续顺转两周。

③再逆转照准部并每隔45°读记一次,连续逆转两周。

④计算照准部对应180°的两读数之和,其值在同一测回中互差应小于4″;而整个过程,各次读数的最大变动应小于15″。

4. 全站仪测距轴与视准轴重合性的检验

(1)在相距50~100 m的水平距离上分别安置仪器和反射棱镜。

(2)照射反射棱镜中心,并读取水平方向读数 H 和天顶距读数 Z。

(3)向左或向右水平方向偏调仪器,直到接收信号减少到临界,读取水平读数 H_1 和 H_2。

(4)向上或向下水平方向偏调仪器,直到接收信号减少到临界,读取天顶距读数 Z_1 和 Z_2。

(5)计算水平和竖直张角的绝对值：$\Delta H_1 = |H_1 - H|$，$\Delta H_2 = |H_2 - H|$，$\Delta Z_1 = |Z_1 - Z|$，$\Delta Z_2 = |Z_2 - Z|$，若$(\Delta H_1 - \Delta H_2)$、$(\Delta Z_1 - \Delta Z_2)$均不大于 1.5′，则两轴的吻合为合格。

5. 照准误差 C、横轴误差 I、竖直度盘指标差 i

(1)对于具有按一定程序测定并存储视准轴误差、横轴误差及竖直度盘指标差的全站仪，先进行检验及预置存储，检定仪器残余的 C、I、i。

(2)对具有倾斜补偿显示的全站仪及电子经纬仪，在检定这几项偏差量时，应用倾斜补偿器装置，安置仪器竖轴到铅垂状态(利用显示器的竖轴在 X 方向和 Y 方向的倾斜量，用脚螺旋整平仪器，直到 X 值和 Y 值分别为 00 □1″)，也可按一定程序将 X 方向和 Y 方向的倾斜值存入仪器内，以便自动对方向值进行改正。

1)限差要求

各等级仪器照准误差 C、横轴误差 I、竖直度盘指标差 i 的限差如表 1-23 所示。

表 1-23 各等级仪器 C、I、i 值的限差

仪器等级	Ⅰ	Ⅱ	Ⅲ	Ⅳ
照准误差 C	≤6″	≤8″	≤10″	≤16″
横轴误差 I	≤10″	≤15″	≤20″	≤30″
竖直度盘指标差 i	≤12″	≤16″	≤20″	≤30″

2)检定方法

由于全站仪具有比较正确和稳定的测微读数系统及对仪器垂直轴倾斜误差的自动补偿改正功能，因此可以在室内以平行光管的十字丝作为照准目标，按“高—平—低点法”同时进行照准误差 C、横轴误差 I 以及竖直度盘指标差 i 的检定，如图 1-23 所示。

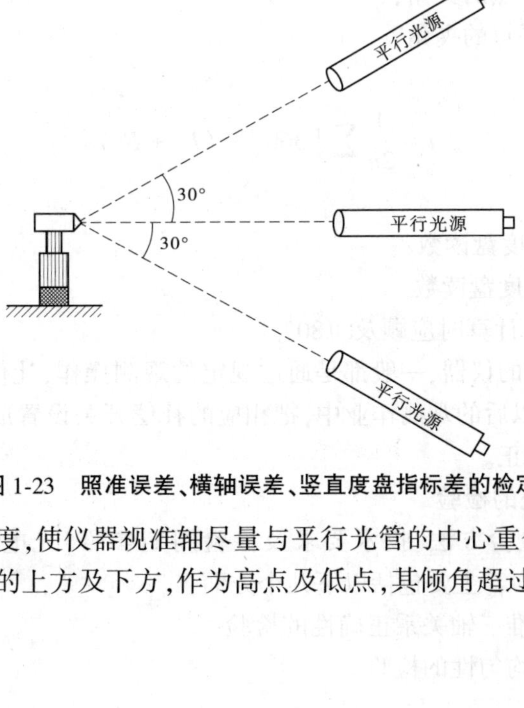

图 1-23 照准误差、横轴误差、竖直度盘指标差的检定

调整仪器升降台高度，使仪器视准轴尽量与平行光管的中心重合。另两台平行光管分别安置在平点平行光管的上方及下方，作为高点及低点，其倾角超过□20 ~□35，高低两点的对称差小于 30′。

3)检定步骤

按水平角与垂直角观测方法,对高点和低点,做 2~4 个测回的水平角和垂直角观测,测回间应变换度盘,观测程序如下:

盘左 L: ①照准高点,读水平角及垂直角读数;
②照准平点,读水平角及垂直角读数;
③照准低点,读水平角及垂直角读数。

盘右 R: ①照准低点,读水平角及垂直角读数;
②照准平点,读水平角及垂直角读数;
③照准高点,读水平角及垂直角读数。

以上为一个测回,共应进行三个测回的观测。

4)计算

照准误差:

$$C = \frac{1}{2n}\sum (L - R)_{平} \tag{1-7}$$

横轴误差:

$$I = \left[\frac{1}{4n}\sum_{1}^{n}(L - R)_{高} - \frac{1}{4n}\sum_{1}^{n}(L - R)_{低}\right]\cot\alpha \tag{1-8}$$

式中 n——测回数;
L——盘左水平度盘读数;
R——盘右水平度盘读数。

$$\alpha = \frac{1}{2}(\alpha_{高} - \alpha_{低}) \tag{1-9}$$

式中 $\alpha_{低}$——低点与平点的夹角;
$\alpha_{高}$——高点与平点的夹角。

竖直度盘指标差:

$$i = \frac{1}{2n}\sum \left[360° - (L_v + R_v)\right] \tag{1-10}$$

式中 n——测回数;
L_v——盘左竖直度盘读数;
R_v——盘右竖直度盘读数。

水平度盘读数 R 在计算时应顾及□180°。

能够自动进行补偿的仪器,一般都是通过规定的观测操作,让仪器自动计算出误差值,并自动存储在机内,在以后的观测作业中,把相应的补偿开关设置成[开]的状态,仪器本身自动进行相应的补偿改正。

(二)电子测距系统的检验

电子测距系统的检验方法、技术要求及检验周期参照《光电测距仪检定规程》(JJG 703—2003)进行,检验内容主要包括以下几个方面:

(1)发射、接收、照准三轴关系正确性的检验。

(2)发光管相位不均匀性的检验。

(3)幅相误差的检验。

(4)周期误差的检验。

(5)加常数和乘常数的检验。

(6)棱镜常数的检验。

(7)测程的检验。

(8)内部符合精度的检验。

(9)鉴定综合精度的评定。

(10)精测频率的检验。

以上各项检定工作须在常温下进行,检定时气象条件相对稳定,气压与温度变化对测距的影响应小于1 mm/km。检定过程中,仪器不应受强磁场、电场、障碍物及反光物等的干扰。测距仪配套使用的其他计量仪,应按相应检定规程的要求进行检定。检定中使用的长度基线全长精度应优于1×10^{-6}。

(三)存储卡的检验

1. 存储卡初始化

按仪器的结构不同,将存储卡插入全站仪或卡读器中调用初始化(格式化)程序进行,对使用中的存储卡,如已写保护,则应先解除保护,然后再进行初始化。

2. 文件建立和删除

按仪器结构的不同,文件的建立(或打开)和删除可在全站仪上,或利用卡读器按文件建立和文件删除(或关闭)的指令程序进行。

3. 存储卡容量及检查

按仪器结构的不同,存储卡容量可在文件建立(或打开)后,在全站仪上或在卡读器上连同文件名号被显示出来。

4. 数据的记录

将经过初始化并已建立文件后的存储卡插入全站仪(或电子经纬仪)中,以一个或若干个测点(棱镜反射器)进行观测,并调用数据记录的指令程序,将数据记录在存储卡上,应记录的数据包括:仪器参数、测站数据、测量数据及三维坐标值、注释符及特征码的记录。

可从全站仪上或利用卡读器调用数据查阅指令检验记录功能是否正常。

5. 数据查阅

按仪器结构的不同,在全站仪上调用数据查阅指令程序或利用卡读器数据显示指令进行,包括查阅存储卡记录的全部数据或直接查阅某个文件或某项类别的数据。

6. 数据传输

将存储卡通过卡读器与具有通过标准接口的计算机或打印机相连接,调用数据传输指令程序把存储卡内的数据以数据文件为单位,发送到计算机或打印机打印。

计算机必须设置与全站仪和卡读器相一致的通信参数,数据发送结束,卡读器或计算机做结束的提示。

对具有双向通信的仪器,还应检查卡读器中的存储卡从计算机中接受数据块加入已打开文件之中的性能,情况良好,则仪器也做出工作结束的提示。

7. 写保护与解除保护

在全站仪或卡读器上调用写保护或取消写保护指令程序进行,当写保护或取消保护结束后,仪器出示提示。

任务四　导线外业观测

任务描述

某测区已完成了导线点的布设工作,并已具备观测条件。按照工作进程,下面需要作业组按照技术设计要求,利用选用的满足要求的全站仪等仪器设备完成导线的外业观测任务。

任务分析

导线测量外业主要包括水平角、垂直角和距离的观测工作,本任务要求工作者在掌握关于角度测量和距离测量的基本原理、基本方法和对仪器的熟练操作的基础上,按照导线测量的基本技术规定,独立完成导线测量外业观测的任务。

在导线测量中,主要涉及各导线点上的水平角、进行高程传算所需要的垂直角以及每条边的长度,所以必须要求工作者使用专用测角仪器设备和测距设备,按照角度和边长的观测方法予以测定,并要顾及相关规范的规定。考虑到全站仪的普遍使用和生产实际,本任务主要使用全站仪进行导线测量的外业观测。

任务流程

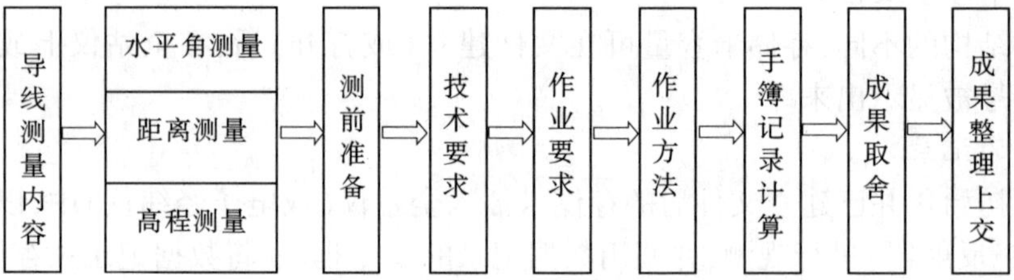

一、导线测量内容

导线外业测量涉及三项内容,即水平角测量、距离测量和高程测量。测定的包括水平角、距离和高程数据是导线进行坐标传算不可缺少的元素。这些元素的测定精度与所采用的仪器设备、外界条件和观测者都有着密切的关系。不同等级的导线对仪器的选用、作业的要求、作业的方法都有着不同的要求。随着现代技术的发展,集测角、测距于一身的高精度全站仪已完全可以独立担负不同等级导线测量的任务,全站仪导线测量已成为广大测绘工作者普遍采用的方式。在全站仪导线测量中,必须注意以下几方面事项:

(1)用于控制测量的全站仪的精度要达到相应等级控制测量的要求。

(2)测量前要对仪器按要求进行检定、校准,出发前要检查仪器电池的电量。

导线外业观测

(3)必须使用与仪器配套的反射棱镜测距。

(4)在等级控制测量中,不能使用气象、倾斜、常数的自动改正功能应把这些功能关闭,而在测量数据中人工逐项改正。

(5)测量前要检查仪器参数和状态设置。如角度、距离、气压、温度的单位最小显示、测距模式、棱镜常数、水平角和垂直角形式、双轴改正等。可提前设置好仪器,在测量过程中不再改动。

(6)手工记录以便检核各项限差,内存记录用作对照检查。

二、水平角测量

(一)测前准备

水平角观测前,应认真做好以下准备工作:

(1)检查并确认平面控制点标石是否稳固、安全。

(2)使用脚架观测时,根据地面的土质情况,应采取有效措施,确保脚架稳固。

(3)测定测站点和照准点的归心元素。

(4)整置仪器,确定应观测的方向,检查视线是否符合要求。

(5)采用方向观测法时,应选择一个距离适中、通视良好、成像清晰的观测方向作为零方向。

(6)水平角观测采用方向观测法时,应预先编制观测度盘表。

(7)使用全站仪观测时,确认仪器工作状态并预置参数。

(8)采用电子记簿时,检查电子记录器或存储卡是否工作正常,按规定输入必要的测站和观测信息。

(9)水平角观测所采用的全站仪、电子经纬仪和光学经纬仪应满足相应要求。

(二)技术要求

根据《工程测量标准》(GB 50026—2020)的规定,水平角、导线测量应满足的技术要求见表 1-24、表 1-25。

表 1-24　水平角测量的技术要求

等级	仪器精度等级	光学测微器两次重合读数之差(″)	半测回归零差(″)	一测回内 2C 互差(″)	同一方向值各测回较差(″)
四等及以上	1″级仪器	1	6	9	6
	2″级仪器	3	8	13	9
一级及以下	2″级仪器	—	12	18	12
	6″级仪器	—	18	—	24

注:全站仪、电子经纬仪水平角观测时不受光学测微器两次重合读数之差指标的限制。

(三)作业要求

水平角测量时应遵循以下原则:

(1)观测前要认真调好焦距,消除视差。在一测回不得变动焦距,以免引起视准轴变化。

(2)各测回起始方向读数要均匀分配在度盘和测微器的不同位置上,以消除和减弱度盘分划长、短周期误差和测微器分划误差的影响。

(3)在上、下半测回之间纵转望远镜,使一测回的观测在盘左、盘右进行,以消除或减弱视准轴、水平轴倾斜误差的影响。同时,还可由盘左、盘右之差获得二倍视准差,以检验观测质量。

表1-25　导线测量的技术要求

等级	导线长度(km)	平均边长(km)	测角中误差(″)	测距中误差(mm)	测距相对中误差	测回数			方位角闭合差(″)	导线全长相对闭合差
						1″级仪器	2″级仪器	6″级仪器		
三等	14	3	1.8	20	≤1/150 000	6	10	—	$3.6\sqrt{n}$	≤1/55 000
四等	9	1.5	2.5	18	≤1/80 000	4	6	—	$5\sqrt{n}$	≤1/35 000
一级	4	0.5	5	15	≤1/30 000	—	2	4	$10\sqrt{n}$	≤1/15 000
二级	2.4	0.25	8	15	≤1/14 000	—	1	3	$16\sqrt{n}$	≤1/10 000
三级	1.2	0.1	12	15	≤1/7 000	—	1	2	$24\sqrt{n}$	≤1/5 000

注:1. 表中 n 为测站数。

2. 当测区测图的最大比例尺为1:1 000,一、二、三级导线的导线长度、平均边长可适当放长,但最大长度不应大于表中规定相应长度的2倍。

(4)上、下半测回照准目标的次序要相反,并保持照准每一目标的操作时间大致相等,以消除或减弱与时间成正比变化的误差,如脚架扭转误差等。

(5)在上、下半测回开始前,照准部应按将要旋转的方向先转1~2周。在半测回观测过程中,照准部不得反转,若视准轴旋出目标,应多旋1周后,再重新照准,以减弱仪器操作中的弹性带动误差和空隙带动误差。

(6)测微螺旋和微动螺旋应以"旋进"方向结束操作,以消除隙动差。

(7)为减弱垂直轴倾斜误差的影响,观测中应注意保持水准气泡居中。必要时在测回间应重新整平仪器,使垂直轴倾斜误差具有偶然性,从而在测回中数中减弱其影响。当照准方向的垂直角一等超过±2°、二等超过±3°时,应加垂直轴倾斜改正。

(8)垂直微动螺旋使用不正确时,观测水平角过程中不得使用,以免由此带入照准误差。

(四)作业方法

1. 方向观测法

当导线点上的方向数超过2个时,三、四等及以下导线应按方向观测法进行,不多于3个时可不归零。用经纬仪测量,在测前需按照公式计算出度盘配置表,全站仪可不进行度盘的配置。

DJ_1 型:

$$\sigma = \frac{180°}{m} + 4'$$

DJ_2 型:

$$\sigma = \frac{180°}{m} + 10'$$

式中　m——测回数。

方向观测法的测回数 m 可按表1-26执行。

表 1-26 方向观测法的测回数

仪器类型	等级		
	二等	三等	四等
DJ_1 型	15	9	6
DJ_2 型	—	12	9

用经纬仪按照方向观测法进行水平角观测的一测回程序与操作步骤如下(以四个方向为例,如图 1-24 所示):

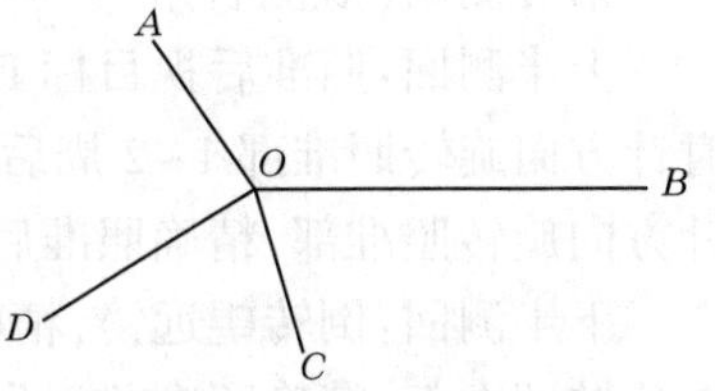

图 1-24 方向观测法

(1)仪器照准零方向目标 A,按观测度盘配好度盘和测微器。

(2)上半测回:顺时针方向旋转照准部 1~2 周后精确照准零方向目标,进行水平度盘和测微器的读数(重合对径分划线两次)。接着顺时针方向旋转照准部,精确照准 B 方向目标,按上半测回方法读数。顺时针方向旋转照准部依次进行 C、D 方向的观测,最后闭合至零方向 A(当观测的方向数≤3 时,可不归零)。

(3)下半测回:纵转望远镜,逆时针方向旋转照准部 1~2 周后,精确照准零方向,按上半测回方法进行读数。逆时针方向旋转照准部,按上半测回观测的相反次序依次观测至零方向。

以上操作为一测回。

用全站仪进行方向观测可根据仪器角度测量说明仿照此步骤进行。

2. 角观测法

当导线点上的方向数只有 2 个时,采用角观测法。

角观测法规定在总测回数中,以奇数测回观测导线前进方向的左折角,以偶数测回观测导线前进方向的右折角。注意在观测右角时,仍应在左角的起始方向配置度盘位置。在全部测回观测合格后,应将左、右角分别取中数,按式(1-11)计算圆周角闭合差 Δ:

$$\Delta = [\text{左角}]_{\text{中}} + [\text{右角}]_{\text{中}} - 360° \tag{1-11}$$

对于国家等级导线网,Δ 应不超过表 1-27 所列数值。

表 1-27 国家等级导线左、右角圆周角闭合差限值

导线等级	一	二	三	四
$\Delta_{\text{限}}$	±1.5"	±2.0"	±3.5"	±5.0"

若 Δ 合限,以式(1-12)计算测站平差后的左、右角:

$$\left.\begin{aligned} \beta_{\text{左}} &= [\text{左角}]_{\text{中}} - \frac{1}{2}\Delta \\ \beta_{\text{右}} &= 360° - \beta_{\text{左}} \end{aligned}\right\} \tag{1-12}$$

在《城市测量规范》(CJJ/T 8—2001)和《工程测量标准》(GB 50026—2020)中,都是规定 Δ 不超过相应等级测角中误差的 2 倍。

用全站仪按照角观测法进行水平角观测的一测回程序与操作步骤(见图1-21)如下:

第Ⅰ测回(观测左角):

上半测回:照准后视目标D01,设置该目标的水平角为0°00′00″(按[F1]置零键)。顺时针旋转照准部1~2周后精确照准后视目标D01,读取水平方向值0°00′03″;顺时针方向旋转照准部,精确照准前视目标D03,读取水平方向值53°33′54″。

下半测回:倒转望远镜,精确照准前视目标D03,读取水平方向值233°33′59″;逆时针方向旋转照准部,精确照准前视目标D01,读取水平方向值180°00′ 06″。

第Ⅱ测回(观测右角):

上半测回:照准后视目标D01,设置该目标的水平角为90°00′00″(按[F3]置盘键)。顺时针方向旋转照准部1~2周后,精确照准前视目标D03,读取水平方向值143°33′53″;顺时针方向旋转照准部,精确照准后视目标D01,读取水平方向值90° 00′ 04″。

下半测回:倒转望远镜,精确照准前视目标D03,读取水平方向值233°33′59″;逆时针方向旋转照准部,精确照准前视目标D01,读取水平方向值180°00′06″。

(五)成果记录计算

1. 方向观测法手簿的记录计算

如表1-28所示为J_1级仪器在三等点凤凰山观测一测回的记录和计算的实例。

手簿读数的记录是盘左由上往下记、盘右由下往上记。由于每一方向照准一次,用测微器重合读数两次(指秒值),还要取其中数(或和)记入相应栏。每半测回结束后要检查归零差是否超限。下半测回进行中,要随时计算各方向的(2C)值并记入(2C)栏内且检查(2C)互差是否超限。同时,还要算出同一方向盘左、盘右秒值中数,记入($\frac{左+右}{2}$)栏内,取零方向始末两个秒值的平均值记入本栏上方。最后将零方向值化为0°00′00. 0″,并求出归零后的其他方向值记入相应栏中。

如表1-28所列结果,是使用2″级仪器进行四等方向观测第Ⅷ测回的手簿记录、计算示例。因为观测顺序是:上半测回为1、2、3、4、1,下半测回为1、4、3、2、1,所以手簿“读数”栏中两个半测回的记录也必须与之相应,即上半测回由上往下,下半测回由下往上记录。再取盘左、盘右观测的平均值。然后将各方向的观测值减去1号方向的观测值,得到归零之后的方向值。

(1)计算归零差。

为了进行检核,提高精度,盘左和盘右读完数据都要计算归零差,分别填入(6)和(22)处。

(2)计算两倍照准轴误差2C值。

$$2C=盘左读数-盘右读数\pm180°$$

各方向分别计算2C值,一次填入相应位置(8)、(11)、(14)、(17)、(20)处。同一测回中,2C的最大值与最小值之差为“2C互差”。

例如:第一个方向的2C值(20)=(1)-(19)= 140°18′25″-320°18′21″+180°=+04″。

(3)计算各方向的平均读值。

各方向的平均读数=(盘左读数+盘右读数±180°)/2。盘左读数小于180°,则盘右读数-180°;若盘左读数大于180°,则盘右读数+180°。各方向分别计算,结果依次填入相应位置(9)、(12)、(15)、(18)、(21)处。

表 1-28 四等方向观测一测回观测记录手簿

第Ⅷ测回

天气:晴,东风一级	点名:岭西村 等级:四	日期:7 月 10 日
成像:清晰	Y=B≠T	开始: 时 分
	归心用纸:No:42004	结束: 时 分

方向号数名称及照准目标	读数		左-右±180°(2C)	(左+右±180°)/2 (″)	方向值	附注
	盘左	盘右				
	(° ′ ″)	(° ′ ″)	(″)	(23) = $\frac{(9)+(21)}{2}$	(° ′ ″)	
1 小山 T	(1)	(19)	(20)	(21)	(24)	
2 大岭 T	(2)	(16)	(17)	(18)	(25)=(18)-(23)	
3 大岭西	(3)	(13)	(14)	(15)	(26)=(15)-(23)	
4 青山 T	(4)	(10)	(11)	(12)	(27)=(12)-(23)	
1 小山 T	(5)	(7)	(8)	(9)		
	(6)=(5)-(1)	(22)=(19)-(7)				
				23.5		
1 小山 T	140 18 25	320 18 21	+04	23.0	0 00 00.0	
2 大岭 T	200 29 10	20 29 05	+05	07.5	60 10 44.0	
3 大岭西	272 07 32	92 07 30	+02	31.0	131 49 07.5	
4 青山 T	307 52 17	127 52 10	+07	13.5	167 33 50.0	
1 小山 T	140 18 27	320 18 21	+06	24.0		
归零差	$\Delta_{左}=2''$	$\Delta_{右}=0''$				

例如:第二个方向的平均读数(18)=[(2)+(16)+180°]/2=(200°29′10″+20°29′05″+180°)/2=200°29′07.5″。零方向有两个平均读数,再次取平均值填入(23)处。

(4)各方向方向值的计算。

将各方向的方向值减去零方向的平均读数(23),即得各方向的方向值,分别填入相应位置(24)、(25)、(26)、(27)处,零方向方向值为0°0′0″。例如3号方向值为:

$$(26)=(15)-(23)=272°07'31.0''-140°18'23.5''=131°49'07.5''$$

2. 角观测法手簿的记录计算

角观测法记录手簿见表 1-29。

(六)成果重测与取舍

(1)重测和补测。凡因超限需要重新观测的完整测回称为重测。若因对错度盘、测错方向、读记错误或因中途发现条件不佳等因素而放弃的测回,重新观测时,称为补测。

(2)因测回互差超限而重测时,除明显孤值外,原则上应重测观测结果中最大值和最小值的测回。

表 1-29 角观测法记录手簿

测 站:D02 天气:晴 班级: 观测者:

成像:清晰 组别: 记录者:

仪器型号:GTS-302N 时间:______年______月______日

水平角观测:

测回序号	觇点	读数(° ′ ″)		2C	一测回方向值	归零后方向值
		盘左	盘右	(″)	(° ′ ″)	(° ′ ″)
Ⅰ	D01	0 00 03	180 00 06	-03	53 33 51	0 00 00
	D03	53 33 54	233 33 59	-05	53 33 56	53 33 52
Ⅱ	D03	143 33 53	323 33 58	-05	306 26 11	0 00 00
	D01	90 00 04	270 00 08	-04	306 26 10	306 26 10
Ⅲ	D01					
	D03					
Ⅳ	D03					
	D01					

(3)在一个测站上,采用方向观测法,基本测回重测方向测回数超过全部方向测回总数的 1/3 时,整份成果应重测。

(4)在基本测回观测结果中,重测一个方向算一个方向测回,重测两个方向算两个方向测回,依次类推。因零方向超限全部测回重测时,重测数应算为$(n-1)$个方向测回。若一份成果共观测 m 个基本测回,则该份成果的总方向测回数为$m(n-1)$个。

(5)方向观测一测回中,重测方向数超过所测方向总数的 1/3 时,此测回须全部重测。

(6)方向观测重测时,只须联测零方向。

(7)观测的基本测回结果和重测结果,应一律记簿。重测与基本测回结果不取中数,每一测回只采用一个符合限差的结果。

(8)导线附合条件超限时,应认真分析,择取有关测站整站重测。

三、距离测量

(一)测前准备

距离在观测前,应认真做好以下准备工作:

(1)检查点位是否稳固,正确安置仪器,量取测距仪高度。保证充足的仪器预热时间,特别是具有恒温装置的测距仪达到恒温后方可工作。

(2)安置反射镜。安置时应精确对中、整平并对准测站。按仪器站的指令操作,及时读取和报告气象元素和反射镜高度。

(3)使用强制对中器或精密光学对中器时,其对中精度应小于 0. 2 mm;使用光学对中器时,其对中精度应小于 1 mm;使用对中杆或垂球时,其对中精度应小于 2 mm。

(4)量取测距仪和反射镜高度各两次,读至毫米,各取平均值。

(5)严格按照仪器操作程序作业,确认仪器工作状态并预置参数,轻轻操作各键,以防破坏正确的安置状态并保护仪器。

(6)采用电子记簿时,检查电子记录器或存储卡是否工作正常,按规定输入必要的测站和观测信息。

(7)距离测量所采用的全站仪、电子测距仪、气象记录仪应满足相应要求。

(二)技术要求

国家等级导线边长测量的技术要求可根据测边的精度要求和所用的仪器类型进行技术设计。

国家等级导线边长测量应在两个或两个以上时间段内往、返测,单程测回数应不少于 4 个,一测回中的读数次数应不少于 4 次。《三、四等导线测量规范》(CH/T 2007—2001)对距离测量的技术要求见表 1-30。《工程测量规范》(GB 50026—2007)的要求分别见表 1-31、表 1-32。《城市测量标准》(CJJ/T 8—2011)的要求见表 1-33、表 1-34。

表 1-30 《三、四等导线测量规范》(CH/T 2007—2001)对距离测量的技术要求

项目	三等		四等	
使用测距仪的等级	Ⅰ	Ⅱ	Ⅰ	Ⅱ
每条边观测的总测回数	8	8	4	8
每条边观测时段数	往返测各一时段或同方向两时段		往返测各一时段或同方向两时段	
一测回(照准一次目标,读数若干次)读数次数	4		4	
一测回读数间最大互差(mm)	5	10	5	10
同一时段经气象改正后各测回中数间的最大互差(mm)	7	15	7	15
往返测或不同时段测距中数的最大互差	$\sqrt{2}(a+bD\times10^{-6})$		$\sqrt{2}(a+bD\times10^{-6})$	

注:a、b 分别为测距仪标称精度中的固定误差和比例误差系数;D 为斜距观测值。

表 1-31 《工程测量标准》(GB 50026—2020)对测距的主要技术指标

平面控制网等级	仪器精度等级	每边测回数		一测回读数较差(mm)	单程各测回较差(mm)	往返测距较差(mm)
		往	返			
三等	5 mm 级仪器	3	3	≤5	≤7	≤2$(a+bD)$
	10 mm 级仪器	4	4	≤10	≤15	
四等	5 mm 级仪器	2	2	≤5	≤7	
	10 mm 级仪器	3	3	≤10	≤15	
一级	10 mm 级仪器	2	—	≤10	≤15	—
二、三级	10 mm 级仪器	1	—	≤10	≤15	

注:1. 一测回是指照准目标一次,读数 2~4 次的过程。

2. 困难情况下,边长测距可采取不同时段测量代替往返观测。

表 1-32 《工程测量标准》(GB 50026—2020)对普通钢尺量距的主要技术要求

等级	边长量距较差相对误差	作业尺数	量距总次数	定线最大偏差(mm)	尺段高差较差(mm)	读定次数	估读值至(mm)	温度读数值至(℃)	同尺各次或同段各尺的较差(mm)
二级	1/20 000	1~2	2	50	≤10	3	0.5	0.5	≤2
三级	1/10 000	1~2	2	70	≤10	2	0.5	0.5	≤3

注:1. 量距边长应进行温度、坡度和尺长改正。
2. 当检定钢尺时,其相对误差不应大于 1/100 000。

表 1-33 《城市测量规范》(CJJ/T 8—2011)对各等级平面控制网测距的主要技术指标

等级	仪器等级	观测次数		总测回数
		往	返	
二等	Ⅰ级	1	1	6
三等	Ⅰ级	1	1	4
	Ⅱ级			6
四等	Ⅰ级	1	1	2
	Ⅱ级			4
一级	Ⅱ级	1	—	2
二、三级	Ⅱ级	1	—	1

注:1. 一测回是指照准目标一次,一般读数 4 次,可根据仪器出现的离散程度和大气透明度做适当增减,往返测回数各占总测回数的一半。
2. 根据具体情况,可采用不同时段观测代替往返观测,不同时段是指上午、下午或不同的白天。

表 1-34 《城市测量规范》(CJJ/T 8—2011)对各级测距仪观测结果各项较差的限差

仪器等级	一测回读数较差(mm)	单测回间较差(mm)	往返或不同时段的较差
Ⅰ级	5	7	$2(a+bD)$
Ⅱ级	10	15	

注:a 为固定误差;b 为比例误差系数;D 为测距边长度,km。

(三)作业要求

电磁波测距的作业要求应符合下列规定:

(1)作业开始前,应使测距仪与外界温度相适应;测量时,应严格按照仪器使用说明书中的规定操作仪器。

(2)晴天作业时,须用测伞为测距仪遮蔽阳光。严禁将照准头对向太阳。

(3)当测距仪顺日光方向照准棱镜时,而太阳方向与测线交角小于30°,也须用测伞为棱镜遮光。应避免另外的反光物体位于测线或测线延长线上。

(4)架设仪器后,测站、镜站不准离人。测距时,应暂停无线电通话。

(5)距离测量时所用的测距仪主要配件如反射镜、支架、基座应和检定时所用的一致,一般不应换用。若测距确有特殊情况,所用配件(反射镜、干湿温度表或气压表)不配套或需要改换,则应在测距前重新检定仪器常数。对于等外级测距,可更换主要配件,但常数误差应在测量精度允许范围内。

(6)四等及以上等级控制网的边长测量,应分别量取两端点观测始末的气象数据,计算时应取平均值。

(7)测量气象元素的温度计宜采用通风干湿温度计,气压表宜选用高原型空盒气压表;读数前应将温度计悬挂在离开地面和人体1.5 m以外阳光不能直射的地方,且读数精确至0.2 ℃;气压表应置平,指针不应滞阻,且读数精确至50 Pa。

(8)测距边的倾斜改正可采用垂直角或两端点的高差计算。两端点的高差可采用水准测量或三角高程测量方法测定。

(9)每日观测结束,应对外业记录进行检查。当使用电子记录时,应保存原始观测数据,打印输出相关数据和预先设置的各项限差。

(四)作业方法

距离测量常用的作业方法有量尺量距、视距测量、视差法测距和电磁波测距等。在控制测量中,一级及以上等级控制网的边长,应采用中、短程全站仪或电磁波测距仪进行精密测距,一级以下也可采用普通钢尺量距。

电磁波精密测距主要包括气象元素的测定、距离测量和距离改正计算。

1. 气象元素的测定

气象元素包括:气温、气压和空气绝对湿度(水蒸气压);绝对湿度通过测定空气的干温和湿温后经过计算而取得。

气象数据的测定要求:

(1)距离测量使用的温度表和气压表,应为测距仪鉴定时使用的仪表。

(2)测距作业前10 min,应预先打开温度表和气压表。通风温度表应悬挂在仪器同高处、不受阳光直射且通风良好的位置;空盒气压表平置于阴影下的通风处。

(3)每条边观测前后,应在测距边两端测定大气温度和气压数据。取两端平均值进行气象改正。气象数据的取位数据要求应符合表1-35的规定。气象数据的测定要求见表1-36。

表1-35 《城市测量规范》(CJJ/T 8—2011)气象数据的取位数据要求

项目	大气温度(℃)	大气压力	
		气压(hPa)	气压表温度(℃)
最小读数	0.2	0.5或0.5 mmHg①	0.5
计算值	0.1	0.1	—

注:①mmHg为现行国家法定计量单位中应废除的单位,1 mmHg=133.322 4 Pa。

表1-36 《城市测量规范》(CJJ/T 8—2011)气象数据的测定要求

测距边	最小读数		测定的时间间隔	气象数据的取用
	温度(℃)	气压(Pa)		
二、三、四等网	0.2	50	一测站同时段观测始末	测距边两端的平均值
一级网	0.5	100	每边测定一次	观测一端的数据
二、三级网	0.5	100	一时段始末各测定一次	取平均值作为各边测量的气象数据

2.距离测量

1)常数设置

常数设置包括大气改正数的设置、棱镜常数的设置和仪器常数的设置。

测前,首先在测距模式下,进行棱镜常数和大气温度、气压(T-P)的设置。仪器常数的设置包括仪器加常数和乘常数,出厂前厂家基本已在基线上对仪器常数进行了精确设置,因此用户要小心设置,不要随意改动,以免产生误差。

2)距离测量方法

仪器初始设置为精测模式,显示垂直角、水平角、斜距模式。

操作过程:①照准棱镜中心;②按测距键,进入距离测量模式;③按"测量"键,进行距离测量,显示垂直角、水平角和斜距;④按测距键,可显示水平角、水平距离和高差,每次按动测距键,两种显示方式交替显示。

3.距离改正计算(见知识点)

观测的斜距经下列修正和改算后,得到导线边长。

(1)气象修正。

(2)加常数和乘常数修正。

(3)周期误差修正。

(4)斜距化为水平距离的计算。

(5)测站和镜站的归心改正。

(6)水平距离投影到参考椭球面的边长计算。

(7)参考椭球面上的边长归算到高斯平面的边长。

(8)水平距离归算到任意高程面上的边长。

(五)成果记录计算

1.记录方式

中、短程光电测距的外业记录,按记录载体分为电子记录和手簿记录两种方式,应优先采用电子记录,在不适宜电子记录的特殊地区亦可采用手簿记录。

2.记录项目

距离测量的外业记录应包括:观测日期、观测时间、点名(点号)、往返测号、仪器型号及编号、仪器高、棱镜高、原始距离读数、气象元素读数值、垂直角观测数据等项目。

3. 电子记录要求

电子记录参照相关技术规范的有关规定执行。

4. 手簿记录要求

原始观测数据和记录项目,应现场记录在测量手簿上,不能撕毁手簿中的任何一页。

现场记录数字和文字书写应准确、清楚,记错处应整齐划去,在上方另记正确的数字和文字,不能涂擦。对超限或其他原因划去的成果,应注明原因和重测成果所在的页数。书写的文字、符号和计量单位均应符合国家颁布的有关标准。

在现场距离测量中,每测回要记全数一次,厘米和厘米以下的数值不得更改,米和分米读数, 在同一距离的往返测量中,只能更改一次。

距离观测的手簿如表 1-37 所示 。

表 1-37 电磁波测距记录表

测 站: 测站点气温: 测站点气压:

作业日期: 观 测 者: 记 录 者:

项目			第一测回	第二测回
读数	斜距/平距	次数		
		1		
		2		
		3		
		4		
一测回读数间较差(mm)				
一测回平均值(m)				
各测回平均值(m)				

注:一测回是指照准目标一次,读数 2~4 次的过程。

(六)成果的重测与取舍

(1)凡超出表 1-30 中限差的观测值,均须重新观测。当一测回中读数较差超限时,可重测两个读数,去掉最大和最小的观测值后,若不超出限差则采用;若仍超限,则重测该测回。

(2)当测回间较差超限时,可重测两个测回,去掉最大和最小的测回中数后,若不超出限差则采用;若仍超限,则重测该条边的全部成果。

(3)往、返测或不同时段的观测值较差超限时,应分析原因,重测可靠性差的单方向距离;若仍超限,则重测另一方向的距离。

(4)重测后,作废的观测值应用单线划去,并注明原因和成果取舍方法。

四、高程测量

三、四等导线点的高程可采用三角高程测量方法测定,三角高程测量方法是测定导线点高程的基本方法。三、四等导线的各边均须对向观测垂直角。

(一)测前准备

(1)观测垂直角的仪器,其精度应不低于 DJ_2 级经纬仪且经过检验满足测量要求。

(2)进行垂直角观测,必须量取经纬仪高和觇标(或觇牌)高。经纬仪高是指点位标志到经纬仪横轴中心的垂直距离。觇标高则是指垂直角观测时的照准位置与点位标志间的垂直距离。

(3)仪器高、标高一般用钢尺量取两次。两次应在钢尺的不同尺段上量,以免出现粗差。读数至毫米,取两次读数的平均值作为最后结果,当两次读数互差超过5 mm时,应重新量取。

(4)观测应在目标成像清晰稳定时进行。

(5)一般地区必须在地方时间10~16时间观测。在戈壁、沙漠等困难地区,观测时间可酌情放宽。

(6)点上方向数较多时,应分组观测,每组包括2~4个方向。遇到通视条件不好,亦可单方向连续观测。

(7)观测过程中当发现指标差的绝对值大于30″时,可继续观测,本测回有效,测完该测回后应立即校正。

(二)技术要求

国家《三、四等导线测量规范》(CH/T 2007—2001)对三角高程测量中垂直角观测的技术要求见表1-38,对高程导线测量中边长的技术要求见表1-39。《工程测量规范》(GB 50026—2007)对电磁波测距三角高程测量、观测的主要技术要求分别见表1-40、表1-41。

表1-38　三角高程测量中垂直角观测的技术要求

项目	限差
每一方向测回数	4
两次读数互差	1″
指标差互差	10″
各测回垂直角互差	10″

表1-39　高程导线测量中边长的技术要求　(单位:mm)

仪器精度	读数互差	测回平均值互差
Ⅰ级	5	7
Ⅱ级	10	15

表1-40　电磁波测距三角高程测量的主要技术要求

等级	每千米高差全中误差(mm)	边长(km)	观测方式	对向观测高差较差(mm)	附合或环形闭合差(mm)
四等	10	≤1	对向观测	$40\sqrt{D}$	$20\sqrt{\sum D}$
五等	15	≤1	对向观测	$60\sqrt{D}$	$30\sqrt{\sum D}$

注:1. D为测距边的长度,km。

2. 起讫点的精度等级,四等应起讫于不低于三等水准的高程点上,五等应起讫于不低于四等水准的高程点上。

3. 路线长度不应超过相应等级水准路线的长度限值。

表 1-41 电磁波测距三角高程观测的主要技术要求

等级	垂直角观测				边长测量	
	仪器精度等级	测回数	指标差较差(″)	测回较差(″)	仪器精度等级	观测次数
四等	2″级仪器	3	≤7	≤7	10 mm 级仪器	往返各一次
五等	2″级仪器	2	≤10	≤10	10 mm 级仪器	往一次

注:当采用 2″级光学经纬仪进行垂直角观测时,应根据仪器的垂直角检测精度,适当增加测回数。

(三)作业要求

(1)三角高程的起算点须采用水准测量或电磁波测距高程导线测量(简称高程导线测量)方法测定。起算点一般应选择导线的起点、终点和导线网的结点。

(2)三、四等高程导线测量可以代替三、四等水准测量测定起算点的高程。

(3)距离测量与垂直角测量宜同时进行,对前、后视觇点做单向测量。三等高程导线的边长观测三测回;四等高程导线的边长观测二测回。观测限差不应超出表 1-25 的规定。

(4)垂直角观测后要现场检查垂直角观测结果有无粗差,以避免不必要的返工。检查的方法是现场计算对向观测高差不符值是否合限。

(5)垂直角的对向观测,当直觇完成后应即刻迁站进行返觇测量。

(6)直返觇的高差,应进行地球曲率和折光差的改正。

(四)作业方法

1. 观测方法

垂直角的观测方法一般有中丝法和三丝法。

1)中丝法

中丝法只采用中丝来进行垂直角的观测,其一测回的观测步骤如下:

上半测回:整置仪器水平,在盘左位置用望远镜水平中丝照准目标(如果照准标的为觇标圆筒,应使水平中丝与圆筒上沿相切),如图 1-25(a)所示。转动竖直度盘指标水准器微动螺旋,使竖直度盘指标水准器精密符合读取竖直度盘读数(使用竖直度盘读数指标自动归零装置的经纬仪进行观测,照准目标后即可读取竖直度盘读数)。

下半测回:纵转望远镜,同样用水平中丝照准目标,如图 1-25(b)所示,按上述方法读取竖直度盘读数。

以上操作为一测回。

2)三丝法

三丝法采用三根水平丝依次照准同一目标来测所有垂直角,其一测回的操作步骤如下:

上半测回:整置仪器水平以后,在盘左位置用上、中、下三根水平丝依次照准目标一次,如图 1-26 所示,并分别读取竖直度盘读数,得盘左读数。每次读数前都要调平竖直度盘指标水准器。

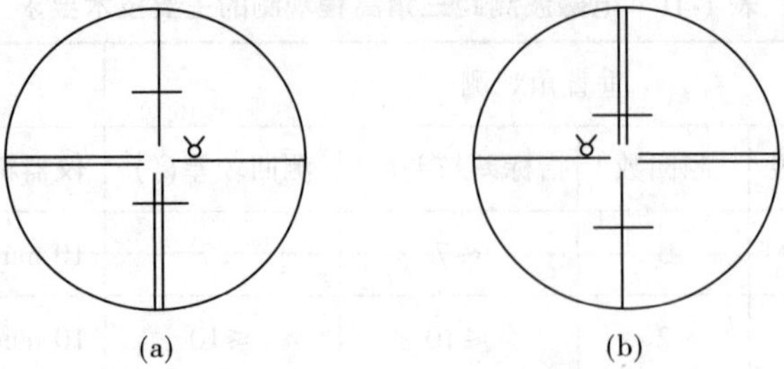

图 1-25　中丝法垂直角观测照准

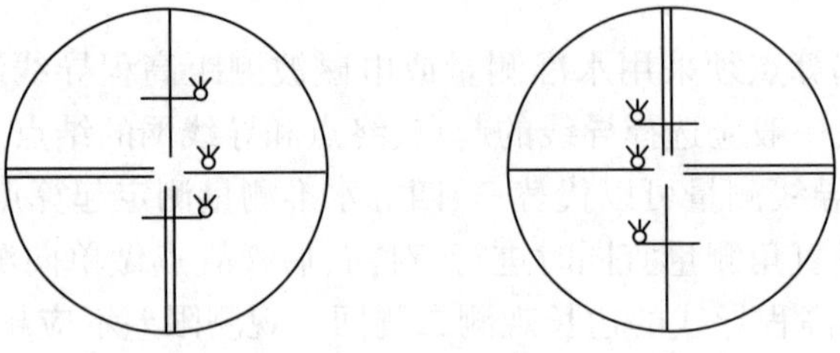

图 1-26　三丝法垂直角观测照准

下半测回:纵转望远镜,在盘右位置用上、中、下三根水平丝照准同一目标各一次,并分别读取竖直度盘读数,得盘右读数。同样,每次读数前应调平竖直度盘的指标水准器。

以上操作为一测回。

竖直度盘读数计算垂直角和指标差的公式见表 1-42。

表 1-42　竖直度盘读数计算垂直角和指标差的公式

仪器类型	计算公式		各测回互差限值	
	垂直角	指标差	垂直角	指标差
J_1(T3)	$\alpha=L-R$	$i=(L+R)-180°$	10″	10″
J_2(T2,010)	$\alpha=\frac{1}{2}[(R-L)-180°]$	$i=\frac{1}{2}[(L+R)-360°]$	15″	15″

2. 操作程序

垂直角一测回观测操作程序(见图 1-21)如下:

上半测回:精确照准后视目标 D01,读取竖直度盘的读数 90°30′14″;顺时针方向旋转照准部,精确照准前视目标 D03,读取竖直度盘的读数 269°29′40″。

下半测回:倒转望远镜,精确照准前视目标 D03,读取竖直度盘的读数 269°29′49″;逆时针方向旋转照准部,精确照准前视目标 D01,读取竖直度盘的读数 269°29′49″。

(五)成果记录计算

垂直角观测记录表见表 1-43。

(六)成果的重测与取舍

(1)指标差互差,按同一时段各测回结果互相比较。

表 1-43　垂直角观测记录表

测站：D02　天气：晴　班级：　观测者：
仪器高：1.515 m　成像：清晰　组别：　记录者：
仪器型号：GTS-302N　时间：　年　月　日

垂直角观测：

测回序号	觇点	读数（° ′ ″）		指标差（′ ″）	垂直角（° ′ ″）	目标高（m）
		盘左	盘右			
Ⅰ	D01	90　30　14	269　29　40	−0　03	−0　00　17	1.634
	D03	90　30　18	269　29　49	+0　04	−0　00　15	1.543
Ⅱ	D03					
	D01					

（2）若两次读数差超限，须重新照准该方向进行两次读数。

（3）若某一方向的垂直角或指标差互差超限，则需重测有关测回，重测测回数不得大于规定的总测回数的1/2，否则该组的垂直角应全部重测。

（4）超限的观测值均应重测。

任务实施

在城市导线和工程导线中，一般采用三联脚架法施测导线，三联脚架法的作业过程如下。

一、准备工作

在 *B* 点设站，同时分别在 *A*、*C* 点架设棱镜，整置仪器对中、整平后，量取仪器高及棱镜高。开机并设置棱镜常数、温度、气压等相关参数。

二、作业步骤

（1）按前面介绍的水平角、距离的测量方法分别获得 *B*—*A*、*B*—*C* 的方向观测值、垂直距离及边长（见图 1-27），记入导线观测记录手簿见表 1-44，并完成观测数据的计算。

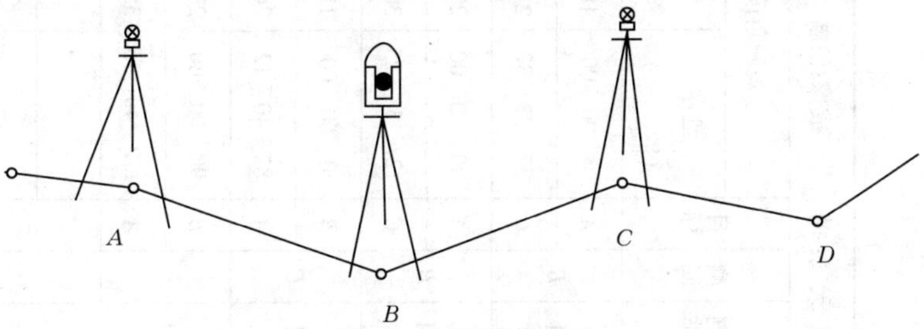

图 1-27　三联脚架法

表 1-44 导线观测记录手簿

天气：晴　成像：清晰　仪器型号：GTS-332N　温度：26 ℃　气压：1 013 hPa　日期：2012-04-26　班级：　组别：

测站	测回	目标	观测角读数 盘左 (° ′ ″)	观测角读数 盘右 (° ′ ″)	2C (″)	半测回角度值 (° ′ ″)	归零方向值 (° ′ ″)	平距(m) 读数1	平距(m) 读数2	平距(m) 读数3	平距(m) 中数	垂直距离(m) 盘左	垂直距离(m) 盘右	垂直距离(m) 中数	仪器高 (m)	目标高 (m)	高差 (m)
Ⅰ	*B*	*A*	0 00 00	180 00 33	−33	37 38 32	0 00 00	153.759	153.757	153.758	153.758	2.319	2.305	2.312	1.249	1.551	2.010
		C	37 38 32	217 39 02	−30	37 38 29	37 38 30	133.829	133.826	133.832	133.829	2.761	2.777	2.769		1.387	2.631
Ⅱ	*B*	*A*	90 00 00	270 00 30	−30	37 38 25	0 00 00										
		C	127 38 25	307 38 57	−32	37 38 27	37 38 26										
Ⅰ	*C*	*B*	0 00 00	180 00 29	−29	82 40 12	0 00 00	133.826	133.824	133.829	133.826	−2.118	−2.126	−2.122	1.344	1.85	−2.628
		A	82 40 12	262 40 43	−31	82 40 14	82 40 13	94.676	94.677	94.675	94.676	−0.305	−0.322 9	−0.302		1.424	−0.382
Ⅱ	*C*	*B*	90 00 00	270 00 31	−31	82 40 15	0 00 00										
		A	172 40 15	352 40 48	−33	82 40 17	82 40 16										

观测员：×××　记录员：×××　检查员：×××

(2)将 B 站上全站仪及 C 站上棱镜的基座固定钮松开,基座和脚架不动,取下全站仪照准部和带有觇牌的棱镜。将全站仪照准部安置在 C 站基座上,带有觇牌的棱镜安置在 B 站基座上,同时将 A 站上的棱镜移至 D 站。分别量取仪器高和棱镜高,按同样的方法获得 C—B、C—D 方向的观测值、垂直距离及边长,依此直至测完整条导线。

(3)按照公式:高差=仪器高+垂直距离-棱镜高。

以上作业步骤称为三联脚架法,这种方法每点只进行一次架脚架和对中的工作,可大大提高导线测量的精度和效率。

➤ 知识点

一、电磁波测距边长修正和归算

电磁波测距仪测得的距离只是被测距离的初始值,由于仪器本身的误差和大气的影响,获得的倾斜距离必须先进行仪器误差改正,即加常数改正、乘常数改正、周期误差改正和气象改正后化为地面平距,再经过到椭球面的归算改正和到高斯平面的投影改化,就得到了高斯平面平距。这样,才能在高斯平面上进行导线的有关计算。各项归算如下。

(一)加常数改正

如图 1-28 所示,D_0 为 A、B 两点间的实际距离,而距离观测值则为 D',它是仪器等效发射接收面与反光镜等效反射面间的距离。图 1-28 中 K_i 为仪器等效发射接收面偏离仪器对中线的距离,称作仪器加常数。K_r 为反光镜等效反射面偏离反光镜对中线的距离,称作反光镜加常数。由图 1-28 可知

$$D_0 = D' + K \tag{1-13}$$

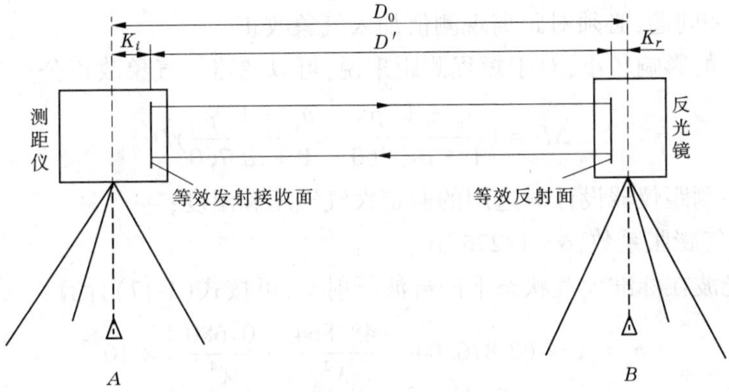

图 1-28　测距仪和反光镜加常数

其中:

$$K = K_i + K_r$$

式中　K——测距仪联合加常数。

一般来说,反光镜加常数 K_r 可由厂家按设计精确制定,且一般不会因经年使用而变动。反光镜加常数一般可在观测前置入仪器,这样显示的距离读数值,即已加过了反光镜加常数改正。

至于仪器加常数 K_i,仪器厂家常通过电路参数的调整,在出厂时使 K_i 为零,当然难以严格为零。况且即使出厂时调整为零,也会由于电路参数产生漂移而使仪器加常数发生变化,

这就要求按相关规范要求定期测定仪器加常数。经检定的仪器加常数 K_i 可在观测前置入仪器。现在大部分仪器都是 K_i 和 K_r 分别置入仪器的,因而测距仪的显示距离是已进行了测距仪加常数改正的距离。

(二)乘常数改正(频率改正)

1. 乘常数改正计算式

测距仪显示的距离读数是基于测距仪的标准频率而得的。但是由于电子元件的参数会产生漂移,测距仪的频率也会发生漂移。测距频率的漂移对距离观测值的影响与被测距离 D 成正比。所谓乘常数改正,即是精测频率偏离其标准值而引起的一个距离改正。

距离观测值的乘常数改正为

$$\Delta D_f = D_{测} R \tag{1-14}$$

而被测距离 D 为

$$D = D_{测} + D_{测} R \tag{1-15}$$

式中　R——测距仪乘常数。

2. 乘常数改正的方法

被测距离的乘常数改正一般在观测后按式(1-14)计算改正。由于乘常数改正的大小正比于被测距离,因而长边观测特别要注意乘常数改正。而较短距离观测,视 R 的大小和精度许可,选择是否进行乘常数改正。

(三)气象改正

1. 气象改正计算式

由于电磁波在大气中的传播速度随大气温度 t、气压 P、湿度 e 等条件的变化而改变,从而会对距离的观测产生影响,并且大气条件的变化对不同波长的电磁波的影响程度也不相同,为了解决这一问题,必须对距离观测值加入气象改正。

由于湿度 e 的影响较小,对于短程测距来说,可以忽略。气象改正公式为

$$\Delta D = \left(\frac{n_g - 1}{1 + \alpha t_s}\frac{p_s}{760} - \frac{n_g - 1}{1 + \alpha t}\frac{p}{760}\right)D \tag{1-16}$$

式中　p_s、t_s——测距仪器设计时选用的假定大气气压和温度;

α——空气膨胀系数,$\alpha = 1/276.16$;

n_g——光波在标准大气状态下的群波折射率,可按式(1-17)计算:

$$n_g = 1 + \left(2\,876.04 + \frac{48.864}{\lambda^2} + \frac{0.680}{\lambda^4}\right) \times 10^{-7} \tag{1-17}$$

式中　λ——载波波长,μm。

2. 气象改正的实施

1)向仪器置入气象元素自动改正

在观测时由键盘置入温度、气压值,而由仪器自动计算气象改正。这种情况下,仪器显示的距离读数是经过了气象改正的距离。

2)用厂家提供的公式计算改正

一些仪器在说明书中附有气象改正比例因子计算公式。例如,拓普康 GTS-330N 系列全站仪的大气改正比例因子计算公式为

$$k=(279.85-\frac{79.585p}{273.15t})\times 10^{-6}$$

则大气改正为

$$\Delta D=kD \tag{1-18}$$

式中　p——气压值,hPa;

t——气温,℃。

(四)周期误差改正

周期误差是由仪器内部的电子线路的串扰信号干扰测距信号引起的,当多次检定表明仪器存在明显的周期误差时,则要进行此项改正,其改正数的计算公式为

$$V=A\sin(\varphi_0+\theta) \tag{1-19}$$

式中　A——周期误差振幅;

φ_0——周期误差的初相;

θ——与被测距离的不足一个精测尺长度的剩余长度相应相位值。

θ 的计算方法示例:

设被测距离为 3 256.365 m,精测尺为 40 m,则剩余长度为 16.365 m,有

$$\theta=\frac{16.365}{40}\times\frac{180}{\pi}=23°26'$$

(五)归算改正——地面斜距归算至椭球面

如图 1-29 所示,电磁波测距仪测得的是地面两点间的直线斜距 d,S 为椭球面上的大地线长。将地面斜距 d 化为椭球面上的大地线长 S 的计算公式为

$$S=\frac{R_A}{\sqrt{(R_A+H_1)(R_A+H_2)}}d_0+\frac{d_0^3}{24R_A^2} \tag{1-20}$$

工程测量中常用在此基础上更进一步的近似式

$$S=\frac{R_A}{R_A+H_m}d_0+\frac{d_0^3}{24R_A^2} \tag{1-21}$$

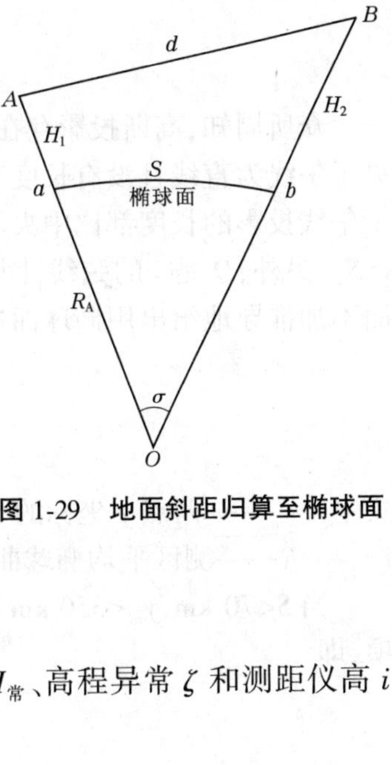

图 1-29　地面斜距归算至椭球面

式中　d_0——地面平距,$d_0=\sqrt{d^2-h^2}$;

R_A——测线方向的椭球曲率半径;

$H_m=(H_1+H_2)/2$;

$h=H_2-H_1$。

注意:H_1、H_2 是测距光线两端的大地高,它们应为正常高 $H_{常}$、高程异常 ζ 和测距仪高 i(或反光镜高 a)三者之和。

还有一电磁波测距的更严密的化算公式

$$S=\frac{R_A}{R_A+H_m}d_0+\frac{d_0^3}{24R_A^2}+\frac{3d_0^2}{4R_A^2}H_m e'^2\sin 2B_1\cos A_{12} \tag{1-22}$$

式中　e'——椭球第二偏心率;

B_1——A 点纬度;

A_{12}——测线大地方位角。

式(1-22)在 $d<60$ km、$h<1\ 000$ m 时,误差小于 1 mm 。

(六)距离改化——椭球面距离归算至高斯平面

高斯投影的边长化算,是将椭球面上两点之间的大地线长度,化算为高斯投影平面上两相应点之间的直线长度。如图 1-30 所示,S 表示椭球面上两点 P_1、P_2 之间的大地线长,以 s 表示大地线的投影曲线的长度,以 D 表示投影曲线的弦线的长度。根据曲率改正的同样道理,应该用 D 作为 P_1、P_2 投影到高斯平面上的 P_1'、P_2'间的距离。因此,将 S 化算为 D 时,需要加入改正数 ΔS,ΔS 称为距离改正。

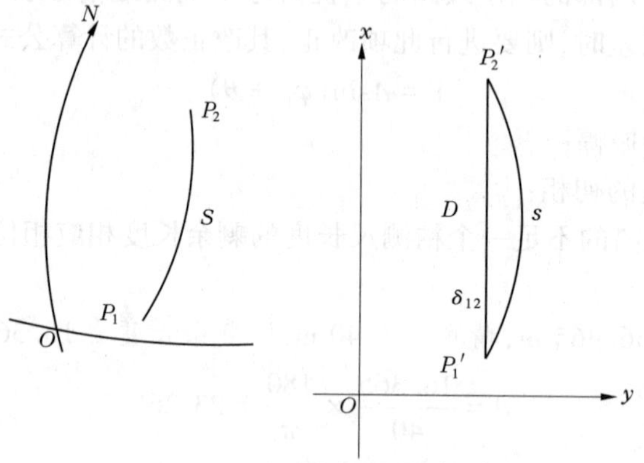

图 1-30　大地线投影和距离改化

众所周知,高斯投影存在长度变形。因为投影前所有的子午线长度是相等的,投影后中央子午线为直线且没有长度变形,而其他子午线成为向两极弯曲的曲线。因此,其他所有的子午线投影的长度都比中央子午线投影后的长度长。所以说,大地线投影后一般都变长,即 $s>S$。另外,D 是 s 的弦线,因此 $D<s$ 即是 $S<s>D$。距离改正的目的就是将 S 化算为 D。下面不加推导地给出用椭球面边长计算高斯面边长的公式:

$$D = S + \Delta S$$

$$\Delta S = \left[\frac{y_m^2}{2R^2} + \frac{(\Delta y)^2}{24R^2} + \frac{y_m^4}{24R^4}\right] S \tag{1-23}$$

式中　y_m——两点 y 坐标的平均值;

R——测区平均椭球曲率半径。

当 $S<70$ km,$y_m<350$ km 时,式(1-23)的误差小于 0.001 m。对于三等计算,可仅取第一项,即

$$D = S + \frac{y_m^2}{2R^2} S \tag{1-24}$$

有时,也存在相反的需要,即已知高斯面上两点的距离,要求相应两点间的椭球面边长。这种情况下,可用下面的公式计算

$$\left.\begin{aligned} S' &= D - \frac{y_m^2}{2R^2} D \\ S &= D - \left[\frac{y_m^2}{2R^2} + \frac{(\Delta y)^2}{24R^2} + \frac{y_m^4}{24R^4}\right] S' \end{aligned}\right\} \tag{1-25}$$

精度要求低时可只取式(1-25)中。

二、三角高程测量

三角高程测量是通过观测两点间的水平距离(或斜距)和天顶距(或垂直角)求定两点间高差的方法。它的观测方法简单,不受地形条件限制,是测定大地控制点高程的基本方法。在大地测量中,因边长较长,必须顾及地球弯曲差和大气垂直折光的影响。

(一)三角高程测量计算公式

如图1-31所示为利用斜边和垂直角观测值进行三角高差计算的示意图。图1-31中A为测站,B为照准点,I为经纬仪,N为照准标的。由于大气垂直折光的影响,照准线IN是一条弧线,IN的长度为d,垂直角为α_{12}。直线IM是IN在I点处的切线,而图中的MN即为大气折光差。AC为过测站A的水准面,因而BC即为高差h_{12}。IE为过经纬仪I的水准面,ID为其切线,所以DE即为地球弯曲差,简称球差。

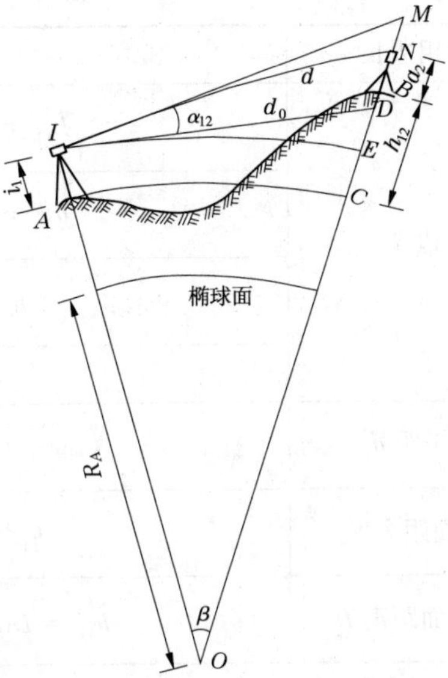

图1-31 利用斜边计算三角高差示意图

用斜距计算三角高差的公式为

$$h_{12}=d\sin\alpha_{12}+i_1-a_2+\frac{1-k}{2(R_A+H_m)}d^2\cos^2\alpha_{12} \tag{1-26}$$

式(1-26)中的(R_A+H_m)一般情况下可用测区平均曲率半径R代替,当距离d小于2 km时,这样做引起的误差不超过1 mm。又由于现时的三角高程测量边长几乎没有超过2 km的,这样式(1-26)可精简为

$$h_{12}=d\sin\alpha_{12}+i_1-a_2+\frac{1-k}{2R}d^2\cos^2\alpha_{12} \tag{1-27}$$

实际计算时,常令

$$C=\frac{1-k}{2R} \tag{1-28}$$

C称作球气差系数,这样公式又写作

$$h_{12}=d\sin\alpha_{12}+i_1-a_2+Cd^2\cos^2\alpha_{12} \tag{1-29}$$

式(1-27)和式(1-29)即是最常用的三角高程测量计算公式。

还有利用其他距离计算三角高差的公式,列于表1-45中。

(二)折光系数K的确定

在实际三角高程计算中总是先用单向观测高差公式计算出往返测高差h_{12}和h_{21},在往返测高差不符值合限的情况下,再取往返测高差中数作该边的高差观测值。这样,计算过程中必须用到大气垂直折光系数k值,所以计算前要确定折光系数k值。

表 1-45　三角高差计算公式

计算用边长	公式
斜边 d	$h_{12}=d\sin\alpha_{12}+i_1-a_2+\frac{1-k}{2(R_A+H_m)}d^2\cos^2\alpha_{12}$
	$h_{21}=d\sin\alpha_{21}+i_2-a_1+\frac{1-k}{2(R_A+H_m)}d^2\cos^2\alpha_{21}$
	$h_{12}=d\sin\alpha_{12}+i_1-a_2+\frac{1-k}{2R}d^2\cos^2\alpha_{12}$
	$h_{12}=d\sin\alpha_{12}+i_1-a_2+Cd^2\cos^2\alpha_{12}$
地面平距 d_0	$h_{12}=d_0\tan\alpha_{12}+i_1-a_2+Cd_0^2$
椭球面距离 S	$h_{12}=S\tan\alpha_{12}+i_1-a_2+CS^2+S\tan\alpha_{12}\frac{H_m}{R}$
高斯平面距离 D	$h_{12}=D\tan\alpha_{12}+i_1-a_2+CD^2+D\tan\alpha_{12}\left(\frac{H_m}{R}-\frac{y_m^2}{2R^2}\right)$

i_1—测站经纬仪高；a_2—镜站觇牌高；α_{12}—垂直角；k—大气垂直折光系数；C—球气差系数；H_m—两点光高平均值；R—测区平均曲率半径；y_m—高斯平面上两点近似 y 坐标平均值

确定 k 值的方法有三种。

1. 经验 k 值

k 值的取值范围为 0.09~0.16。k 值的大小大概有这些规律性：海拔高的地区小，海拔低的地区大；潮湿地区大，干燥地区小；在一天之内中午前后最小且比较稳定，日出日落时较大且极不稳定。按我国中部和西部地区若干大面积二等三角网的统计资料分析，可认为：

沙漠地区　　k=0.09~0.10

平原丘陵地区　　k=0.11~0.13

沼泽森林地区　　k=0.14~0.15

水网湖泊地区　　k=0.15~0.16

可以根据这些规律性和经验值，结合测区、测边的具体情况，以及天气情况选用合适的 k 值。

实际工作中，由于无法准确确定往返测各自的 k 值，所以一条边的往返测总是取同一个 k 值，甚至一个测区也是取同一个 k 值。

对于现在常用的短边导线测量来说，根据经验取 k 值的方法是很常用的方法。

2. 利用几何水准测量结果求 k 值

在 A、B 两点间既进行水准测量，又进行三角高程测量。设水准高差为 ΔH_{12}，假定没有观测误差，则应有

$$\Delta H_{12}=d\sin\alpha_{12}+i_1-a_2+\frac{1-k}{2R}d^2\cos^2\alpha_{12} \tag{1-30}$$

将各观测值和 R 值代入式(1-30)，便可解出 k 值。

用此种方法确定 k 值，一般需在测区内选择 4~5 条边进行测定，各边求出 k 值后，取用平均 k 值。由于工作量较大，实际工作中较少采用这种方法。

3. 利用对向观测垂直角确定 C 值

由于球气差系数 $C=(1-k)/(2R)$，平均曲率半径 R 对于一个测区来说是取同一个值，所以确定 C 值就是确定 k 值。

往返观测垂直角后，可得往返测高差

$$h_{12}=d_{12}\sin\alpha_{12}+i_1-a_2+Cd_0^2$$
$$h_{21}=d_{21}\sin\alpha_{21}+i_2-a_1+Cd_0^2$$

这里 d 为斜距，d_0 为地面平距，令

$$h'_{12}=d_{12}\sin\alpha_{12}+i_1-a_2$$
$$h'_{21}=d_{21}\sin\alpha_{21}+i_2-a_1$$

h_{12} 和 h_{21} 可化简为

$$h_{12}=h'_{12}+Cd_0^2$$
$$h_{21}=h'_{21}+Cd_0^2$$

由于理论上有 $h_{12}=-h_{21}$，所以有

$$(h'_{12}+Cd_0^2)+(h'_{21}+Cd_0^2)=0$$

解得

$$C=-\frac{h'_{12}+h'_{21}}{2d_0^2} \tag{1-31}$$

在传统的三角测量中，常常先由各边算出 h_{12} 和 h_{21}，进而由式(1-31)算出各边 C 值，然后取各边平均 C 值作为测区 C 值。现在的短边导线测量，一般采用取经验 k 值的方法，较少采用对向观测求 C 值的方法。

➢ 任务实训

一、实训目的

(1)掌握导线外业测量的程序、步骤和方法。

(2)掌握导线外业观测的内容及记录计算方法。

(3)掌握导线外业测量的技术要求和注意事项。

二、仪器设备及物品

全站仪 1 台(含电池和脚架 1 个)、反射棱镜 2 个(含脚架 2 个)、记录板 1 块、导线记录手簿 1 本、钢卷尺 3 个、铅笔、仪器使用说明书。

三、实训内容

导线外业观测：

参照"三联脚架法"导线测量的步骤与方法，完成一个四边形或者三边形的闭合导线的外业观测任务(按一级导线技术要求执行)，如图 1-32 所示。

四、参考资料

《工程测量标准》(GB 50026—2020)和《城市测量规范》(CJJ/T 8—2011)。

五、注意事项

(1)参照以上规范的观测、记录的规范要求。

(2)参照本教材手簿格式进行记录计算。

(3)以小组为单位组织实施，并注意仪器安全。

六、上交资料

(1)导线观测手簿。

(2)导线计算略图、已知数据表和观测数据表。

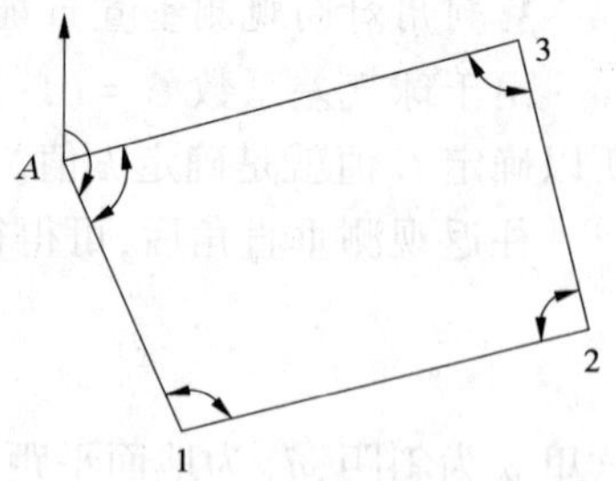

图1-32　闭合导线布设图

任务五　导线测量数据处理

➤ 任务描述

某测区精密导线外业测量结束后,获得了大量的外业观测数据,包括水平角、垂直角、边长值、归心元素等。下面需要工作者按照导线内业数据处理的流程,运用控制测量的计算理论和相关软件完成导线测量数据的计算,以期获得所需的各个导线点的控制坐标。

➤ 任务分析

导线测量数据处理,包括导线概算、验算和导线平差计算。导线概算是导线平差计算的准备工作。所谓导线概算,就是运用控制测量计算的理论方法,将导线外业观测的水平方向值、三角高程值、距离值和归心元素等,投影化算到参考椭球面上的对应元素。理论上讲,到这一步就完全可以在椭球面上进行有关的控制测量平差计算了,但由于椭球面毕竟是一曲面,在其上进行计算是相当复杂和烦琐的,而且在椭球面上表示点、线位置的大地元素,如经度、纬度、大地方位角等对于工程控制网的建立和使用非常不方便,为了实践和便于使用,我国采用高斯投影的方法,将椭球面上的大地元素化算到高斯平面上,在平面上完成控制测量外业数据的概算和验算及平差计算,为我们提供可靠的平面直角坐标,满足工程测量的需要。

导线测量数据处理的大体步骤和内容如下:

(1)外业观测成果资料的检查与验收。

(2)绘制已知数据表和控制网略图。

(3)绘制控制网观测图,抄录观测数据。

(4)计算近似水平边长和近似平面坐标。

(5)控制点三角高程计算和三角高程平差。

(6)水平方向观测值归算至高斯平面。

(7)地面斜边观测归算至高斯平面。

(8)导线测量成果的验算、检查与验收。

(9)导线网平差。

➤ 任务流程

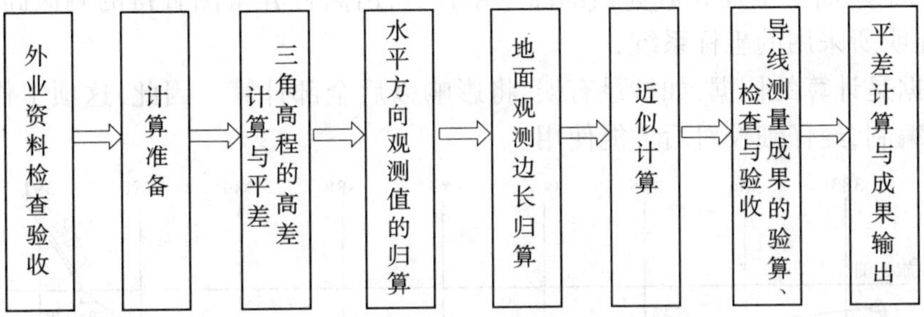

一、外业资料检查验收

外业资料是控制测量的原始记录,不允许存在错误。在数据处理前需对外业观测成果及资料进行认真全面的检查,检查的主要项目和内容如下。

(一)观测手簿

观测手簿包括水平方向(角度)、垂直角手簿以及边长手簿。检查各项原始观测数据的清楚性,运算的正确性,各项限差是否合乎规定,仪器高、觇标高的量取是否合乎要求,各站点的气温、气压是否正确记载,各项整饰、注记是否齐全等。

(二)观测记簿

要全面核对记簿和手簿有关内容是否有差错,成果的取舍和重测是否合理,分组观测是否合乎要求,测站平差是否正确。把检查后确认无误的水平方向值填入水平方向值归算表中。

(三)归心投影用纸

原始投影点线是否清楚、正确,示误三角形、检查角及投影偏差是否合限,应改正的方向有无错漏,归心元素量取是否正确,注记和整饰是否齐全等。把经检查确认无误的归心元素填入归心改正计算表格的相应位置。

(四)仪器检验资料

仪器检验资料及其他仪器检验项目、方法及次数是否符合规定,计算是否正确,检验结果是否满足限差的要求,点之记注记是否完整,觇标及标石委托保管书有无遗漏。

如检查中发现有重大问题要认真研究,及时处理,确保外业成果无误和可靠。

二、计算准备

计算准备涉及已知数据、观测数据的准备及有关图表的绘制。主要包括:控制网略图的绘制和已知数据表的编制、控制网观测图的绘制和已知数据表的编制。

(一)控制网略图的绘制和已知数据表的编制

控制网的计算首先应有一张控制网略图(见图 1-33)。控制网略图比例尺根据需要和方便确定,图上应绘出直角坐标网线。根据已知坐标先用红色展绘出已知点,已知边用红线表示,已知方位角用带箭头的红线表示。从已知点开始沿导线根据转折角和边长展绘导线点和边。各控制点应注明点名(或编号)、等级等。

已知数据表包括已知点平面坐标(x,y),根据相邻已知点坐标反算的坐标方位角和边长,高程已知点的正常高 $H_{常}$。同时还应在旁边抄写中央子午线经度 L_0,测区平均纬度 B_m,由 B_m 算出的平均曲率半径 R 和卯酉圈曲率半径 N,由高程异常图查得的测区高程异常值。另外,还要注明所采用的坐标系统。

已知数据是计算的依据,如抄录有误,将影响以后全部计算。因此,这项工作最好由两名人员独立编制,经仔细校对后方能使用。

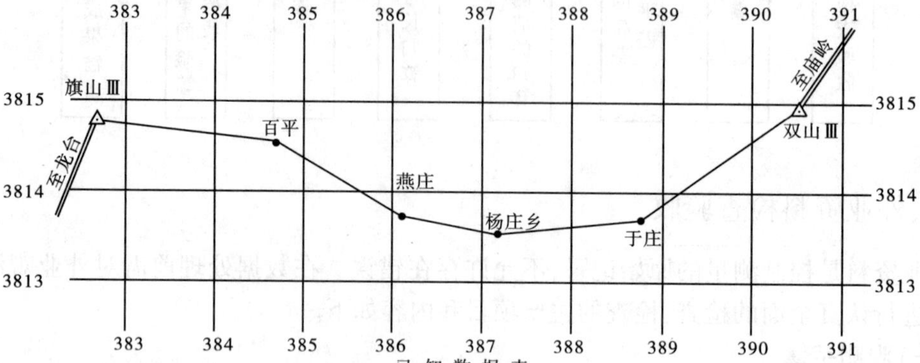

已 知 数 据 表

点 名	x	y	$H_{常}$	备注
旗山Ⅲ	3 814 784.75	382 614.63	270.16	L_0=114°　B_m=34° 27′
龙台Ⅲ	3 810 529.88	380 883.36		R=6 370 402.055 m　N=6 384 982.667 m
双山Ⅲ	3 814 923.90	390 544.57	286.28	ξ=-4 m
庙岭Ⅲ	3 818 422.06	393 368.29		
边名		坐标方位角	平面边长	
旗山	龙台	202° 08′ 27.5″	4 593.606	1980国家坐标系
双山	庙岭	38° 54′ 37.9″	4 495.611	

图 1-33　旗山—双山四等导线略图和已知数据表

(二)控制网略图的绘制和已知数据表的编制

控制网观测图是一抄有观测数据的控制网略图(见图 1-34)。该图最短边不宜短于 4 cm,以便有空间抄写观测数据。

图上要抄写的数据包括:已知坐标和高程、垂直角观测数据、边长观测数据,以及水平角观测数据。为阅读方便,应注有图例和说明。

控制网观测图既有网体结构,又有已知数据和各项观测数据。有了它,计算中的数据组织、检查、思考和分析变得方便和效率高。不论是手工计算还是用电子计算机程序计算,都是利用控制网观测图抄取或组织数据,因而图上的数据必须经过认真检查,确保正确无误。

三、三角高程的高差计算与平差

控制网中,应该有分布均匀的一些点用水准联测获得高程,而大部分点则采用三角高程方法获得高程。在导线测量计算中,应该先进行三角高程的计算。

(一)三角高差计算

一条边上的往、返测高差计算公式分别为

$$\left.\begin{aligned} h_{12} &= d_{12}\sin\alpha_{12} + i_1 - a_2 + Cd_{12}^2\cos^2\alpha_{12} \\ h_{21} &= d_{21}\sin\alpha_{21} + i_2 - a_1 + Cd_{21}^2\cos^2\alpha_{21} \end{aligned}\right\} \tag{1-32}$$

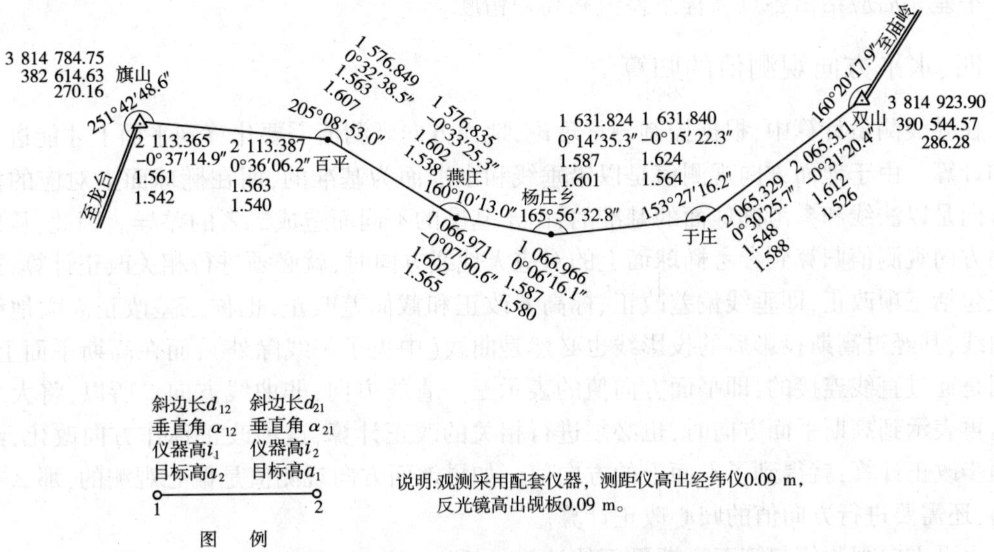

图 1-34　旗山—双山四等导线控制网观测图

往返测高差中数为

$$h = \frac{1}{2}(h_{12} - h_{21}) \tag{1-33}$$

算例中,根据测区的实际情况,取垂直折光系数 $k=0.12$,由公式 $C=(1-k)/(2R)$ 算出球气差系数 C。

(二)三角高程质量检验

在三角高程计算中应检验的项目有:

(1)往返测闭合差及限差:

$$\left.\begin{aligned} W &= h_{12} + h_{21} \\ W_{限} &= \pm 0.1 d_{km} \end{aligned}\right\} \tag{1-34}$$

(2)附合路线闭合差及限差:

$$\left.\begin{aligned} W &= H_A + \sum (+/-) h_i - H_B \\ W_{限} &= \pm 0.05\sqrt{[d_{km}^2]} \end{aligned}\right\} \tag{1-35}$$

(3)环线闭合差及限差:

$$\left.\begin{aligned} W &= \sum (+/-) h_i \\ W_{限} &= \pm 0.05\sqrt{[d_{km}^2]} \end{aligned}\right\} \tag{1-36}$$

(三)三角高程平差

通过高程质量检验后,应进行三角高程平差。平差中的定权公式为

$$P_i = \frac{C^2}{d_i^2} \tag{1-37}$$

式中　C——单位权高差观测的边长;

d_i——第 i 条边边长;

P_i——第 i 条边三角高差观测值的权。

平差完后应给出各点高程平差值和高程精度。

四、水平方向观测值的归算

在导线测量计算中,根据控制测量理论,地面方向观测值需要化算到平面上才能进行有关的计算。由于地面方向观测值是以铅垂线和水准面为基准的,而在椭球面上对应的大地线方向是以法线和参考椭球面的基准的,由于基准的不同而造成二者的差异。因此,从地面上的方向观测值归算到参考椭球面上的对应大地线方向时,就必须进行相关改正计算,这项改正包括三项改正,即垂线偏差改正、标高差改正和截面差改正,也称三差改正。大地线为一曲线,其经过高斯投影后的投影线也必然是曲线(中央子午线除外),而在高斯平面上,两点间是通过直线连接的,即平面方向值的表示是一直线方向,非曲线方向。所以,将大地线方向再表示到高斯平面方向时,也必须进行相关的改正计算,这项改正称作方向改化,经过这两步改正计算,就得到了平面上的方向值。如果地面方向观测值是偏心观测的,那么在归算前,还需要进行方向值的归心改正计算。

水平方向观测值归算至高斯平面的计算包括:

(1)归心改正计算,将测站水平方向观测值化算到以标石中心为准的方向值。

(2)将地面标石中心方向观测值经三差改正归算到参考椭球面方向值。

(3)将参考椭球面上的方向值经方向改化后化算到高斯平面方向值。

(一)水平方向观测值归心改正计算

计算公式:

$$\left.\begin{aligned} c_i &= \frac{\rho'' e_Y}{S_i}\sin(\theta_Y + M_i) \\ r_i &= \frac{\rho'' e_T}{S_i}\sin(\theta_T + M_i) \end{aligned}\right\} \tag{1-38}$$

无论测站归心、照准归心都在测定归心元素的点上计算。计算完后,将归心改正计算表上的 c 值和 r 值转抄至水平方向值归算表上。

注意:c 值用于本站观测的各方向值的改正,所以是按测站照抄;而 r 值则要抄到其相应对方站照准本站的方向值上去,所以得格外仔细。

(二)三差改正计算

把地面方向观测值(水平方向值)化算到椭球面上,应加入垂线偏差改正、标高差改正和截面差改正,习惯上称这三项改正为三差改正。

1. 垂线偏差改正 δ_u

垂线偏差改正数计算公式为

$$\delta''_u = -(\xi''\sin A - \eta''\cos A)\tan\alpha_1 \tag{1-39}$$

式中 ξ、η——测站点的垂线偏差分量;

A——观测方向的大地方位角;

α_1——观测方向的垂直角。

2. 标高差改正 δ_h

标高差改正的计算公式为

$$\delta''_{h}=\frac{\rho'' e^2}{2M_2}H_2\cos^2 B_2 \sin 2A_1 \tag{1-40}$$

式中　M_2——照准点的子午圈曲率半径；

B_2——照准点的大地纬度；

A_1——测站点到照准点方向的大地方位角；

H_2——照准点高出椭球面的高程，$H_2=H_常+a+\zeta$，$H_常$为照准点标石中心的正常高，ζ为高程异常，a为照准点觇标高度。

3. *截面差改正* δ_g

截面差改正的计算公式为

$$\delta''_{g}=-\frac{\rho'' e^2}{12N_1^2}S^2\cos^2 B_1 \sin 2A_1 \tag{1-41}$$

式中　N_1——测站点卯酉圈曲率半径；

S——A、B间的大地线长；

B_1——测站点A的大地纬度；

A_1——测站点A指向照准点B的大地方位角。

截面差改正主要与大地线长S有关。其数值很小，在国家一等控制中也只有千分之一秒的数量级。

从理论上讲，凡是需要将地面观测水平方向值化算为椭球面水平方向值的，都应加三差改正。但是，根据三差改正各自的数值大小及各等级水平控制要求的精度不同，需要加的改正项目也不相同。一般来说，对于三、四等水平方向值通常不加三差改正，当ξ、$\eta>10''$时，应加垂线偏差改正，当$H>2\ 000$ m时，应加入标高差改正。二等不进行截面差改正。

（三）方向改化计算，将方向值化算至高斯平面

椭球面上的控制网是由大地线组成的，大地线在高斯平面上的投影是曲线。在平面上计算，以直线代替曲线才方便简单，可直接应用许多简单常用的数学公式。为此，须把大地线在高斯平面上的描写曲线用连接两端点的直线来代替，因此需要在水平方向观测值中加上由于"曲改直"而带来的所谓"方向改正数"。当然，这一改正数的数值也就是上述的曲线方向和直线方向的夹角。该项改正称作方向改化，有的书上称作曲率改正。

三、四等方向改化公式为

$$\left.\begin{aligned}\delta''_{12}&=-\frac{\rho''}{2R^2}y_m(x_2-x_1)\\ \delta''_{21}&=-\delta''_{12}\end{aligned}\right\} \tag{1-42}$$

式中　R——测区平均曲率半径，由平均纬度算得；

y_m——两点平均y坐标。

x、y坐标值取用近似坐标。计算结果，三、四等取至0.1″。

五、地面观测边长归算

地面距离的获得往往是通过测距仪器测定的。它和地面观测的方向值一样，需要通过逐步化算，表示到平面上以进行后续的平差计算。但由于仪器误差、外界因素的影响，以及归算到椭球面，再投影到高斯平面的投影误差影响，使得距离值有较大的误差，所以必须对距离观测值经过逐级改正化算,才能得到满足平差要求的平面距离值。

外业测定的距离往往是倾斜距离,由于仪器本身的误差和大气的影响,获得的倾斜距离必须先进行仪器误差改正,即加常数改正、乘常数改正、周期误差改正和气象改正后化算为地面平距,再经过到椭球面的归算改正和到高斯平面的投影改化,就得到了高斯平面平距。

地面观测的斜距边化算到高斯平面需进行如下几步计算。

第一步:地面斜距归算到地面平距的计算

地面斜距先进行测距仪加常数改正、乘常数改正和气象改正后,再将其归算至地面平距。

1. 加常数改正

$$D' = D + K \tag{1-43}$$

式中 D——电磁波测距斜距;

K——测距仪加常数,包含仪器加常数 K_i 和棱镜加常数 K_r,即 $K=K_i+K_r$;

D'——加常数改正后的斜距。

2. 乘常数改正

$$D'' = D' + D'R \tag{1-44}$$

式中 R——测距仪乘常数系数;

D''——经乘常数改正后的斜距。

3. 气象改正

对于常用的拓普康 GTS-300N 系列全站仪的大气改正公式为

$$\Delta D_n = \left(279.85 - \frac{79.585p}{273.16 + t}\right) \times 10^{-6} D'' \tag{1-45}$$

式中:大气压 p 以 hPa(百帕)为单位(1 013.25 hPa=760 mmHg)。

气象改正一般可在观测前输入温度、气压使仪器自动改正或者事后手工计算改正。

经气象改正后的斜距为

$$S = D'' + \Delta D_n \tag{1-46}$$

4. 地面平距的计算

$$d_0 = \sqrt{S^2 - h^2} \tag{1-47}$$

式中 d_0——测线的水平距离,m;

S——经气象及加常数、乘常数等改正后的斜距,m;

h——测距光线两端大地高之差。

注意:光线两端的大地高 H 应是点的正常高 $H_{常}$ 与高程异常 ζ 和测距仪高 i(或反光镜高 a)之和,即 $H=H_{常}+\zeta+i(a)$。

5. 测边归心改正计算

$$\Delta d_0 = -(e\cos\theta + e'\cos\theta') \tag{1-48}$$

式中 e、θ——测站偏心元素;

e'、θ'——镜站偏心元素。

对于偏心距 e、e' 较小,垂直角不大的边长归心改正,可任意在斜距 d、平距 d_0 甚至高斯平面距离 D 上进行改正;对于大偏心观测或垂直角较大的小偏心观测,则应在地面平距 d_0 上计算改正,且大偏心观测的边长归心改正应单独进行,并须绘制观测图,采用严密平面三角公式解算。

经归心改正后的地面平距为

$$D_P = d_0 + \Delta d_0 \tag{1-49}$$

第二步:地面平距归算到参考椭球面上或者测区平均高程面上的计算

归算到参考椭球面上的测距边长度

1. 归算到参考椭球面上的测距边长度,应按式(1-50)计算

$$D_0 = \frac{R_A}{R_A + H_m} D_P + \frac{D_P^3}{24R_A^2} \tag{1-50}$$

式中 D_0——归算到参考椭球面上的测距边长度,m;

H_m——两端点光线的平均大地高,m;

R_A——测边方向的椭球曲率半径,可根据测站纬度 B(对于小测区可用测区平均纬度 B_m)和测边的方位角 A_{12} 算出。

三、四等计算也可用坐标方位角 T 代替大地方位角 A 来计算 R_A。边长更短时可干脆改用测区平均曲率半径 R 代替 R_A。精度要求高时,则应根据点的近似平面坐标(x,y)计算平面子午线收敛角 γ,然后算得

$$A_{12} = T_{12} + \gamma - \delta_{12} \tag{1-51}$$

用 L、B 计算的公式为

$$\gamma = \sin Bl + \frac{1}{3}\sin B\cos^2 Bl^3(1 + 3\eta^2 + 2\eta^4) + \frac{1}{15}\sin B\cos^4 Bl^5(2 - t^2) \tag{1-52}$$

实际计算时,令 $m_0 = \cos Bl''/\rho''$,$t = \tan B$,则式(1-52)变为

$$\gamma'' = \left[tm_0 + \frac{1}{3}(1 + 3\eta^2 + 2\eta^4)tm_0^3 + \frac{1}{15}(2 - t^2)tm_0^5 \right]\rho'' \tag{1-53}$$

用 x、y 计算的公式为

$$\gamma'' = \frac{\rho'' y}{N_f}t_f - \frac{\rho'' y^3}{3N_f^3}t_f(1 + t_f^2 - \eta_f^2 - 2\eta_f^4) + \frac{\rho'' y^5}{15N_f^5}t_f(2 + 5t_f^2 + 3t_f^4) \tag{1-54}$$

2. 归算到测区平均高程面上

有时需要将测区内所有的观测平距化算到测区平均高程面上,此时应按下式计算:

$$D_H = D_P\left(1 + \frac{H_P - H_m}{R_A}\right) \tag{1-55}$$

式中 D_H——测区平均高程面上的测距边长度,m;

D_P——测距两端点的平均高程面上的水平距,m;

H_P——测区的平均高程,m;

H_m——测距两端的平均高程,m;

R_A——参考椭球体在测距边方向法截弧的曲率半径,m。

第三步:参考椭球面上的长度投影到高斯平面上的计算

$$D_g = D_0\left(1 + \frac{y_m^2}{2R_m^2} + \frac{\Delta y^2}{24R_m^2}\right) \tag{1-56}$$

三、四等计算一般可采用

$$D_g = D_0 + \frac{y_m^2}{2R_m^2} D_0 \tag{1-57}$$

式中　D_g——测距边在高斯投影面上的长度,m;

y_m——测距边两端点横坐标的平均值,m;

R_m——测距边中点处在参考椭球上的平均曲率半径,m,对于小测区,可用测区平均纬度算出,高等计算应采用该边的平均纬度计算;

Δy——测距边两端点横坐标的增量,m。

六、近似计算

近似计算包括近似边长、近似方位角和近似坐标的计算。计算近似水平边长是为了计算近似平面坐标和用于计算归心改正。近似平面坐标则是在后面的计算中多处需要。

(一)近似水平边长的计算

将斜边长 d 简单投影为近似水平边长 d_0,计算公式为

$$d_0 = d\cos\alpha \tag{1-58}$$

式中　α——垂直角。

(二)近似坐标的计算

逐点利用测站水平观测角推算导线边近似平面坐标方位角;利用近似平面坐标方位角和近似平面边长推算各边坐标增量;闭合到已知点后要简单分配闭合差,最后得出各点近似平面坐标。

注意:近似坐标推算时,y 值应该用去掉了带号和 500 000 m 加常数后的自然 y 值。

主要计算公式为

$$\left.\begin{aligned}
&T_i = T_{i-1} + \beta_{左} - 180°(或\ T_i = T_{i-1} - \beta_{右} + 180°)\\
&\Delta x_i = d_{0i}\cos T_i\\
&\Delta y_i = d_{0i}\sin T_i\\
&W_x = x_{起} + \sum \Delta x - x_{终}\\
&W_y = y_{起} + \sum \Delta y - y_{终}
\end{aligned}\right\} \tag{1-59}$$

如果边长和角度的观测有较大偏心,应先做近似归心计算。

七、导线测量成果的验算、检查与验收

地面水平方向和边长观测值归算到高斯平面以后,就可以在平面上检验导线网的观测质量。

导线测量数据处理

(一)成果的验算

1. 角度闭合差检验

附合路线方位角闭合差检验:

$$\left.\begin{aligned}
&W = T_{01} + \sum \beta_i - (n-1) \times 180° - T_{02}\\
&W_{限} = 2\sqrt{n}\, m_\beta
\end{aligned}\right\} \tag{1-60}$$

导线闭合环内角和检验：

$$\left.\begin{aligned} W &= \sum \beta_i - (n-2)\times 180^\circ \\ W_{限} &= 2\sqrt{n}\, m_\beta \end{aligned}\right\} \tag{1-61}$$

2. 坐标闭合差检验

附合路线坐标闭合差：

$$\left.\begin{aligned} W_x &= x_A + \sum \Delta x - x_B \\ W_y &= y_A + \sum \Delta y - y_B \end{aligned}\right\} \tag{1-62}$$

导线闭合环坐标闭合差：

$$\left.\begin{aligned} W_x &= \sum \Delta x \\ W_y &= \sum \Delta y \end{aligned}\right\} \tag{1-63}$$

坐标闭合差限差

$$\left.\begin{aligned} W_{x限} &= 2m_{W_x} \\ W_{y限} &= 2m_{W_y} \end{aligned}\right\} \tag{1-64}$$

其中

$$\left.\begin{aligned} m_{W_x} &= \sqrt{\sum_{i=1}^{n}(\cos^2 T_i m_{D_i}^2) + \left[\sum_{i=1}^{n}(y_n - y_i)^2\right]\frac{m_\beta^2}{\rho^2}} \\ m_{W_y} &= \sqrt{\sum_{i=1}^{n}(\sin^2 T_i m_{D_i}^2) + \left[\sum_{i=1}^{n}(x_n - x_i)^2\right]\frac{m_\beta^2}{\rho^2}} \end{aligned}\right\} \tag{1-65}$$

式中　m_{D_i}——边 D_i 的中误差；

m_β——测角中误差。

算出 m_{W_x}、m_{W_y} 后，取其 2 倍中误差作为闭合差的限值。

在《三、四等导线测量规范》(CH/T 2007—2001)中给出了其实用的简化计算式。

适用于三等的计算式：

$$\left.\begin{aligned} m_{W_x}^2 &= 0.04(\Delta X)^2 + 0.44[(\Delta x)^2] + 0.76[(y_{终} - y)^2] \\ m_{W_y}^2 &= 0.04(\Delta Y)^2 + 0.44[(\Delta y)^2] + 0.76[(x_{终} - x)^2] \end{aligned}\right\} \tag{1-66}$$

适用于四等的计算式：

$$\left.\begin{aligned} m_{W_x}^2 &= 0.04(\Delta X)^2 + 1.00[(\Delta x)^2] + 1.47[(y_{终} - y)^2] \\ m_{W_y}^2 &= 0.04(\Delta Y)^2 + 1.00[(\Delta y)^2] + 1.47[(x_{终} - x)^2] \end{aligned}\right\} \tag{1-67}$$

式中　ΔX、ΔY——附合导线闭合边的纵、横坐标增量，100 km；

Δx、Δy——各导线边的纵、横坐标增量，100 km；

$(x_{终}-x)$、$(y_{终}-y)$——导线终点的 x、y 坐标与各导线点的 x、y 坐标差，100 km。

3. 测距中误差估算检验

(1)单位权测距中误差：

$$\mu = \sqrt{\frac{[Pdd]}{2n}} \tag{1-68}$$

式中　d——各边往、返测量的距离的较差,mm;

n——测距边数;

P——各边距离的先验权,其值为 $1/\sigma_D^2$,σ_D 为测距的先验中误差,可按测距仪的标称精度计算。

(2)任一边的实际测距中误差:

$$m_{D_i} = \mu\sqrt{\frac{1}{P_T}} \tag{1-69}$$

式中　m_{D_i}——第 i 边的实际测距中误差,mm;

P_i——第 i 边距离测量的先验权。

(3)网的平均测距中误差:

$$\overline{m}_{di} = \sqrt{\frac{[dd]}{2n}} \tag{1-70}$$

式中　$\overline{m}_{di}$——平均测距中误差,mm。

4. 导线全长相对闭合差检验

这种检验的做法是先算出导线纵横坐标闭合差 W_x、W_y,然后算出导线全长绝对闭合差 W_D,再算出导线全长相对闭合差 f。

$$\left.\begin{aligned} W_D &= \sqrt{W_x^2 + W_y^2} \\ f &= \frac{W_D}{\sum D} \end{aligned}\right\} \tag{1-71}$$

f 的限值应符合《工程测量标准》(GB 50026—2020)限值和《城市测量规范》(CJJ/T 8—2011)。环状导线的计算同附合导线。

5. 测角中误差的估算检验

(1)按角度闭合差估算测角中误差。

估算公式为

$$m_\beta = \frac{1}{N}\sqrt{\frac{f_\beta f_\beta}{n}} \tag{1-72}$$

式中　f_β——导线环的角度闭合差或附合导线的方位角闭合差,(″);

n——计算时的相应测站数;

N——闭合环即附合导线的总数。

利用式(1-72)计算出的测角中误差闭合差个数 N 要达到20以上才较可靠,这是数理统计的理论所要求的。如果只有几个闭合差,则算出来的测角中误差可信度就不高。另外,公式亦要求各 f_β 要互相独立,这一点在实用中也难以做到,因为一节导线常常被不同的导线环使用。由分析可知,当角度闭合差个数较少时,利用角度闭合差求测角中误差只能是近似的估算。

(2)按测站的左、右角圆周条件闭合差估算测角中误差。

估算公式为

$$m_\beta = \frac{1}{2}\sqrt{\frac{[\Delta\Delta]}{n}} \tag{1-73}$$

式中 Δ——每个测站的圆周条件闭合差,即 $\Delta=\beta_{左}+\beta_{右}-360°$;

n——测站数。

式(1-73)亦有其局限性,因为它不包含水平折光、照准目标的系统偏差等系统性误差影响。用它估算的测角中误差从理论上判断应当是偏小的。

当上述检验不通过时,应当根据具体情况分析判断,重测有关观测量。

(二)成果的检查与验收

导线测量工作完成后,需按照《测绘产品检查验收规定》(CH 1002—1995)和《测绘产品质量评定标准》(CH 1003—1995)的要求进行检查验收和质量评定,并根据《测绘技术总结编写规定》(CH/T 1001—2005)编写外业技术总结。最后将经过检查验收后的导线测量成果进行清点整理、装订成册、编制目录,进行整理与上交。上交的资料项目包括:

(1)导线网(段)展点图;

(2)导线点之记(包括重合旧点及联测的旧点)按网、段分别装订;

(3)测量标志委托保管书;

(4)重新埋设旧点标石报告表;

(5)水平角观测手簿和归心元素测量资料;

(6)电磁波测距手簿和气象记录手簿;

(7)垂直角观测手簿和觇标高测量资料;

(8)水准测量手簿和高程导线测量手簿,高差表;

(9)经纬仪、全站仪、测距仪、水准仪及水准标尺检定资料;

(10)外业成果验算资料和导线点坐标、高程概算资料;

(11)技术总结和验收报告。

八、平差计算与成果输出

一级及以上等级的导线网计算,应采用严密平差法;二、三级导线网,可根据需要采用严密或简化方法平差。当采用简化方法平差时,成果表中的方位角和边长应采用坐标反算值。

导线网平差时,角度和距离的先验中误差,可按上述任务流程"七、导线测量成果的验算、检查与验收"中"5 测角中误差的估算检验"中的方法计算,也可用数理统计等方法求得的经验公式估算先验中误差的值,并用以计算角度及边长的权。

平差计算时,对计算略图和计算机输入数据应进行仔细校对,对计算结果应进行检查。打印输出的平差成果,应包含起算数据、观测数据以及必要的中间数据。

平差后的精度评定,应包含有单位权中误差、点位误差椭圆参数或相对点位误差椭圆参数、边长相对中误差或点位中误差等。当采用简化平差时,平差后的精度评定,可做相应简化。

内业计算中数字取位,应符合表 1-46 的规定。

表 1-46 内业计算中数字取位要求

等级	观测方向值及各项修正数(″)	边长观测值及各项修正数(m)	边长与坐标(m)	方位角(″)
三、四等	0.1	0.001	0.001	0.1
一级及以下	1	0.001	0.001	1

国内用于控制网平差的软件很多,目前常用的有南方的 PA2005、清华山维的 NASEW2003 以及武大的科傻 COSA 等。下面以南方的 PA2005 为例,说明其实施过程。

➤ 任务实施

如图 1-33 所示为旗山—双山四等导线略图和已知数据表,如图 1-34 所示为旗山—双山四等导线控制网观测图,利用南方平差易 PA2005 软件实施控制网概算和平差的步骤如下。

第一步:控制网数据录入

在平差易软件中输入以上数据,如图 1-35 所示。

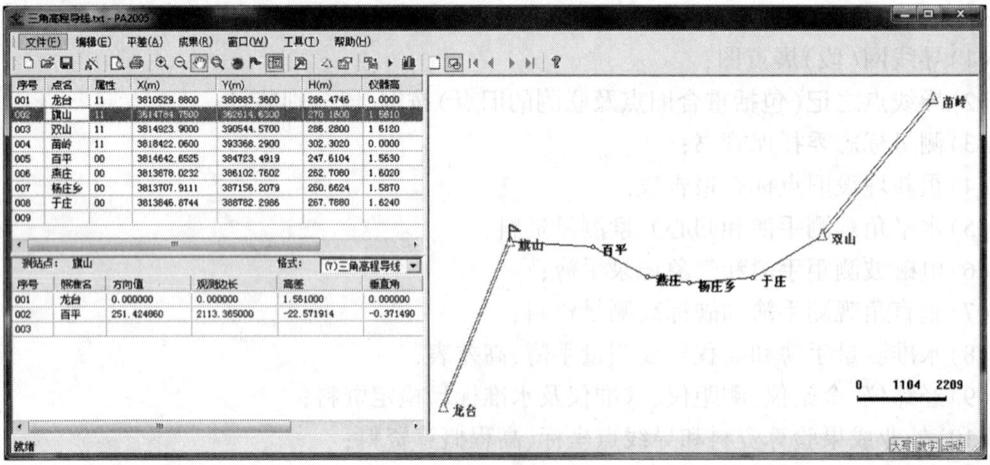

图 1-35 数据输入

在测站信息区中输入龙台、旗山、双山、苗岭、百平、燕庄、杨庄乡和于庄测站点,其中龙台、旗山、双山、苗岭为已知坐标点,其属性为 11(1 代表已知,0 代表未知;前一位数字指 X、Y 坐标,后一位数字指高程 H),其坐标如“原始数据表”;百平、燕庄、杨庄乡和于庄为待测点,其属性为 00,其他信息为空。如果要考虑温度、气压对边长的影响,就需要在观测信息区中输入每条边的实际温度、气压值,然后通过概算来进行改正。

根据控制网的类型选择数据输入格式,此控制网为三角高程导线网,选择三角高程导线格式,如图 1-36 所示。

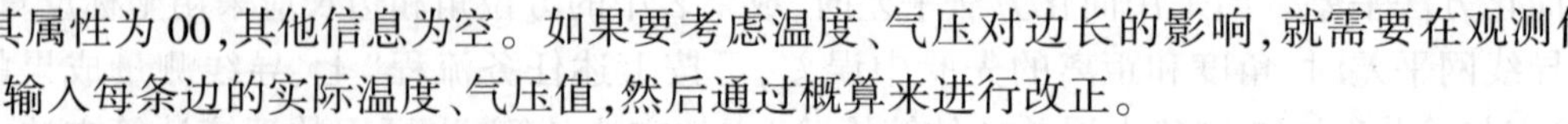

图 1-36 选择格式

在观测信息区中输入每一个测站点的观测信息,为了节省空间只截取观测信息的部分表格示意图,如以龙台、苗岭作为定向点,它没有设站,所以无观测信息,但在测站信息区中必须输入它们的坐标。

以旗山为测站点,龙台为定向点时(定向点的方向值必须为零),照准百平的数据输入如图 1-37 所示。

以百平为测站点,旗山为定向点时,照准燕庄的数据输入如图 1-38 所示。

以燕庄为测站点,百平为定向点时,照准杨庄乡的数据输入如图 1-39 所示。

以杨庄乡为测站点,燕庄为定向点时,照准于庄的数据输入如图 1-40 所示。

测站点： 旗山　　格式：(7)三角高程导线

序号	照准名	方向值	观测边长	高差	垂直角	觇标高	温度	气压
001	龙台	0.000000	0	0	0	0	0.000	0.000
002	百平	251.424860	2113.365000	-22.571914	-0.371490	1.542000	0.000	0.000

图 1-37　测站旗山的观测信息

测站点： 百平　　格式：(7)三角高程导线

序号	照准名	方向值	观测边长	高差	垂直角	觇标高	温度	气压
001	旗山	0.000000	2113.387000	22.527190	0.360620	1.540000	0.000	0.000
002	燕庄	205.085300	1576.849000	15.100500	0.323850	1.607000	0.000	0.000
003								

图 1-38　测站百平的观测信息

测站点： 燕庄　　格式：(7)三角高程导线

序号	照准名	方向值	观测边长	高差	垂直角	觇标高	温度	气压
001	百平	0.000000	1576.835000	-15.094678	-0.332530	1.538000	0.000	0.000
002	杨庄乡	160.101300	1066.971000	-2.060056	-0.070060	1.565000	0.000	0.000

图 1-39　测站燕庄的观测信息

测站点： 杨庄乡　　格式：(7)三角高程导线

序号	照准名	方向值	观测边长	高差	垂直角	觇标高	温度	气压
001	燕庄	0.000000	1066.966000	2.031126	0.061610	1.580000	0.000	0.000
002	于庄	165.563280	1631.824000	7.094741	0.143530	1.601000	0.000	0.000

图 1-40　测站杨庄乡的观测信息

以于庄为测站点,杨庄乡为定向点时,照准双山的数据输入如图 1-41 所示。

测站点： 于庄　　格式：(7)三角高程导线

序号	照准名	方向值	观测边长	高差	垂直角	觇标高	温度	气压
001	杨庄乡	0.000000	1631.840000	-7.052781	-0.152230	1.564000	0.000	0.000
002	双山	153.271620	2065.329000	18.535847	0.302570	1.664000	0.000	0.000

图 1-41　测站于庄的观测信息

以双山为测站点,于庄为定向点时,照准苗岭的数据输入如图 1-42 所示。

测站点： 双山　　格式：(7)三角高程导线

序号	照准名	方向值	观测边长	高差	垂直角	觇标高	温度	气压
001	于庄	0.000000	2065.311000	-18.448163	-0.312040	1.526000	0.000	0.000
002	苗岭	160.201790	0	0	0	0	0.000	0.000

图 1-42　测站双山的观测信息

说明:①数据为空或前面已输入过时可以不输入(对向观测例外)。

②在电子表格中输入数据时,所有零值可以省略不输入。

以上数据输入完后,点击菜单“文件”→“另存为”,将输入的数据保存为平差易数据格式文件,格式内容如下:

[STATION](测站信息)

龙台,11,3810529.880000,380883.360000,286.474585,,,

旗山,11,3814784.750000,382614.630000,270.160000,1.561000,,

双山,11,3814923.900000,390544.570000,286.280000,1.612000,,

苗岭,11,3818422.060000,393368.290000,302.301976,,,

百平,00,,,,1.563000,,

燕庄,00,,,,1.602000,,
杨庄乡,00,,,,1.587000,,
于庄,00,,,,1.624000,,

[OBSER](观测信息)
龙台,旗山,,,,,,,,,,,
旗山,龙台,,,,,,,,,,,
旗山,百平,251.424860,2113.365000,-22.585937,,-0.371490,1.542000,,,,,
双山,于庄,,2065.311000,-18.461556,,-0.312040,1.526000,,,,,
双山,苗岭,160.201790,,,,,,,,,,
苗岭,双山,,,,,,,,,,,
百平,旗山,,2113.387000,22.513166,,0.360620,1.540000,,,,,
百平,燕庄,205.085300,1576.849000,15.092693,,0.323850,1.607000,,,,,
燕庄,百平,,1576.835000,-15.102485,,-0.332530,1.538000,,,,,
燕庄,杨庄乡,160.101300,1066.971000,-2.063631,,-0.070060,1.565000,,,,,
杨庄乡,燕庄,,1066.966000,2.027552,,0.061610,1.580000,,,,,
杨庄乡,于庄,165.563280,1631.824000,7.086380,,0.143530,1.601000,,,,,
于庄,杨庄乡,,1631.840000,-7.061142,,-0.152230,1.564000,,,,,
于庄,双山,153.271620,2065.329000,18.522454,,0.302570,1.664000,,,,,

上面[STATION](测站点)是测站信息区中的数据,[OBSER](照准点)是观测信息区中的数据。

第二步:坐标推算

控制网数据录入完成后,点击菜单“平差”→“坐标推算”,计算各点的近似坐标。

第三步:坐标概算

点击菜单“平差”→“选择概算”,弹出“选择概算”对话框(见图1-43),可根据情况选择概算项目和输入有关参数后,执行“开始概算”。并同时可以在随后弹出的“是否保存概算结果”对话框中选择“是”,将概算结果保存下来。

第四步:选择计算方案

点击菜单“平差”→“计算方案”,弹出“计算方案”对话框(见图1-44),选择和设置有关参数后,点击“确定”退出。

第五步:闭合差计算与检核

点击菜单“平差”→“闭合差计算”后,显示区显示“闭合差信息”(见图1-45),若超限,需检查原因后再计算。

第六步:平差计算

点击菜单“平差”→“平差计算”,完成平差计算。

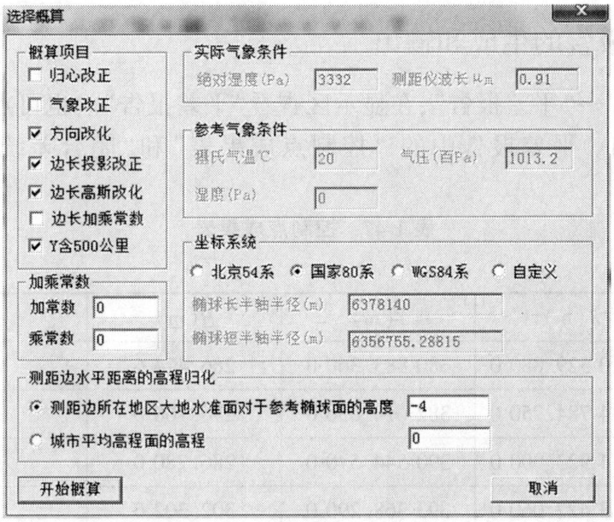

图 1-43　“选择概算”对话框

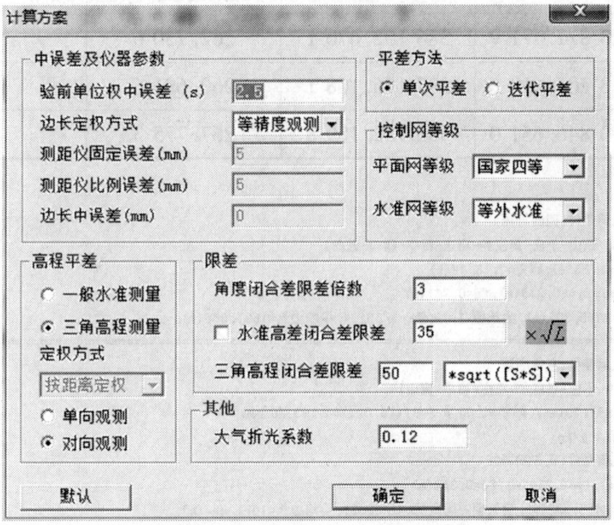

图 1-44　“计算方案”对话框

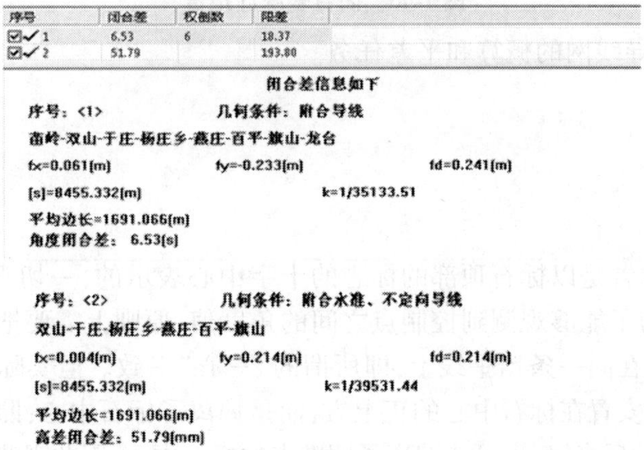

图 1-45　闭合差信息

第七步:平差报告的生成和输出

点击菜单“窗口”→“平差报告”,在显示区查看“平差报告”。也可点击菜单“成果”,将成果以各种形式输出。平差报告中的“控制点成果表”和“闭合差统计报告”部分分别见表1-47、图1-46。

表1-47　控制点成果表

[控制点成果表]

点名	X(m)	Y(m)	H(m)	备注
龙台	3 810 529.880 0	380 883.360 0	286.474 6	已知点
旗山	3 814 784.750 0	382 614.630 0	270.160 0	已知点
双山	3 814 923.900 0	390 544.570 0	286.280 0	已知点
苗岭	3 818 422.060 0	393 368.290 0	302.302 0	已知点
百平	3 814 642.538 0	384 723.480 9	247.623 4	
燕庄	3 813 877.771 9	386 102.670 1	262.730 6	
杨庄乡	3 813 707.619 5	387 156.108 1	260.691 6	
于庄	3 813 846.651 0	388 782.189 8	267.775 3	

```
序号:<1>几何条件:附合导线
路径:[苗岭-双山-于庄-杨庄乡-燕庄-百平-旗山-龙台]
角度闭合差=6.53(s),限差=±18.37(s)
fx=0.061(m),fy=-0.233(m),fd=0.241(m)
总边长[s]=8455.332(m),全长相对闭合差k=1/35134,平均边长=1691.066(m)
================================================================================
序号:<2>几何条件:三角高程
路径:[双山-于庄-杨庄乡-燕庄-百平-旗山]
高差闭合差=51.79(mm),限差=±50 * SQRT(15.023)=±193.80(mm)
路线长度=8.455(km)
序号:<2>几何条件:无定向导线
fx=0.004(m),fy=0.214(m),fd=0.214(m)
总边长[s]=8455.332(m),全长相对闭合差k=1/39531,平均边长=1691.066(m)
================================================================================
```

图1-46　闭合差统计报告

至此,已完成了导线网的概算和平差任务。

➤ 知识点

一、归心改正

控制点的实地位置是以标石顶部的标志的十字中心表示的,一切观测和计算成果都是以该中心为准的。为了能够观测到控制点之间的角度值,原则上需要把仪器中心、照准圆筒中心和标石中心安置在同一条铅垂线上,即所谓的“三心”一致。但实际上,由于各种各样的原因仪器未能或无法安置在标石中心的正上方,而是偏离了标石中心;照准的标的,例如高标的标筒,电磁波测距的反光镜,也可能偏离了照准点的标石中心,因此观测成果,包括水平方向观测值、测距边长观测值就要加以改正,以归算到标石中心上去,这项改正称为归心改正。

(一)水平方向观测值归心改正

归心改正分两种:因仪器中心与标石中心不一致而产生的归心改正称为测站点归心改正;因照准圆筒中心与照准点标石中心不一致而产生的归心改正称为照准点归心改正。

如图 1-47 所示为测站点的标石中心 B、仪器中心 Y、照准点的标石中心 B_1 和照准中心 T_1,在同一个水平面上的投影,正确的照准方向应是 BB_1,实际的观测方向为 YT_1。所以,要将 YT_1 改正到 BB_1,首先要将 YT_1 方向加上改正数 c,改化为 BT_1 方向,再加改正数 r 改化到 BB_1 方向。其中,c 称为测站点归心改正,r 称为照准点归心改正。

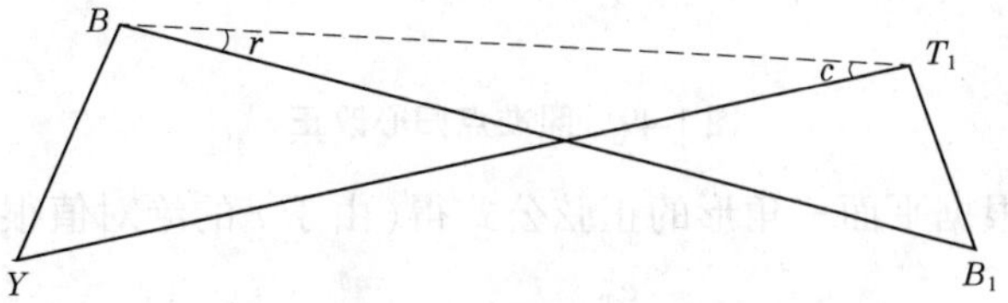

图 1-47 测站点归心改正数和照准点归心改正数

1. 测站点归心改正

如图 1-48 所示,$T_1, T_2, \cdots, T_n$ 为各照准点的中心,设 T_1 为零方向。各方向的测站点归心改正为 $c_1, c_2, \cdots, c_n$。

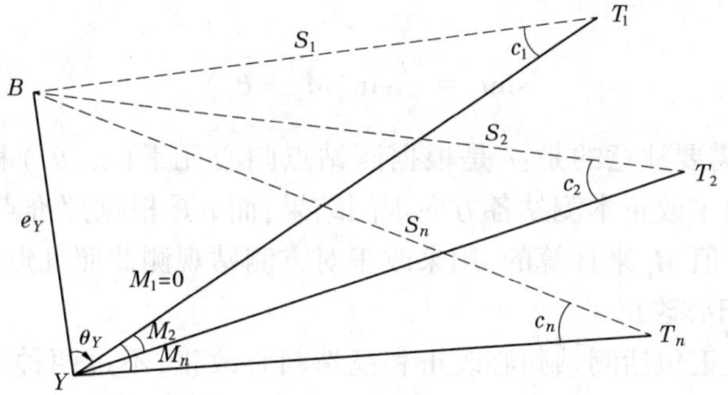

图 1-48 测站点归心改正

设仪器中心到标石中心的水平距离为 e_Y,e_Y 称为测站点偏心距;而以 Y 为顶点,以 YB 为起始方向按顺时针量至零方向 YT_1 的夹角 θ_Y 称为测站点偏心角,e_Y、θ_Y 统称为归心元素。

由图 1-48 可知,根据平面三角的正弦公式得(由于 c_i 的绝对值很小):

$$c_i = \frac{e_Y}{S_i}\rho\sin(M_i + \theta_Y) \tag{1-74}$$

式中 S_i——测站至目标的概略距离。

这就是计算测站点归心改正的实用计算公式。

一、二等在 $e(\text{m}) > 5S(\text{km})$ 或三、四等在 $e(\text{m}) > 11S(\text{km})$ 时,归心改正数按式(1-75)计算:

$$\sin c_i = \frac{e_Y}{S_i}\sin(M_i + \theta_Y) \tag{1-75}$$

2. 照准点归心改正

如图 1-49 所示,B 为测站点标石中心,B_i 为照准点标石中心,T_i 为照准目标中心。T_i 至

B_i 的水平距离 e_T 称为照准点偏心距;以 T_i 为顶点,以 T_iB 为起始方向按顺时针量至零方向的夹角 θ_T 称为照准点偏心角。e_T、θ_T 统称为照准点归心元素。

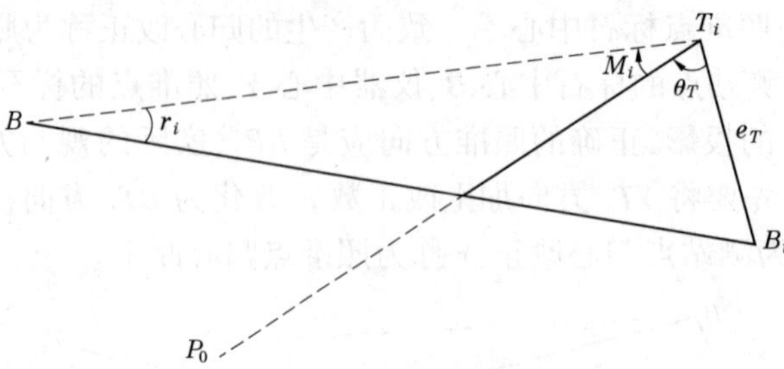

图 1-49　照准点归心改正

由图 1-49 可知,根据平面三角形的正弦公式得(由于 r 的绝对值很小):

$$r_i = \frac{e_T}{S_i}\rho\sin(M_i + \theta_T) \tag{1-76}$$

式中　M_i——照准点上对测站点的观测方向值;

S_i——照准点至测站点的概略距离。

一、二等在 $e(\mathrm{m}) > 5S(\mathrm{km})$ 或三、四等在 $e(\mathrm{m}) > 11S(\mathrm{km})$ 时,归心改正数按式(1-77)计算:

$$\sin r_i = \frac{e_T}{S_i}\sin(M_i + \theta_T) \tag{1-77}$$

c、r 可正可负。需要注意的是:c 是根据测站点归心元素(e_Y, θ_Y)和测站点上的观测方向值 M_i 来计算的,用来改正本测站各方向观测结果;而 r 是根据照准点归心元素(e_T, θ_T)和照准点上的观测方向值 M_i 来计算的,用来改正对方测站观测此照准点的方向值。

(二)测距边长归心改正

测距边长归心改正包括测站归心改正和镜站归心改正,不过两种归心的计算公式完全相同。

图 1-50 是测站归心改正的示意图,图中:

B——测站标石中心;

B'——镜站标石中心;

E——测距仪中心;

e——测站偏心距,注意是水平距离;

θ——测站偏心角,以偏心点 E 为角顶点,偏心距 e 为起始边,顺时针旋转至镜站方向之角;

D_e——偏心观测的水平边长;$D_e = EB'$。

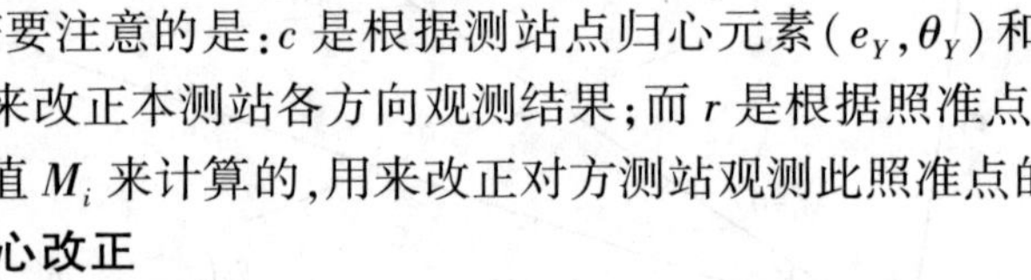

图 1-50　测站归心改正的示意图

由图 1-50 可以看出,本任务是将偏心观测边长 D_e 化算为正确边长 D。

当偏心距 e 较小(规范规定 $P<0.3$ m)时,可做以下近似推导。

作 BF 垂直于 EB',由于角 B'很小,可认为 $FB'=D$,由此得 $D=D_e-EF$。又 $EF=e\cos\theta$,所以有

$$D = D_e - e\cos\theta \tag{1-78}$$

式(1-78)即为边长测站归心改正计算式。

图 1-51 是镜站归心改正示意图,图中:

B——测站标石中心;

B'——镜站标石中心;

R——反光镜中心;

e'——镜站偏心距;

θ'——镜站偏心角,以偏心点 R 为角顶点,偏心距 e'为起始边,顺时针旋转至 B 方向之角。

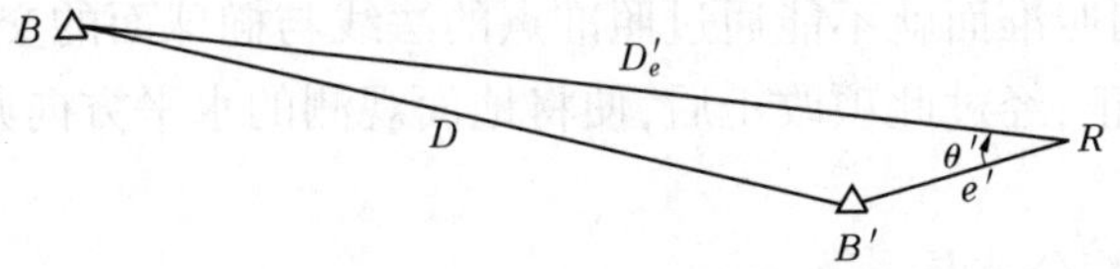

图 1-51　镜站归心改正示意图

镜站归心的情况与测站归心的情况完全类似,自不必重复推导,直接给出边长镜站归心改正计算式

$$D = D'_e - e'\cos\theta' \tag{1-79}$$

综合式(1-78)、式(1-79),当测站、镜站分别有小偏心 e、e'时,计算公式为

$$D = D_e - e\cos\theta - e'\cos\theta' \tag{1-80}$$

或者说偏心改正数为

$$\Delta D_e = - e\cos\theta - e'\cos\theta' \tag{1-81}$$

前面是按小偏心情况($e<0.3$ m,$e'<0.3$ m)讨论的,当 e、e'均大于 0.3 m 时,应按解三角形的公式求解归心改正后的边长。例如,在图 1-50 的三角形 $BB'E$ 中,应用余弦定理

$$D^2 = D_e^2 + e^2 - 2D_e e\cos\theta$$

由此得

$$D = \sqrt{D_e^2 + e^2 - 2D_e e\cos\theta} \tag{1-82}$$

同样,对于镜站大偏心,可得出与此完全对应的公式。

应该指出,以上的边长归心推导是在水平面上进行的,所以从理论上讲,应先将观测边长化算至水平面,再进行归心改正。不过,当边长垂直角较小(这是外业的大部分情况)时,在何时计算边长归心改正关系不大,可任意在斜边、水平边上进行边长归心改正,并采用严密的解平面三角形的公式。

二、三差改正

把地面方向观测值(水平方向值)化算到椭球面上,应加入垂线偏差改正、标高差改正和截面差改正,习惯上称这三项改正为三差改正。

(一)垂线偏差改正 δ_u

地面上所有水平方向的观测都是以铅垂线为依据的,而在椭球面上则要求以该点的法线为依据。而测站铅垂线与相应的法线方向常常不一致,因此将前者归算到后者就需要进行改正,这项改正称为垂线偏差改正(见图1-52)。

垂线偏差改正数计算公式为

$$\delta''_u = -(\xi''\sin A - \eta''\cos A)\tan\alpha_1 \tag{1-83}$$

式中 ξ、η——测站点的垂线偏差分量;

A——观测方向的大地方位角;

α_1——观测方向的垂直角。

垂线偏差改正主要与测站点的垂线偏差及观测方向的天顶距(或垂直角)有关。

(二)标高差改正 δ_h

标高差改正又称由照准点高度而引起的改正。当进行水平方向观测时,如果照准点高出椭球面某一高度,则照准面就不能通过照准点的法线与椭球面的交点,由此引起的方向偏差的改正为标高差改正;经过此项改正后,便将地面观测的水平方向归化为椭球面上相应的法截弧方向。

标高差改正的计算公式是:

$$\delta''_h = \frac{\rho'' e^2}{2M_2} H_2 \cos^2 B_2 \sin 2A_1 \tag{1-84}$$

式中 M_2——照准点的子午圈曲率半径;

B_2——照准点的大地纬度;

A_1——测站点到照准点方向的大地方位角;

H_2——照准点高出椭球面的高程,$H_2 = H_常 + a + \zeta$,$H_常$ 为照准点标石中心的正常高,ζ 为高程异常,a 为照准点觇标高度。

标高差改正主要与照准点的高程有关(见图1-53)。

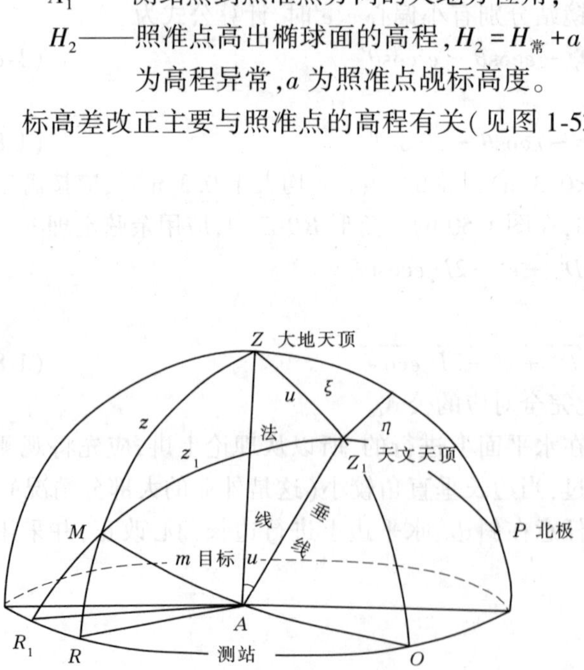

图1-52 垂线偏差改正

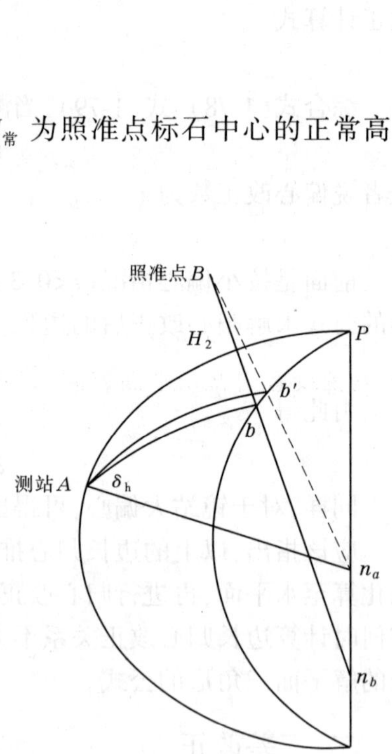

图1-53 标高差改正

(三)截面差改正 δ_g

在椭球面上,纬度不同的两点由于法线不共面,在对向观测时相对法截弧不重合,应当以两点间的大地线代替相对法截弧,将法截弧方向化为大地线方向应加的改正为截面差改正,以 δ_g 表示。截面差改正的计算公式是:

$$\delta''_g = -\frac{\rho'' e^2}{12N_1^2}S^2\cos^2 B_1 \sin 2A_1 \tag{1-85}$$

式中　N_1——测站点卯酉圈曲率半径;

S——A、B 间的大地线长;

B_1——测站点 A 的大地纬度;

A_1——测站点 A 指向照准点 B 的大地方位角。

截面差改正主要与大地线长 S 有关(见图 1-54)。其数值很小,在国家一等控制中也只有千分之一秒的数量级。

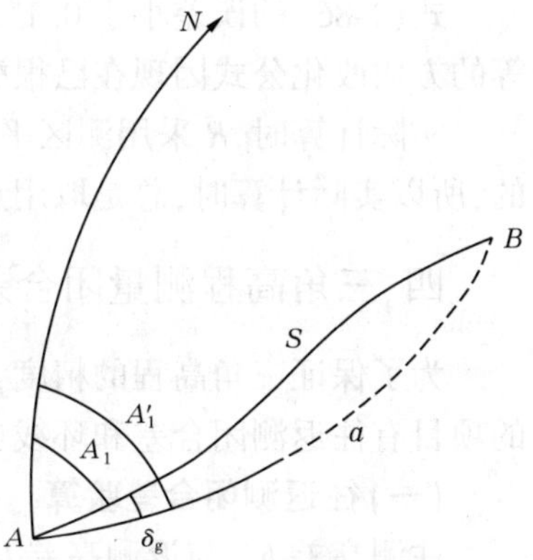

图 1-54　截面差改正

从理论上讲,凡是需要将地面观测水平方向值化算为椭球面水平方向值时,都应加三差改正。但是,根据三差改正各自的数值大小及各等级水平控制要求的精度不同,需要加的改正项目也不相同。一般来说,对于三、四等水平方向值通常不加三差改正,当 ξ、$\eta>10''$时,应加垂线偏差改正,当 $H>2\ 000$ m 时,应加入标高差改正。二等不进行截面差改正。

三、方向改化

椭球面上的控制网是由大地线组成的,大地线在高斯平面上的投影是曲线。在平面上计算,以直线代替曲线才方便简单,可直接应用许多简单常用的数学公式。为此,须把大地线在高斯平面上的描写曲线用连接两端点的直线来代替,因此需要在水平方向观测值中加上由于"曲改直"而带来的所谓"方向改正数"。当然,这一改正数的数值也就是上述的曲线方向和直线方向的夹角。该项改正称作方向改化,有的书上称作曲率改正。

如图 1-55 所示,AB 为椭球面上的一条大地线,它在投影平面上的投影为曲线 ab。曲线 ab 的弦线方向就是平面方向,二者的夹角就是方向改化。

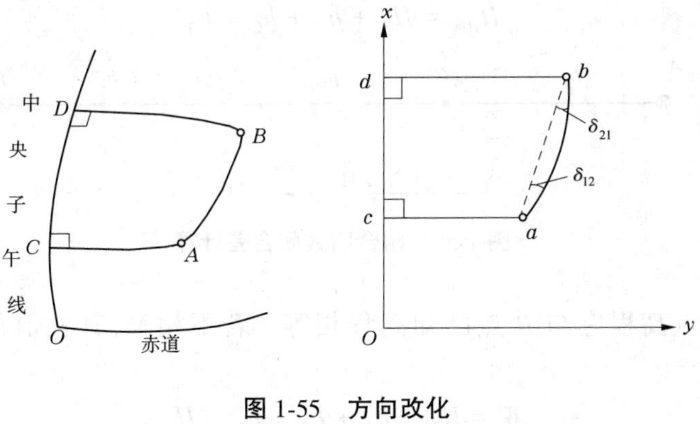

图 1-55　方向改化

下面是方向改化值的近似计算公式：

$$\delta_{12} = \frac{\rho''}{2R^2} y_m (x_2 - x_1) \tag{1-86}$$

$$\delta_{21} = -\delta_{12} \tag{1-87}$$

式中　下标 1、2——点 a、b；

y_m——两点 y 坐标平均值，$y_m = (y_1 + y_2)/2$。

式(1-86)的误差小于 0.1″，是适合于三、四等控制测量的方向改化公式。适合于一、二等的方向改化公式因现在已很少使用，这里不再给出。

实际计算时，R 采用测区平均曲率半径。因为点的坐标一般是不知道其精确平面坐标的，所以实际计算时，总是取用点的近似坐标，近似坐标精度，三、四等取至 10 m 就足够了。

四、三角高程测量闭合差的检验

为了保证三角高程的精度，应对高差成果进行检核，看是否合乎有关限差的要求。验算的项目有往返测闭合差和环线或附合路线闭合差。

(一)往返测闭合差验算

往测高差 h_{12} 与返测高差 h_{21} 理应大小相等、符号相反，即应有 $h_{12} + h_{21} = 0$。但由于有测量误差，这一式常不能满足，这时定义闭合差：

$$W = h_{12} + h_{21} \tag{1-88}$$

《城市测量规范》(CJJ/T 8—2011)规定 W 的限差为 $0.1d_{km}$(m)，即

$$W_{限} = \pm 0.1 d_{km} \tag{1-89}$$

式中　d_{km}——以 km 为单位的边长。

这一限差也可记忆为：每千米 10 cm。

经验算往返测闭合差合限，则取往返测中数作高差观测值；如果超出限差，应分析原因，决定取舍或重测。

(二)附合路线闭合差验算

在导线网中，要有一些导线点用水准测量测出其高程。这样，连接两个水准高程点(或已知高程点)间的三角高程路线便是一条高程附合路线。如图 1-56 所示，A、B 为高程已知点，h_1、h_2、h_3 为三角高差。从 A 经 h_1、h_2、h_3 可推得 B 点的高程，即

$$H_{B推} = H_A + h_1 + h_2 + h_3 \tag{1-90}$$

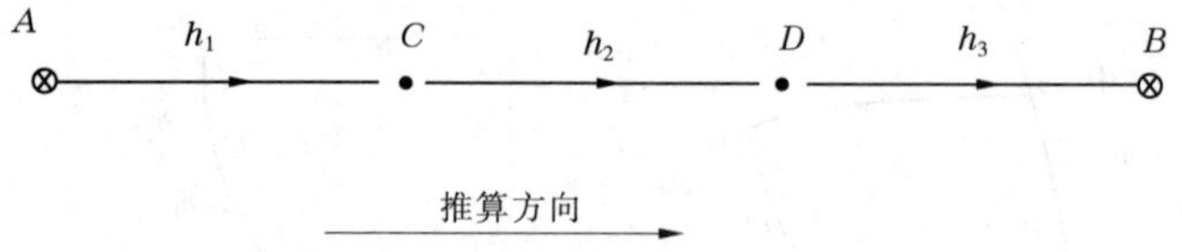

图 1-56　附合路线闭合差计算

推算得的 B 点高程应与 B 点已知高程相等。若不相等，其差值称为附合路线闭合差，即

$$W = H_A + h_1 + h_2 + h_3 - H_B \tag{1-91}$$

注意：附合路线闭合差计算前应绘制如图 1-57 所示的高差分析图。图中箭头的指向代

表往测的方向,即从往测的测站指向照准点。高差中数按式(1-92)计算。

$$h_{中} = (h_{往} - h_{返})/2 \tag{1-92}$$

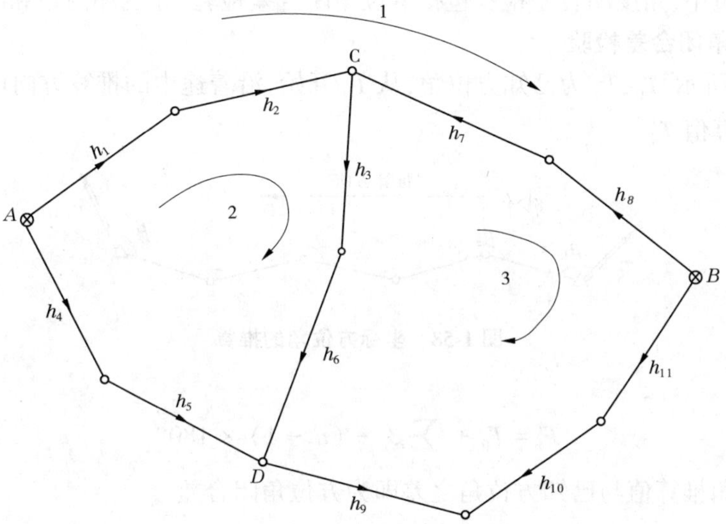

图 1-57　高差分析图

在推算高程时,箭头方向与推算方向一致时,应加上该高差,与推算方向相反时,应减去该高差。因此,闭合差公式最好写成下式:

$$W = H_A + \sum(+/-)h_i - H_B \tag{1-93}$$

例如,图 1-58 中的 A 到 B 的附合路线闭合差计算式为

$$W = H_A + h_1 + h_2 - h_7 - h_8 - H_B \tag{1-94}$$

附合路线闭合差的限差为

$$W_{限} = \pm 0.05\sqrt{[d_{km}^2]} \tag{1-95}$$

式中　d——附合路线中各水准路线长度,以 km 为单位,方括号表示取总和。

式(1-95)计算结果以 m 为单位。

(三)环线闭合差验算

如果若干条三角高差边首尾相接构成了一个环线,就该计算环线闭合差。例如在图 1-57 中,从 A 点出发,经高差边 h_1、h_2、h_3、h_6、h_5、h_4 又回到了 A 点,构成了闭合差,即

$$W = \sum(+/-)h_i \tag{1-96}$$

图 1-57 中有两个闭合环,按选定的闭合环推进方向,闭合差分别为

$$W_2 = h_1 + h_2 + h_3 + h_6 - h_5 - h_4 \tag{1-97}$$

$$W_3 = -h_7 - h_8 + h_{11} + h_{10} - h_9 - h_6 - h_3 \tag{1-98}$$

很显然,环线闭合差的限差与附合路线闭合差的限差计算公式相同,即

$$W_{限} = \pm 0.05\sqrt{[d_{km}^2]} \tag{1-99}$$

导线网的各项闭合差检验应该专门画一张检验网图,在图上进行。图上应标注已知数据和归算到高斯平面上的水平角值和边长。检验的结果数据亦标注在图上。这样做的好处是直观,一目了然,当有超限情况时,更利于分析判断。

五、导线测量角度闭合差检验

在导线测量中,角度闭合差检验包括方位角闭合差检验、导线环内角和闭合差检验。

(一)方位角闭合差检验

如图1-58所示,T_0、T_n 为已知方位角,从 T_0 开始,沿着途中的推算方向可以得到右边已知方位角的推算值 T'_n。

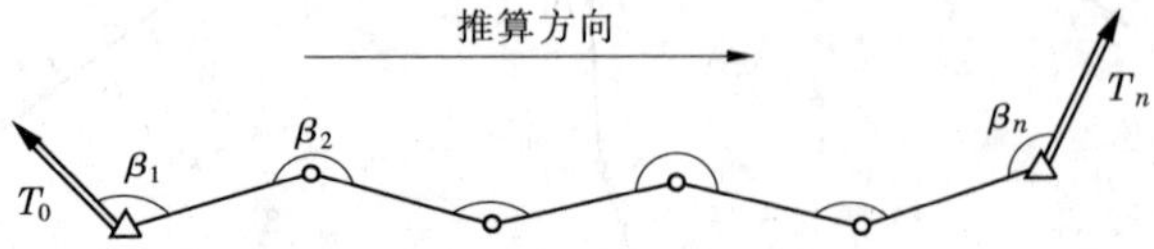

图1-58 坐标方位角的推算

$$T'_n = T_0 + \sum_{i=1}^{n} \beta_i - (n-1) \times 180° \tag{1-100}$$

于是方位角推算值与已知方位角之差即为方位角闭合差

$$W_T = T_0 + \sum_{i=1}^{n} \beta_i - (n-1) \times 180° - T_n \tag{1-101}$$

如以 m_β 表示测角中误差,已知方位角中误差为 m_T,方位角闭合差的中误差为 m_W,根据误差传播定律,以2倍中误差作方位角闭合差的限值,那么方位角闭合差限差 $W_{限}$ 为

$$W_{限} = 2m_W = 2\sqrt{nm_\beta^2 + 2m_T^2} \tag{1-102}$$

若把已知方位角看作无误差,则式(1-102)可以写为

$$W_{限} = 2\sqrt{n}\, m_\beta \tag{1-103}$$

若闭合差不大于限差,则认为合限。

(二)导线环内角和闭合差检验

若导线构成了一个闭合环,由平面几何的知识,平面 n 边形的内角和为 $(n-2)\times180°$,实测导线环内角和与理论值之差即为导线环内角和闭合差。

$$W_T = \sum_{i=1}^{n} \beta_i - (n-2) \times 180° \tag{1-104}$$

其限差为

$$W_{限} = 2\sqrt{n}\, m_\beta \tag{1-105}$$

六、导线测量坐标条件闭合差检验

(一)附合导线坐标条件闭合差检验

如图1-59所示为一附合导线,A 点(0号点)、B 点(n 号点)为已知点,由 A 点沿图中方向推算可获得 B 点的推算坐标 (x_n, y_n)。推算坐标与已知坐标之差即为坐标条件闭合差。

$$\left.\begin{aligned} W_x &= x_A + \sum_{i=1}^{n} \Delta x_i - x_B \\ W_y &= y_A + \sum_{i=1}^{n} \Delta y_i - y_B \end{aligned}\right\} \tag{1-106}$$

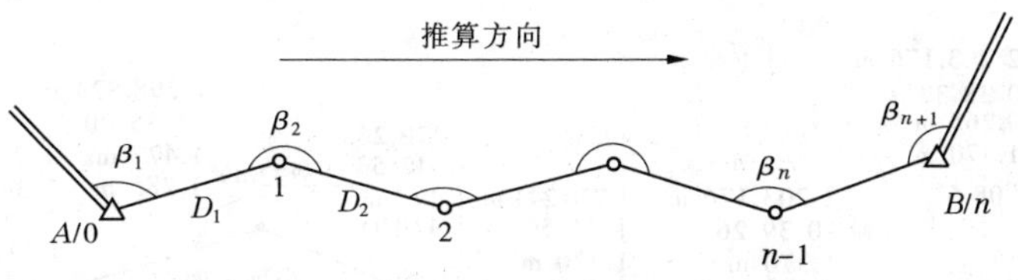

图 1-59　附合导线坐标闭合差的推算

式中，$\Delta x_i = D_i \cos T_i$；$\Delta y_i = D_i \cos T_i$。

这里 T_i 为边 D_i 的方位角。

坐标条件闭合差的限差不加推导地直接给出如下：

$$\left.\begin{aligned} m_{W_x} &= \sqrt{\sum_{i=1}^{n}(\cos^2 T_i m_{D_i}^2) + \left[\sum_{i=1}^{n}(y_n - y_i)^2\right]\frac{m_\beta^2}{\rho^2}} \\ m_{W_y} &= \sqrt{\sum_{i=1}^{n}(\sin^2 T_i m_{D_i}^2) + \left[\sum_{i=1}^{n}(x_n - x_i)^2\right]\frac{m_\beta^2}{\rho^2}} \end{aligned}\right\} \tag{1-107}$$

算出 m_{W_x}、m_{W_y} 后，取其 2 倍中误差作为闭合差的限值。

（二）闭合路线坐标条件闭合差检验

从环状导线的任一点开始沿环推算坐标增量，并回到起点，很显然，全部坐标增量之和应为零，若不为零，即为导线环闭合差。

$$\begin{aligned} W_x &= \sum_{i=1}^{n}\Delta x_i \\ W_y &= \sum_{i=1}^{n}\Delta y_i \end{aligned} \tag{1-108}$$

导线环闭合差限差的计算与附合导线同。

➤ 任务实训

一级导线测量

一、实训目的

（1）熟悉导线测量数据处理流程，明确导线概算、验算的意义及目的。

（2）掌握方向观测值、距离观测值归算到高斯平面的计算方法。

（3）掌握导线验算的内容及方法。

（4）能利用控制测量数据处理软件完成导线的概算与平差。

（5）能够对导线测量的成果进行正确的评价。

二、实训内容

如图 1-60 所示为一条四等附合导线观测略图，相应的已知数据见表 1-48，所用全站仪的测距精度为：±(2 mm±2 ppm)，所测边长已经过加常数、乘常数和温度、气压的改正，测区的高程异常 $\zeta = +38.5$ m。

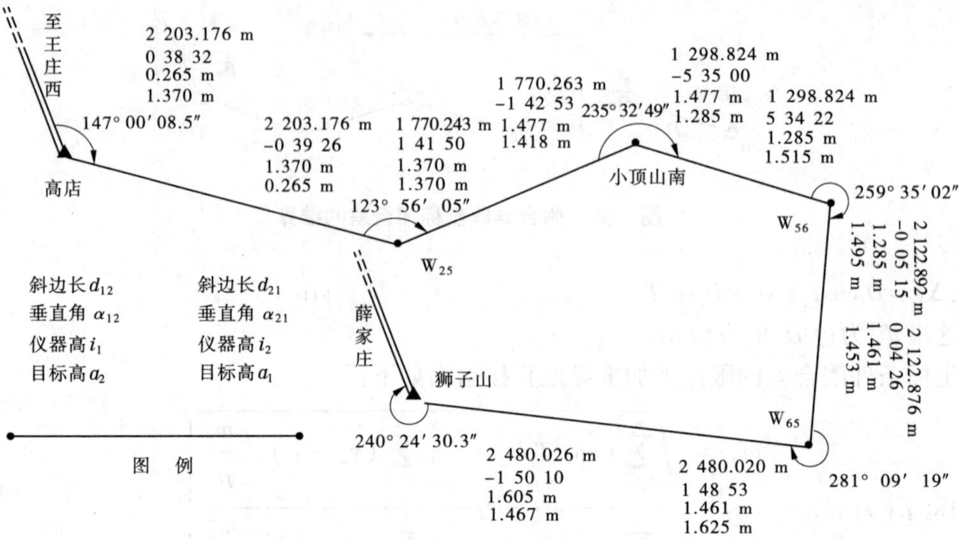

图 1-60 导线观测略图

(1)完成该条导线方向、距离的概算,体会概算的内容及其实际意义。
(2)对比概算前后方向值、距离值的差异,理解概算的目的和作用。
(3)对比规范要求,理解导线的验算内容:方位角闭合差、坐标闭合差和测角中误差。
(4)打出一份导线概算成果、平差成果和点位的精度信息。

表 1-48 已知数据表

点名	坐标			说明
	x (m)	y (m)	方位角 (° ′ ″)	
王庄西	3 816 697.421	38 409 493.713	137 49 18.8	1954 北京坐标系 测区平均纬度 $B_0=34°28'$ $\zeta=+38.5$ m
			(至高店)	
高店	3 815 255.620	38 410 800.054		
狮子山	3 814 064.576	38 412 975.234	345 27 04.4	
			(至薛家庄)	
薛家庄	3 816 005.354	38 412 471.552		

三、实训软件和资料

(1)南方平差易 PA2005 软件。
(2)清华山维 NASEW2003 平差软件。
(3)已知数据表和导线观测略图一份。

四、参考资料

(1)南方平差易 PA2005 使用说明书。
(2)清华山维 NASEW2003 使用说明书。
(3)《三、四等导线测量规范》(CH/T 2007—2001)。

五、上交资料

(1)两种软件计算的四等导线概算坐标成果各一份,对比成果一份。
(2)两种软件的平差报告各一份,对比成果一份。
(3)点位精度信息、闭合差报告各一份。
(4)平差计算总结报告一份。

项目小结

本项目主要介绍了导线测量从外业到内业的具体流程,通过各任务的学习,让学生能够结合具体的任务掌握知识点。从前期的选点、埋石,绘制点之记,到全站仪使用、全站仪的检验,再到导线外业观测具体流程和内业数据处理。通过整个项目的学习,要求学生能够独立完成导线外业点位的选择和绘制点之记,能够熟练操作全站仪进行角度、距离观测记录,最后能够根据外业观测数据计算导线坐标点数据。整个学习过程中,注重培养学生的操作技能、团队合作意识、对测绘成果的科学严谨态度。

思政小课堂

(1)通过介绍全站仪和电磁波测距仪的发展,引导学生重视高新技术应用,鼓励学生积极掌握新的科学技术以及培养创新精神的重要性。

(2)结合实际出现的实习生产中的安全事故,讲解仪器使用规章制度,进一步规范学生操作,培养学生严谨细致的职业素养。

(3)通过课前播放一些珠穆朗玛峰测量的视频,让学生认识到测绘工作在国家建设中的重要地位。

(4)通过方向观测法的作业过程,指导学生正确掌握操作规范,培养学生的团队合作精神等。

(5)通过观测成果的检核,指导学生在观测过程中要时刻具有精度的意识。

(6)从外业观测,到内业计算,培养学生细心、认真、严谨、求实的工作态度。

虚拟仿真

附合导线　　支导线　　全站仪的结构认识

全站仪的架设与安置　　方向观测法及记录计算　　测回法

习题演练

单选题　　多选题　　判断题

项目二　工程坐标系的建立与坐标转换

知识目标

1. 理解高斯正反算的目的与意义。
2. 理解坐标换带的目的及意义。
3. 理解坐标系之间坐标转换的不同方法及使用要求。

能力目标

1. 会利用软件进行高斯正反算。
2. 会利用软件进行坐标换带计算。
3. 会根据工程实际进行投影面和投影带的选择,建立工程坐标系。
4. 会利用软件进行各种坐标系之间的坐标转换及精度评定。

素质目标

1. 培养独立的思考能力。
2. 培养计算能力。

项目重点

1. 坐标系之间坐标转换的不同方法及使用要求。
2. 利用软件进行各种坐标系之间的坐标转换及精度评定。

项目难点

1. 坐标系之间坐标转换的不同方法及使用要求。
2. 根据工程实际进行投影面和投影带的选择,建立工程坐标系。

➢ 项目导航

由于长度变形的影响,国家标准 3°带坐标常常不能满足工程建设测量的需要。因而许多城市和工程建设都要建立长度变形小、满足精度要求的独立的工程坐标系。而独立的工程坐标系有时为了满足工程的需要以及与国家坐标的统一,还往往需要和国家坐标系之间,甚至不同国家坐标系之间,或者不同工程坐标系之间进行坐标的相互转换,以及不同投影带之间的坐标转换。本项目根据工程测量的特点和需要,通过任务的形式来实现各种工程坐标系的建立过程与方法,以及各种坐标系间的坐标转换实施过程。

本项目按照编排顺序设计了以下三项任务:

任务一　高斯正反算和坐标换带

任务二　工程坐标系的建立

任务三　坐标转换

任务一　高斯正反算和坐标换带

➤ 任务描述

某测区横跨东西两带 33 带和 34 带,其中已知控制点 A01、B02、C03、D04 位于 34 带内,其坐标为 1980 国家坐标,如表 2-1 所示。今因工程需要,需将其 34 带的坐标转换至相邻坐标带即 33 带中去,请利用相关工具,实现其转换。

表 2-1　某测区已知点的国家标准 3°带高斯平面直角坐标

点名	x(北坐标)	y(东坐标)	备注
A01	4 025 261.786	34 395 585.816	1980 国家坐标系 a=6 378 140 m α=1:298.257 L_0=102°
B02	4 029 497.561	34 391 420.209	
C03	4 023 543.102	34 399 729.780	
D04	4 024 214.453	34 400 374.382	

➤ 任务分析

我国大地控制网按 6°和 3°进行分带和计算,不但符合高斯投影的分带原则和计算方法,与国际惯例相一致,而且也便于大地测量成果的统一、使用和互算。但是由于统一的国家版图被分割在各条带坐标系中,这就在实际测绘生产中引起了新的问题。例如,若在跨越东西两带的邻带地区建立控制网和测图,就存在把东带地区的控制点坐标换到西带地区,或把西带地区的控制点坐标换到东带地区的问题,称作坐标换带问题,如图 2-1 所示。另外,对于工程控制测量来说,其中包括城市控制测量,既有测制更大比例尺地图的任务,又有满足各种工程建设和市政建设施工放样工作的要求。由于高斯投影的长度变形在离中央子午线较远的地区会较大,以至不满足上述要求,使得在工程实践中,人们不得不变更中央子午线。这也产生了将已知点的国家标准 3°带已知点坐标换算到自选中央子午线投影带的换带计算问题。

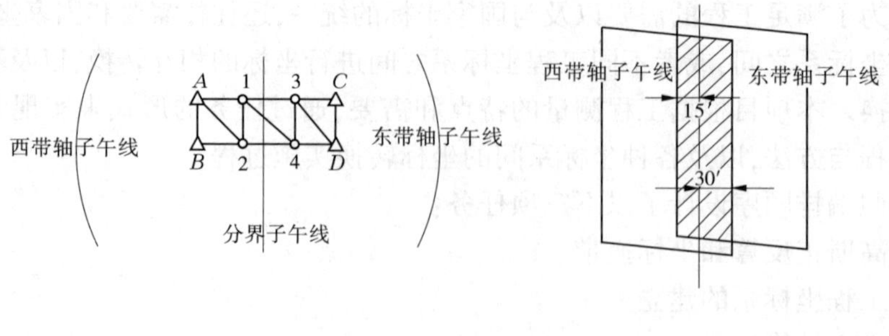

图 2-1　邻带换算

坐标换带有直接换带计算法和间接换带计算法两种。目前主要采用间接换带计算法，其换带计算的主要思想如下：

首先，根据第1带的平面坐标$(x,y)_{\mathrm{I}}$和中央子午线的经度L_0^{I}，按高斯投影坐标反算公式求得其大地坐标(B,L)，然后根据求得的大地坐标(B,L)和第2带的中央子午线经度L_0^{II}，按高斯投影坐标正算公式求得在第2带中的平面坐标$(x,y)_{\mathrm{II}}$。由于在换带计算中，把椭球面上的大地坐标作为过度坐标，因而称间接换带法。这种换带的方法理论上是严密的，精度高，而且通用性强。该方法不局限于国家标准的3°带、6°带邻带换算问题，可适用于任意中央子午线的换带。

➢ 任务流程

间接换带法计算的基本流程如下：

高斯投影反算 ⇒ 变换中央子午线 ⇒ 高斯投影正算

一、高斯投影反算

首先根据所给的第1带的高斯平面直角坐标$(x,y)_{\mathrm{I}}$和中央子午线经度L_0^{I}，通过高斯投影反算公式获得该点的大地坐标(B,L)。

高斯投影正反算

(1)高斯投影反算：$(x,y)_{\mathrm{I}} \rightarrow (B,l^{\mathrm{I}})$；

(2)求L：$L=L_0^{\mathrm{I}}+l^{\mathrm{I}}$。

二、变换中央子午线

由第一步获得的该点的大地坐标(B,L)和第2带的中央子午线经度L_0^{II}，经过变换，获得该点在第2带的坐标形式(B,l^{II})。

变换中央子午线，求得：$l^{\mathrm{II}}=L-L_0^{\mathrm{II}}$。

高斯投影换带

三、高斯投影正算

由(B,l^{II})经过高斯投影正算计算公式，求得该点在第2带的高斯平面直角坐标$(x,y)_{\mathrm{II}}$。

➢ 任务实施

以下是利用LGO软件实现其邻带坐标转换的过程。

一、新建坐标系统及项目

LGO软件主界面，点击最左边导航栏中的“管理”，选择“坐标系统”，在“内容”列表栏，选择“投影”，右击选择“新建”（见图2-2），进入“新建投影”界面（见图2-3）。

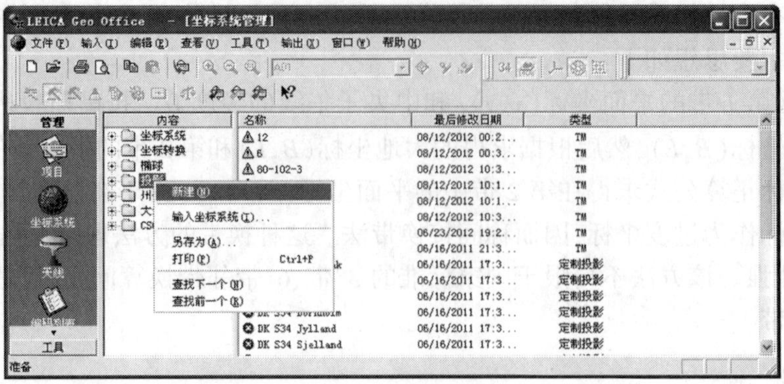

图 2-2　新建投影

“新建投影”界面,输入名称,选择投影类型:横轴墨卡托投影(TM),设定假定东坐标 500 000.0 m、中央子午线 102°、带宽等信息,点击“确定”按钮(见图 2-3),完成新建投影(Gauss-102)并显示在右边列表中。同样新建投影“Gauss-99”(见图 2-4)。中央经度为 102°和 99°的投影新建完成后,显示如图 2-5 所示。

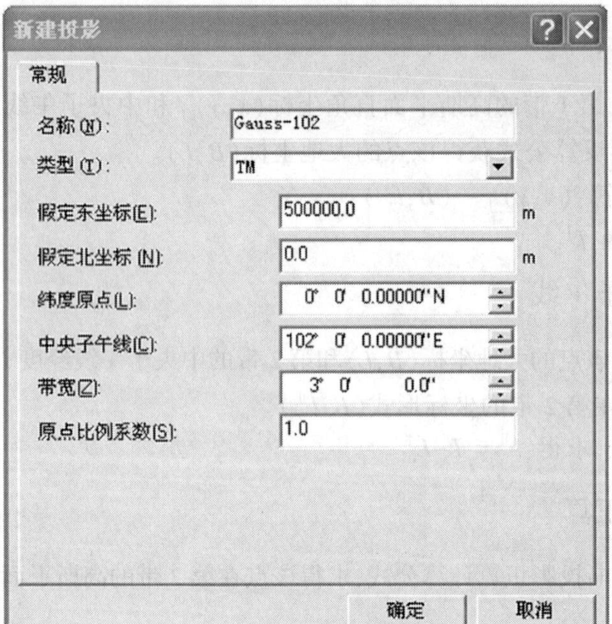

图 2-3　新建投影——中央经度 102°

在“内容”栏,选择“椭球”,右击选择“新建”(见图 2-6),进入“新建椭球”界面,输入椭球名称、长半轴和扁率,点击“确定”按钮,新建的椭球显示在最右边列表中(见图 2-7)。

在“内容”栏,选择“坐标系统”,右击选择“新建”按钮,进入“新建坐标系”界面,输入名称,从下拉框中选择新建的椭球及投影类型,点击“确定”按钮(见图 2-8、图 2-9),新建的坐标系统(Xi′an80-102 和 Xi′an80-99)显示在右边列表中(见图 2-10)。

LGO 软件界面,点击最左边导航栏中的“管理”,选择“项目”,在“内容”栏,选择“项目”,右击选择“新建”,进入“新建项目”界面,点击“常规”页面,输入项目名称,如 Xi′an80-102(见图 2-11);点击“坐标”页面,选择坐标系统,点击“确定”按钮(见图 2-12)。

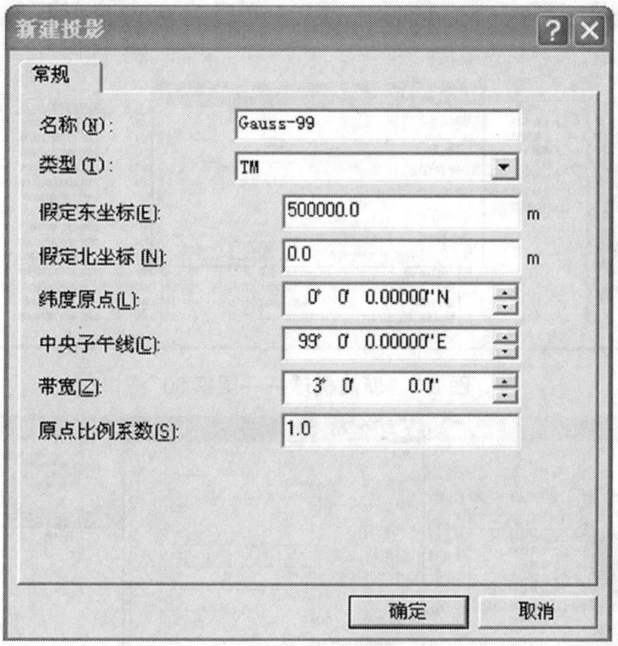

图 2-4 新建投影——中央经度 99°

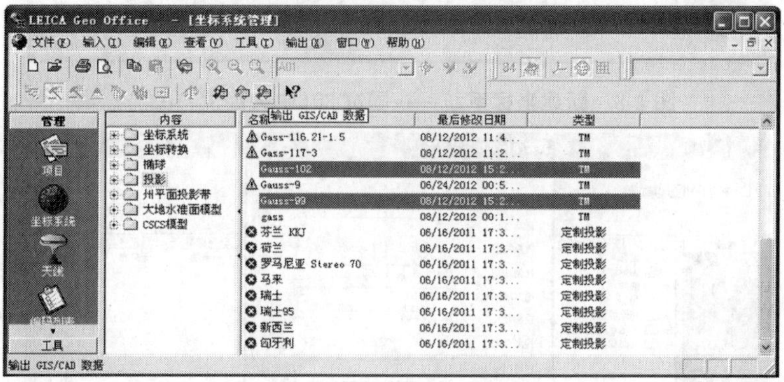

图 2-5 新建投影完成

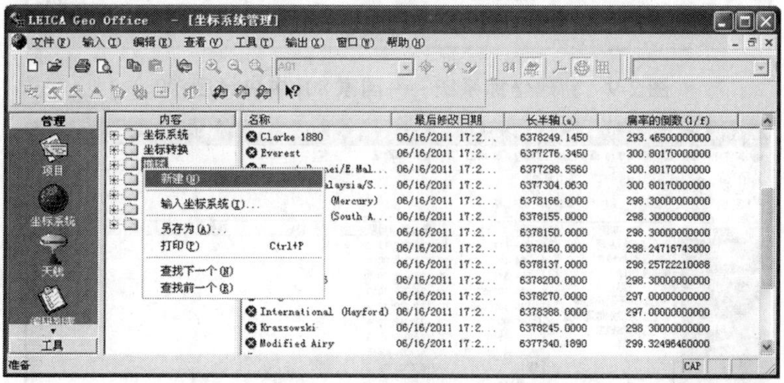

图 2-6 新建椭球

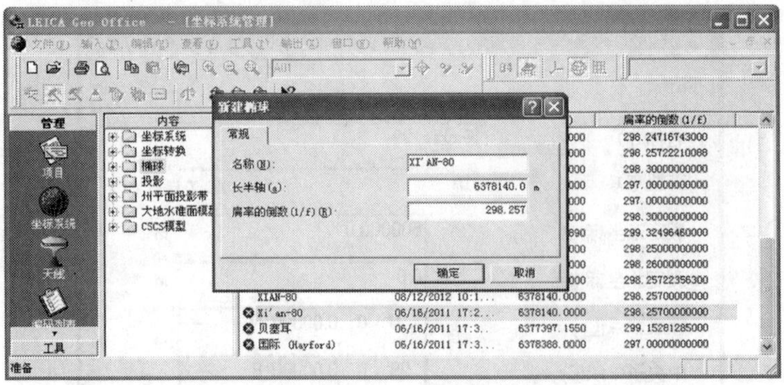

图 2-7　新建椭球——国家 80

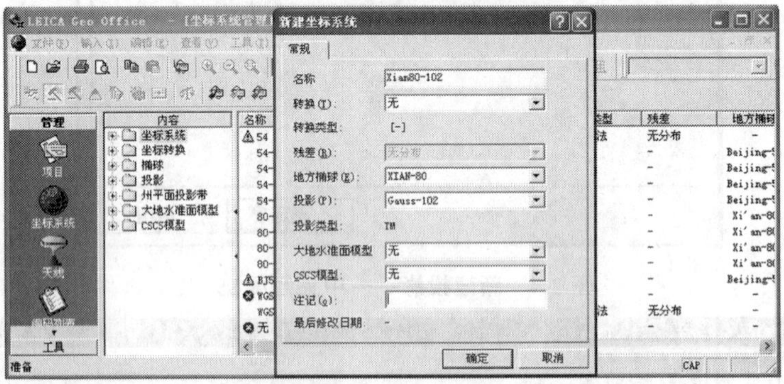

图 2-8　新建坐标系统——国家 80(中央经度:102°)

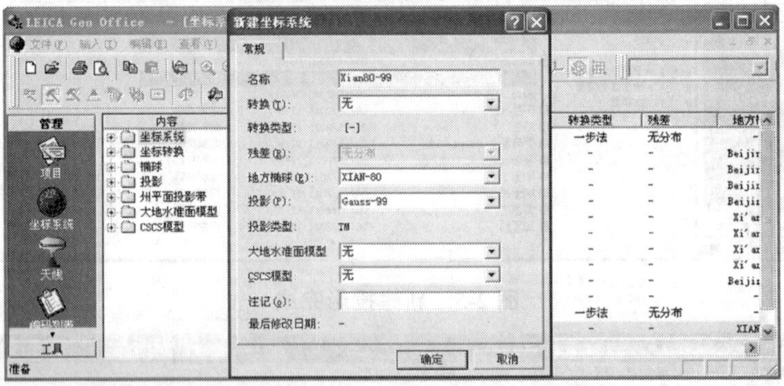

图 2-9　新建坐标系统——国家 80(中央经度:99°)

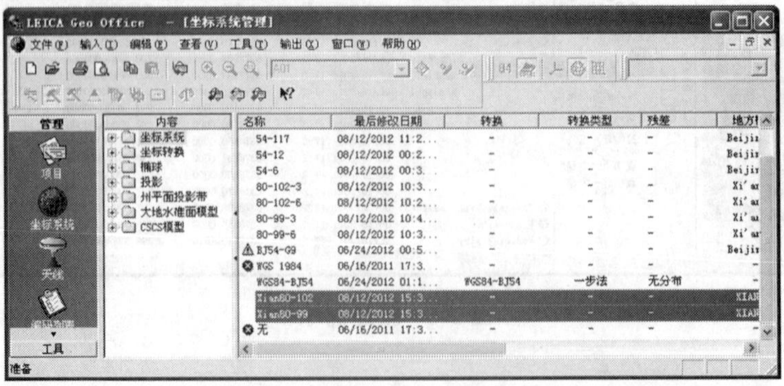

图 2-10　新建坐标系统——Xi'an80-102 与 Xi'an80-99

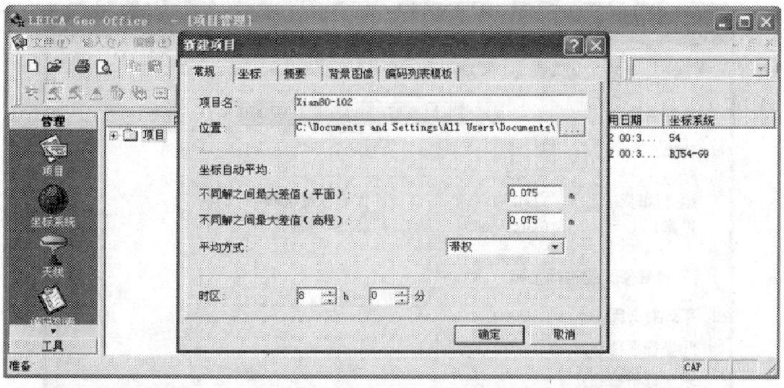

图 2-11　新建项目(Xi′an80-102)——常规

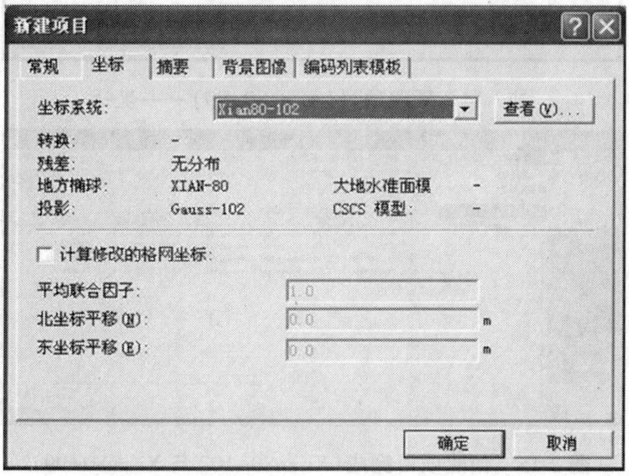

图 2-12　新建项目(Xi′an80-102)——坐标

LGO 软件界面,点击最左边导航栏中的“管理”,选择“项目”,在“内容”栏,选择“项目”,右击选择“新建”,进入“新建项目”界面,点击“常规”页面,输入项目名称,如 Xi′an80-99(见图 2-13);点击“坐标”页面,选择坐标系统,点击“确定”按钮(见图 2-14)。新建的项目 Xi′an80-102 与 Xi′an80-99 显示如图 2-15 所示。

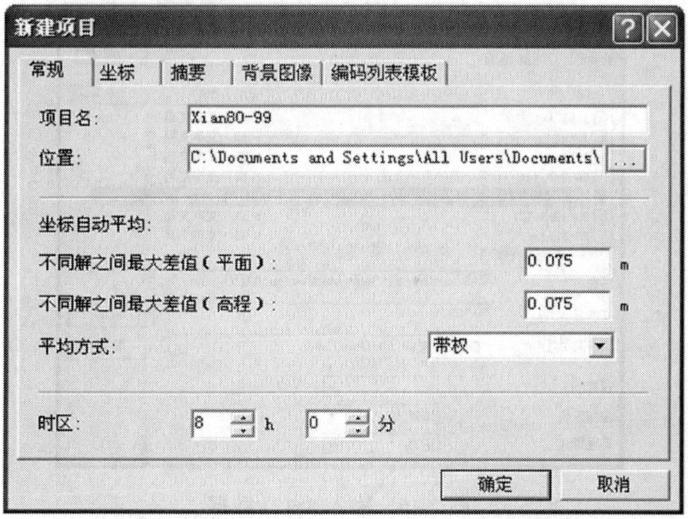

图 2-13　新建项目(Xi′an80-99)——常规

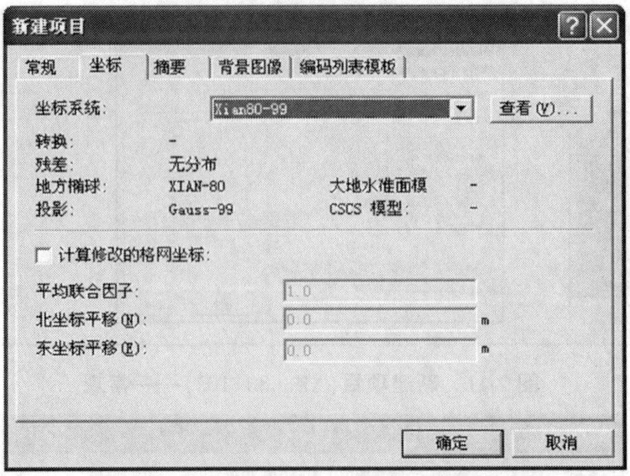

图 2-14　新建项目(Xi′an80-99)——坐标

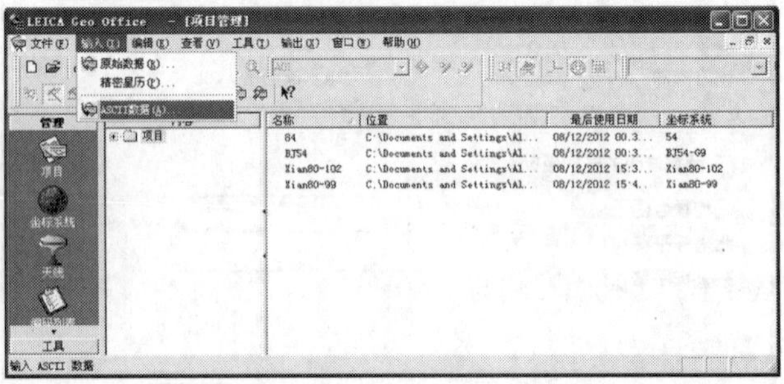

图 2-15　新建项目完成(Xi′an80-102 与 Xi′an80-99)

二、输入坐标换带的数据(中央经度:102°,x、y 平面坐标)

(1)在菜单中点击“输入”,选择“ASCII 数据”进入“输入 ASCII 数据”界面,“坐标系统”选择“地方”,“高程模式”选择“正高”,选择换带数据文件,点击“输入”(见图 2-16)进入“用户定义 ASCII 文件输入向导(步骤 1)”界面。

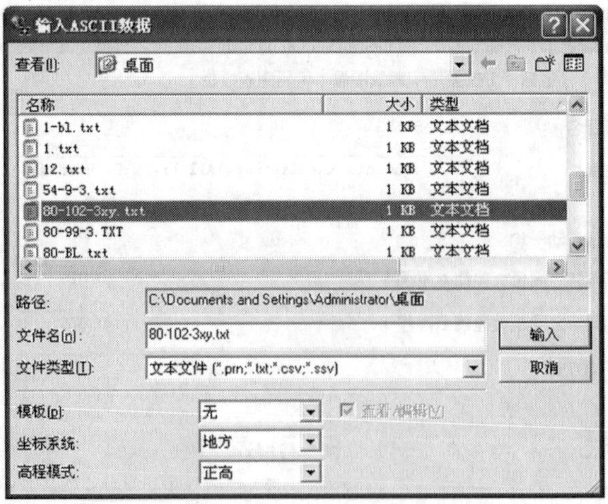

图 2-16　输入 ASCII 数据

(2)“用户定义 ASCII 文件输入向导(步骤 1/4)”界面,选择“自由”或“平面”并设置关键字后,点击“下一步”(见图 2-17)进入“用户定义 ASCII 文件输入向导(步骤 2/4)”界面(见图 2-18)。

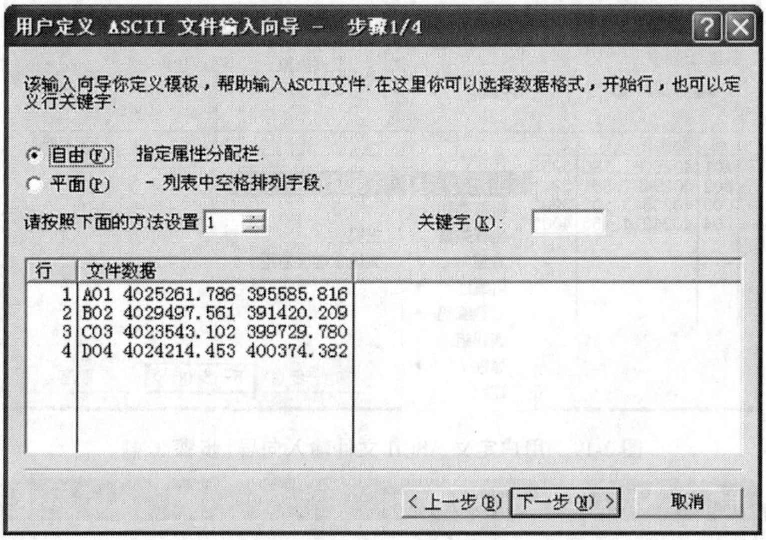

图 2-17　用户定义 ASCII 文件输入向导(步骤 1/4)

(3)“用户定义 ASCII 文件输入向导(步骤 2/4)”界面,依据文件格式,设置栏分隔符,点击“下一步”(见图 2-18),进入“用户定义 ASCII 文件输入向导(步骤 3/4)”(见图 2-19)。

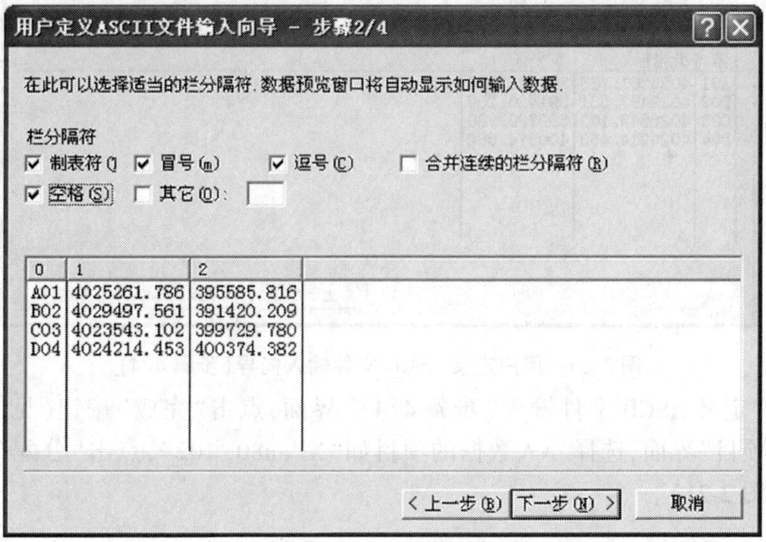

图 2-18　用户定义 ASCII 文件输入向导(步骤 2/4)

(4)设置坐标、文件类型等,右击 0,选择“点标识”,分别右击 1、2、3,选择“坐标”下的“东坐标”“北坐标”“正高”,点击“下一步”(见图 2-19),进入“用户定义 ASCII 文件输入向导(步骤 4/4)”(见图 2-20)。

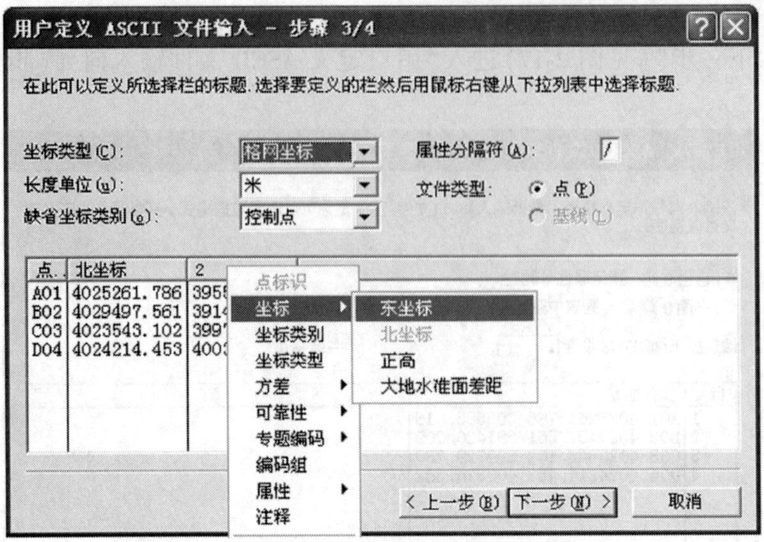

图 2-19　用户定义 ASCII 文件输入向导(步骤 3/4)

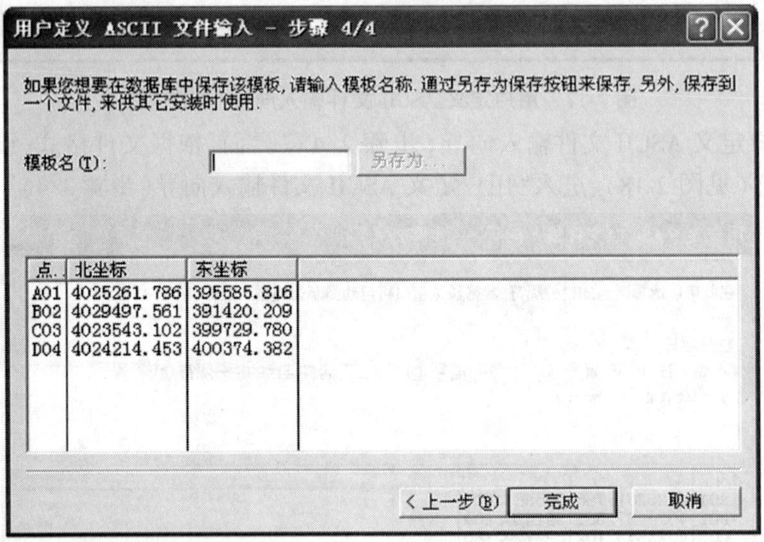

图 2-20　用户定义 ASCII 文件输入向导(步骤 4/4)

(5)"用户定义 ASCII 文件输入(步骤 4/4)"界面,点击"完成"按钮(见图 2-20),进入"分配数据到项目"界面,选择导入数据的项目如"Xi′an80-102",点击"分配",点击"关闭"按钮完成(见图 2-21)。

三、高斯反算(x、y 平面坐标转换为 B、L 大地坐标)

(1)"点"界面,勾选转换的点,点击图标和图标,将平面坐标转为大地坐标后,右击空白处选择"另存为"(见图 2-22),进入"另存为"对话框(见图 2-23)。

(2)"另存为"界面,选择路径、输入文件名、保存类型等,点击"保存"按钮(见图 2-23)。

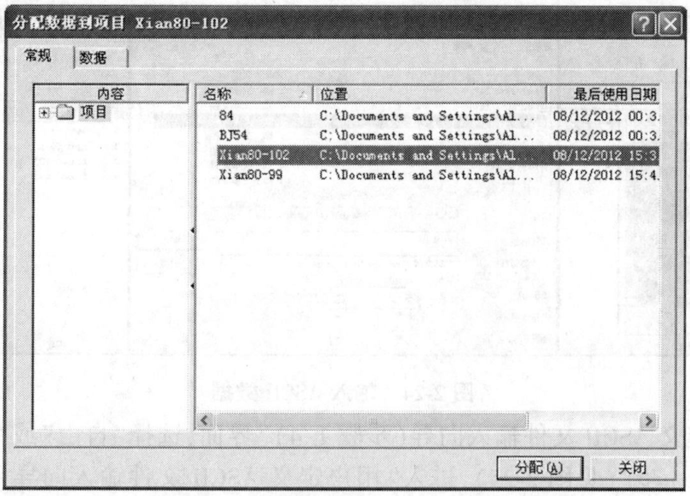

图 2-21　分配数据到项目 Xi′an80-102

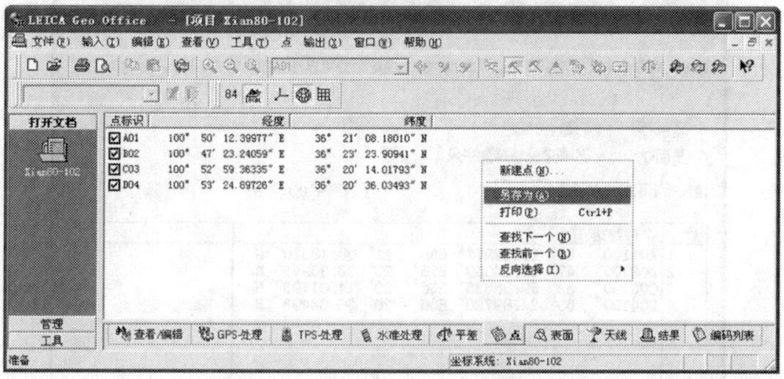

图 2-22　大地坐标另存为

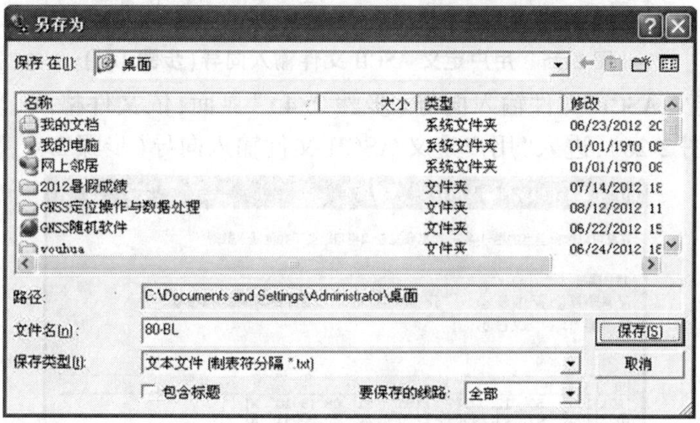

图 2-23　保存大地坐标

四、变换中央子午线[输入大地坐标(B,L)文件到目标项目(Xi′an80-99)]

(1)在图 2-24 中,点击“输入”按钮,选择“ASCII 数据”,进入“输入 ASCII 数据”界面,“坐标系统”选择“地方”,“高程模式”选择“正高”,选择大地坐标数据,点击“输入”按钮(见图 2-24),进入“用户定义 ASCII 文件输入向导(步骤 1)”界面(见图 2-25)。

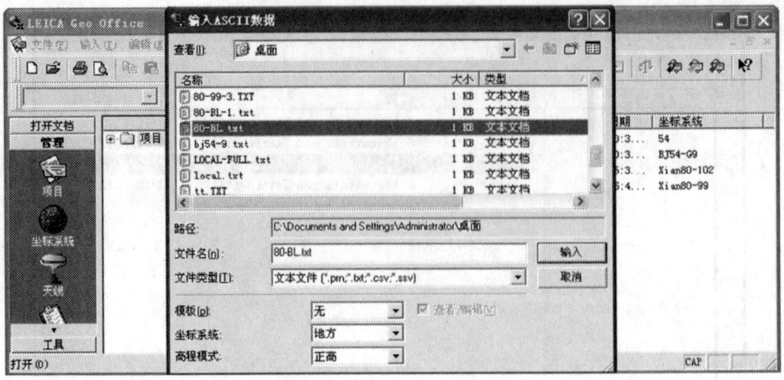

图 2-24　输入 ASCII 数据

(2)“用户定义 ASCII 文件输入向导(步骤 1/4)”界面,选择“自由”或“平面”,并设置关键字后,点击“下一步”(见图 2-25),进入“用户定义 ASCII 文件输入向导(步骤 2/4)”界面(见图 2-26)。

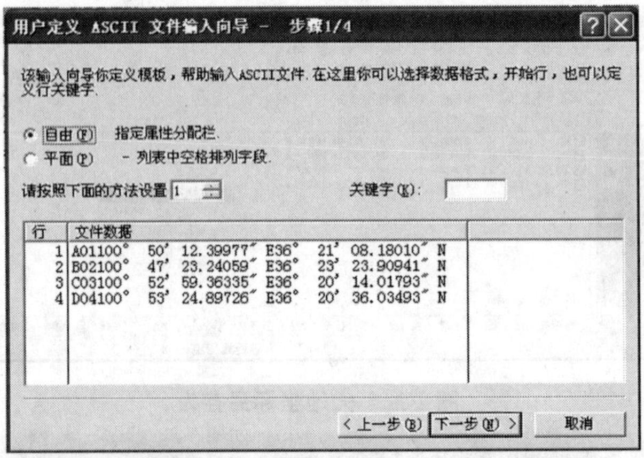

图 2-25　用户定义 ASCII 文件输入向导(步骤 1/4)

(3)“用户定义 ASCII 文件输入向导(步骤 2/4)”界面,依文件格式,设置栏分隔符,点击“下一步”(见图 2-26),进入“用户定义 ASCII 文件输入向导(步骤 3/4)”(见图 2-27)。

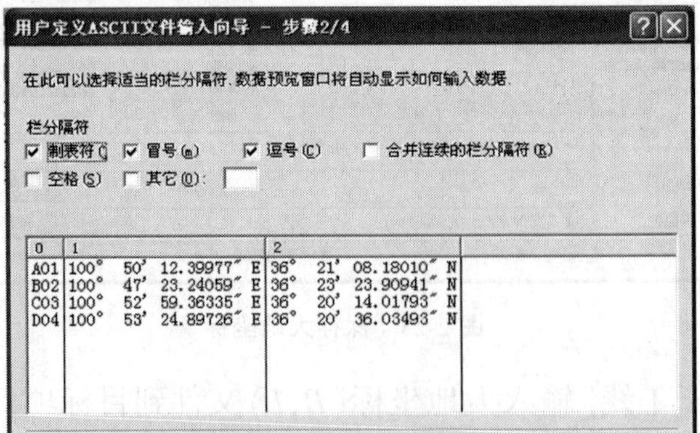

图 2-26　用户定义 ASCII 文件输入向导(步骤 2/4)

(4)“用户定义 ASCII 文件输入向导(步骤 3/4)”界面,设置坐标类型(大地坐标)、长度单位、坐标类别、属性分隔符及文件类型，右击0，选择“点标识”，分别右击1、2、3，选择“坐标”缺省下的“经度”“纬度”，点击“下一步”（见图2-27），进入“用户定义ASCII文件输入向导（步骤4）”，点击“完成”按钮（见图2-28），进入“分配数据到项目”（见图2-29）。

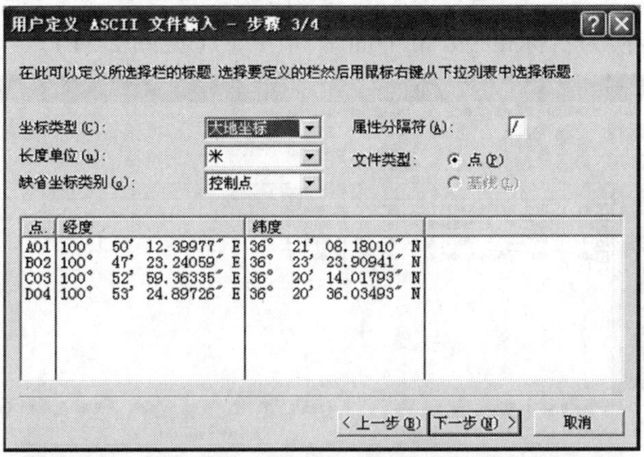

图2-27 用户定义ASCII文件输入向导（步骤3/4）

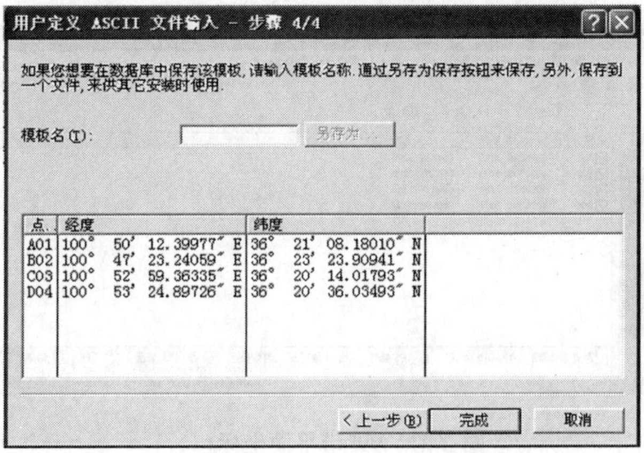

图2-28 用户定义ASCII文件输入向导（步骤4/4）

（5）“分配数据到项目”界面，选择导入数据的项目如“Xi'an80-99”，点击“分配”按钮，点击“关闭”按钮完成（见图2-29）。

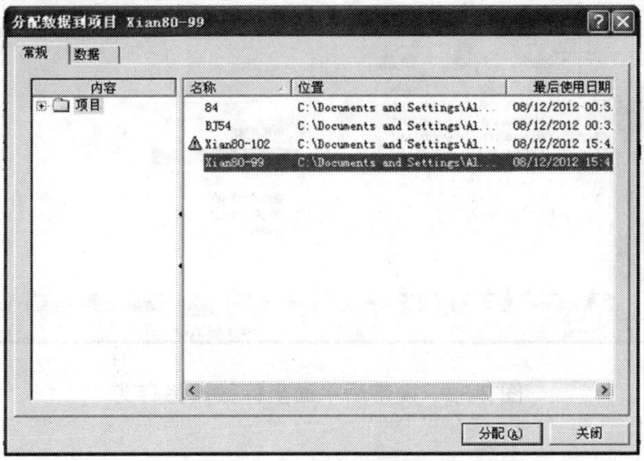

图2-29 分配数据到项目

五、高斯正算(转换大地坐标 B、L 到目标带平面坐标 x、y)

(1)双击项目“Xi′an80−99”进入(见图 2-30),点击“点”页面,勾选要转换的点,点击和图标,将 B、L 转换为目标带 99°带平面坐标(x、y)(见图 2-31)。

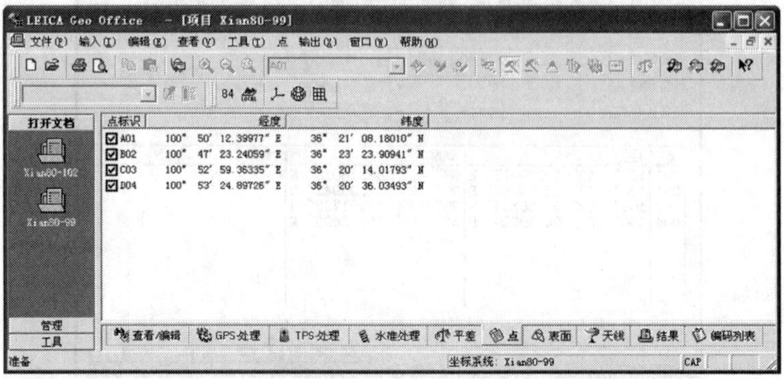

图 2-30 经纬度坐标(目标项目:Xi′an80−99)

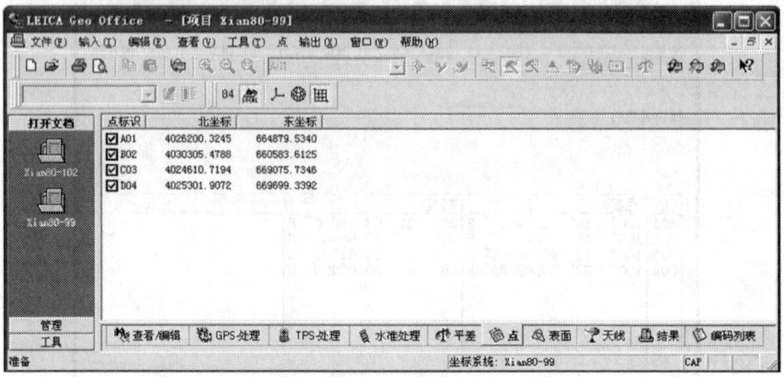

图 2-31 99°带平面坐标(x,y)

(2)空白处右击选择“另存为”(见图 2-32),进入“另存为”对话框,选择路径、保存类型,输入文件名,点击“保存”按钮(见图 2-33)。

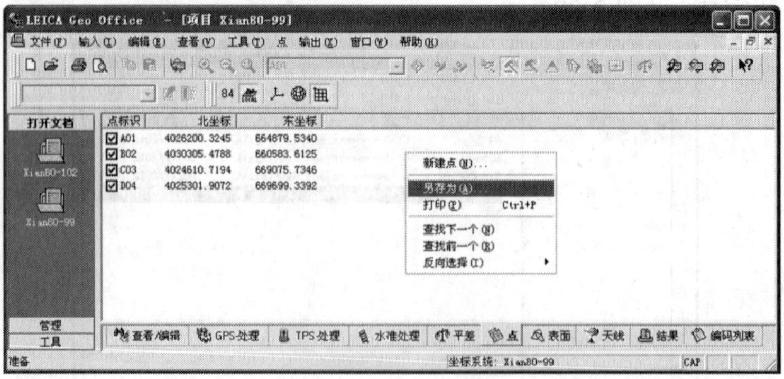

图 2-32 换带后平面坐标数据另存为

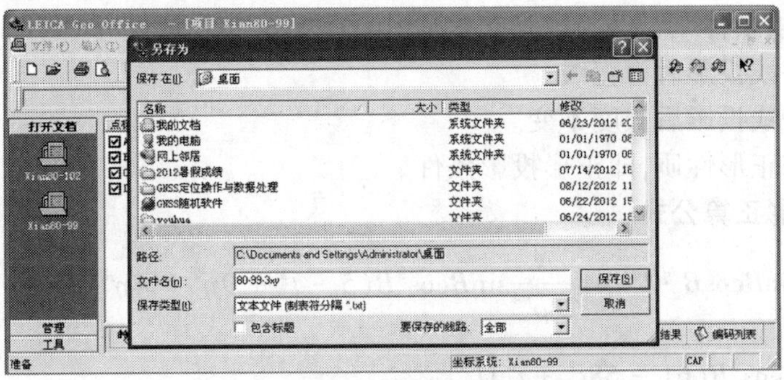

图 2-33　保存换带后平面坐标数据

六、转换后的坐标

转换后的坐标如表 2-2 所示。

表 2-2　转换后的 1980 国家坐标系

点名	x(北坐标)	y(东坐标)	备注
A01	4 026 200. 324 5	664 879. 534 0	1980 国家坐标系 a=6 378 140 m α=1∶298. 257 L_0=99°
B02	4 030 305. 478 8	660 583. 612 5	
C03	4 024 610. 719 4	669 075. 734 6	
D04	4 025 301. 907 2	669 699. 339 2	

➤ 知识点

一、地图投影

将椭球面上的大地坐标、大地线的方向和长度、大地方位角按照一定的数学法则化算到平面上，即是地图投影。研究这个问题的专门学科叫地图投影学。这里所说的“一定的数学法则”，可以用下面的方程式表示：

$$\left.\begin{aligned} x &= F_1(B,L) \\ y &= F_2(B,L) \end{aligned}\right\} \tag{2-1}$$

式中　B,L——椭球面上某一点的大地坐标；

x,y——该点投影后在平面上的直角坐标。这里所说的平面，通常叫投影平面。

式(2-1)叫作坐标投影公式。它表示椭球面上某一点与投影平面上对应点之间的解析关系。按不同的特定条件可以确定不同的函数形式 F_1、F_2，就有不同的投影。也就是说，一旦函数形式 F_1、F_2 确定下来，椭球面上各点的大地坐标和投影平面上各对应点的直角坐标就被一一确定，那么，点间的方向和长度也就确定了。

二、高斯投影坐标正算公式

(一) 高斯投影正算

已知椭球面上某点的大地坐标(B,L)，求该点在高斯投影平面上的直角坐标(x,y)的计算，即($B,L\Rightarrow x$,y)。

(二)投影变换条件

(1)中央子午线投影后为直线。

(2)中央子午线投影后长度不变。

(3)投影具有正形性质,即正形投影条件。

(三)高斯投影正算公式

$$\left.\begin{aligned} x &= X_0^B + \frac{N}{2\rho''^2}\sin B\cos B \cdot l''^2 + \frac{N}{24\rho''^4}\sin B\cos^3 B(5 - t^2 + 9\eta^2 + 4\eta^4)l''^4 + \\ &\quad \frac{N}{720\rho''^6}\sin B\cos^5 B(61 - 58t^2 + t^4)l''^6 \\ y &= \frac{N}{\rho''}\cos B \cdot l'' + \frac{N}{6\rho''^3}\cos^3 B(1 - t^2 + \eta^2)l''^3 + \frac{N}{120\rho''^5}\cos^5 B(5 - 18t^2 + t^4 + 14\eta^2 - 58\eta^2 t^2)l''^5 \end{aligned}\right\} \tag{2-2}$$

式中　X_0^B——中央子午线上纬度为 B 处的 x 坐标,或计算点至赤道的子午线弧长。

三、高斯投影坐标反算公式

(一)高斯投影反算

已知高斯投影平面上的直角坐标(x,y),求该点在椭球面上某点的大地坐标(B,L)的计算,即$(x,y\Rightarrow B,\mathrm{L})$。

(二)投影变换条件

(1)x 坐标轴投影后成中央子午线,是投影的对称轴。

(2)x 轴上的长度投影前后保持不变。

(3)投影具有正形性质,即正形投影条件。

(三)反算的目的

我国各级大地网的计算,一般都是在高斯投影平面上进行的,只能得出平面直角坐标(x,y)。而天文大地网整体平差,是在椭球面上进行的,这就需要由(x,y)反算大地坐标(B,L)。此外,大地坐标在国防建设中也有重要作用,如长距离两点间的方位和距离计算等。

在国家控制网中的拉普拉斯点上,由平面坐标算出大地坐标后,才能把天文方位角化算为大地方位角。同时,若将大地坐标与天文坐标相比较,可以得到垂线偏差,这样才能将地面观测值归算至椭球面上。

高斯正、反算可以互相来进行检核,以检查计算过程中的错误。

(四)高斯投影反算公式

$$\left.\begin{aligned} B &= B_f - \frac{t_f}{2M_f N_f}y^2 + \frac{t_f}{24M_f N_f^3}(5 + 3t_f^2 + \eta_f^2 - 9\eta_f^2 t_f^2)\,y^4 - \\ &\quad \frac{t_f}{720M_f N_f^5}y(61 + 90t_f^2 + 45t_f^4)\,y^6 \\ l &= \frac{y}{N_f\cos B_f} - \frac{y^3}{6N_f^3\cos B_f}(1 + 2t_f^2 + \eta_f^2) + \\ &\quad \frac{y^5}{120N_f^5\cos B_f}(5 + 28t_f^2 + 24t_f^4 + 6\eta_f^2 + 8\eta_f^2 t_f^2) \end{aligned}\right\} \tag{2-3}$$

式中，$l = L - L_0$。

注意：式(2-3)计算出的 l 以弧度为单位。式中 M_f 是子午圈曲率半径，B_f 为底点纬度，也叫垂足纬度，是将 $X(x=X)$ 反求出的纬度，如图 2-34 所示，式中下标为 f 的量都表示该量是底点纬度 B_f 的函数。

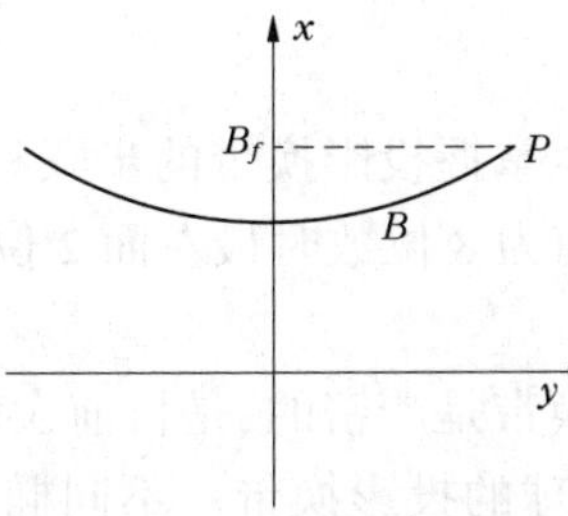

图 2-34　高斯平面上的纬线和垂足纬度

实训案例

坐标换带

一、实训目的

(1)理解邻带换算的步骤及作业过程。

(2)会利用软件实现坐标邻带换算。

二、实训内容

3°分带内 P 点的 1980 国家平面坐标为 $x_1 = 3\ 816\ 697.421$ m、$y_1 = 38\ 409\ 493.713$ m，请计算：

(1)P 点的大地坐标。

(2)将 P 点转换到 3°分带的第 39 带。

(3)将 P 点转换到 6°分带的第 19 带。

(4)将 P 点转换到任意带，中央子午线为 113°30′。

三、上机软件

LGO 软件、Coord4.0 坐标转换软件或南方 PA2005 软件。

四、参考资料

LGO 软件、Coord4.0 坐标转换软件或南方 PA2005 软件的使用说明。

五、注意事项

(1)国家坐标系统对应的椭球及参数。

(2)椭球参数输入或选用的正确性。

(3)投影参数输入或选用的正确性。

(4)度、分、秒输入格式。

(5)数据输入、输出文件格式。

六、上交资料

转换后各坐标。

七、案例小结

独立完成本案例,能够帮助学生掌握投影换带的步骤和流程。换带计算时,带号一般在点成果 y 坐标里,当 y 坐标小数点前为 8 位数时最左面 2 位就是带号,所以同学们一定要注意看 y 坐标。

投影换带方法中,间接法投影换带是严密的,是目前大多数采用的方法。投影换带可以分为不同椭球的投影换带与同一椭球的投影换带。不同椭球的投影换带经坐标转换后,就变成了同一椭球的投影换带,这也就是需要学习同一椭球的投影换带的原因所在。

任务二 工程坐标系的建立

工程坐标系的建立

➤ 案例描述

某测区有 2 个已知点(坐标见表 2-3),平面坐标采用 1954 北京坐标系,高程为 1956 黄海高程系统,测区距离中央子午线 114°为-91~-87 km,测区平均正常高程约为 210 m,高程异常约为 38 m,两项投影变形的综合影响在 $\frac{1}{15\ 500}$ ~ $\frac{1}{18\ 000}$,不能满足长度变形值小于 2.5 cm/km,即相对变形值不满足 1/4 万的工程施工需要,试根据工程需要和所给数据,选择合适的中央子午线和抵偿高程面,建立满足要求的工程坐标系。

表 2-3 某测区已知点的国家标准 3°带高斯平面直角坐标

点名	x	y	$h_{常}$
1. 王庄西	3 816 697.421	38 409 493.713	295.665
2. 狮子山	3 814 064.576	38 412 975.234	231.905

➤ 任务分析

在控制测量计算中,有两项投影计算会引起长度变形:一个是地面水平边长投影到参考椭球面,使边长变短;一个是参考椭球面边长投影到高斯平面上,使边长变长。由于以上两项的原因,国家标准 3°带坐标常常不能满足城市建设和工程建设测量的需要。因而需要建立长度变形小、满足精度要求的工程坐标系。

工程测量控制网不仅应作为大比例尺地形图的控制基础,还应作为城市建设和各种工程建设施工放样测设数据的依据,为了便于施工放样工作的顺利进行,要求由控制点坐标直接反算的边长与实地量得的边长,在数值上尽量相等。也就是说,由上述两项投影改正而带来的长度变形($\Delta S=\Delta S_1+\Delta S_2$)不得超过施工放样的精度要求。正是基于此项考虑,根据工程地理位置和平均高程的大小，工程坐标系可以采用下述三种坐标系统方案：

(1)当长度变形值不大于2.5 cm/km，可直接采用高斯正形投影的国家统一3°带平面直角坐标系统。

(2)当长度变形值大于2.5 cm/km时，可采用：

①投影于参考椭球面上的高斯正形投影任意带平面直角坐标系统。这种类型通常采用高斯投影计算方法，将独立坐标变换到相应椭球的国家平面坐标。

②投影于抵偿高程面上的高斯正形投影假3°带平面直角坐标系统。

③投影于抵偿高程面上的高斯正形投影任意带平面直角坐标系统。

②、③这两种类型通常采用椭球变换法或比例缩放法进行变换。

a. 椭球变换法

在不改变扁率(偏心率)的前提下，改变椭球的长半轴，使改变后的椭球面与区域平均高程面重合，然后在改变参数后的椭球基础上进行投影。

椭球变换法通过改变椭球参数来确定新椭球面，换算后坐标值具有唯一值，适用换算区域范围更大，精度较高，但是，换算后坐标值与原坐标值相差较大，不便于展到原坐标地形图上。

b. 比例缩放法

比例缩放法1：通常在一定的精度和范围内进行不同投影归算面的坐标换算，可视为是长度元素进行一次按比例的缩放。

比例缩放法2：在测区中央选择一个中心点，保持其他各点与中心点的方位不变，对各点与中心点的距离乘以一个变形系数K后得到零变形距离，然后根据零变形距离与方位角计算各点的坐标改正量，从而得到各点的新坐标。

比例缩放法适用在小区域范围，算法上只考虑两个投影归算面简单近似的平面缩放关系，没有考虑由于归算面的变化而产生的椭球面变化问题。而且需要选择一个重合点，选择不同重合点换算后坐标也会有差异。其优点为换算后坐标值与原坐标值较接近，便于展到原地形图上。

(3)面积小于25 km^2的小测区工程项目，可不经投影采用平面直角坐标系统在平面上直接计算。

上述的(1)、(3)两种方案无须赘言。第(2)种方案中的①、②包含在③中。本例中，采用第(2)种方案中的③建立工程坐标系。

➤ 任务流程

以下以典型的建立“投影于抵偿高程面上的高斯正形投影任意带平面直角坐标系统”为例，采用比例缩放法说明其建立流程。

任意带高斯正形坐标系的建立

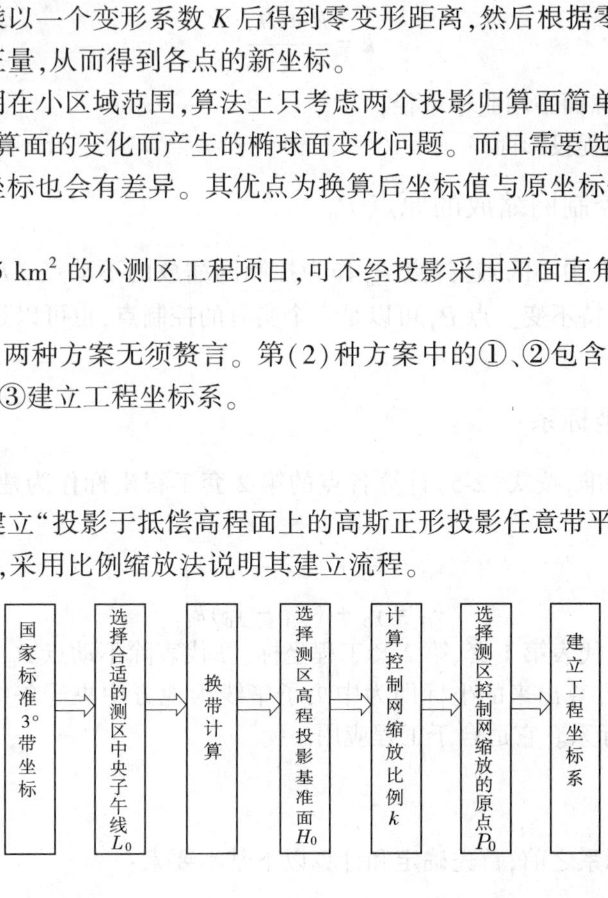

一、国家标准 3°带坐标

在国家标准 3°带内建立控制网,获得所有控制点的国家标准 3°带坐标(x,y)。

二、选择合适的测区中央子午线 L_0

在测区内或测区附近选择一条子午线作中央子午线。中央子午线一般常常选择在测区的中央或中央附近。例如,河南某地某项工程坐标系中央子午线取作 112°30′,某区域的工程坐标系中央子午线取作 115°25′。

三、换带计算

将所有控制点的国家标准 3°带坐标通过高斯反、正投影计算,换算成中央子午线为 L_0 的工程坐标系内的第 1 套坐标$(x,y)_{\mathrm{I}}$。

四、选择测区高程投影基准面 H_0

高程投影基准面 H_0 一般选测区平均高程面 H_m 或者比测区平均高程面稍低一点的面,应结合测区地形起伏分布综合考虑选取。H_0 取整至 10 m。

五、计算控制网缩放比例 k

$$k = \frac{R + H_0}{R} \tag{2-4}$$

式中 R——当地椭球面平均曲率半径;
H_0——所选高程投影面。

六、选择测区控制网缩放的原点 P_0

在测区内(最好在中心区)选择点 P_0 作为控制网缩放的不动点。P_0 点的坐标(x_0,y_0)在控制网缩放前后保持不变。点 P_0 可以是一个实有的控制点,也可以是一个人为取定的坐标点。

七、建立工程坐标系

以测区原点为基准,按式(2-5)计算各点的第 2 套工程坐标作为建立的工程坐标系坐标:

$$\left.\begin{aligned} x_{i2} &= x_0 + (x_{i1} - x_0)k \\ y_{i2} &= y_0 + (y_{i1} - y_0)k \end{aligned}\right\} \tag{2-5}$$

式中的下标 1、2 分别代表第 1 套、第 2 套工程坐标。i 代表除不动点 P_0 以外的所有点,包括已知点。由式(2-5)计算出来的坐标即为中央子午线为地方中央子午线 L_0,高程投影面为 H_0 的第 2 套工程坐标系。它适合于工程应用。

➤ 任务实施

在建立工程坐标系之前,首先确定和计算以下基本要素:

(1)在1954北京坐标系内,首先经平差计算得到所有控制点的国家标准3°带坐标,见表2-4。

表2-4　某测区控制点的国家标准3°带高斯平面直角坐标

点名	x	y	$H_{常}$
1. 王庄西	3 816 697.421	38 409 493.713	295.665
2. 狮子山	3 814 064.576	38 412 975.234	231.905
3. 五羊碑	3 815 406.741	38 409 023.622	283.302
4. 孤堆坡	3 813 244.499	38 410 114.025	193.133
5. 薛家庄	3 816 005.354	38 412 471.552	252.473
6. 五交公司	3 815 255.620	38 410 800.054	205.696

本坐标为1954北京坐标系国家标准3°带第38带坐标,高程为1956黄海高程系统。

(2)选择合适的测区中央子午线L_0。根据工程勘测提供的测区1:10 000地形图,确定测区地方带工程坐标系统的中央子午线经度采用113°。

(3)选择测区高程投影基准面H_0。

测区平均正常高程约为210 m。需要注意的是,这里的平均高程并不等于控制点高程平均值,因控制点常常在高处,因而控制点的高程平均值常常高于测区实际高程平均值。考虑测区高程异常约为38 m,故选取大地高H_0为240 m的高程面作为投影基准面。

(4)计算控制网的缩放比例k。

根据测区平均纬度34°27′和选取的H_0,计算得到当地椭球面的平均曲率半径R和控制网缩放比例k如下:

$$R = 6\ 370\ 307$$

$$k = \frac{R + H_0}{R} = \frac{6\ 370\ 307 + 240}{6\ 370\ 307} = 1.000\ 037\ 675$$

(5)选择测区控制网缩放的原点。

因为点“五交公司”基本位于测区中央,故选择点“五交公司”作为控制网缩放的不动点P_0。

以下是利用LGO软件实现其工程坐标系建立的过程。

一、建立国家标准3°带1954北京坐标系及新项目

(1)LGO软件界面,点击最左边导航栏中的“管理”,选择“坐标系统”,在“内容”栏,选择“投影”,右击选择“新建”(见图2-35)进入“新建投影”界面(见图2-36)。

(2)“新建投影”界面,输入名称,选择投影类型:横轴墨卡托投影(TM),设定假定东坐标:500 km,中央子午线,带宽等信息,点击“确定”按钮(见图2-36),完成新建投影并显示在右边列表中。

(3)在“内容”栏,选择“椭球”,右击选择“新建”(见图2-37)进入“新建椭球”界面,输入椭球名称、长半轴和扁率,点击“确定”按钮,新建的椭球显示在最右边列表中(见图2-38)。

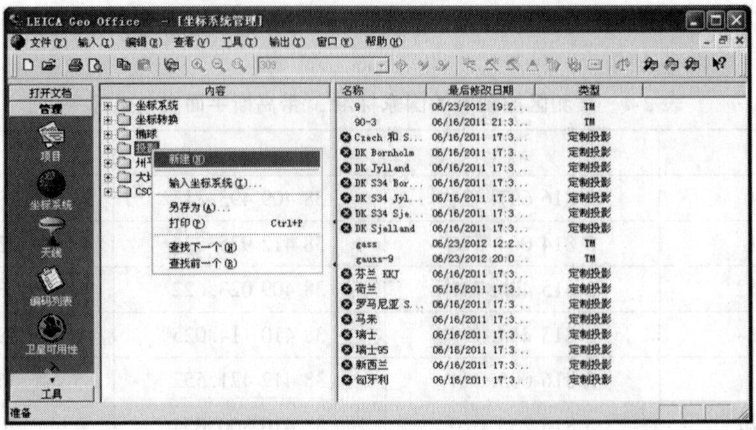

图 2-35 新建投影

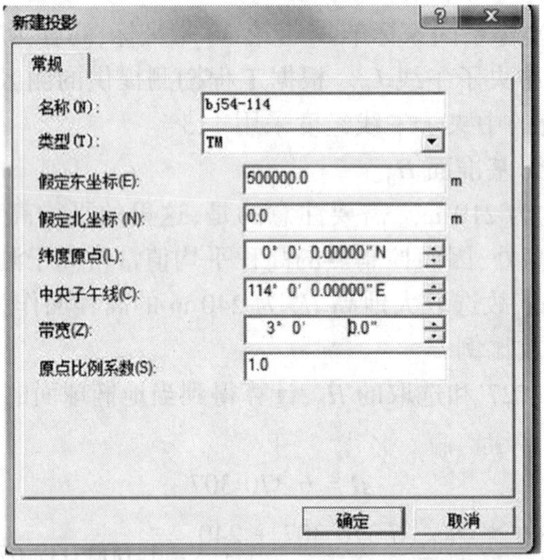

图 2-36 新建投影——高斯投影 114°带

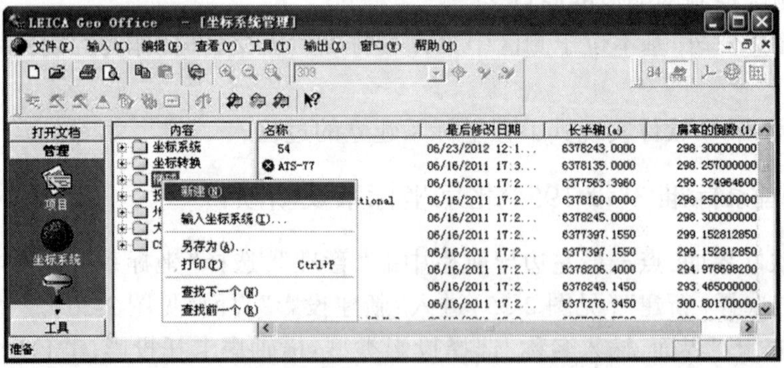

图 2-37 新建椭球(一)

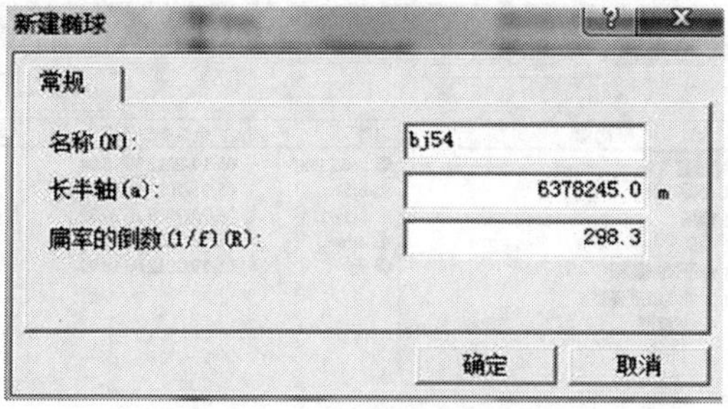

图 2-38　新建椭球(二)

(4)在“内容”栏,选择“坐标系统”,右击选择“新建”(见图 2-39)进入“新建坐标系统”界面(见图 2-40)。

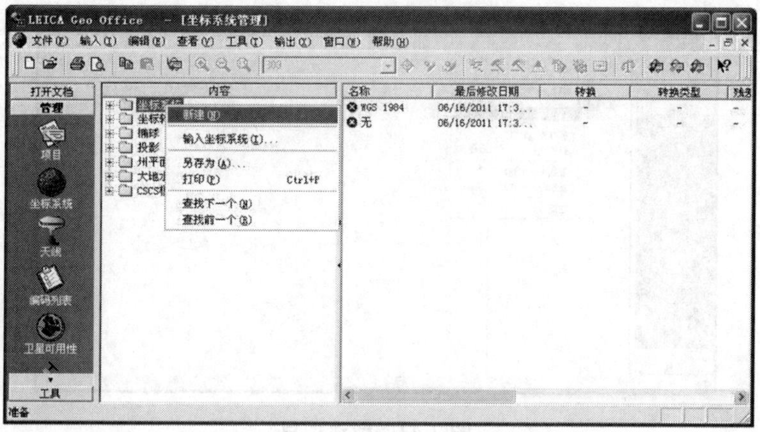

图 2-39　新建坐标系统(一)

(5)“新建坐标系统”界面,输入名称,从下拉框中选择新建的椭球及投影类型,点击“确定”按钮(见图 2-40),新建的坐标系统显示在右边列表中(见图 2-41)。

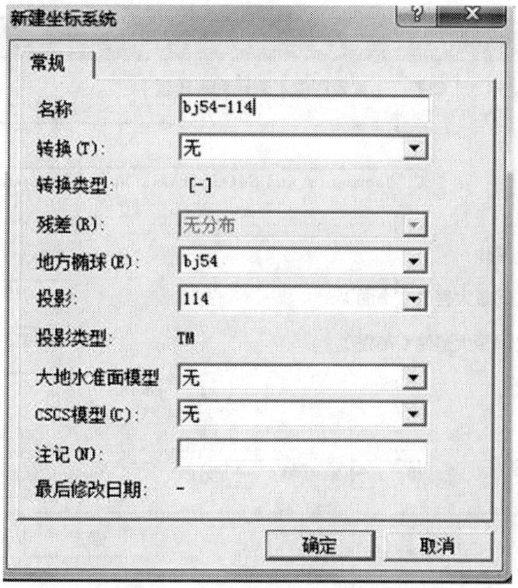

图 2-40　新建坐标系统(二)

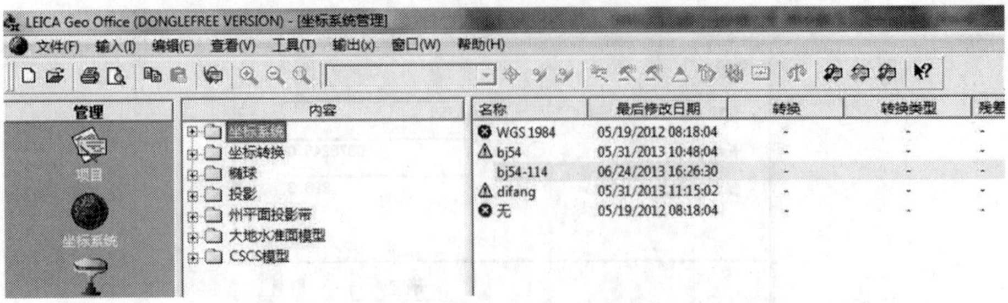

图 2-41　新建坐标系统完成

(6) LGO 软件界面,点击最左边导航栏中的“管理”,选择“项目”,在“内容”栏,选择“项目”,右击选择“新建”(见图 2-42)进入“新建项目”界面(见图 2-43)。

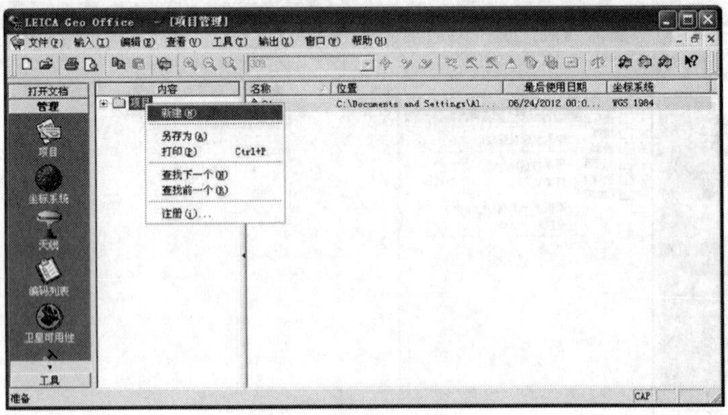

图 2-42　新建项目

(7)“新建项目”界面,点击“常规”页面,输入项目名称(见图 2-43);点击“坐标”页面,选择坐标系统,点击“确定”按钮(见图 2-44)。新建的项目(bj54)显示在右边列表中(见图 2-45)。

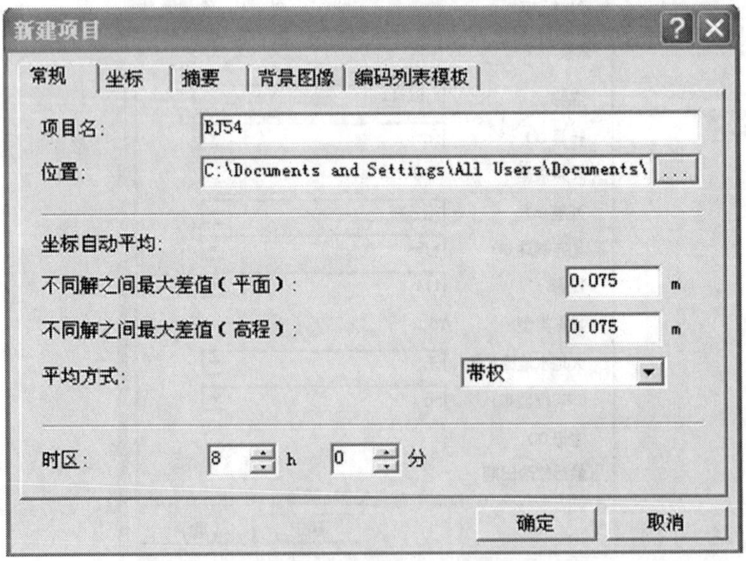

图 2-43　新建项目——常规

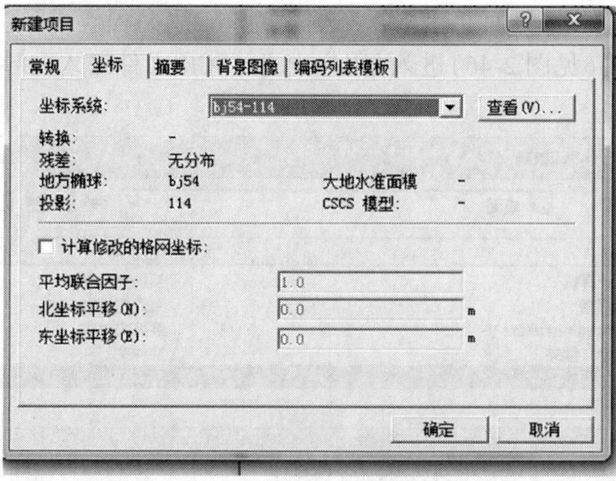

图 2-44 新建项目——坐标

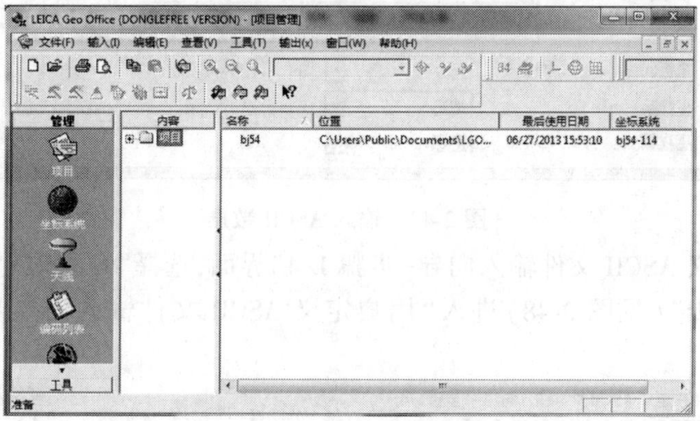

图 2-45 新建项目完成

二、输入国家标准 3°带 1954 北京坐标系数据

(1)点击“输入”,选择“ASCII 数据”(见图 2-46)进入“输入 ASCII 数据”界面(见图 2-47)。

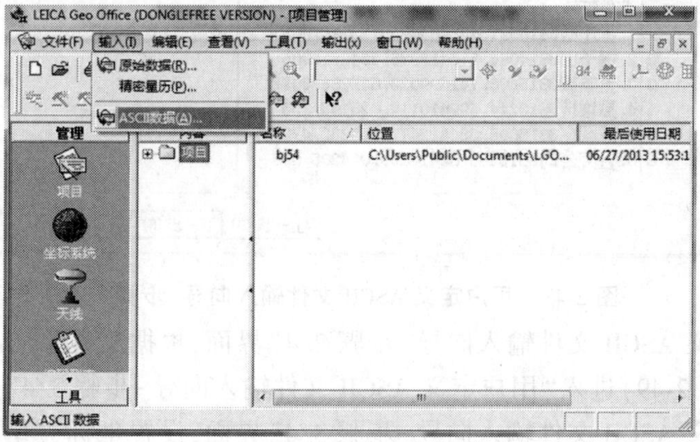

图 2-46 输入已知坐标

(2)“输入 ASCII 数据”界面,“坐标系”选择“地方”,“高程模式”选择“正高”,选择已知数据文件,点击“输入”(见图 2-46)进入“用户定义 ASCII 文件输入向导-步骤 1/4”界面(见图 2-48)。

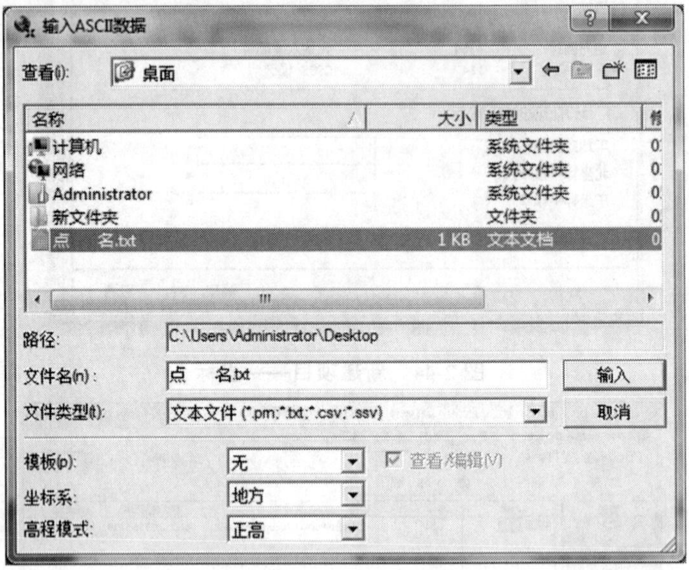

图 2-47 输入 ASCII 数据

(3)“用户定义 ASCII 文件输入向导-步骤 1/4”界面,选择“自由”或“平面”并设置关键字后,点击“下一步”(见图 2-48)进入“用户定义 ASCII 文件输入向导步骤 2/4”界面(见图 2-49)。

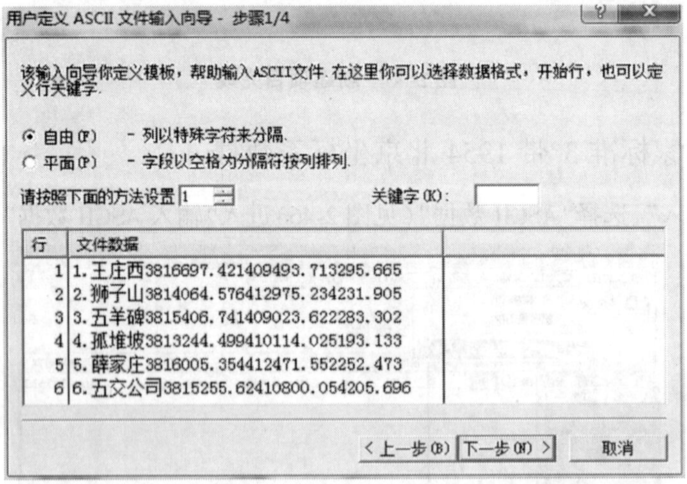

图 2-48 用户定义 ASCII 文件输入向导-步骤 1/4

(4)“用户定义 ASCII 文件输入向导-步骤 2/4”界面,根据文件格式,设置栏分隔符,点击“下一步”(见图 2-49)进入“用户定义 ASCII 文件输入向导-步骤 3/4”(见图 2-50)。

(5)“用户定义 ASCII 文件输入向导-步骤 3/4”界面,设置坐标类型、类别、属性分隔符及文件类型等,右击 0,选择“点标识”,分别右击 1、2、3,选择“坐标”下的“北坐标”“东坐标”“正高”,点击“下一步”(见图 2-51)进入“用户定义 ASCII 文件输入向导-步骤 4/4”,点

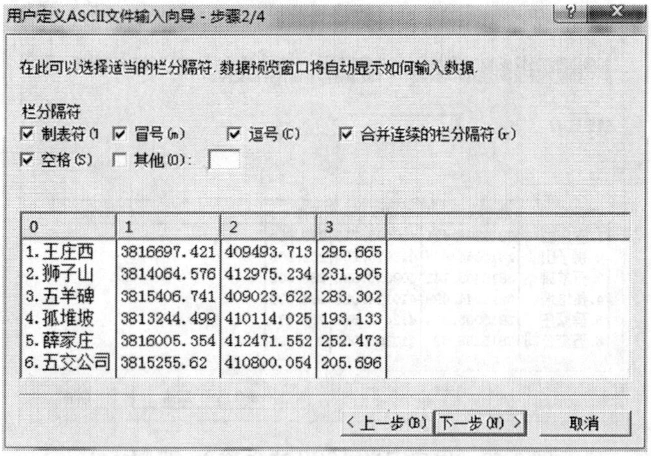

图 2-49 用户定义 ASCII 文件输入向导-步骤 2/4

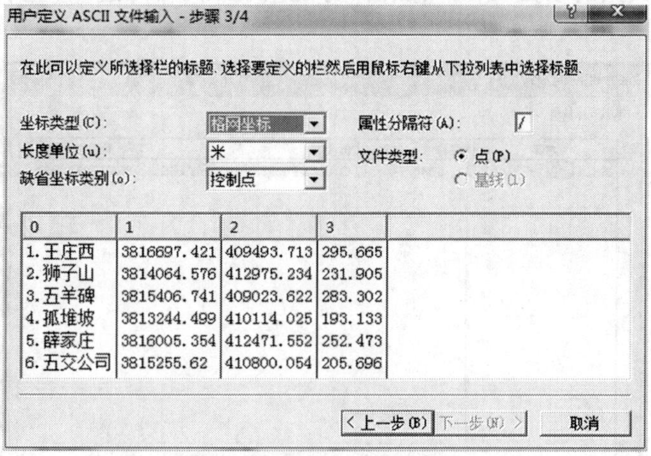

图 2-50 用户定义 ASCII 文件输入-步骤 3/4

击“完成”(见图 2-52)进入“分配数据到项目 bj54”(见图 2-53)。

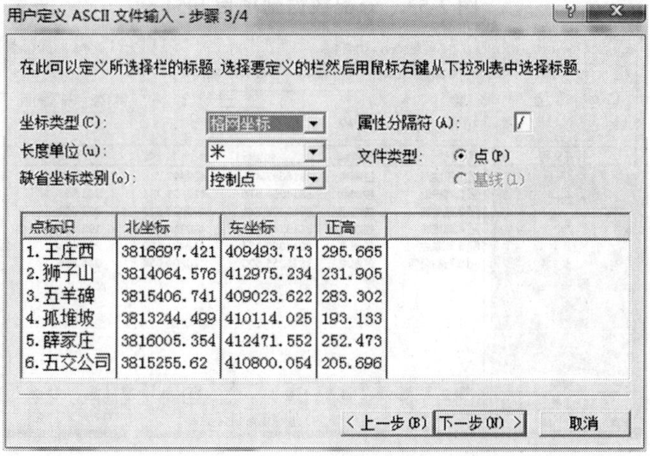

图 2-51 用户定义 ASCII 文件输入-步骤 3/4

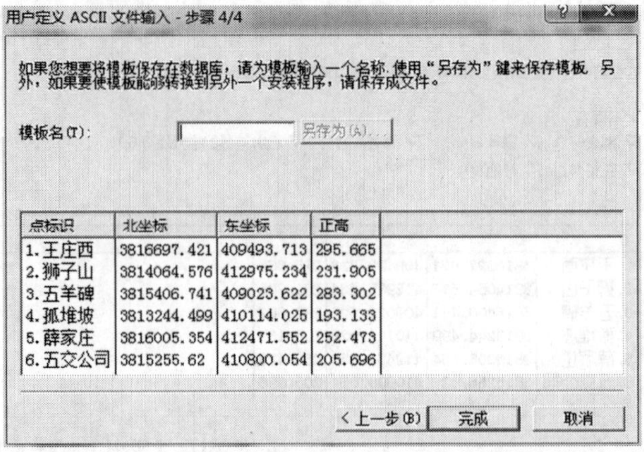

图 2-52　用户定义 ASCII 文件输入-步骤 4/4

(6)选择导入数据的项目“bj54”,点击“分配”(见图 2-53)进入“查看/编辑”页面,显示如图 2-54 所示。

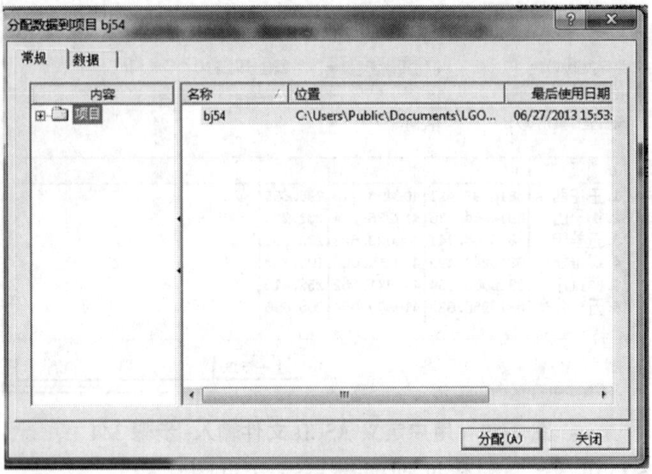

图 2-53　分配数据到项目 bj54

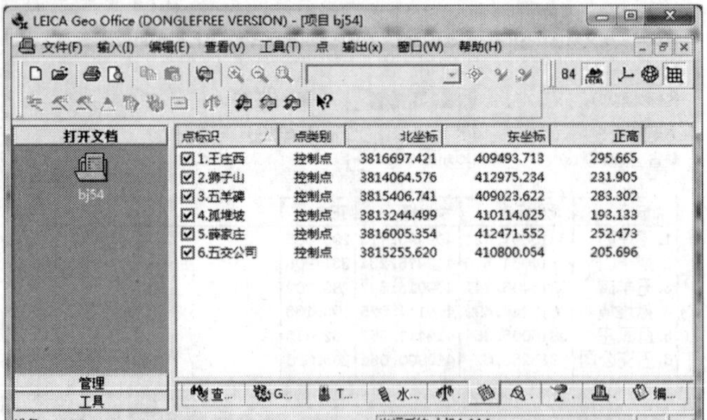

图 2-54　分配数据到项目 bj54 完成

三、输出控制点的大地坐标(B,L)

(1)“点”界面,框选所有转换的点,点击和图标,将平面坐标转换为大地坐标后,右击空白处选择“另存为”(见图 2-55)进入“另存为”对话框(见图 2-56)。

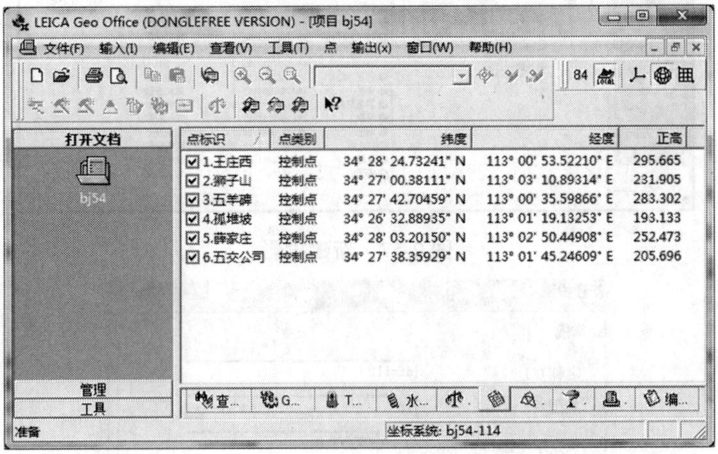

图 2-55　**大地坐标**

(2)“另存为”界面,选择路径,输入文件名 54-BL. txt,保存类型等,点击“保存”按钮(见图 2-56)。

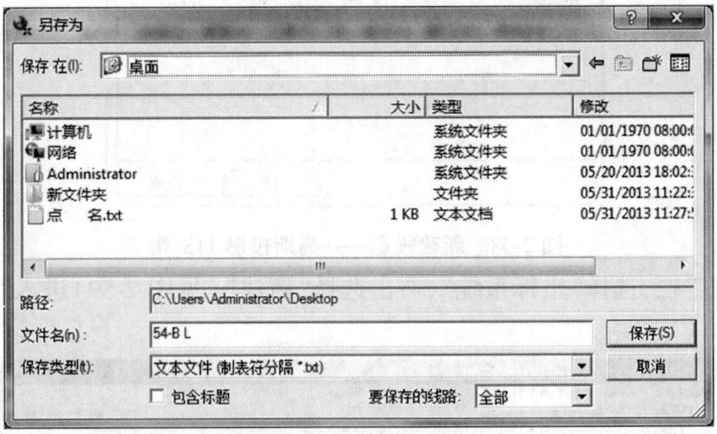

图 2-56　**保存大地坐标**

四、建立地方带的工程坐标系统及新项目

(1)LGO 软件界面,点击最左边导航栏中的“管理”,选择“坐标系统”,在“内容”栏,选择“投影”,右击选择“新建”按钮(见图 2-57)进入“新建投影”界面(见图 2-58)。

(2)“新建投影”界面,输入名称,选择投影类型:横轴墨卡托投影(TM),设定假定东坐标:500 000 m,中央子午线,带宽等信息,点击“确定”按钮(见图 2-58),完成新建投影并显示在右边列表中。

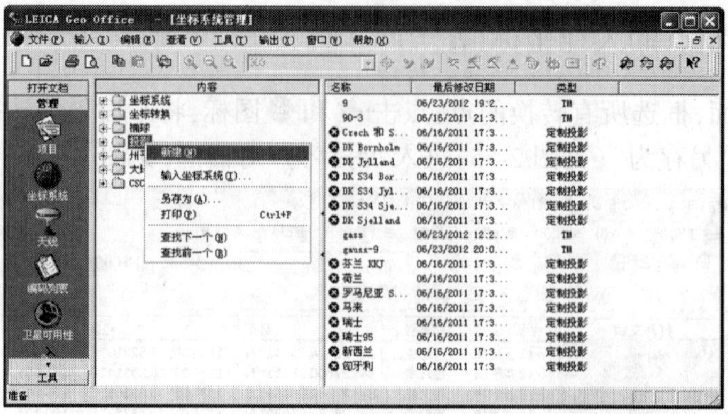

图 2-57　新建投影

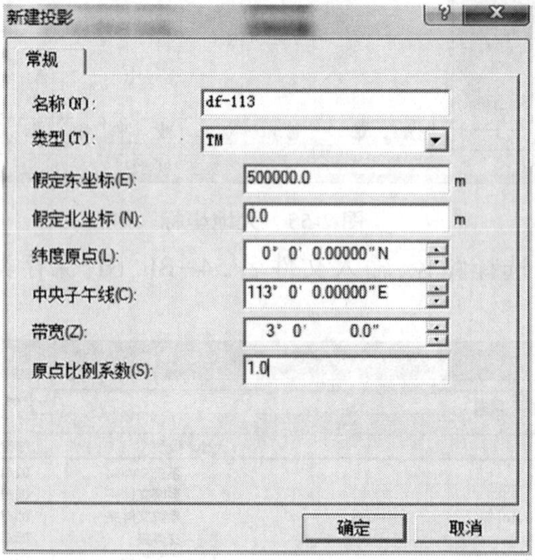

图 2-58　新建投影——高斯投影 113°带

(3)在“内容”栏,选择“坐标系统”,右击选择“新建”(见图 2-59)进入“新建坐标系统”界面(见图 2-60)。

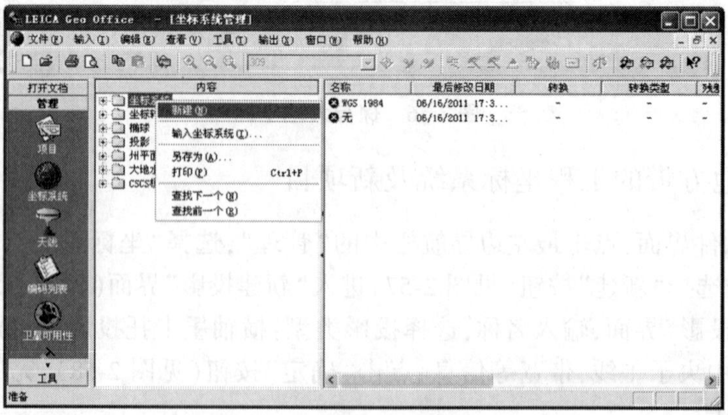

图 2-59　新建坐标系统(一)

(4)“新建坐标系统”界面,输入名称,从下拉框中选择新建的椭球及投影类型:点击“确定”(见图 2-60),新建的坐标系统显示在右边列表中(见图 2-61)。

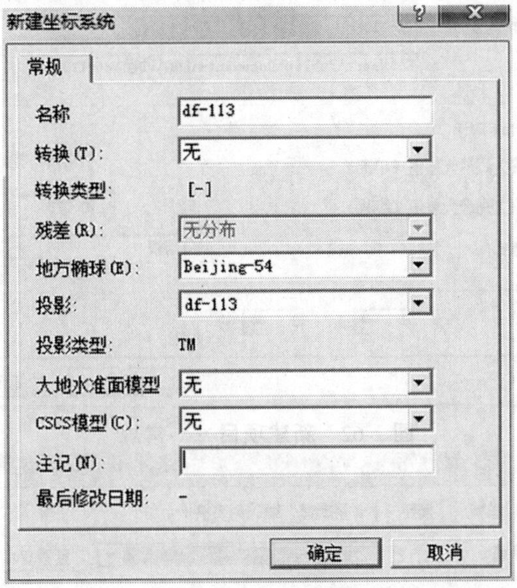

图 2-60　新建坐标系统(二)

(5)LGO 软件界面,点击最左边导航栏中的“管理”,选择“项目”,在“内容”栏,选择“项目”,右击选择“新建”(见图 2-61)进入“新建项目”界面(见图 2-62)。

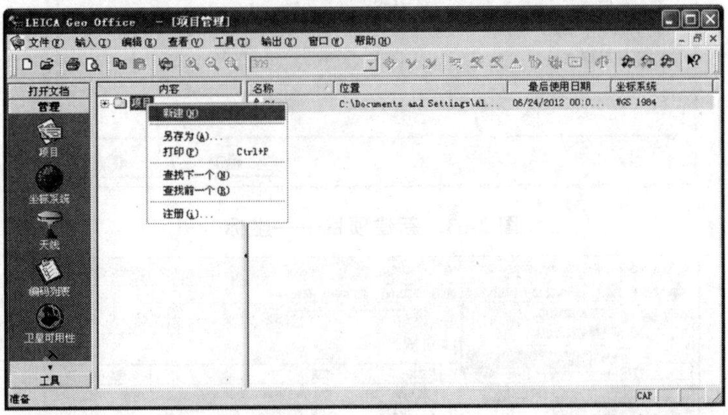

图 2-61　项目管理

(6)“新建项目”界面,点击“常规”页面,输入项目名(见图 2-62);点击“坐标”页面,选择坐标系统,点击“确定”按钮(见图 2-63)。新建的项目(df-113)显示在右边列表中(见图 2-64)。

五、输入控制点的大地坐标(B,L)

(1)点击“输入”,选择“ASCII 数据”(见图 2-64)进入“输入 ASCII 数据”界面(见图 2-65)。

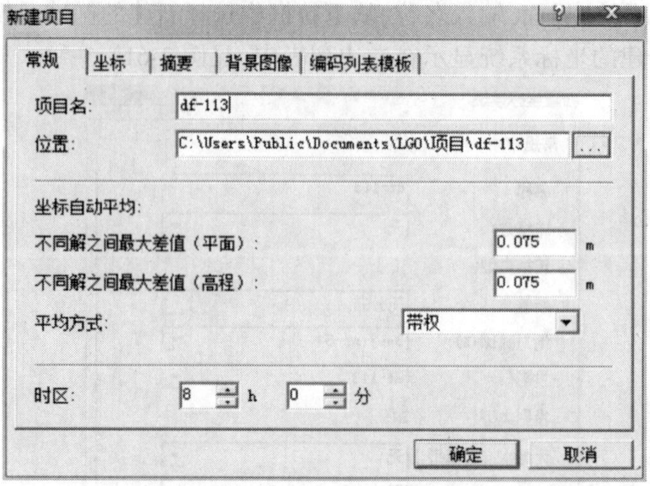

图 2-62　新建项目——常规

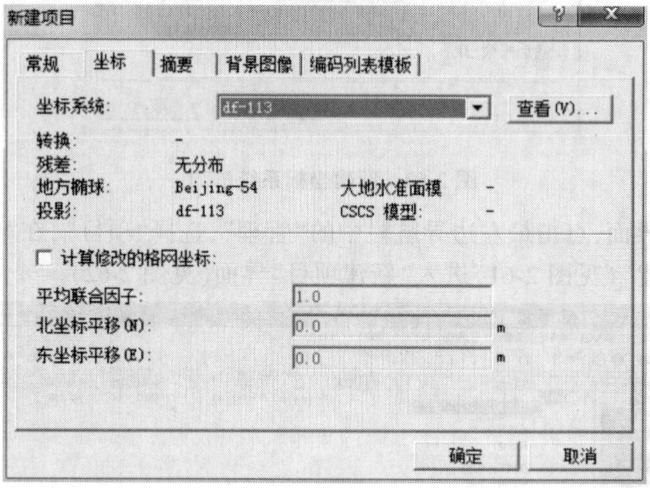

图 2-63　新建项目——坐标

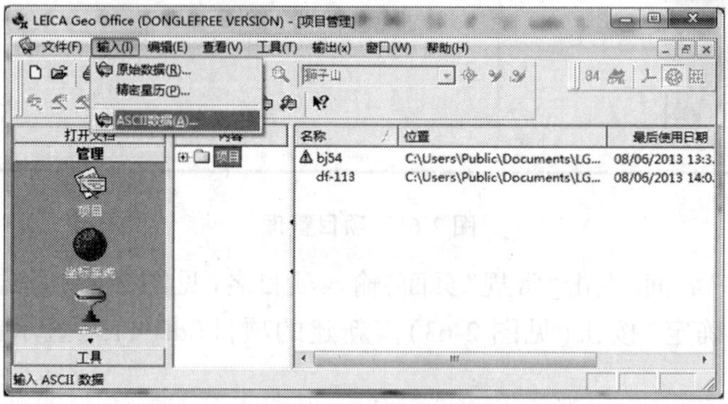

图 2-64　输入控制点大地坐标

(2)“输入 ASCII 数据”界面,“坐标系”选择“地方”,“高程模式”选择“正高”,选择第 4 步中输入的数据文件 54-BL. txt,点击“输入”(见图 2-65)进入“用户定义 ASCII 文件输入向导(步骤 1/4)”界面(见图 2-66)。

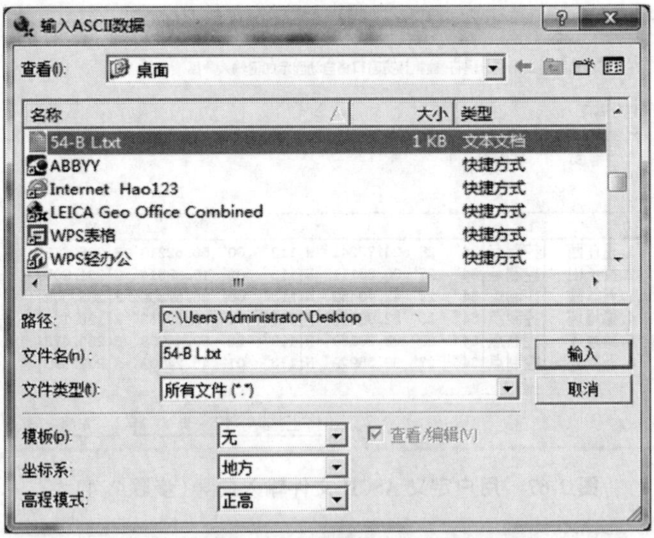

图 2-65　**输入 ASCII 数据**

(3)"用户定义 ASCII 文件输入向导(步骤 1/4)"界面,选择"自由"或"平面"并设置关键字后,点击"下一步"(见图 2-66)进入"用户定义 ASCII 文件输入向导(步骤 2/4)"界面(见图 2-67)。

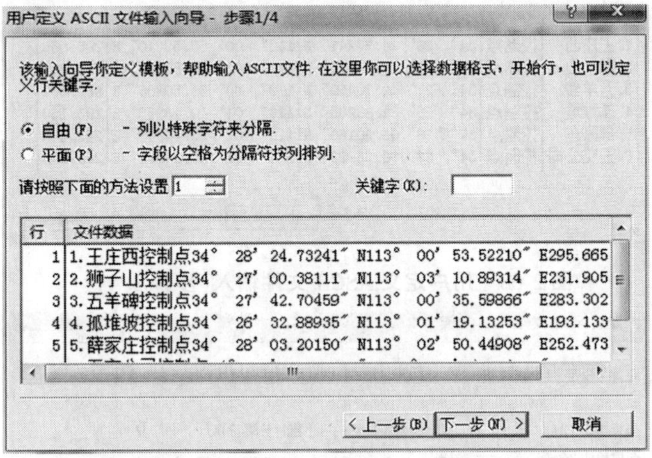

图 2-66　**用户定义 ASCII 文件输入向导(步骤 1/4)**

(4)"用户定义 ASCII 文件输入向导(步骤 2/4)"界面,根据文件格式,设置栏分隔符,点击"下一步"(见图 2-67)进入"用户定义 ASCII 文件输入向导(步骤 3/4)"界面(见图 2-68)。

(5)"用户定义 ASCII 文件输入向导(步骤 3/4)"界面,设置坐标类型、类别、属性分隔符及文件类型等,右单击 0,选择"点标识",分别右击 1、2、3,选择"坐标"下的"纬度""经度""正高",点击"下一步"(见图 2-69)进入"用户定义 ASCII 文件输入向导(步骤 4/4)"界面,点击"完成"(见图 2-70)进入"分配数据到项目 df-113"(见图 2-71)。

(6)选择导入数据的项目"df-113",点击"分配"(见图 2-71)进入"查看/编辑"页面,显示如图 2-72 所示。

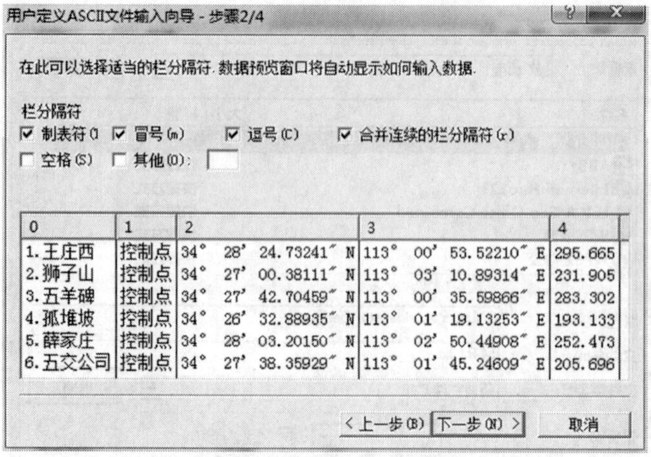

图 2-67　用户定义 ASCII 文件输入向导(步骤 2/4)

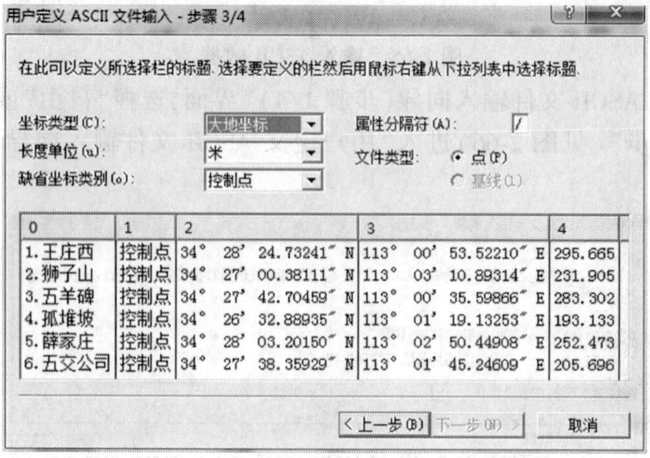

图 2-68　用户定义 ASCII 文件输入(步骤 3/4)

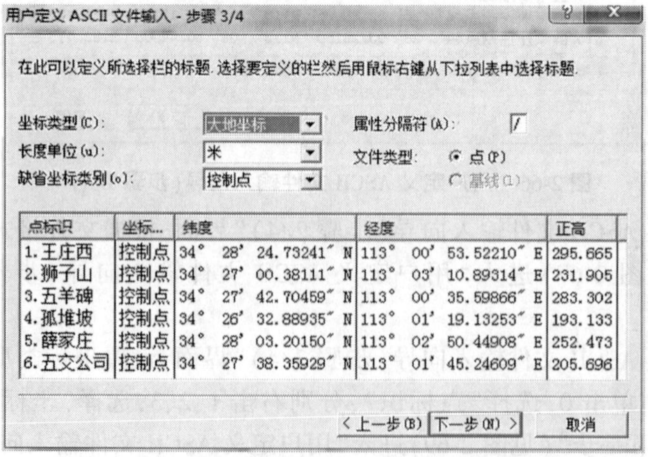

图 2-69　用户定义 ASCII 文件输入(步骤 3/4)

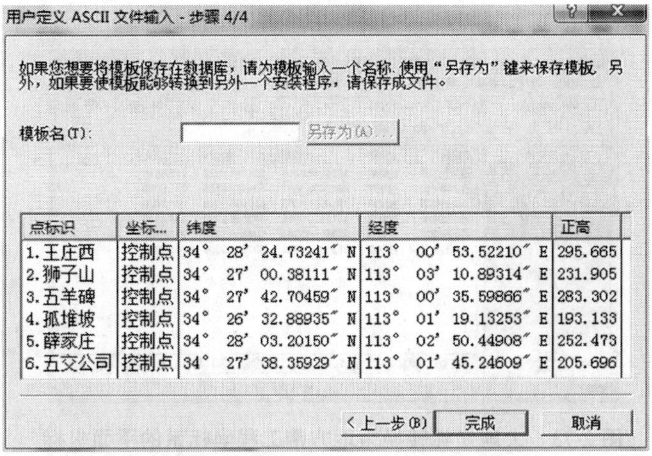

图 2-70　用户定义 ASCII 文件输入(步骤 4/4)

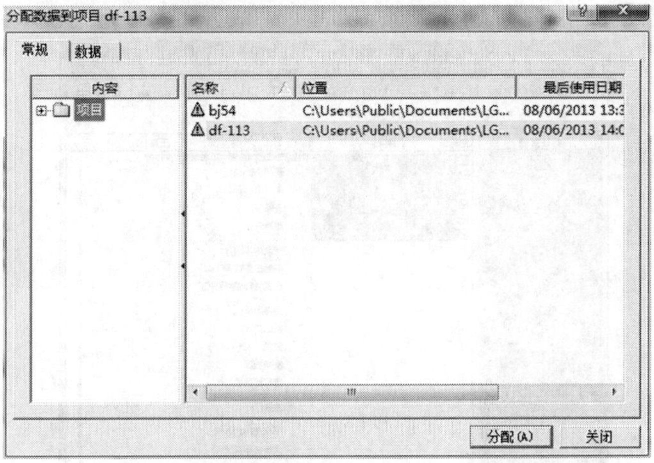

图 2-71　分配数据到项目 df-113

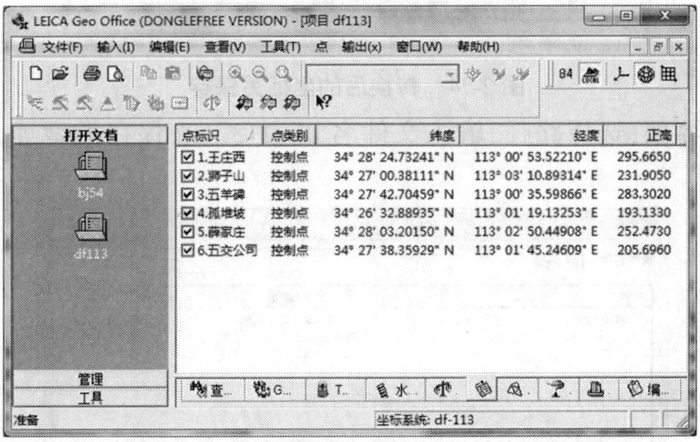

图 2-72　分配数据到项目 df-113 完成

六、换带计算，输出地方带工程坐标系坐标

(1)"点"界面，框选所有转换的点，点击和图标，将大地坐标转换为地方带工程坐

标系的平面坐标(见图 2-73)。

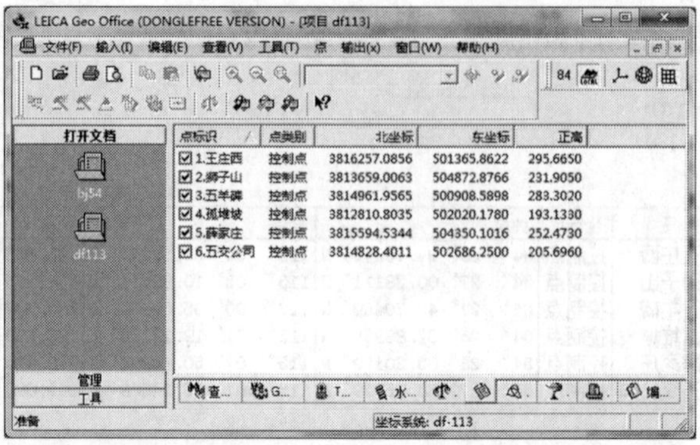

图 2-73　大地坐标转换为地方带工程坐标系的平面坐标

(2)“点”界面,框选所有转换的点,右击空白处选择“另存为”(见图 2-74)进入“另存为”对话框(见图 2-75)。

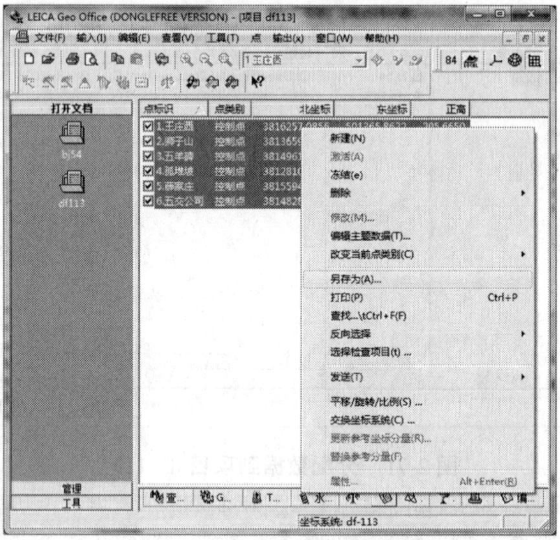

图 2-74　转换后的坐标另保存

(3)“另存为”界面,选择路径,输入文件名 df-113. txt,保存类型等,点击“保存”按钮(见图 2-75)。

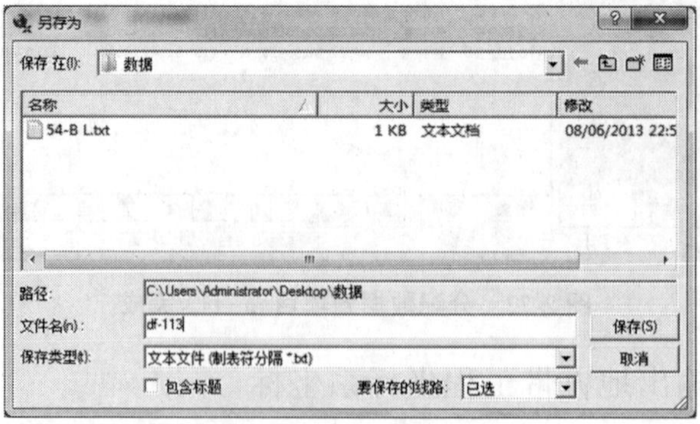

图 2-75　“另存为”界面

七、转换为“投影于抵偿高程面上的高斯正形投影任意带工程平面直角坐标系”

(1)按照前面第4步、第5步建立新项目DFZB,坐标系统为df-113,并将第6步导出的文件df-113.txt输入并分配到项目DFZB中去。

(2)“点”界面,框选所有转换的点,点击右键从右键菜单中选“平移/旋转/比例”(见图2-76)进入“转换三维点的格网坐标向导”界面(见图2-77)。

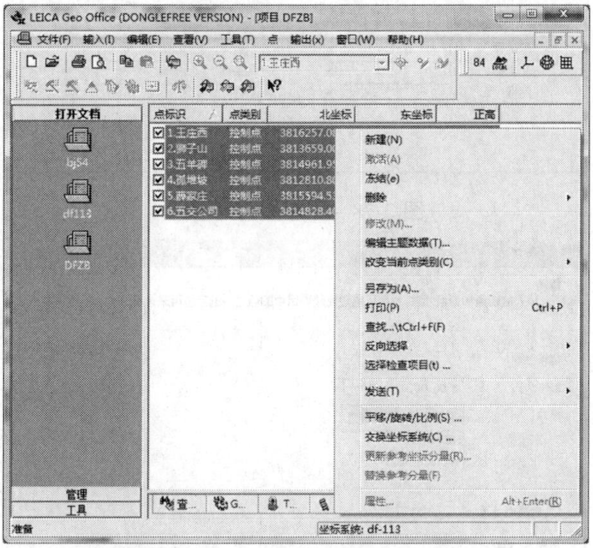

图2-76 三维点格网坐标转换

(3)选择“手工输入或者分别计算”,点击“下一步”(见图2-77)。

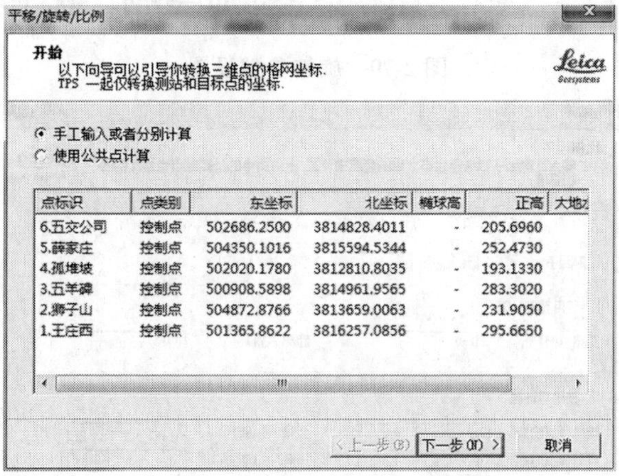

图2-77 三维点格网坐标转换第一步设置

(4)输入“平移参数”,这里用默认值“0”,点击“下一步”(见图2-78)。

(5)输入“旋转参数”,这里用默认值“0”,“原点”选“6.五交公司”,点击“下一步”(见图2-79)。

(6)输入“比例因子”,这里用计算值“1.000037675”,也可以通过选用<使用距离计算>或<使用点计算>获得比例因子,点击“下一步”(见图2-80)。

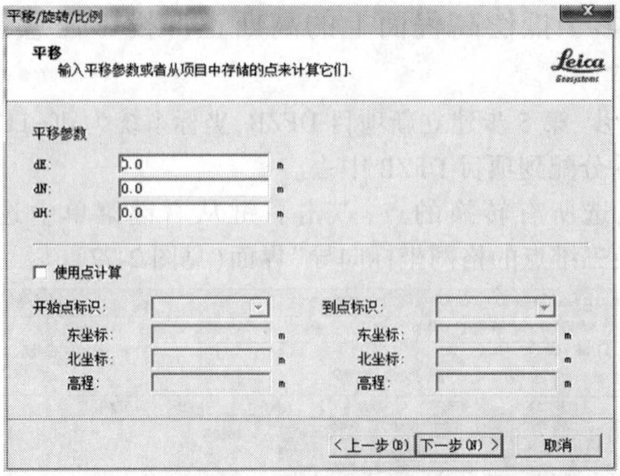

图 2-78　平移参数设置

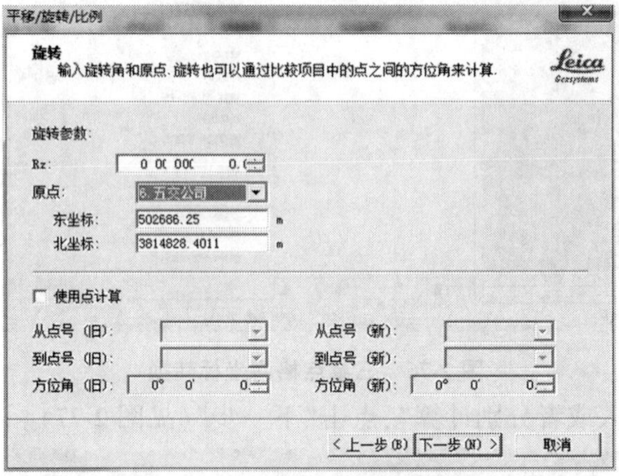

图 2-79　旋转参数设置

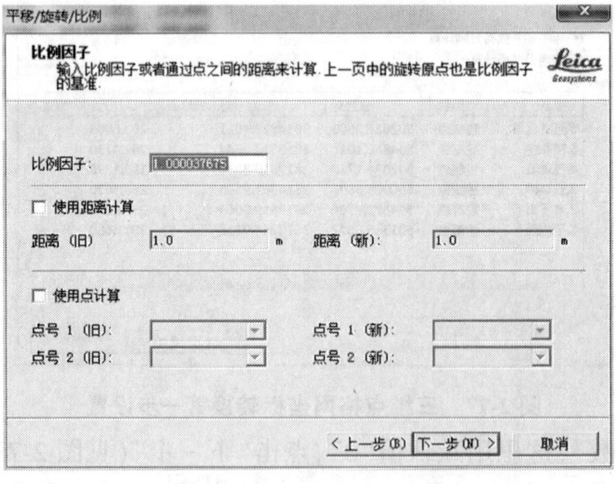

图 2-80　比例因子设置

(7)显示“转换参数”,可输入转换参数名称保存下来,以备他用,点击“下一步”继续(见图 2-81)。

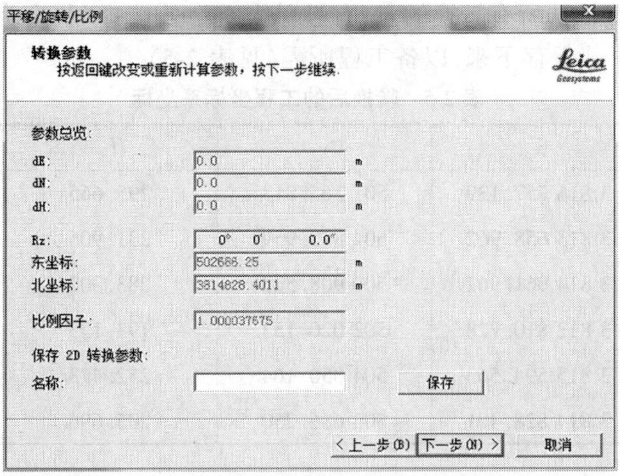

图 2-81 转换参数显示与保存

(8)显示“完成转换”，按“完成”进入“点”显示界面(见图 2-82)。

图 2-82 显示转换结果

(9)显示“投影于抵偿高程面上的高斯正形投影任意带工程平面直角坐标系”坐标(见图 2-83)。

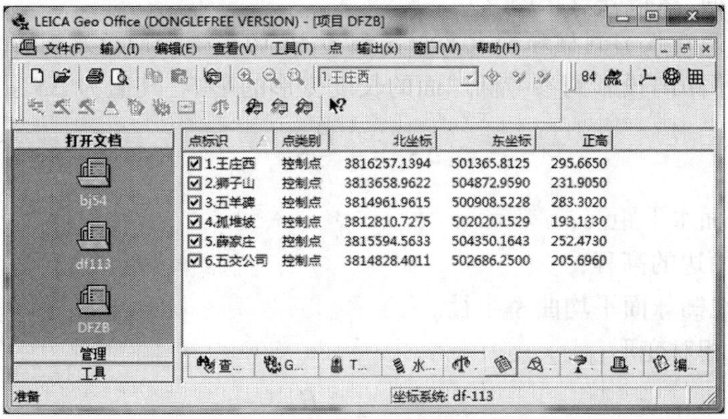

图 2-83 转换后坐标

(10)“点”界面,框选所有转换的点,右键单击空白处选择“另存为”,将转换后的坐标以文本格式的文件形式保存下来,以备工程所需(见表2-5)。

表2-5 转换后的工程坐标系坐标

点名	x	y	$H_常$	备注
1.王庄西	3 816 257.139	501 365.813	295.665	工程坐标系:
2.狮子山	3 813 658.962	504 872.959	231.905	克拉索夫斯基椭球
3.五羊碑	3 814 961.962	500 908.523	283.302	中央子午线113°
4.孤堆坡	3 812 810.728	502 020.153	193.133	高程投影基准面
5.薛家庄	3 815 594.563	504 350.164	252.473	H_0=240 m
6.五交公司	3 814 828.401	502 686.250	205.696	1956黄海高程系统

➢ 任务流程

一、工程坐标系

(一)概述

国家标准3°带坐标常常不能满足工程建设测量的需要,因而许多工程建设都要建立长度变形小、满足精度要求的工程坐标系。

工程坐标系的建立主要是根据工程测量,包括城市测量的目的及要求合理地选择投影面和投影带,减少边长变形,使控制点坐标直接反算的边长与实地量得的边长,在数值上尽量相等,满足施工放样的精度要求。

(二)工程测量中选择投影面和投影带的原因

1.有关投影变形的基本概念

平面控制测量投影面和投影带的选择,主要是解决长度变形问题。这种投影变形主要是由两种因素引起的:一个是地面水平边长投影到参考椭球面,在工程控制测量中,有时候需要投影到某一高程为 H_0 的水平基准面,这项计算称作边长的高程投影。一般情况下,地面边的高程是高于投影基准面的,因而高程投影一般使边长变短。另一个是参考椭球面边长投影到高斯平面,这将导致距离变长。

2.地面水平距离投影到椭球面或某一高程为 H_0 的水平面的长度变形

(1)地面水平距离投影到参考椭球面的长度变形的影响,其值为 ΔS_1:

$$\Delta S_1 = -\frac{H}{R}S_H \tag{2-6}$$

式中 S_H——地面水平距离;

H——地面边的高程;

R——当地椭球面平均曲率半径。

归算边长的相对变形:

$$\frac{\Delta S_1}{S_H} = -\frac{H}{R} \tag{2-7}$$

ΔS_1 值是负值，表明将地面实量长度归算到参考椭球面上，总是缩短的；$|\Delta S_1|$值与 H 成正比，随 H 的增大而增大。

(2)地面水平距离投影至任意高程面 H_0 的长度变形的影响。

$$\Delta S_1 = -\frac{H - H_0}{R} S_H \tag{2-8}$$

当 $H_0 = 0$ 时，即为投影至参考椭球面。

图 2-84 为地面水平距离 S_H，投影为椭球面距离 S，以及投影为任意高程面 H_0 上的距离 S_{H_0} 的长度变形示意图。

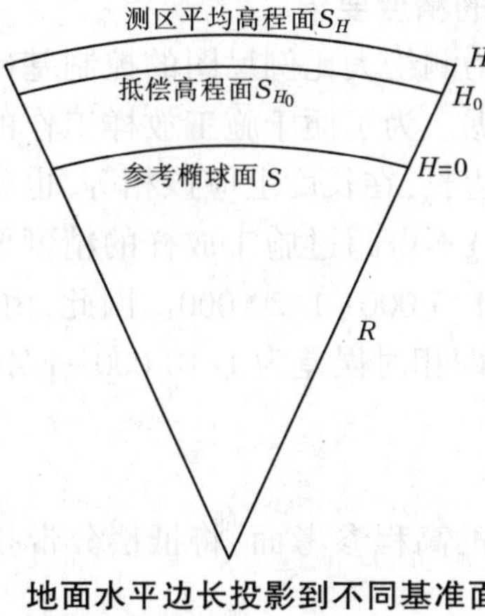

图 2-84　地面水平边长投影到不同基准面的变形

3. 椭球面上的边长投影到高斯投影面上的变形

将参考椭球面上的边长投影到高斯投影面上的变形影响，其值为 ΔS_2：

$$\Delta S_2 = \frac{y_m^2}{2R^2} S \tag{2-9}$$

式中　S——椭球面边长；

R——当地椭球面平均曲率半径；

y_m——投影边两端 y 坐标(去掉 500 km 常数)的平均值。

投影边长的相对投影变形为

$$\frac{\Delta S_2}{S} = \frac{1}{2}\left(\frac{y_m}{R}\right)^2 \tag{2-10}$$

ΔS_2 值总是正值，表明将椭球面上长度投影到高斯面上，总是增大的；ΔS_2 值随着 y_m 平方成正比而增大，离中央子午线愈远，其变形愈大。

4. 边长的高程投影和高斯投影变形之和 ΔS

$$\Delta S = \Delta S_1 + \Delta S_2 = -\frac{H - H_0}{R} S_H + \frac{y_m^2}{2R^2} S \tag{2-11}$$

近似的写为

$$\Delta S = \left(\frac{y_m^2}{2R^2} - \frac{H - H_0}{R}\right) S \tag{2-12}$$

而边长的相对变形值为

$$\frac{\Delta S}{S}=\frac{y_m^2}{2R^2}-\frac{H-H_0}{R} \tag{2-13}$$

若要求控制网相对变形为零,即是要求(注意 y_m 改成了 y_0):

$$\frac{\Delta S}{S}=\frac{y_0^2}{2R^2}-\frac{H-H_0}{R}=0 \tag{2-14}$$

这就是建立工程坐标系时讨论控制网长度变形的公式。式中 y_m 改成了 y_0,是因为此处的 y 值有时不是一个平均值,而是一个选择值,它与 H_0 相对应。

在以上几个公式中,当 $H_0=0$ 时,即为投影至椭球面的情况。

(三)工程测量平面控制网的精度要求

工程测量控制网不但应作为测绘大比例尺图的控制基础,还应作为城市建设和各种工程建设施工放样测设数据的依据。为了便于施工放样工作的顺利进行,要求由控制点坐标直接反算的边长与实地量得的边长,在长度上应该相等,也就是说,由上述两项投影改正而带来的长度变形($\Delta S=\Delta S_1+\Delta S_2$)不得超过施工放样的精度要求。一般来说,施工放样的方格网和建筑轴线的测量精度为 1/5 000~1/20 000。因此,由投影引起的控制网长度变形应小于施工放样允许误差的 1/2,即相对误差为 1/10 000~1/40 000,也就是说,每千米的长度改正数不应大于 2.5~10 cm。

(四)投影变形的处理方法

通过改变 H 从而选择合适的高程参考面,将抵偿分带投影变形,这种方法通常称为抵偿投影面的高斯正形投影;

通过改变 y_m,从而对中央子午线做适当移动,来抵偿由高程面的边长归算到参考椭球面上的投影变形,这就是通常所说的任意带高斯正形投影;

通过既改变 H(选择高程参考面),又改变 y_m(移动中央子午线),来共同抵偿两项投影改正变形,这就是所谓的具有高程抵偿面的任意带高斯正形投影。

(五)工程测量中几种可能采用的直角坐标系

1. 国家标准 3°带高斯正形投影平面直角坐标系

当测区平均高程在 100 m 以下,且 y_m 值不大于 40 km 时,其投影变形值 ΔS_1 及 ΔS_2 均小于 2.5 cm,可以满足大比例尺测图和工程放样的精度要求。在偏离中央子午线不远和地面平均高程不大的地区,无须考虑投影变形问题,直接采用国家统一的 3°带高斯正形投影平面直角坐标系作为工程测量的坐标系。

2. 抵偿投影面的 3°带高斯正形投影平面直角坐标系

在这种坐标系中,依然采用国家标准 3°带高斯投影,但投影的高程面不是参考椭球面而是依据补偿高斯投影长度变形选择的高程参考面。在这个高程参考面上,长度变形为零。

令 $\left(\frac{y_m^2}{2R^2}-\frac{H-H_0}{R}\right)S=\Delta S_2+\Delta S_1=\Delta S=0$,于是,当 y_m 一定时,可求得:

$$\Delta H=H-H_0=\frac{y_m^2}{2R} \tag{2-15}$$

则投影面高为:$H_{投}=H+\Delta H$。

3. 任意带高斯正形投影平面直角坐标系

在这种坐标系中,仍把地面观测结果归算到参考椭球面上,此时 $H_0=0$。但投影带的中央子午线不按国家标准3°带的划分方法,而是依据补偿高程面归算长度变形而选择的某一条子午线作为中央子午线。这就是说,在式(2-15)中,保持 H 不变,于是求得

$$y=\sqrt{2R_mH} \tag{2-16}$$

但在实际应用这种坐标系时,往往是选取过测区边缘,或测区中央,或测区内某一点的子午线作为中央子午线,而不经过上述的计算。

4. 具有高程抵偿面的任意带高斯正形投影平面直角坐标系

在这种坐标系中,往往是指投影的中央子午线选在测区的中央,地面观测值投影到测区平均高程面上,按高斯正形投影计算平面直角坐标。由此可见,这是综合第二、第三两种坐标系长处的一种任意高斯直角坐标系。显然,这种坐标系更能有效地实现两种长度变形改正的补偿。

5. 假定平面直角坐标系

当测区控制面积小于100 km² 时,可不进行方向改正和距离改正,直接把局部地球表面作为平面建立独立的平面直角坐标系。这时,起算点坐标及起算方位角,最好能与国家网联系,如果联系有困难,可自行测定边长和方位,而起始点坐标可假定。这种假定平面直角坐标系只限于某种工程建筑施工之用。

二、几种典型的工程坐标系实施方案

(一)变换投影基准面(高程)的假3°带工程坐标系实施方案

这种方案的思路是在不改变国家标准3°带中央子午线的情况下,不再投影至参考椭球面而是投影至某个抵偿高程面,从而得到地面上边长的高斯投影长度改正与归算到基准面上的高程投影改正相互抵偿的相同效果。

在保持中央子午线不变,即 y_m 不变的前提下,由式(2-15)可解得

$$H_0=H-\frac{y_m^2}{2R} \tag{2-17}$$

也就是说,如果把地面边长投影至高程为 $H_0=H-\frac{y_m^2}{2R}$ 的高程面上,而不是投影至参考椭球面上,则高程投影引起的长度变形 ΔS_1 与高斯投影引起的长度变形 ΔS_2 能够互相抵消。

不过,测区是个范围,而不是一个点。式中的 y_m 应如何取值呢?根据不同情况,有以下两种取法。

1. 测区在中央子午线一边

对于一个测区,必有 y 的最小值和最大值。应取

$$y_m^2=\frac{y_{min}^2+y_{max}^2}{2} \tag{2-18}$$

2. 如果测区跨在中央子午线两边

对于小测区,一般可取 $y_m=0$。

对于东西方向较宽的测区,可取 $y_m^2=\frac{y^2{}_{max}}{4}$,因为测区内离中央子午线远的一边边长变

形符合要求,则离中央子午线近的一边必然符合要求。

用这样的 y_m^2 代入式(2-17)算出的 H_0,可使整个测区边长变形综合最小。当然实际选用时,如果结合测区地势情况,需要时对 y_m^2 稍作变动效果会更好。

利用图 2-85 可依据测区中心离中央子午线的距离 y_m(km)选择投影基准面低于平均高程面的距离 H_m-H_0。图中有三条曲线,中间的为 H_m-H_0,利用该线,可根据测区中心的 y_m 值(图中横坐标值)查取对应的抵偿投影面应低于测区平均高程面的高度(纵坐标值)。例如,当测区中心离中央子午线 80 km 时,抵偿高程面应低于测区平均高程面 500 m。

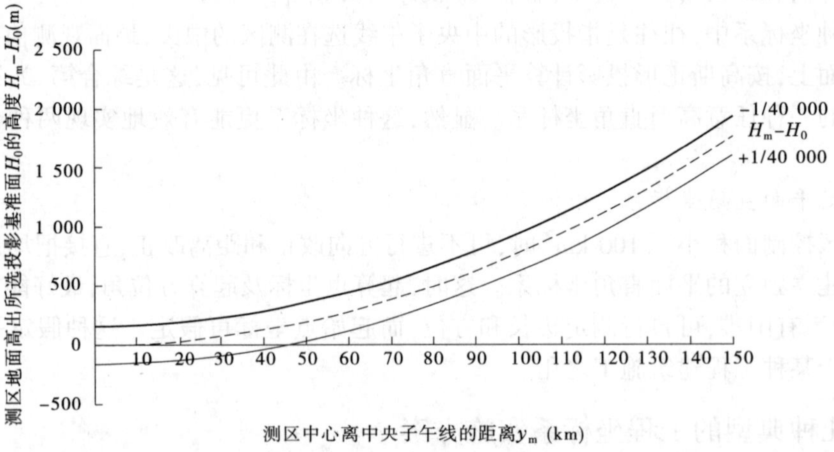

图 2-85 依测区中心离中央子午线的距离 y_m 选择投影基准面低于平均高程面的距离 H_m-H_0

利用该图还可直观地分析对应的有效抵偿带宽。图中的上曲线表示有效带宽左边界 y_{min},下面的曲线表示有效带宽右边界 y_{max}。例如,y_m 为 80 km 时,左边界 y_{min} 约为 66 km,右边界 y_{max} 约为 92 km,即有效带宽约为 26 km。

利用该图还可直观地分析测区内各处允许高程变动量。利用图中的上曲线可获得测区各处实际地面允许偏离平均高程面的上界,利用图中的下曲线可获得测区各处实际地面允许偏离平均高程面的下界。例如,y_m 为 80 km 时,在测区 $y=70$ km 处,实际地面可高出平均高程面约 60 m(70 km 线与上曲线的交点到纵坐标 500 m 线的高差),可低于平均高程面约 260 m(70 km 线与下曲线的交点到纵坐标 500 m 线的高差)。

这种坐标系统的实现步骤,一般是先算出基准面为参考椭球面的国家标准 3°带控制网坐标,再将控制网缩放至抵偿高程面。这样做的好处是有两套坐标,其中一套是国家标准系统的坐标,另一套为抵偿高程面坐标。

【例 2-1】 某测区相对于参考椭球面的平均高程 $H=1\ 000$ m,在国家标准 3°带内跨越 y 坐标范围为 $-80\sim-50$ km,若不变换中央子午线,求能抵偿投影变形的高程抵偿面。

解
$$y_m^2=\frac{(-50)^2+(-80)^2}{2}=4\ 450$$

即
$$y_m=-66.7\ \text{km}$$

$$H_0=H-\frac{y_m^2}{2R}=1\ 000-\frac{4\ 450\times10^6}{2\times6\ 370\ 000}=650.7(\text{m})$$

即选 $H_0=650$ m 的高程面作控制网的投影基准面最为合适。事实上,最小变形在 $y_0=$

−66.7 km 处，因为

$$\Delta S = \left(\frac{y_m^2}{2R^2} - \frac{H - H_0}{R}\right) \times 1\ 000 = \left(\frac{(-66.7)^2}{2 \times 6\ 370^2} - \frac{1 - 0.65}{6\ 370}\right) \times 1\ 000 \approx 0$$

最大变形在 $y_1 = -50$ km 和 $y_2 = -80$ km 处，分别为 −0.024 m 和 +0.024 m。

从上面例子计算结果也可看出，若不变换中央子午线，仅靠选择抵偿高程面，其抵偿范围是有限的，上例中的有效抵偿带宽仅为 30 km。

（二）变换中央子午线的工程坐标系实施方案

这种方案的思路是地面观测值仍然归算到参考椭球面，但高斯投影的中央子午线不是标准 3°带中央子午线，而是按工程需要来自行选择一条中央子午线，如图 2-86 所示。用这条中央子午线，边长的高程投影和高斯投影引起的长度变形能基本互相抵消。

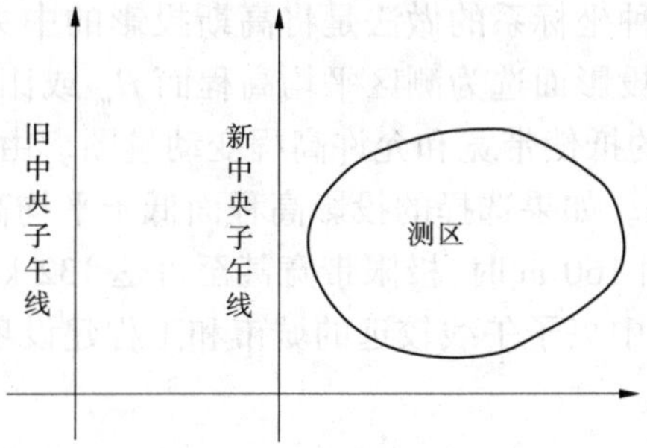

图 2-86　变换中央子午线

由于投影基准面仍然为参考椭球面，故 $H_0 = 0$，则式(2-13)变为

$$\left(\frac{y_m^2}{2R^2} - \frac{H}{R}\right) S = 0 \tag{2-19}$$

解得

$$y_m = \sqrt{2RH} \tag{2-20}$$

即当 y_m 满足式(2-20)时边长的两项投影互相抵消。

也可利用图 2-86 选择 y_m，并分析有效带宽和测区各处允许高程变动量，此时要将纵坐标看成大地高 H，并依据测区平均大地高 H_m 选择离中央子午线的距离 y_m。

【例 2-2】　某测区相对于参考椭球面的高程 $H = 500$ m，为使边长的高程投影及高斯投影引起的长度变形能基本互相抵消，依式(2-20)算得

$$y_m = \sqrt{2 \times 6\ 370 \times 0.5} = 80(\text{km})$$

即选择与该测区相距 80 km 处的子午线作中央子午线。这样，在测区，边长的高程投影和高斯投影引起的长度变形能基本互相抵消。但是，当 $y \neq 80$ km 时，也即该测区的其他地方仍然会有变形。

（三）变换中央子午线和投影基准面（高程）的工程坐标系实施方案

这种方案的思路结合了前两种方案的一些特点，既将中央子午线移动至测区中部，又变换了高程投影面。这种方案可在测区东西向跨度很大时满足长度变形小的要求。当测区东西向跨度较大，需要抵偿的带宽较大时，应采用此种方案。

该方案同时要求

$$\Delta S_1 = -\frac{H - H_0}{R} S = 0 \tag{2-21}$$

$$\Delta S_2 = \frac{y_m^2}{2R^2} S = 0 \tag{2-22}$$

这里 H_0 表示投影基准面的高程。

由式(2-21)解得：　$H = H_0$

此时边长的高程投影变形为零。若 H_0 取测区平均高程面 H_m,或略低于该平均高程面,则各边长高程投影近似为零。

由式(2-22)解得：　$y_m = 0$

这表示要求中央子午线在测区中间。

根据以上两种要求,这种坐标系的做法是将高斯投影的中央子午线选为测区内或附近某一合适的子午线;而高程投影面选为测区平均高程面 H_m 或比它稍低一些的高程面上。

图2-87为这种坐标系的抵偿带宽和允许高程变动量图。由图2-87可看出,这种坐标系的有效抵偿带宽可达90 km。如果选择的投影高程面低于平均高程面,则带宽可以更宽,当投影面选在低于平均高程面160 m时,极限带宽甚至可达132 km。因为这种坐标系的变形最小,许多离国家标准3°带中央子午线较远的城市和工程建设项目常采用这种坐标系。

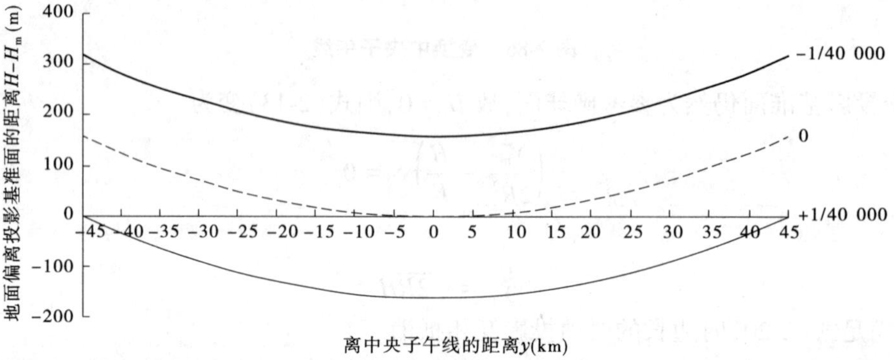

图2-87　中央子午线选在测区中央投影面为测区平均高程面时的有效抵偿带宽和允许高程变动图

三、椭球变换方法

(一)椭球平移法

1. 基本思想

椭球平移法的基本思想是将国家参考椭球沿基准点 P_0 的法线方向平移 ΔH,使平移后的椭球面与测区投影面相重合,即只改变了参考椭球的中心位置,不改变椭球元素,即 $\Delta a = 0$,$\Delta e^2 = 0$,基准点的经纬度不变,大地高变化为 $H_0' = H_0 - \Delta H$。椭球中心平移使得 P_0 点的三维直角坐标发生变化,变化量为：

$$\begin{bmatrix} \Delta X_0 \\ \Delta Y_0 \\ \Delta Z_0 \end{bmatrix} = -\begin{bmatrix} \cos B_0 \cos L_0 \\ \cos B_0 \sin L_0 \\ \sin B_0 \end{bmatrix} \Delta H \tag{2-23}$$

则各点的大地坐标的变化量为

$$\begin{bmatrix}\Delta B_i\\ \Delta L_i\\ \Delta H_i\end{bmatrix}=\begin{bmatrix}-\dfrac{\sin B_i\cos L_i}{M_i+H_i} & -\dfrac{\sin B_i\sin L_i}{M_i+H_i} & \dfrac{\cos B_i}{M_i+H_i}\\ -\dfrac{\sin L_i}{(N_i+H_i)\cos B_i} & -\dfrac{\cos L_i}{(N_i+H_i)\cos B_i} & 0\\ \cos B_i\cos L_i & \cos B_i\sin L_i & \sin B_i\end{bmatrix}\begin{bmatrix}\Delta X_0\\ \Delta Y_0\\ \Delta Z_0\end{bmatrix} \tag{2-24}$$

将坐标转换到基于平移后的坐标参照系下，再以平移后的椭球为依据，对这些坐标进行投影变换，得出测区投影面上的平面坐标，如图 2-88 所示。

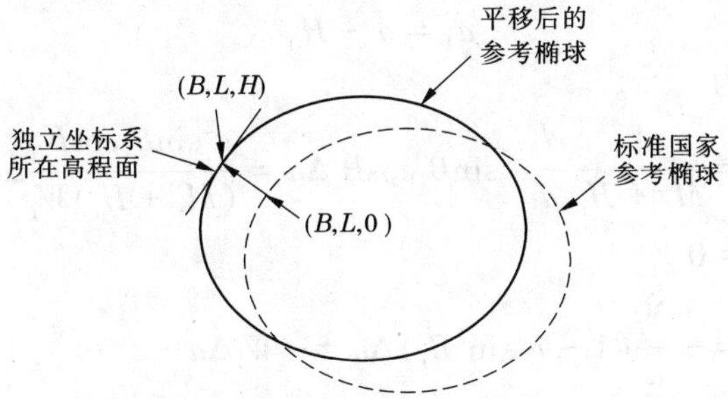

图 2-88　椭球平移法

2. 算法流程

椭球平移法算法流程见图 2-89。

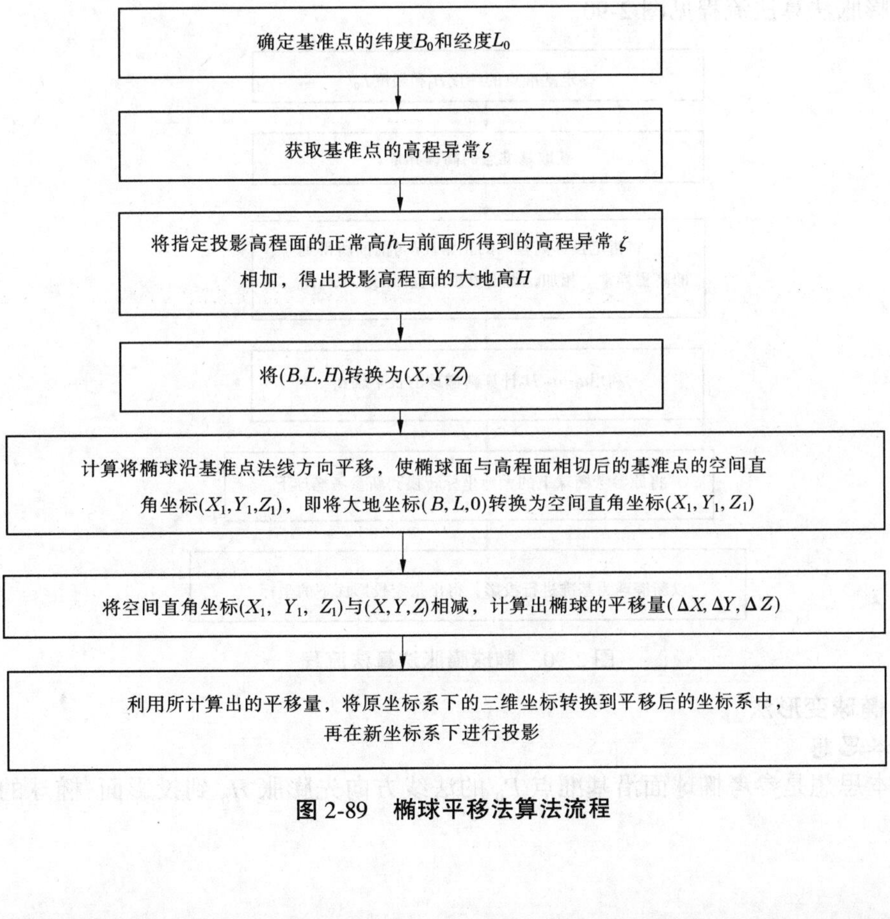

图 2-89　椭球平移法算法流程

(二)椭球膨胀法

1. 基本思想

椭球膨胀法的基本思想是保持参考椭球的中心和轴向不变,仅改变参考椭球的长半径 a,不改变参考椭球的扁率 α,使参考椭球沿 P_0 的法线方向进行膨胀,使得经过膨胀之后的参考椭球的椭球面与独立坐标系所选定的投影面相切。此时,在切点处,两椭球的法线重合。

在测区中心选择一基准点 P_0,根据式(2-25),有

$$H_0 = H_m - \frac{y_m^2}{2R} \tag{2-25}$$

选择合适的投影基准面 H_0,按式(2-26)变换椭球的长半轴

$$a_1 = a + H_0 \tag{2-26}$$

各点大地坐标的变化量为

$$\left.\begin{aligned} \Delta B_i &= \frac{1}{M_i + H_i}\frac{N_i}{a}e^2\sin B_i\cos B_i\Delta a = \frac{e^2\sin B_i\cos B_i}{(M_i + H_i)W_i}\Delta a \\ \Delta L_i &= 0 \\ \Delta H_i &= -\frac{N_i}{a}(1 - e^2\sin^2 B_i)\Delta a = -W_i\Delta a \end{aligned}\right\} \tag{2-27}$$

式中,$\Delta a = H_0$。

在计算出控制网各点的新的 B,L,H 之后,在新的椭球上进行投影计算,获得满足投影变形要求的工程测量平面控制网。

2. 算法流程

椭球膨胀法算法流程见图 2-90。

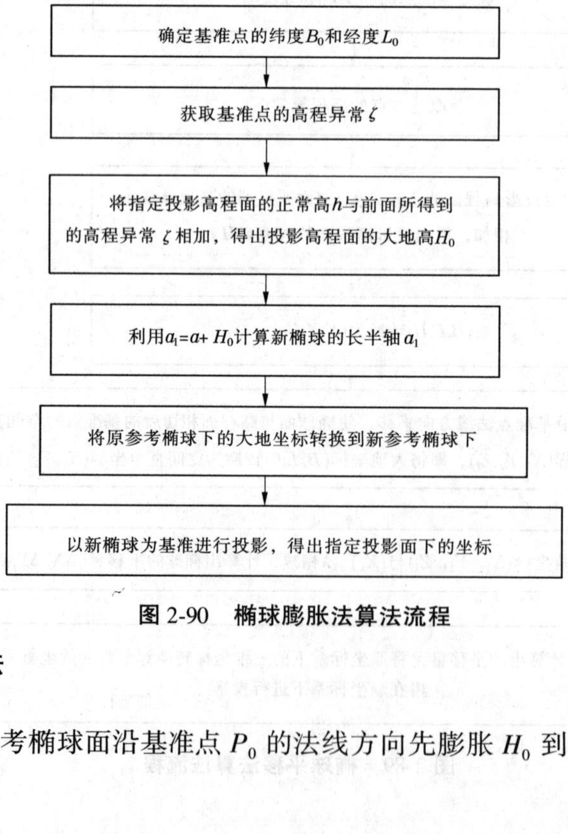

图 2-90　椭球膨胀法算法流程

(三)椭球变形法

1. 基本思想

其基本思想是参考椭球面沿基准点 P_0 的法线方向先膨胀 H_0 到投影面,椭球的中心保

持不动,变化其扁率,保持基准点 P_0 的经纬度不变。要满足上述缩放条件,新椭球的长半轴 a_1 和偏心率 e_1 分别为

$$a_1 = (N + H_0)\sqrt{1 - e_1^2\sin^2 B} \tag{2-28}$$

$$e_1 = e\sqrt{\frac{N}{N + H_0}} \tag{2-29}$$

各点大地经纬度及大地高变动量为

$$\left.\begin{aligned}\Delta B_i &= \frac{\sin B_i \cos B_i}{(M_i + H_i)W_i}\left[e^2\Delta a + \frac{N_i}{2W_i}(2 - e^2\sin^2 B_i)\Delta e^2\right]\\ \Delta L_i &= 0\\ \Delta H_i &= -W_i\Delta a + \frac{N_i}{2}\sin^2 B_i \Delta e^2\end{aligned}\right\} \tag{2-30}$$

与椭球膨胀法相同,在获得了新的控制网各点的 B、L、H 之后,在新的椭球上进行投影计算,获得满足投影变形要求的工程测量平面控制网,如图 2-91 所示。

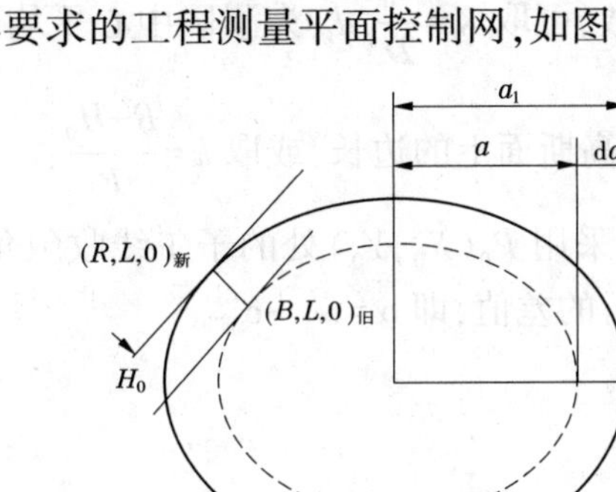

图 2-91　椭球变形法

2. 算法流程

椭球变形法算法流程见图 2-92。

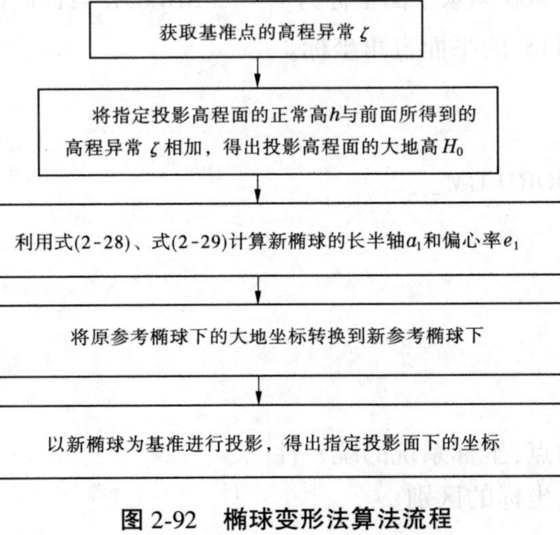

图 2-92　椭球变形法算法流程

四、坐标相似变换法

采用相似变换的方法,也可以得出独立坐标系下的坐标。该方法的基本思想是先将经过无约束平差得到的三维坐标投影为平面坐标,投影所采用的参考椭球可以直接选择地心椭球,然后采用相似变换的方法得出独立坐标系下的坐标。

选择测区平面控制网中的一控制点 $p_0(x_0,y_0)$,其在变换后新平面坐标系下的坐标为 $P_0(X_0,Y_0)$,则相似变换的公式为

$$\begin{bmatrix} X \\ Y \end{bmatrix} = \begin{bmatrix} X_0 \\ Y_0 \end{bmatrix} + K \cdot \begin{bmatrix} \cos\alpha & \sin\alpha \\ -\sin\alpha & \cos\alpha \end{bmatrix} \begin{bmatrix} x & -x_0 \\ y & -y_0 \end{bmatrix} \tag{2-31}$$

式中 x,y——控制网变换前的各点坐标;

X,Y——新平面坐标系下的坐标;

K——控制网边长缩放系数,可取 $K=\dfrac{d_0}{D}$,d_0 为测区中心平均高程面上某边的实测水平边长,D 为该边在高斯面上的边长,或取 $k=\dfrac{R+H_0}{R}$;

α——控制网旋转角度,可采用 $P_0(X_0,Y_0)$ 处的子午线收敛角,或采用两已知点之间的方位角在变换前后的差值,即 $\alpha=\alpha_{后}-\alpha_{前}$。

➤ 实训案例

一、实训目的

(1)正确理解建立工程坐标系的原因及意义,掌握各种类型的工程坐标系建立方案。
(2)能够正确选择中央子午线和抵偿高程投影基准面。
(3)会利用软件建立各种类型的工程坐标系。

二、实训内容

某测区点的第 38 带 1980 国家平面坐标为 x_1 = 3 816 697. 421 m、y_1 = 38 409 493. 713 m,请换算到中央子午线为 115°的平面直角坐标。

三、上机软件

LGO 软件或软件 COORD GM。

四、参考资料

LGO 软件使用说明。

五、注意事项

(1)参与坐标转换的点,坐标系统的统一性。
(2)通用坐标与自然坐标的区别。

(3)数据输入输出格式。

六、上交资料

转换后坐标。

七、案例小结

在工程建设布设测量控制网时,其成果不仅要满足大比例尺地形图测图的需要,还要满足一般工程放样的需要。施工放样时要求控制网中两点的实测长度与由坐标反算的长度应尽可能相符,而采用国家坐标系其坐标成果大多数情况下是无法满足这些要求的,这就需要建立工程坐标系。学生独立操作本案例的实训内容后,能够理解工程坐标系建立方法,会利用软件建立工程坐标系,能够正确选择中央子午线和抵偿高程投影基准面。

任务三　坐标转换

➤ 任务描述

坐标转换

在某地有一个测区,测区内有若干个控制点,既有 1954 北京坐标系的坐标,又有 WGS-84 坐标系的坐标。一个用户在测区内使用 GPS RTK 接收机获得了一些点的 WGS-84 坐标,现在用户希望将这些点的 WGS-84 坐标转换为 1954 北京坐标系的坐标和本地的地方坐标(地方坐标系的椭球与 1954 北京坐标系的相同)。

➤ 任务分析

在测绘生产中,常常会遇到不同坐标系统之间的坐标转换问题。目前国内常见的转换有以下 3 种:①大地坐标(B,L,H)与平面直角坐标(X,Y,Z)间的转换;②1954 北京坐标系、1980 西安坐标系与 WGS-84 和 CGCS2000 坐标系间的相互转换;③1954 北京坐标系、1980 西安坐标系或 CGCS2000 对地方坐标系的转换。常用的方法有三参数法、四参数法和七参数法。

在同一个椭球里的坐标转换都是严密的,比如第 1 种转换。而在不同的椭球之间的转换是不严密的,这种转换是不存在一套转换参数可以全国通用的,在每个地方会不一样,因为它们是两个不同的椭球基准,比如第 2 种转换。在一个椭球的不同坐标系中转换可能会用到平面转换,比如第 3 种转换。

两个椭球间的坐标转换一般而言比较严密的是用七参数法(包括布尔莎模型、一步法模型、海尔曼特模型等),即 $X_{平移}$、$Y_{平移}$、$Z_{平移}$、$X_{旋转}$、$Y_{旋转}$、$Z_{旋转}$,尺度变化 m。要求得七参数就需要在一个地区至少需要 3 个以上的已知点,如果区域范围不大,最远点间的距离不大于 30 km(经验值),这可以用三参数法(莫洛登斯基模型),即 $X_{平移}$、$Y_{平移}$、$Z_{平移}$,而将 $X_{旋转}$、$Y_{旋转}$、$Z_{旋转}$,尺度变化 K 视为 0,所以三参数只是七参数的一种特例。同一椭球下不同坐标系的平面转换,现阶段一般分为四参数和平面网格拟合两种方法,以四参数法在国内用得较多。

➢ 任务流程

控制点坐标转换流程:

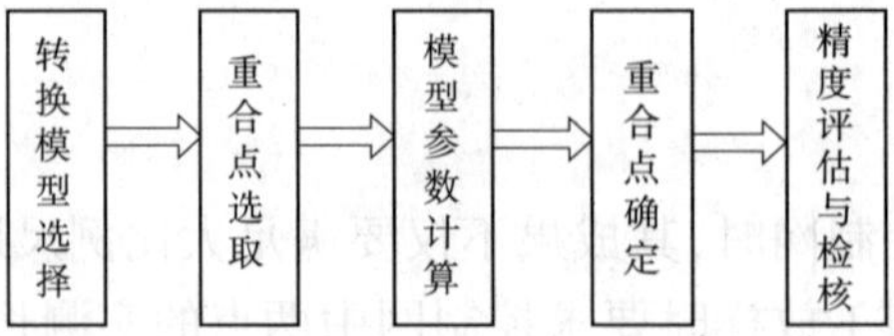

一、转换模型选择

坐标转换模型的选取除考虑坐标基准外,还和转换的区域范围大小、转换的精度要求等有着密切的关系。不同基准间的坐标转换,由于转换是不严密的,所以一般采用七参数法,如果范围不大,可采用三参数法。同一椭球下的坐标转换、平面坐标的转换,通常可采用平面四参数模型。

我国从2008年7月1日启用2000国家大地坐标系后,现行国家大地坐标系逐步向2000国家大地坐标系转换,我国《现有测绘成果转换到2000国家大地坐标系技术指南》规定:全国及省级范围的坐标转换选择三维七参数转换模型;省级以下的坐标转换可选择二维七参数模型或平面四参数模型。对于相对独立的平面坐标系统与1954北京坐标系、1980西安坐标系、2000国家大地坐标系的联系可采用平面四参数模型或多项式回归模型。这对于现有成果的相互转换也具有一定的指导意义。

二、重合点选取

坐标重合点可采用在两个坐标系下均有坐标成果的点。坐标重合点的个数以不低于解算坐标转换模型参数所必需个数为准,即七参数至少三个公共点,四参数至少两个点;三参数至少一个点的最低要求标准。用于计算转换参数的重合点数量与转换区域的大小有关,国家现有测绘成果向2000国家大地坐标系转换要求不得少于5个。

三、模型参数计算

用所确定的重合点坐标,根据坐标转换模型利用最小二乘法计算模型参数。

四、重合点确定

当坐标重合点个数多于必要重合点个数时,需要从众多重合点中选出部分重合点作为参数解算的最终重合点。但最终重合点还需根据所确定的转换参数,计算重合点坐标残差,根据其残差值的大小来确定,若残差大于3倍中误差则剔除,重新计算坐标转换参数,直到满足精度要求。

五、精度评估与检核

用上述模型进行坐标转换时必须满足相应的精度指标。

《现有测绘成果转换到2000国家大地坐标系技术指南》规定:对于1954北京坐标系、1980西安坐标系与2000国家大地坐标系转换分区转换及数据库转换点位的平均精度应小于图上的0.1 mm。具体是:

对于1∶5 000坐标转换,1980西安坐标系与2000国家大地坐标系转换分区转换平均精度≤0.5 m;1954年北京坐标系与2000国家大地坐标系转换分区转换平均精度≤1.0 m;

1∶50 000基础地理信息数据库坐标转换精度≤5.0 m;

1∶10 000基础地理信息数据库坐标转换精度≤1.0 m;

1∶5 000基础地理信息数据库坐标转换精度≤0.5 m。

依据计算坐标转换模型参数的重合点的残差中误差评估坐标转换精度。对于n个点,坐标转换精度估计公式如下:

$$V(\text{残差}) = \text{重合点转换坐标} - \text{重合点已知坐标}$$

$$\text{空间直角坐标 } X_{\text{残差}} \text{ 中误差 } m_X = \pm\sqrt{\frac{[vv]_X}{n-1}}$$

$$\text{空间直角坐标 } Y_{\text{残差}} \text{ 中误差 } m_Y = \pm\sqrt{\frac{[vv]_Y}{n-1}}$$

$$\text{空间直角坐标 } Z_{\text{残差}} \text{ 中误差 } m_Z = \pm\sqrt{\frac{[vv]_Z}{n-1}}$$

$$\text{点位中误差 } M_p = \sqrt{M_X^2 + M_Y^2 + M_Z^2}$$

$$\text{平面坐标 } x_{\text{残差}} \text{ 中误差 } m_X = \pm\sqrt{\frac{[vv]_X}{n-1}}$$

$$\text{平面坐标 } y_{\text{残差}} \text{ 中误差 } m_Y = \pm\sqrt{\frac{[vv]_Y}{n-1}}$$

$$\text{大地高 } H_{\text{残差}} \text{ 中误差 } m_H = \pm\sqrt{\frac{[vv]_H}{n-1}}$$

$$\text{平面点位中误差 } M_p = \sqrt{M_x^2 + M_y^2}$$

选择部分重合点作为外部检核点,不参与转换参数计算,用转换参数计算这些点的转换坐标与已知坐标进行比较进行外部检核。应选定至少6个均匀分布的重合点对坐标转换精度进行检核。

➤ 任务实施

下面以坐标转换软件COORD GM为例,说明任务描述中的坐标转换实施过程。

WGS-84坐标和1954北京坐标是两个不同椭球间的坐标转换,所以要求得三参数或七参数,而1954北京坐标和地方坐标都是同一个椭球,所以它们之间的转换是地方坐标转换,需要求得地方转换四参数,因为要求得到的1954北京坐标系是平面坐标,所以需要设置投影参数。

实施步骤:

(1)双击软件图标,打开COORD GM软件,软件界面如图2-93所示。

(2)在“设置”菜单,打开“地图投影”,设置投影参数(见图2-94)。

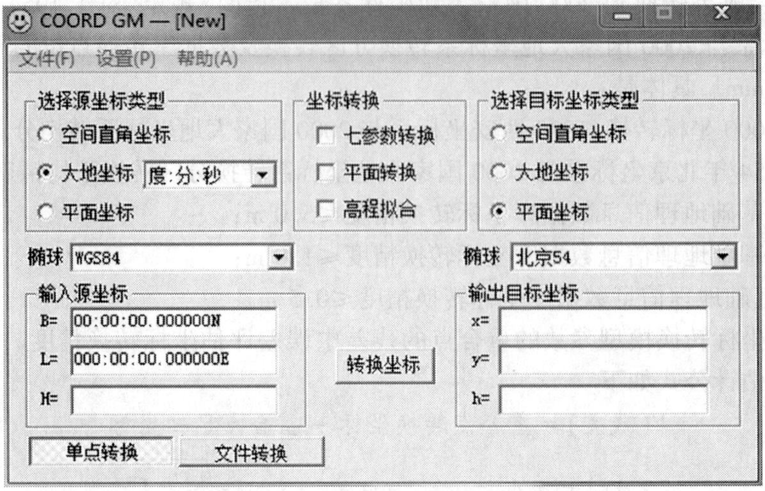

图 2-93　COORD GM 软件初始界面

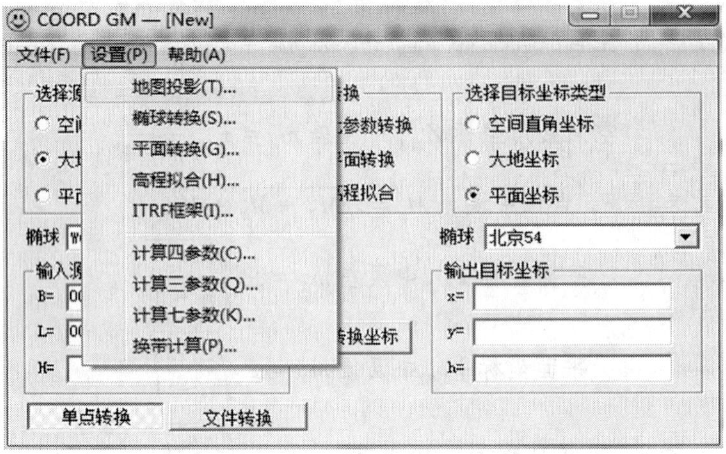

(a)

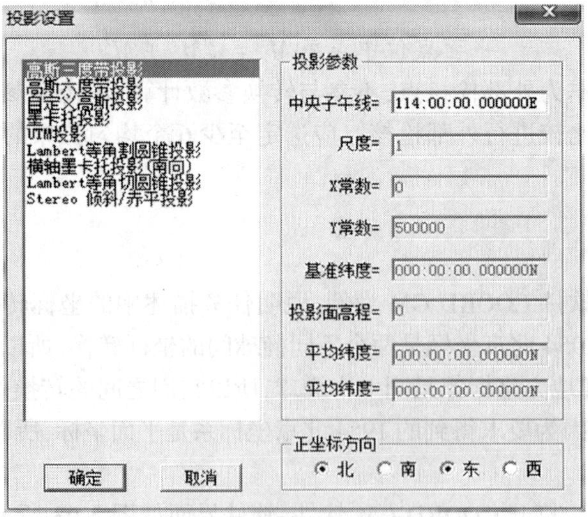

(b)

图 2-94　投影参数设置

(3)在“设置”菜单,打开“计算三参数(或计算七参数)”,输入公共点坐标后确定(见图2-95)。

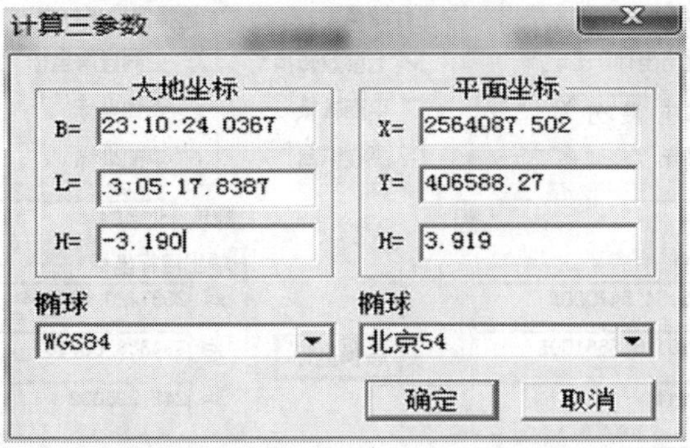

图2-95 三参数或七参数设置与计算

(4)显示椭球转换参数,点击“模型选择”,从布尔莎、一步法、莫洛登斯基、海尔曼特中选取转换模型后确定(见图2-96)。

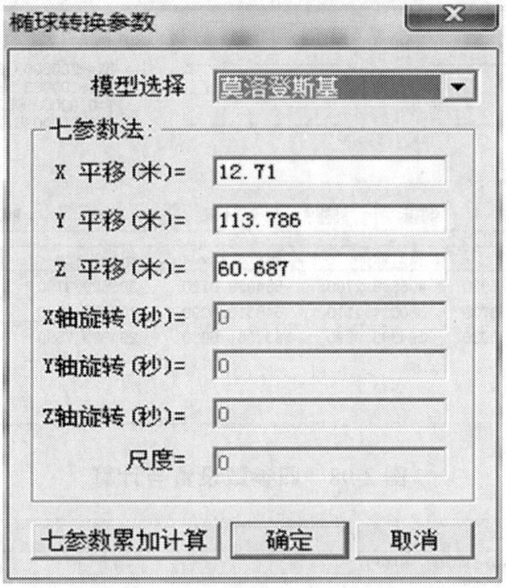

图2-96 显示椭球转换参数

(5)输入待转换的WGS-84坐标,选择“七参数转换”,点击“坐标转换”,完成点的坐标从WGS-84坐标到1954北京坐标的转换(见图2-97)。(点数较多时,可采用文件转换)

(6)在“设置”菜单,打开“计算四参数”,将具有1954北京坐标和地方坐标的公共点坐标一一输入后,点击“增加”。全部公共点坐标添加完成后,点击“计算”,显示四参数计算结果和精度信息(见图2-98)。必要时可将转换参数导出。

导出的转换参数以文本形式保存下来(见图2-99)。

(7)确定转换四参数(见图2-100)。

(8)回到主界面后,勾选<七参数转换>和<平面转换>,点击“坐标转换”,完成点的坐标从WGS-84坐标到地方坐标的转换(见图2-101)。

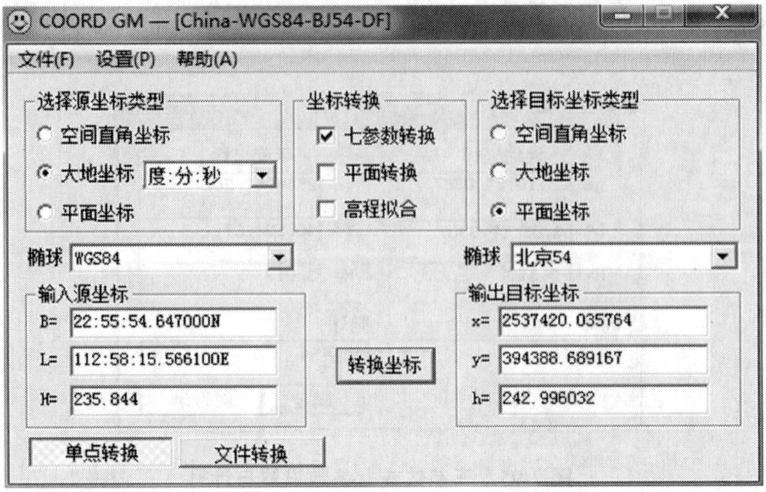

图 2-97　实现 WGS-84 坐标到 1954 北京坐标的转换

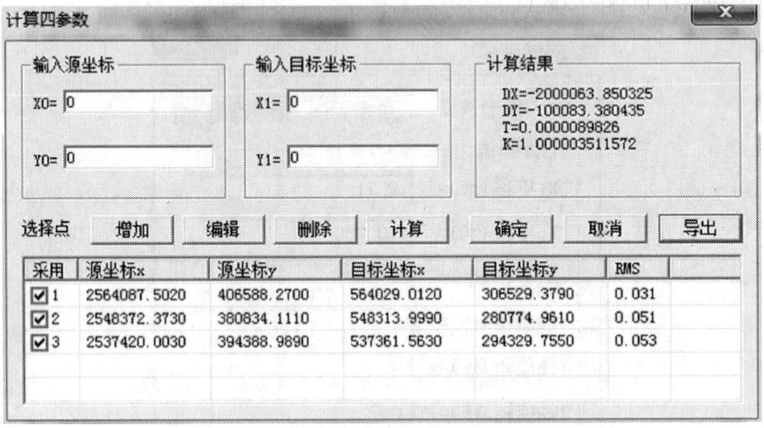

图 2-98　四参数设置与计算

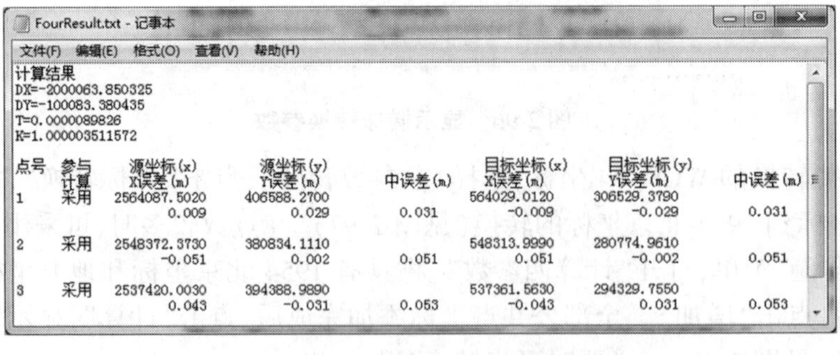

图 2-99　转换参数保存

(9)在“文件”菜单，执行保存命令将坐标转换文件保存下来(见图 2-102)，便于下次使用转换不用输入，直接打开即可。

至此，通过公共点坐标求得的三参数(或七参数)、四参数和相应的转换模型，实现了从 WGS-84 坐标到 1954 北京坐标及地方坐标的转换，其他类型的相互转换与此雷同。

图 2-100 转换四参数确认

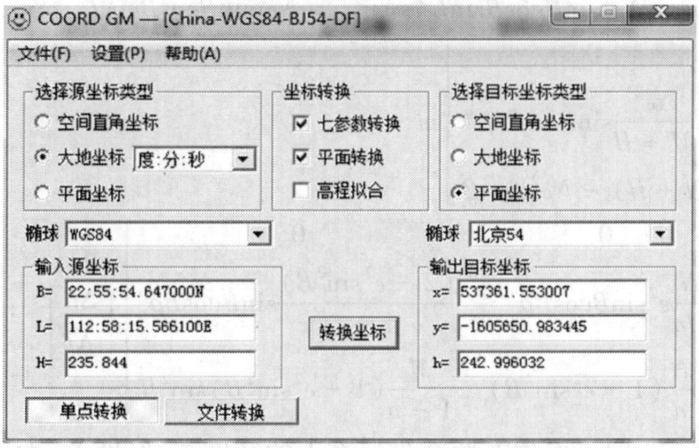

图 2-101 实现 WGS-84 坐标到地方坐标的转换

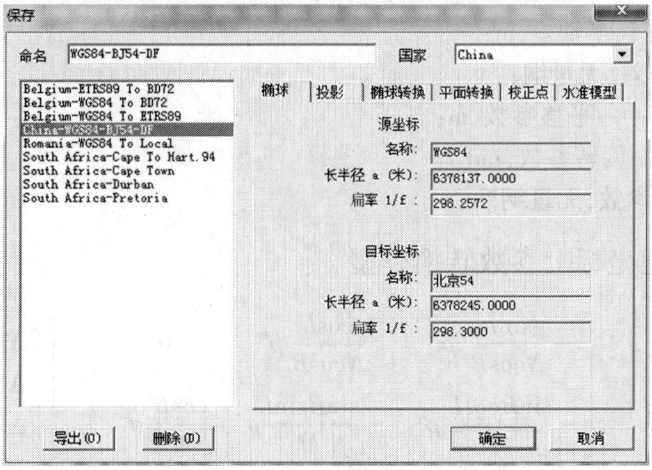

图 2-102 保存坐标转换文件

➢ 知识点

一、三维大地坐标七参数转换模型

$$
\begin{bmatrix}\Delta L\\ \Delta B\\ \Delta H\end{bmatrix}=\begin{bmatrix}-\dfrac{\sin L}{(N+H)\cos B}\rho'' & \dfrac{\cos L}{(N+H)\cos B}\rho'' & 0\\ -\dfrac{\sin B\cos L}{M+H}\rho'' & -\dfrac{\sin B\sin L}{M+H}\rho'' & \dfrac{\cos B}{(M+H)}\rho''\\ \cos B\cos L & \cos B\sin L & \sin B\end{bmatrix}\begin{bmatrix}\Delta X\\ \Delta Y\\ \Delta Z\end{bmatrix}+
$$

$$
\begin{bmatrix}\dfrac{N(1-e^2)+H}{N+H}\tan B\cos L & \dfrac{N(1-e^2)+H}{N+H}\tan B\sin L & -1\\ -\dfrac{(N+H)-Ne^2\sin^2 B}{M+H}\sin L & \dfrac{(N+H)-Ne^2\sin^2 B}{M+H}\cos L & 0\\ -Ne^2\sin B\cos B\sin L & Ne^2\sin B\cos B\cos L & 0\end{bmatrix}\begin{bmatrix}\varepsilon_x\\ \varepsilon_y\\ \varepsilon_z\end{bmatrix}+
$$

$$
\begin{bmatrix}0\\ -\dfrac{Ne^2}{M+H}\sin B\cos L\,\rho''\\ (N+H)-Ne^2\sin^2 B\end{bmatrix}m+
$$

$$
\begin{bmatrix}0 & 0\\ \dfrac{N}{Ma}e^2\sin B\cos B\rho'' & \dfrac{(2-e^2\sin^2 B)}{1-f}\sin B\cos B\rho''\\ -\dfrac{N}{a}(1-e^2\sin^2 B) & \dfrac{M}{1-a}(1-e^2\sin^2 B)\sin^2 B\end{bmatrix}\begin{bmatrix}\Delta a\\ \Delta f\end{bmatrix} \tag{2-32}
$$

式中　ΔB、ΔL、ΔH——同一点位在两个坐标系下的纬度差、经度差、大地高差,rad,rad,m;
$\rho=180\times3\ 600/\pi$,″/rad;

Δa——椭球长半轴差,m;

Δf——扁率差,无量纲;

ΔX、ΔY、ΔZ——平移参数,m;

ε_x、ε_y、ε_z——旋转参数,rad;

m——尺度参数,无量纲。

二、二维大地坐标七参数转换模型

$$
\begin{bmatrix}\Delta L\\ \Delta B\end{bmatrix}=\begin{bmatrix}-\dfrac{\sin L}{N\cos B}\rho'' & \dfrac{\cos L}{N\cos B}\rho'' & 0\\ -\dfrac{\sin B\cos L}{M}\rho'' & -\dfrac{\sin B\sin L}{M}\rho'' & \dfrac{\cos B}{M}\rho''\end{bmatrix}\begin{bmatrix}\Delta X\\ \Delta Y\\ \Delta Z\end{bmatrix}+
$$

$$
\begin{bmatrix}\tan B\cos L & \tan B\sin L & -1\\ -\sin L & \cos L & 0\end{bmatrix}\begin{bmatrix}\varepsilon_x\\ \varepsilon_y\\ \varepsilon_z\end{bmatrix}+\begin{bmatrix}0\\ -\dfrac{N}{M}e^2\sin B\cos B\rho''\end{bmatrix}m+
$$

$$\begin{bmatrix} 0 & 0 \\ \dfrac{N}{Ma}e^2\sin B\cos B\rho'' & \dfrac{(2-e^2\sin^2 B)}{1-f}\sin B\cos B\rho'' \end{bmatrix}\begin{bmatrix} \Delta a \\ \Delta f \end{bmatrix} \quad (2\text{-}33)$$

式中　ΔB、ΔL——同一点位在两个坐标系下的纬度差、经度差，rad；

Δa、Δf——椭球长半轴差（m）、扁率差（无量纲）；

ΔX、ΔY、ΔZ——平移参数，m；

ε_x、ε_y、ε_z——旋转参数，rad；

m——尺度参数（无量纲）。

三、综合法空间直角坐标七参数转换模型

所谓综合法，就是在相似变换（布尔莎七参数转换）的基础上，再对空间直角坐标残差进行多项式拟合，系统误差通过多项式系数得到削弱，使统一后的坐标系框架点坐标具有较好的一致性，从而提高坐标转换精度。

综合法转换模型及转换方法：

（1）利用重合点先用相似变换转换

布尔莎七参数坐标转换模型：

$$\begin{bmatrix} X_T \\ Y_T \\ Z_T \end{bmatrix} = \begin{bmatrix} \Delta X \\ \Delta Y \\ \Delta Z \end{bmatrix} + \begin{bmatrix} 0 & -Z_S & Y_S \\ Z_S & 0 & -X_S \\ -Y_S & X_S & 0 \end{bmatrix}\begin{bmatrix} \varepsilon_X \\ \varepsilon_Y \\ \varepsilon_Z \end{bmatrix} + m\begin{bmatrix} X_S \\ Y_S \\ Z_S \end{bmatrix} + \begin{bmatrix} X_S \\ Y_S \\ Z_S \end{bmatrix} \quad (2\text{-}34)$$

式中　$[\Delta X \quad \Delta Y \quad \Delta Z]^{\mathrm{T}}$——平移参数；

$[\varepsilon_X \quad \varepsilon_Z \quad \varepsilon_Z]^{\mathrm{T}}$——旋转参数；

m——尺度参数。

（2）对相似变换后的重合点残差 V_X, V_Y, V_Z 采用多项式拟合：

$$V_X \text{ 或 } V_Y \text{ 或 } V_Z = \sum_{i=0}^{K}\sum_{j=0}^{i} a_{ij}B_S^{i-j}L_S^{j}$$

式中　B、L——大地坐标，rad；

K——拟合阶数；

a_{ij}——系数，通过最小二乘求解。

四、二维平面直角坐标四参数转换模型

属于二维坐标转换，对于三维坐标，需将坐标通过高斯投影变换得到平面坐标再计算转换参数。

平面直角坐标转换模型：

$$\begin{bmatrix} x_2 \\ y_2 \end{bmatrix} = \begin{bmatrix} x_0 \\ y_0 \end{bmatrix} + (1+m)\begin{bmatrix} \cos\alpha & \sin\alpha \\ -\sin\alpha & \cos\alpha \end{bmatrix}\begin{bmatrix} x_1 \\ y_1 \end{bmatrix} \quad (2\text{-}35)$$

式中　x_1、y_1——原坐标系下平面直角坐标；

x_2、y_2——新大地坐标系下的平面直角坐标，m；

x_0, y_0——平移参数；

m——尺度参数；

α——旋转参数，其意义为旧坐标轴旋转至新坐标轴的角度，以坐标方位角增大的方向为正，反向为负。

➤ 案例实训

坐标转换案例

一、实训目的

(1)理解测量常用坐标系的定义、建立方法、基本概念、采用的椭球及参数。

(2)理解各坐标系间的转换关系。

(3)掌握不同基准下的坐标转换关系与方法和同基准下的坐标转换关系与方法。

(4)掌握国家坐标系与独立坐标系的转换方法。

二、实训内容

测区内有已知的 5 个公共重合点，它们既有 1954 北京坐标系，也有 1980 西安坐标系(见表 2-6)。请利用软件将另外 4 个控制点 HQ01 ~ HQ04 的 1954 北京坐标(见表 2-7)转换到 1980 西安坐标系中，即求得另外 4 个控制点的 1980 西安坐标。

表 2-6　公共重合点已知坐标数据

1954 北京坐标系					
点号	平面直角坐标		经纬度		高程 (m)
	x(m)	y(m)	B(° ′ ″)	L(° ′ ″)	
A005	3 342 166.840	441 596.337	30 11 49.210 21	119 23 36.632 20	136.422
7084	3 316 936.647	424 906.947	29 58 06.647 42	119 13 19.177 10	309.226
2075	3 338 625.302	415 534.526	30 09 48.704 29	119 07 23.434 51	147.304
3076	3 356 163.501	392 948.358	30 19 11.735 80	118 53 13.072 05	1 087.02
7080	3 326 868.132	396 444.949	30 03 21.658 41	118 55 34.262 67	427.452
1980 西安坐标系					
点号	平面直角坐标		经纬度		高程 (m)
	x(m)	y(m)	B(° ′ ″)	L(° ′ ″)	
A005	3 342 120.512	441 553.409	30 11 49.576 33	119 23 34.989 48	136.422
7084	3 316 889.969	424 864.015	29 58 06.986 06	119 13 17.527 43	309.226
2075	3 338 578.777	415 491.366	30 09 49.058 53	119 07 21.766 93	147.304
3076	3 356 117.009	392 904.880	30 19 12.097 49	118 53 11.375 19	1 087.02
7080	3 326 821.375	396 401.680	30 03 21.995 97	118 55 32.580 68	427.452

表 2-7 待转换点的 1954 北京坐标

点号	x	y	H
HQ01	3 329 471.255	40 409 968.333	99.020
HQ02	3 329 457.069	40 410 046.845	141.350
HQ03	3 328 817.266	40 409 996.698	95.330
HQ04	3 328 892.121	40 409 787.252	100.250

测区内有 2 个公共控制点,它们既有 1954 北京坐标,又有杭州地方坐标,其已知数据如表 2-8 所示,已知杭州地方坐标系的椭球与 1954 北京坐标系相同。请将另一控制点坐标(1954 北京坐标:x=3 348 002.550,y=526 301.050,H=6.78)转换到地方坐标系。

表 2-8 公共重合点的已知 1954 北京坐标和地方坐标

1954 北京坐标系				杭州地方坐标			
点号	x	y	H	点号	x	y	H
C0522	3 348 724.128	526 679.305	8.50	C0522	81 281.89	91 322.29	8.50
C0580	3 324 702.854	522 575.273	6.52	C0580	57 266.11	87 186.22	6.52

三、上机软件

采用 COORD GM 软件、COORD 4.0 软件或者 LGO 软件。

四、参考资料

COORD 软件使用说明和本节内容。

五、注意事项

(1)注意各坐标系统采用的椭球及其参数。
(2)注意不同转换模型的使用范围和选用标准。
(3)注意投影参数的设置及其意义。
(4)注意对比不同软件解算结果的差异及对策。

六、上交资料

(1)转换后的坐标成果。
(2)实习总结,谈谈对坐标转换的理解与认识。

七、案例小结

在测量计算中,常常会涉及不同坐标系统,因此坐标转换是一项必不可少的工作。坐标转换是空间实体的位置描述,是从一种坐标系统变换到另一种坐标系统的过程。通过建立两个坐标系统之间一一对应关系来实现。坐标转换问题的详细了解对于测量很重要,也是测绘专业人员必须了解掌握的一项基本知识。独立操作本案例的实训内容,学生可掌握不同基准下的坐标转换关系与方法和同基准下的坐标转换关系与方法,掌握国家坐标系与独立坐标系的转换方法。

项目小结

本项目根据工程测量的特点和需要,通过任务的形式来实现坐标换带计算流程,详细介绍各种工程坐标系的建立过程与方法,以及各种坐标系间的坐标转换实施过程。通过本项目的学习,要求学习者能理解高斯正反算的目的与意义、理解坐标换带的目的及意义、理解坐标系之间坐标转换的不同方法及使用要求;会利用软件进行高斯正反算,会利用软件进行坐标换带计算,会根据工程实际进行投影面和投影带的选择,建立工程坐标系,会利用软件进行各种坐标系之间的坐标转换及精度评定,从而达到培养其独立的思考能力和计算能力的目的。

思政小课堂

(1)由高斯投影的原理、由来,分带投影的测绘手段,增强学生遵守精度规范要求,培养学生科学严谨的测绘精神。

(2)结合各款软件基本操作技巧,尤其是通过不同椭球和投影的建立分析,提醒学生细致严谨是测绘工作的基本职业素养。

(3)以换带计算、坐标转换各软件应用的便捷性,引导学生重视高新技术应用,提升职业认知,树立正确职业发展规划。

(4)通过换带计算及工程坐标系建立时可能遇到的问题,进一步规范学生操作,培养学生严谨细致的职业素养。

(5)通过3°带、6°带分带投影在国家测绘成果中的重要应用,结合国家领土完整等,开展保家卫国主题教育,培养学生爱国爱家的家国情怀。

(6)通过换带计算和坐标转换软件提供更加快捷方便的获取方式,鼓励学生掌握先进的科学技术,报效祖国。

习题演练

单选题　　多选题　　判断题

项目三　精密水准测量

知识目标

1. 掌握水准路线的选线、选点与埋石的流程。
2. 掌握水准网的布设形式及精度。
3. 了解精密水准仪检校项目及方法。
4. 掌握精密水准外业观测的程序和步骤。
5. 掌握精密水准测量外业计算的方法。

能力目标

1. 能独立进行水准路线的选线、选点、埋石。
2. 掌握精密水准仪的特点,熟练使用仪器及进行检验。
3. 掌握精密水准标尺的特点、使用及检验方法。
4. 能够合作完成精密水准的外业施测任务,包括外业观测、记录、计算和检查。
5. 能够完成精密水准的概算、验算及平差,对结果进行精度评定。

素质目标

1. 培养良好的测量、计算能力。
2. 培养团队合作能力,加强责任意识;培养工作安全意识,加强职业素养。
3. 培养系统性的学习能力,能够"专、精、勤"于行业。

项目重点

1. 选线、选点与埋石的流程。
2. 精密水准仪和水准尺的使用。
3. 精密水准仪和水准尺的检校。
4. 精密水准测量观测程序和步骤。
5. 精密水准测量外业计算的内容和计算步骤。

项目难点

1. 水准路线设计。
2. 精密水准仪的读数方法。
3. 精密水准仪的检验项目及方法。
4. 精密水准测量观测程序和步骤。
5. 水准测量外业计算的方法和精度估算。

➤ 项目导航

在高程控制测量工作中,精密水准测量是建立高程控制网的一种重要方法,也是目前使用最广泛的方法之一。精密水准测量是利用具有光学测微器的精密水准仪,以及因瓦合金水准标尺,并采用光学测微法进行读数或者使用电子精密水准仪和条码标尺进行高程测量的方法。精密水准测量和普通水准测量在仪器、读数、手簿记录和计算上有着较大的区别。

本项目按照精密水准测量的作业布骤,依据精密水准测量的技术规范标准,结合精密水准测量的外业作业特点,利用精密水准仪和水准尺完成外业高程测量任务。精密水准测量的一般流程为:

接受任务 → 资料准备 → 技术设计 → 外业准备 → 选点埋石 → 外业观测 → 概算平差 → 技术总结 → 检查验收

本项目由以下五项任务组成:

任务一　选线、选点与埋石

任务二　精密水准仪与精密水准标尺的认识与使用

任务三　仪器的选用与检校

任务四　精密水准观测

任务五　精密水准测量外业计算

任务一　选线、选点与埋石

任务描述

某市为了“数字城市”建设的需要,需要建立国家大地控制测量框架基础之上的城市高程控制网。按照规划设计要求,需要在测区布设二等水准高程控制网。根据《国家一、二等水准测量规范》(GB/T 12897—2006)、《城市测量规范》(CJJ/T 8—2011)以及技术设计书的要求,首先在测区范围完成高程控制网的选线、选点工作,并完成点位的埋设与标记。

任务分析

根据高程控制网的布设原则要求,高程控制网的布设由高级到低级,从整体到局部,逐级控制,逐级加密。而且,各级水准网都要自身构成闭合环或闭合于高一等级的水准路线。同时根据城市建设的需要和规范要求,合理控制水准网的布设密度,以满足城市地形测量及其他任务对作为高程起算点的水准点的密度需要,并制订严密的水准布设方案。

技术设计完成后和野外测量前的关键工序就是水准路线的确定和水准点的选择,这是水准测量前的第一道工序,也是一个决定性环节,其优劣将对测量工作的全过程造成重大影响。

任务流程

本任务是技术设计的一项重要内容,也是实施水准外业观测前必须要进行的一项工作,该项任务的基本流程如下:

图上设计 ⇨ 实地选线、选点 ⇨ 命名编号 ⇨ 埋石 ⇨ 绘制点之记 ⇨ 点托管

一、图上设计

水准测量工作，首先要在技术设计环节进行水准路线、水准点的选定与确认，并在实地埋上水准标石，这项工作一般是在图上设计和实地踏勘的基础上完成的。工作之初，应首先收集或领取作业区域1:50 000或1:100 000的中小比例尺的地形图，在其上进行一、二等水准路线的设计，设计完成后要到实地踏勘确认，有时二者的先后次序可以互换或者交叉进行。具体做法是：

(1)将已知水准路线和水准点以及计划联测的“其他固定点”，以不同颜色和符号标绘在地形图上。

(2)按照水准路线的布设原则和要求，先进行高等级水准路线设计，其次进行低等级水准路线设计，最后进行支水准路线设计。

(3)在设计出水准路线后，再设计出各个水准点的初步位置。对于一、二等水准路线测量，要认真地设计出各个基本水准点的位置。

图上设计的优劣将直接影响后续的工作，所以必须严格按照规范要求和测量条件来进行。在图上设计时，特别应注意以下几点：

(1)水准路线应尽量沿坡度小的道路布设，以减弱前后视折光误差的影响。尽量避免跨越河、湖泊、沼泽等障碍物。

(2)水准路线若与高压输电线或地下电缆平行，则应使水准路线在输电线或电缆50 m以外布设，以避免电磁场对水准测量的影响。

(3)布设首级高程控制网时，应考虑到便于进一步加密。

(4)水准网应尽可能布设成环形网或结点网，个别情况下亦可布设成附合路线。水准点间的距离一般地区为2~4 km，城市建筑区和工业区为1~2 km。

(5)应与国家水准点进行联测，以求得高程系统的统一。

(6)注意测区已有水准测量成果的利用。

二、实地选线、选点

图上设计完成后应进行实地选线与选点，并对图上设计进行检查和纠正。

水准网选点

(一)选定水准路线

(1)应尽量沿坡度较小的公路、大路进行。

(2)应避开土质松软的地段和磁场甚强的地段。

(3)应避开高速公路。

(4)应尽量避免通过行人车辆频繁的街道、大的河流、湖泊、沼泽与峡谷等障碍物。

(5)当一等水准路线通过大的岩层断裂带或地质构造不稳定的地区时，应会同地质、地震有关部门共同研究选定。

水准路线图以1:100 000或1:50 000地形图为底图，将水准路线两侧至少1 km以内的地物、地貌复制在A3规格的图纸上。当实地的道路或其他重要地物有变化而与底图不一致时，应先在底图上更正，图中应注明比例尺、经纬线和图幅编号。示例见图3-1。

Ⅳ等韩(韩县)—新(新兴)线水准路线图之二(局部)

J–49–101–D

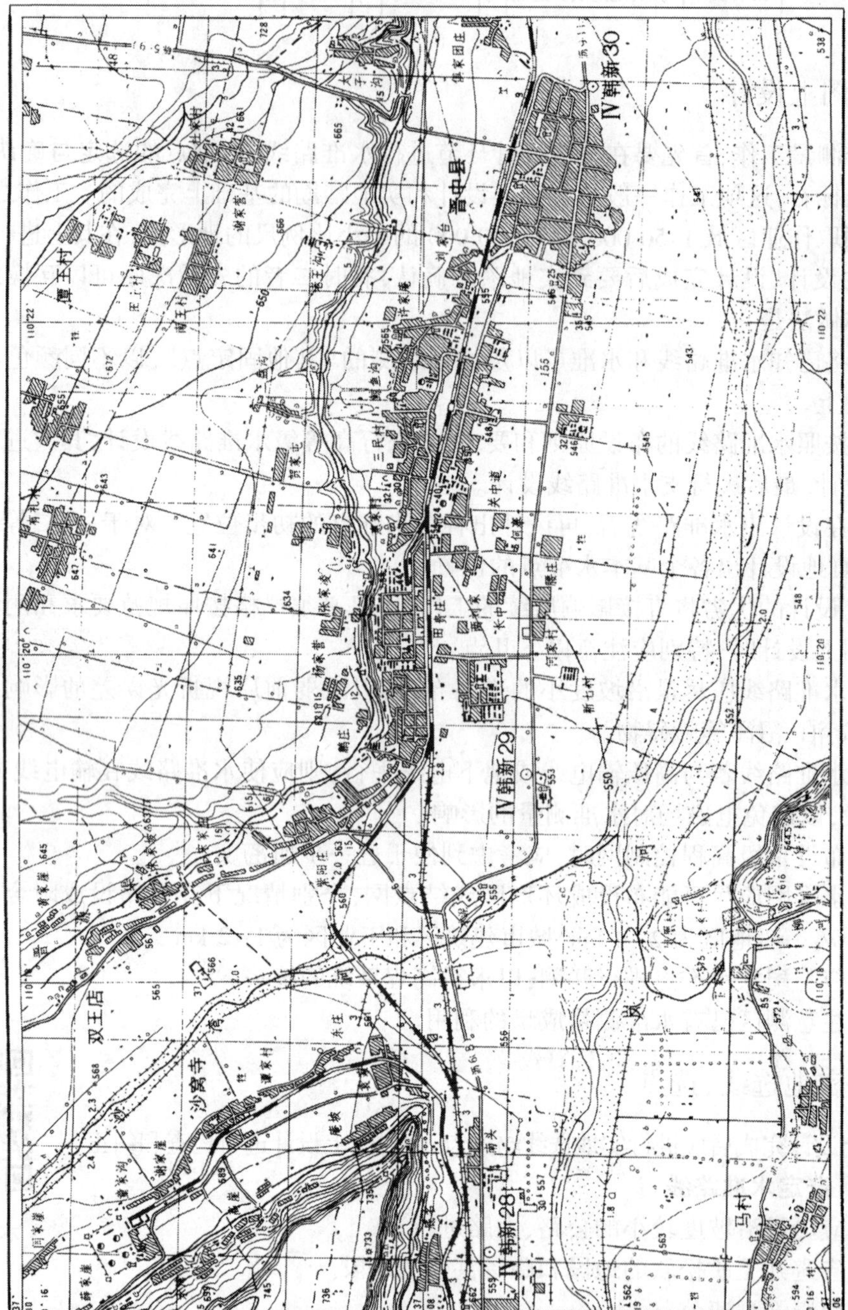

比例尺 1:50 000

国家测绘局第八测绘大队 1990年10月

图3-1 水准路线图

(二)选定水准点位

水准路线上,每隔一定距离应布设水准点。水准点分基岩水准点、基本水准点和普通水准点三种类型。各水准点的间距和布设要求一般按表3-1执行。

表3-1 水准点布设密度

水准点类型	间距	布设要求
基岩水准点	400 km左右	宜设于一等水准路线结点处,在大城市、国家重大工程和地质灾害多发区应予增设;基岩较深地区可适当放宽;每省(直辖市、自治区)不少于4座
基本水准点	40 km左右,经济发达地区20~30 km;荒漠地区60 km左右	设在一、二等水准路线上及其结点处;大、中城市两侧;县城及乡、镇政府所在地,宜设置在坚固岩层中
普通水准点	4~8 km,经济发达地区2~4 km;荒漠地区10 km左右	设在地面稳定,利于观测和长期保存的地点;山区水准路线的高程变换点附近;长度超过300 m的隧道两端;跨河水准测量的两岸标尺点附近

水准点应选在地基稳定,具有地面高程代表性的地点,并且利于标石长期保存和高程联测,便于卫星定位技术测定坐标的地点。

水准点宜选在路线附近的政府机关、学校、公园内。设在路肩的道路水准点宜选在里程碑或道路上的固定方位物附近(2 m以内)。下列地点不应当选定水准点:

(1)易受水淹或地下水位较高的地点,易发生土崩、滑坡、沉陷、隆起等地面局部变形的地点。

(2)路堤、河堤、冲积层河岸及地下水位变化较大(如油井、机井附近)的地点。

(3)距铁路50 m、距公路30 m(普通水准点除外)以内或其他受剧烈震动的地点。

(4)不坚固或准备拆修的建筑物上。

(5)短期内将因修建而可能毁掉标石或地形隐蔽不便观测的地点。

(6)道路上填方的地段。

水准点位置应标定准确,并用规定的符号绘出,注明水准点号。应联测或支测的其他固定点,应使用相应的符号标出位置及名号。超过图廓范围的支测路线,可用折线指出方向并注明里程。水准标石类型按规定符号描绘,水准路线图也可以直接在数字地形图上按上述要求编绘,按图3-1的样式输出。

三、命名编号

水准路线以起止地名的简称定为线名,起止地名的顺序为起西止东、起北止南。一、二等水准路线的等级,各以Ⅰ、Ⅱ列于线名之前表示。路线上的水准点,应自该线起始水准点起,以数字1,2,3…顺序编订号数。支线上的水准点按照起始水准点到所测高程点的方向以数字1,2,3…顺序编订号数。利用旧水准点时可以使用旧名号,若重新编订应在旧名号后用括号标注旧名号。基岩水准点以所在地命名,在地名后加“基岩点”三字。基本水准点应在名号后加“基”字,上、下标志分别再加“上”或“下”字。若为道路水准点,则在水准点编号后加注“道”,如Ⅰ京津48道。

四、埋石

水准网埋石和点之记

水准点选定后,就可以进行水准标石的埋设工作。公众周知,水准点的高程就是指嵌设在水准标石上面的水准标志顶面相对于高程基准面的高度,如果水准标石埋设质量不好,容易产生垂直位移或倾斜,那么即使水准测量观测质量再好,其最后成果也是不可靠的,因此务必十分重视水准标石的埋设质量。

国家水准点标石的制作材料、规格和埋设要求,在《国家一、二等水准测量规范》(GB/T 12897—2006)中都有具体的规定和说明。关于工程测量中常用的普通水准标石是由柱石和盘石两部分组成的,标石可用混凝土浇制或用天然岩石制成。水准标石上面嵌设有铜材或不锈钢金属标志,如图 3-2 所示。

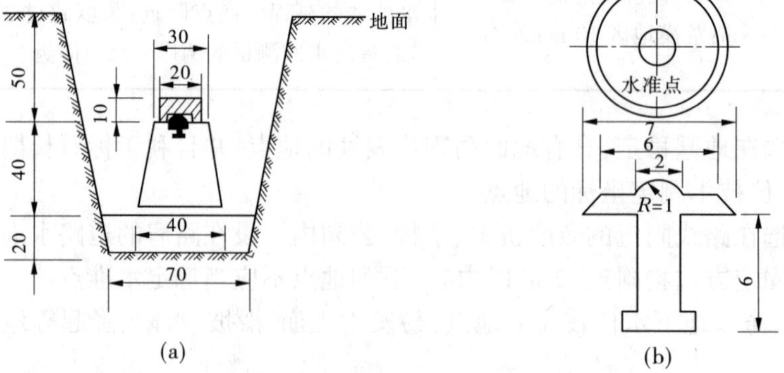

图 3-2　水准标石埋设图和标志图　(单位:cm)

首级水准路线上的结点应埋设基本水准标石,基本水准标石及其埋设如图 3-3(a)所示。墙上水准标志如图 3-3(b)所示,一般嵌设在地基已经稳固的永久性建筑物的基础部分,水准测量时,水准标尺安放在标志的突出部分。

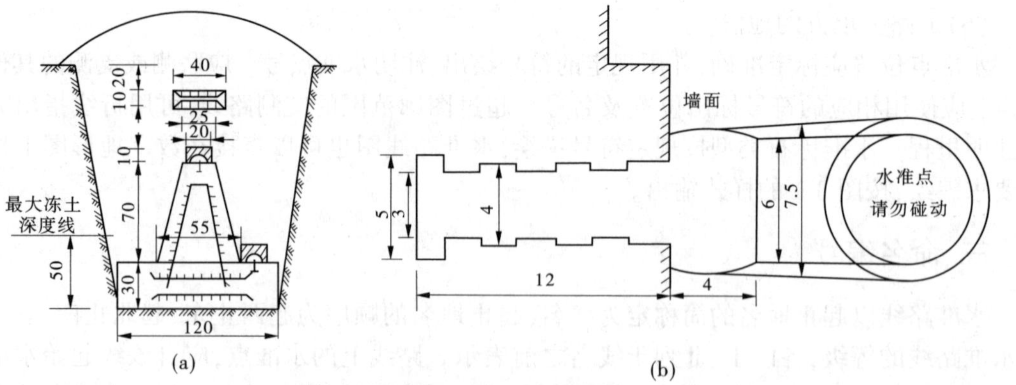

图 3-3　基本水准标石和墙上水准标志　(单位:cm)

埋设水准标石时,一定要将底部及周围的泥土夯实,标石埋设后,应绘制点之记,并办理托管手续。

五、绘制点之记

埋石工作结束后，应绘制点之记。点之记是以图形、文字的形式记载等级控制点位置和结构情况的资料。包括：点名、等级、点位略图、交通图及与周围固定地物的相关尺寸和为后续工作方便而描述的内容等。点之记如表 3-2 所示。

表 3-2　水准点点之记

<table>
<tr><td colspan="3">新文　线</td><td colspan="3">点名：Ⅳ　新文17</td></tr>
<tr><td colspan="3">详细位置图
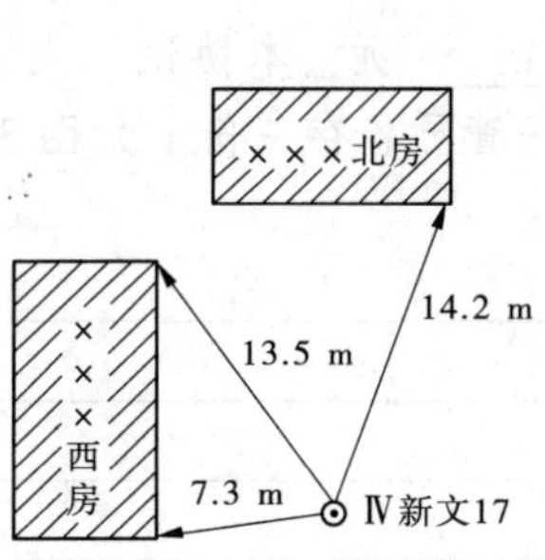
比例尺　1∶500</td><td colspan="3">标石断面图　单位:m
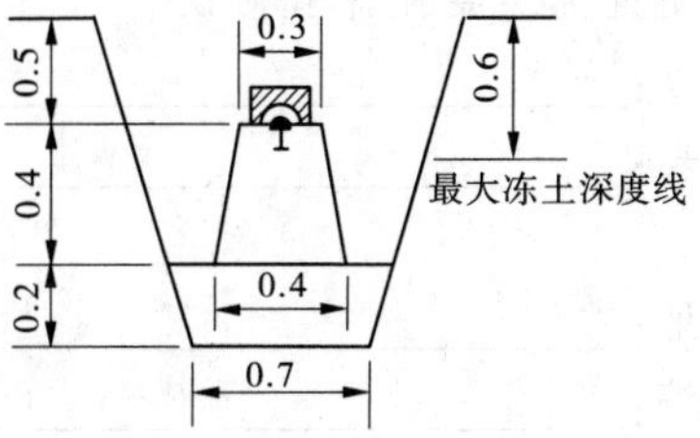</td></tr>
<tr><td>所在图幅</td><td colspan="2">J–50–19</td><td>标石类型</td><td colspan="2">混凝土普通水准标石</td></tr>
<tr><td>经纬度</td><td colspan="2">L:117°06.5′　B:39°25.4′</td><td>标石质料</td><td colspan="2">混凝土玻璃钢标志</td></tr>
<tr><td>所在地</td><td colspan="3">河北省××县××乡××村</td><td>土地使用者</td><td>×××</td></tr>
<tr><td>地别土质</td><td colspan="3">院地，黄土，含沙30%</td><td>地下水深度</td><td>5 m</td></tr>
<tr><td>交通路线</td><td colspan="5">自新镇至××县大路靠近××堡</td></tr>
<tr><td>点位详细说明</td><td colspan="5">1.西至×××西房东南角7.3 m;
2.西北至×××西房东北角13.5 m;
3.东北至×××北房东南角14.2 m;
4.标石上方埋有保护井、指示盘</td></tr>
<tr><td>接管单位</td><td colspan="2">××乡人民政府</td><td>保管人</td><td colspan="2">×××(副乡长)</td></tr>
<tr><td>选点单位</td><td>华北测绘院</td><td>埋石单位</td><td>华北测绘院</td><td>维修单位</td><td></td></tr>
<tr><td>选点者</td><td>×××</td><td>埋石者</td><td>×××</td><td>维修者</td><td></td></tr>
<tr><td>选点日期</td><td>1990年5月2日</td><td>埋石日期</td><td>1990年5月12日</td><td>维修日期</td><td></td></tr>
<tr><td>备注</td><td colspan="5">Ⅳ新文16—Ⅳ新文17　5.8 km(平地)
Ⅳ新文17—Ⅳ新文18　4.7 km(丘陵)</td></tr>
</table>

六、点托管

地面标志点埋设完毕后需要在当地进行委托保管,签订委托保管手续。

永久性测量标志委托保管协议

测量标志是经济建设和国防建设的重要基础设施,必须长期保存,严禁擅自拆除移动。根据《中华人民共和国测绘法》,__________(甲方)将位于________的测量标志(见图)委托__________(乙方)保管,由乙方负责落实保管员。省测绘局拥有测量标志用地地籍调查宗地界址范围内土地的使用权,乙方不得在此范围内从事可能使测量标志受到破坏或失去使用效能的活动,发现测量标志损坏或可能危及安全的情况及时向甲方报告。甲方每年年底前向保管员支付保管津贴________元。本协议一式五份。甲、乙双方、上级测绘管理部门、乡(镇)人民政府和测量标志保管员各存一份。如图3-4所示为永久性测量标志委托保管协议。

甲方:__________	乙方:__________
代表:__________	代表:__________
	保管员:__________
地址:__________	地址:__________
邮编:__________	邮编:__________
电话:__________	电话:__________
日期:______年______月______日	日期:______年______月______日

七、上交资料

(1)水准路线设计图。

(2)水准点点之记。

(3)点托管协议。

精密水准网的布设

➤ 知识点

一、水准路线

水准路线的布设形式分为单一水准路线和水准网。

(一)单一水准路线

单一水准路线的布设形式可分为附合水准路线、闭合水准路线、支水准路线三种。

1. 附合水准路线

从一个已知高程的高级水准点出发,沿各个待定高程的水准点进行水准测量,最后附合到另一已知高程的高级水准点所构成的单一水准路线称为附合水准路线,如图3-5(a)所示。

2. 闭合水准路线

从一个已知高程的高级水准点出发,沿各待定高程的水准点进行水准测量,最后仍闭合到原水准点所组成的环形水准路线称为闭合水准路线,如图3-5(b)所示。

测量标志委托保管书

点　　名：________________　所在图幅：________________

标石种类：________________　标志质料：________________

完整情况：________________________________

托管日期：________________________________

设置地点：________________________________

点位略图	

测量标志是社会主义经济建设和国防建设的重要设施，应长期保存。各级党、政领导机关和接管部门应对群众进行宣传教育，依法保护测量标志，不得拆除和移动，并严防破坏，埋设标志占用的土地，不得作其他使用。

现由________代表________根据《中华人民共和国测绘法》，将上述测量标志委托________________接管，并负责保护。

托管单位：________(盖公章)________代表：________

地　　址：________________邮编：________

接管单位：________(盖公章)________代表：________

地　　址：________________邮编：________

此保管书共三份，一份随成果上交，一份由接管单位保存，一份由测量机关呈交地方测绘管理部门。

图 3-4　永久性测量标志委托保管协议

3. 支水准路线

从一个已知高程的高级水准点出发，沿各个待定高程的水准点进行水准测量，最后没有连接到已知高程点上的水准路线称为支水准路线，如图 3-5(c)所示。

(二)水准网

若干条单一水准路线相互连接，形成网状的水准路线称为水准网，如图 3-6 所示。由多个已知高程点和若干个未知高程点所构成的水准网称为附合水准网，如图 3-6(a)所示。只有一个已知高程点和若干个未知高程点所构成的水准网称为独立水准网，如图 3-6(b)所示。单一水准路线相互连接的点称为结点。只有一个结点的水准网称为单结点水准网，如图 3-6(c)所示。

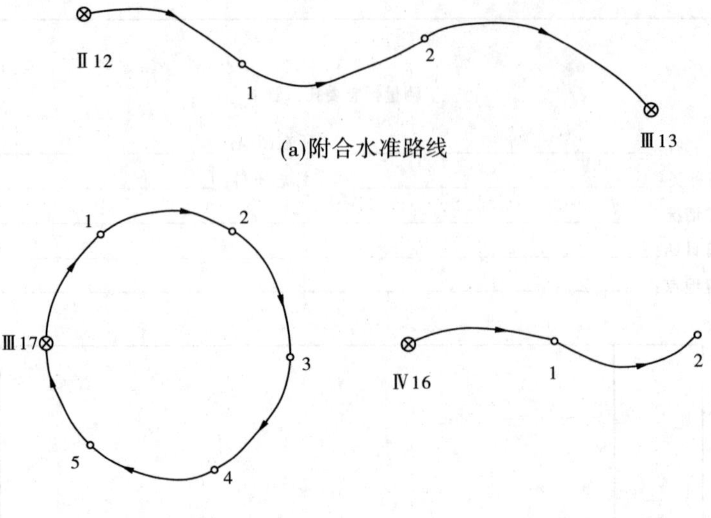

(a)附合水准路线

(b)闭合水准路线　(c)支水准路线

图3-5　单一水准路线

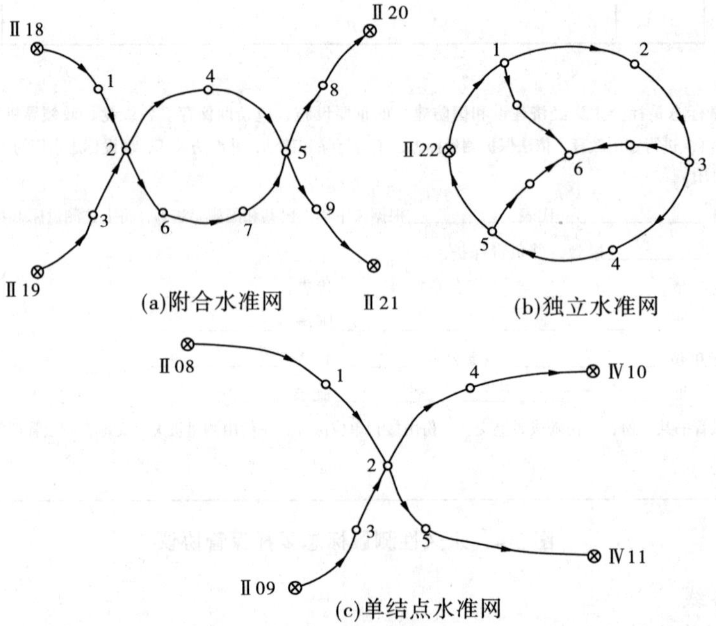

(a)附合水准网　(b)独立水准网

(c)单结点水准网

图3-6　水准网

二、高程控制网

(一)国家高程控制网

国家高程控制测量主要是用水准测量方法进行国家水准网的布测。国家水准网是全国范围内施测各种比例尺地形图和各类工程建设的高程控制基础,并为地球科学研究提供精确的高程资料,如研究地壳垂直形变的规律,各海洋平均海水面的高程变化,以及其他有关地质和地貌的研究等。

国家水准网的布设也是采用由高级到低级、从整体到局部逐级控制、逐级加密的原则。国家水准网分4个等级布设，一、二等水准测量路线是国家的精密高程控制网。一等水准测量路线构成的一等水准网是国家高程控制网的骨干，同时也是研究地壳和地面垂直运动以及有关科学问题的主要依据，每隔15~20年沿相同的路线重复观测一次。构成一等水准网的环线周长根据不同地形的地区，一般在1 000~2 000 km。在一等水准环内布设的二等水准网是国家高程控制的全面基础，其环线周长根据不同地形的地区在500~750 km。一、二等水准测量统称为精密水准测量。

我国一等水准网由289条路线组成，其中284条路线构成100个闭合环，共计埋设各类标石近2万余座。

(二)城市和工程建设高程控制网

城市和工程建设高程控制网一般按水准测量方法来建立。为了统一水准测量规格，考虑到城市和工程建设的特点，城市测量和工程测量技术规范规定：水准测量依次分为二、三、四等3个等级。首级高程控制网，一般要求布设成闭合环形，加密时可布设成附合路线和结点图形。各等级水准测量的精度和国家水准测量相应等级的精度一致。

城市和工程建设水准测量是各种大比例尺测图、城市工程测量和城市地面沉降观测的高程控制基础，又是工程建设施工放样和监测工程建筑物垂直形变的依据。

➤ 任务实训

一、实训目的

(1)掌握图上设计水准路线的技术要领，了解标石规格、埋设规格及控制网网型的设计。

(2)熟悉掌握高程控制点的选点、埋设以及点之记的绘制技术与技能。

二、实训内容

(1)结合测区(校区)的实际情况，依据技术设计书规定的选线、选点要求，选择一条附合水准路线或闭合水准路线，并实地选定3~5个水准点的选点任务。

(2)实地埋设标定水准点。

(3)绘制所有水准点的点之记并检查。

三、实训所需设备及物品

预制好的标石，埋设标石所用的工具，水泥钢钉、木桩、油漆和记号笔等。

四、注意事项

(1)参照《工程测量规范》(GB 50026—2007)的高程控制点标志及标石的埋设规格要求埋设。

(2)参照本教材点之记格式进行记录填写，需保证有3个以上的点位位置关系及尺寸。

(3)注意安全，以小组为单位组织实施。

五、上交资料

(1)水准路线设计图。

(2)水准点点之记。

任务二　精密水准仪与精密水准标尺的认识与使用

任务描述

某项精密水准测量工作的完成,是依靠精密的测量工具来完成的。在精密水准测量中,这种精密的测量工具就是精密水准仪和精密水准标尺。因此,作为测量工作者,在测量前,必须首先了解各种精密水准测量仪器的结构、特点、使用方法和注意事项,然后才能保质保量地完成水准测量的任务。

任务分析

在精密水准测量中,借助精密水准仪和精密水准标尺来完成水准测量工作。而精密水准仪和精密水准标尺在结构和读数方法上与普通水准仪和普通水准标尺又有很大的不同。这主要是因为精密水准测量对所使用的仪器和标尺提出了更高的要求,精密水准仪和精密水准标尺的构造必须满足精密测量的相应要求。这就要求测量工作者必须了解它们,使用它们。

本次任务首先了解精密水准仪和精密水准标尺的结构特点和使用方法,了解仪器各部件的功能及作用,并根据所学的水准测量知识,正确地进行仪器的设置与高差的测定。通过本任务的学习,基本达到熟练使用精密水准仪进行水准测量的目的。

任务流程

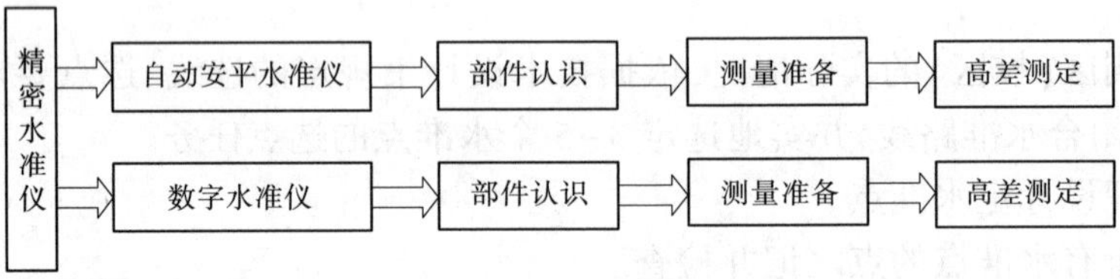

一、精密水准仪

(一)水准仪的分类

水准仪是通过建立水平视线测定地面两点间高差的仪器。主要部件有望远镜、管水准器(或补偿器)、垂直轴、基座、脚螺旋等,精密水准仪还装有读数测微器,以满足精密测量的目的。目前,我国水准仪是按仪器所能达到的每千米往返测高差中数的偶然中误差这一精度指标划分的,共分为 4 个等级,即 DS_{05}、DS_1、DS_3、DS_{10},DS 分别为“大地”和“水准仪”的汉语拼音第一个字母,

精密水准仪简介

通常书写省略字母 D。其后的“05”“1”“3”“10”等数字表示该仪器的精度。

水准仪按精度分为精密水准仪和普通水准仪。S_3 级和 S_{10} 级水准仪又称为普通水准仪,用于国家三、四等水准及普通水准测量,S_{05} 级和 S_1 级水准仪称为精密水准仪,用于国家一、二等精密水准测量。

水准仪按结构分为微倾式水准仪、自动安平水准仪、激光水准仪和数字水准仪(又称电子水准仪)。

微倾式水准仪:借助微倾螺旋获得水平视线。其管水准器分划值小、灵敏度高。望远镜与管水准器连接成一体。凭借微倾螺旋使管水准器在竖直面内微作俯仰,符合水准器居中,视线水平。

自动安平水准仪:借助自动安平补偿器获得水平视线。当望远镜视线有微量倾斜时,补偿器在重力作用下对望远镜做相对移动,从而迅速获得视线水平时的标尺读数。这种仪器较微倾式水准仪工效高、精度稳定。

激光水准仪:利用激光束代替人工读数。将激光器发出的激光束导入望远镜筒内使其沿视准轴方向射出水平激光束。在水准标尺上配备能自动跟踪的光电接收靶,即可进行水准测量。在施工测量和大型构件装配中,常用激光水准仪建立水平面或水平线。

数字水准仪:这是 20 世纪 90 年代新发展的水准仪,集光机电、计算机和图像处理等高新技术为一体,是现代科技最新发展的结晶。数字水准仪是目前最先进的水准仪,配合专门的条码水准尺,通过仪器中内置的数字成像系统,自动获取水准尺的条码读数,不再需要人工读数。这种仪器可大大降低测绘作业劳动强度,避免人为的主观读数误差,提高测量精度和效率。

在控制测量中,目前使用较为广泛的仪器主要是自动安平水准仪和数字水准仪。

(二)精密水准仪的结构特点

对于精密水准测量的精度而言,除一些外界因素的影响外,观测仪器——水准仪在结构上的精确性与可靠性是具有重要意义的。为此,对精密水准仪必须具备的一些条件提出下列要求。

精密水准仪的特点

1. 高质量的望远镜光学系统

为了在望远镜中能获得水准标尺上分划线的清晰影像,望远镜必须具有足够的放大倍率和较大的物镜孔径。一般精密水准仪的放大倍率应大于 40 倍,物镜的孔径应大于 50 mm。

2. 坚固稳定的仪器结构

仪器结构必须使视准轴与水准轴之间的连接相对稳定,不受外界条件的变化而改变。一般精密水准仪的主要构件均用特殊的合金钢制成,并在仪器上套有起隔热作用的防护罩。

3. 高精度的测微器装置

精密水准仪必须有光学测微器装置,借以精密测定小于水准标尺最小分划线间格值的尾数,从而提高在水准标尺上的读数精度。一般精密水准仪的光学测微器可以读到 0.1 mm,估读到 0.01 mm。

4. 高灵敏的管水准器

一般精密水准仪的管水准器的格值为 10″/2 mm。由于水准器的灵敏度愈高,观测时要使水准器气泡迅速置中也就愈困难,为此,在精密水准仪上必须有倾斜螺旋(又称微倾螺旋)的装置,借以可以使视准轴与水准轴同时产生微量变化,从而使水准气泡较为容易地精确置中以达到视准轴的精确整平。

5. 高性能的补偿器装置

对于自动安平水准仪补偿元件的质量以及补偿器装置的精密度都可以影响补偿器性能的可靠性。如果补偿器不能给出正确的补偿量,或是补偿不足,或是补偿过量,都会影响精密水准测量观测成果的精度。

二、自动安平水准仪

下面以 TOPCON AT-B 系列自动安平水准仪为例说明其使用。

(一)部件认识

TOPCON AT-B 系列部件见图 3-7。

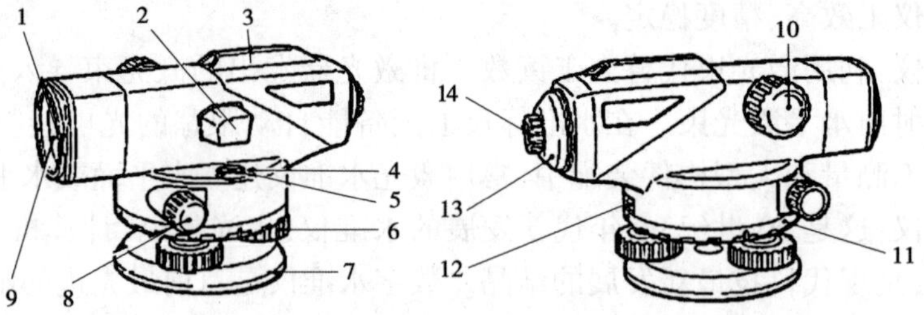

1—物镜罩(仅用于 AT-B2);2—棱镜(AT-B2)/反射镜(AT-B3/B4);3—瞄准器 *1;4—圆水准器调整螺丝;5—圆水准器;6—脚螺旋;7—基座;8—微动旋钮;9—物镜;10—调焦旋钮;11—水平度盘;12—读数窗;13—十字丝调整螺丝护盖;14—目镜 *2

图 3-7　TOPCON AT-B 系列部件图

(二)测量准备

1. 仪器设置

(1)将三脚架下部架腿捆绑皮带解开,分开三脚架架腿,使其成正三角形。

(2)将架头大致置平,在地面踩紧踏脚并固定。

(3)将水准仪安置在架头上,并拧紧中心螺丝。

(4)调整三脚架架腿位置,直到气泡位于圆水准器的圆圈内。

(5)调整脚螺旋,使气泡位于圆圈中央。

2. 调焦照准

(1)观察瞄准器,使物镜照准目标。

(2)微动旋出目镜,直到十字丝成像最清晰。

(3)使用水平微动旋钮,使目标位于视场的中心。旋转调焦旋钮使目标成像清晰。

(4)边观察望远镜,边将眼睛上下左右稍微移动。

(5)如果目标影像与十字丝没有视差,则测量前的准备工作完毕。如果目标影像与十字丝有视差,则从第(2)步开始重复上述操作。

(三)高差测定

1. 高差测定原理

在 A、B 两点的大致中央位置安置水准仪。在 A 点竖立水准标尺,读取 a 值(后视)。在 B 点竖立水准标尺,读取 b 值(前视)。$a-b$ 的差值就是从 A 点到 B 点的高差。这就是水准测量的基本原理,如图 3-8 所示。

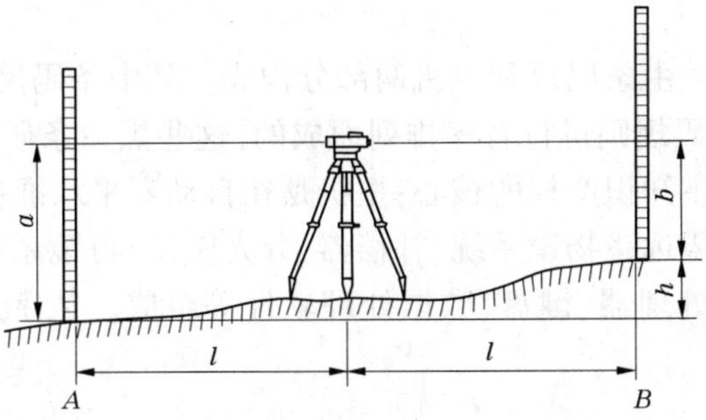

图 3-8　水准测量的基本原理图

2. 光学测微器读数法

高精度的水准仪配有光学测微器。转动光学测微器手轮可使望远镜的视准轴在垂直方向偏移量达到 10 mm。测微器读数可达 0.1 mm。光学测微装置见图 3-9。

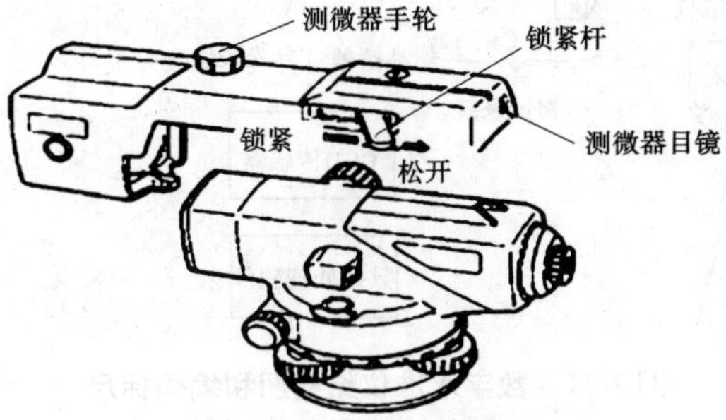

图 3-9　光学测微装置

(1)将配套的光学测微器安装在 AT-B2 的望远镜上,然后将锁紧杆扳向物镜锁紧方向。

(2)为了精确读数,转动测微器手轮来移动视准轴,直到标尺上的刻度位于十字丝分划板上下楔形线的中间位置。

(3)从测微器目镜读取测微器读数,每一格相当于 0.1 mm。读数窗见图 3-10。

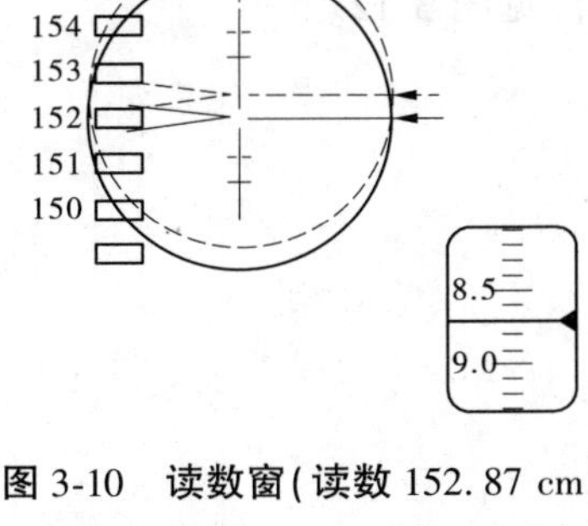

图 3-10　读数窗(读数 152.87 cm)

(4)将测微器读数与标尺读数错位叠加,即得到观测值。(对于精密测量,最后一次转动测微器手轮时,应该始终保持顺时针方向)

三、数字水准仪

数字水准仪测量系统由条码尺和主机两部分构成。其中条码尺是由宽度相等或不等的黑白(黄)条码按某种编码规则进行有序排列而成的,这些黑白条码不同的排列方法构成了目前各仪器生产厂家自主知识产权的核心;主机是在自动安平水准仪的基础上发展起来的。数字水准仪主机结构由望远镜物镜系统、补偿器、分光棱镜、目镜系统、CCD 传感器(或其他类型的光电传感器)、微处理器、键盘、数据处理软件等组成。数字水准仪结构图和编码标尺见图 3-11。

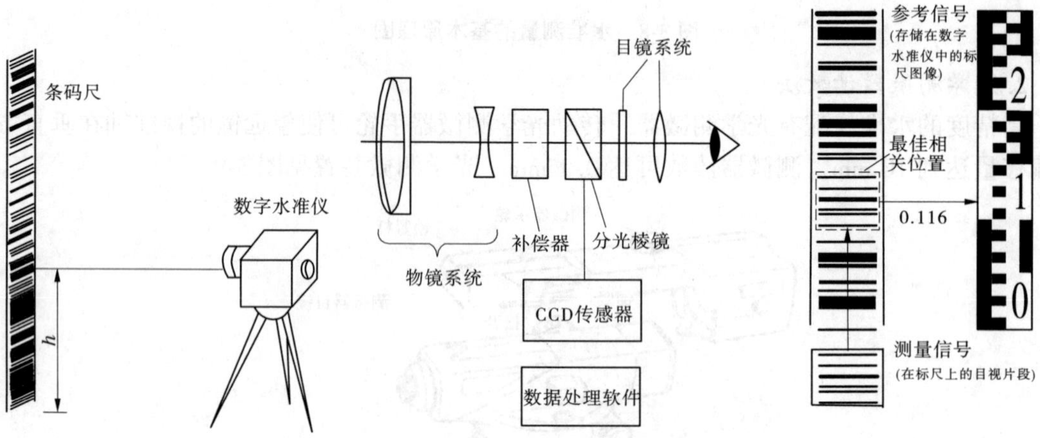

图 3-11　数字水准仪结构图和编码标尺

虽然各厂家生产的数字水准仪采用的结构不完全相同,但是其基本工作原理相似,即标尺上的条码图案经过光反射,一部分光束直接成像在望远镜分划板上,供目视观测;另一部分光束通过分光镜被转折到线阵 CCD 传感器的像平面上,经光电转换、整形后再经过模数转换,输出的数字信号被送到微处理器进行处理和存储,并将其与仪器内存的标准码(参考信号)按一定方式进行比较,即可获得高度读数。

下面以索佳 SDL1X 数字水准仪为例说明其使用方法。

(一)部件认识

索佳 SDL1X 数字水准仪部件见图 3-12。

(二)仪器的基本操作

仪器面板见图 3-13。

1. 按键操作

(1)开机关机操作:

{⏻}:开机。

{⏻}+{☼}:关机。

(2)背光开关操作:

{☼}:打开或关闭屏幕和键盘背光。

(3)测量操作:

{测量}:对水准标尺自动调焦并开始测量。

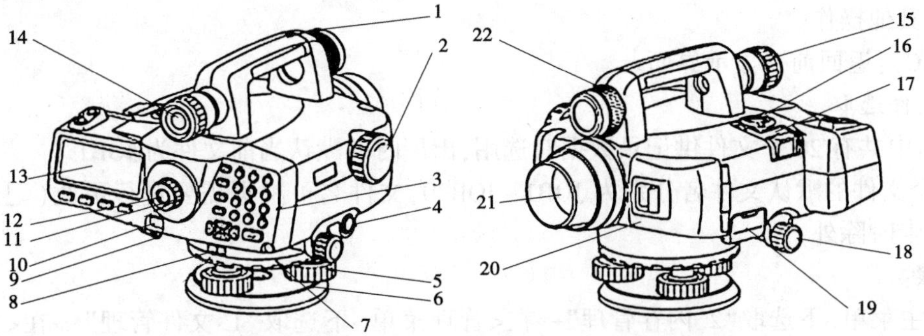

1—提柄；2—调焦手轮；3—键盘；4—测量键；5—脚螺旋；
6—底板；7—水平度盘设置环；8—水平度盘；9—防水多用端口；10—遥控器光束探测窗；
11—目镜调焦旋钮；12—目镜；13—显示屏；14—瞄准镜；15—瞄准镜目镜调焦旋钮；
16—圆水准器；17—圆水准器观察镜；18—水平微动手轮（双侧）；
19—SD 卡槽和 USB 口端口护盖；20—电池盒护盖；21—物镜；22—瞄准镜轴调整螺旋

图 3-12　索佳 SDL1X 数字水准仪部件图

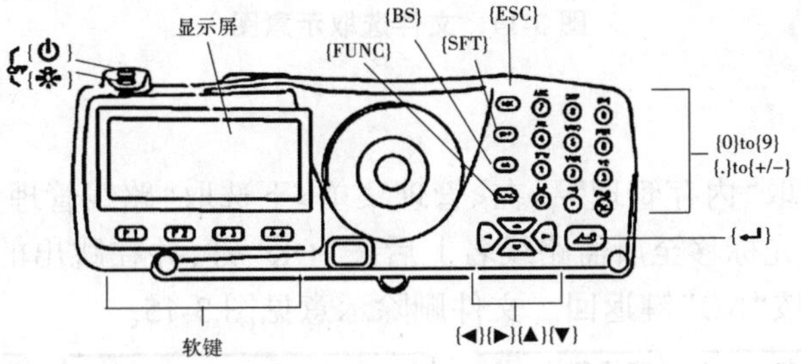

图 3-13　仪器面板

（4）软件操作：

{F1}～{F4}：选取功能键对应功能。

{FUNC}：功能键菜单翻页。

（5）字母、数字输入操作：

{SFT}：数字和字母大小写输入模式切换。

{0}～{9}：在数字输入模式下，输入按键对应的数字或上方符号。
　　　　在字母输入模式下，顺序输入按键上方对应的字母。

{.}：在数字输入模式下，输入小数点。

{+/−}：在数字输入模式下，输入正负号。

{◄}～{►}：左右移动光标或改变设置选项。

{ESC}：取消数据输入操作。

{BS}：删除左侧字符。

{↵}：选取或确认所输入文字或数值。

（6）选项选取操作：

{▲}/{▼}：上下移动光标或选取设置选项。

{◄}/{►}：左右移动光标或选取设置选项。

{↵}：选取或确认所设置内容。

(7)其他操作:

{ESC}:返回前一显示界面。

2. 文件选取

仪器中共有20个文件供记录数据时选用,出厂时的默认当前文件为JOB1。

20个文件的默认文件名分别为JOB1~JOB20,文件名可根据需要进行更改(记录位置设为SD卡时除外)。

步骤:

在<主菜单>下选取"2.内存管理"→在<管理菜单>下选取"1.文件管理"→在<文件菜单>下选取"1.文件选取" →在<文件设置>下按"列表"键,在列出的文件列中选取文件,或按"编辑"键对文件名进行更改。文件选取示意见图3-14。

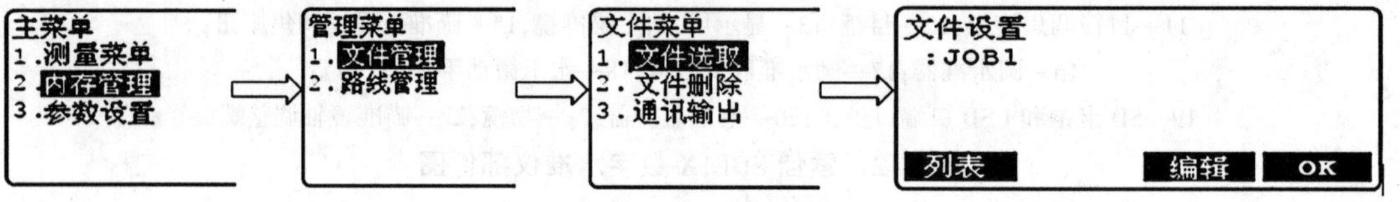

图3-14 文件选取示意图

3. 路线删除

步骤:

在<主菜单>下选取"内存管理"→在<管理菜单>下选取"路线管理"→在<路线菜单>下选取"路线删除"→将光标移至所需路线名上后按"OK"键,并在跳出的<路线删除>窗口按"YES"键确认删除或按"NO"键返回。文件删除示意见图3-15。

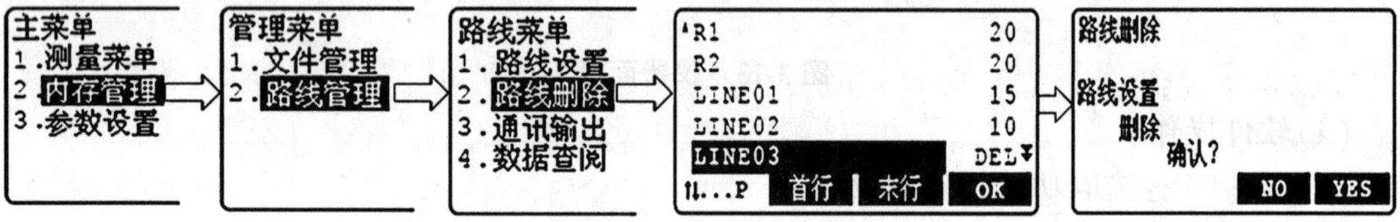

图3-15 文件删除示意图

(三)测量准备

1. 仪器架设与整平

(1)使三脚架腿间等距、三脚架架头大致水平、三脚架腿牢固支撑于地面,如图3-16所示。

(2)将仪器置于三脚架架头上,一只手扶住仪器,另一只手旋紧中心螺旋使仪器固定在三脚架上。

(3)调短离气泡最近的三脚架腿长或调长离气泡最远的三脚架腿长至使圆水准器气泡大致居中,如图3-17所示。

(4)再调整三脚架第三条腿长至使圆水准器气泡大致居中。

(5)旋转脚螺旋使圆水准气泡精确居中。

2. 参数设置

1)新建文件

过程如下:主菜单→内存管理→文件管理→文件选取→列表→选中要编辑的文件,回

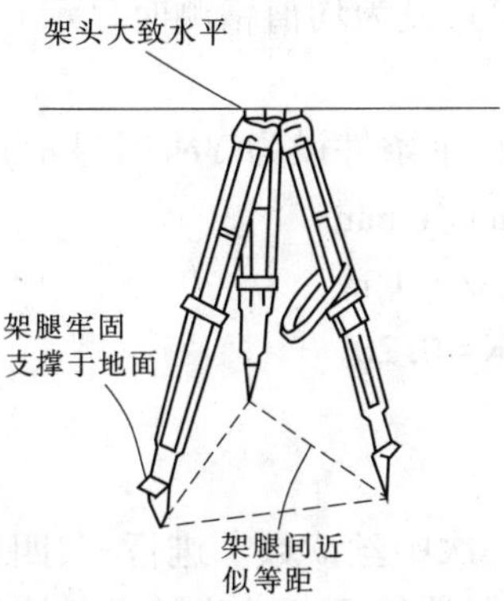

图 3-16　三脚架调整示意图

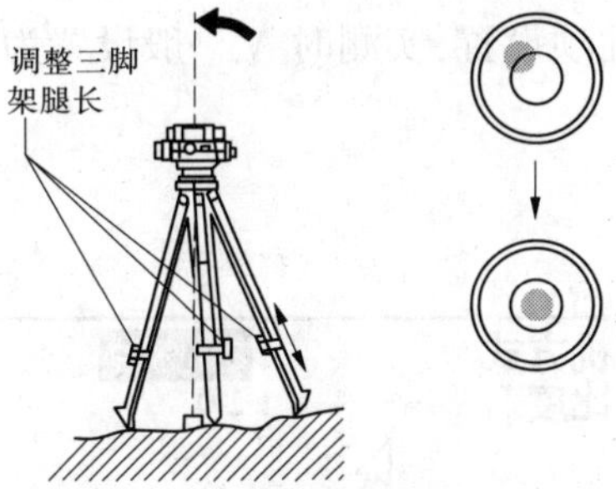

图 3-17　水准气泡调整示意图

车,将文件名改成自己想要的名称。比如将 JOB1 改为 20111111。

2)观测条件设置

主菜单下选择参数设置,在参数设置菜单下选择观测条件(见图 3-18)。

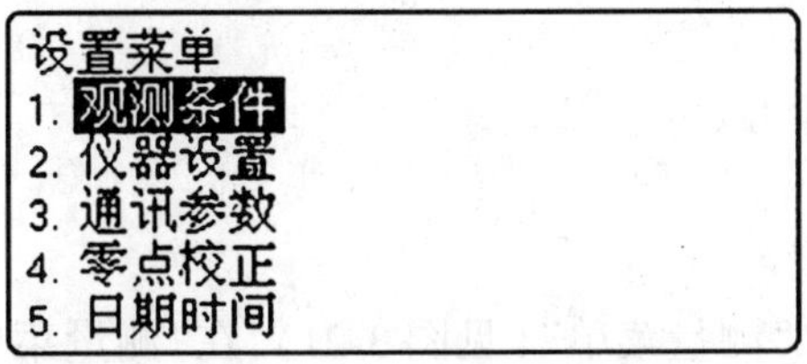

图 3-18　选择观测条件

对观测条件进行相应设置,如图 3-19 所示。

图 3-19　设置观测条件

设置项及其选项(* :出厂设置):

测量模式:单次精测 * /重复精测/均值精测/连续速测。

平均次数:1~20(仅在测量模式设为均值精测时显示)。

记录条件:Yes * /No。

记录位置:内存 * /SD(仅在记录条件设为 Yes 时显示)。

高程显示:0.01 mm * /0.1 mm/1 mm。

距离显示:0.001 m * /0.01 m/0.1 m。

两差改正:NO * /K=0.142/K=0.20。

自动调焦:Yes * /No。

倾斜警示:Yes * /No。

注意:单次测量指的是只测一次中丝读数。进行三、四等水准测量和图根水准测量时选择此项设置。连续水准测量指的是连续不断地进行中丝读数。进行工程测量有时选择此项设置。均值精测指的是多次进行中丝读数,然后取多次读数平均值。*N* 的取值范围为 2~9。进行一、二等水准测量时选择此项设置,实测时 *N* 一般设置为 2,最大设置为 3。

3)仪器设置

对比度:0~15,一般取 10。

仪器设置如图 3-20 所示。

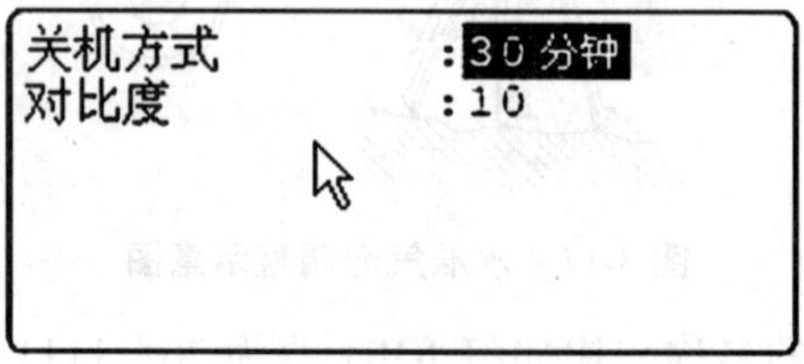

图 3-20　仪器设置

关机方式:30 分钟,即当 30 分钟不操作仪器时,仪器会自动关闭。

4)通讯参数设置

一般按出厂时的设置即可。

(四)高差测量

1. 路线设置

(1)在"主菜单"下选取"测量菜单"(见图 3-21),在"测量菜单"下选取"高差测量"。

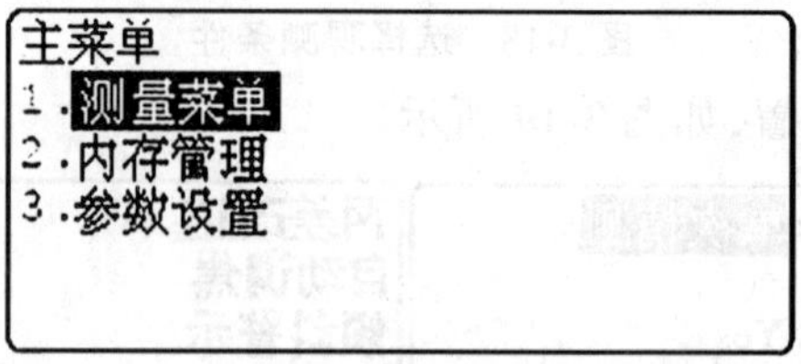

图 3-21　选取"测量菜单"

(2)在"高差测量"菜单下选取"路线设置"(见图 3-22),屏幕显示当前选取的路线。按"列表"键列出路线名表,将光标移至待选路线名后按{ ↵ }键选取。

(3)如果新建一条线路,则按"新建"键,并设置路线名,如图 3-23 所示。

当光标位于路线名下边时,可对路线进行命名,按仪器键盘上的"SFT"键可进行大小写和数字键的切换,按键盘上的上下键可进行标注。

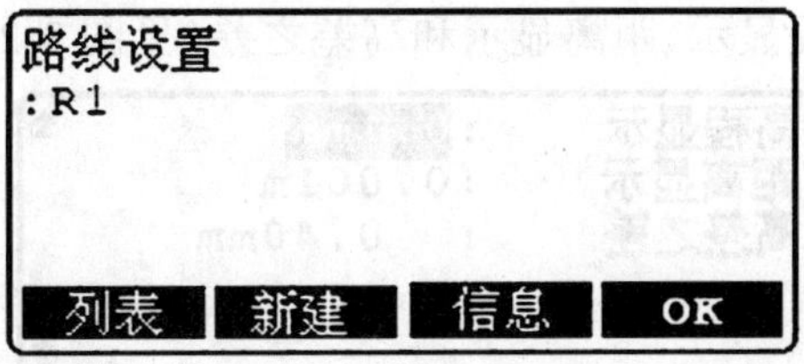

图 3-22　路线设置

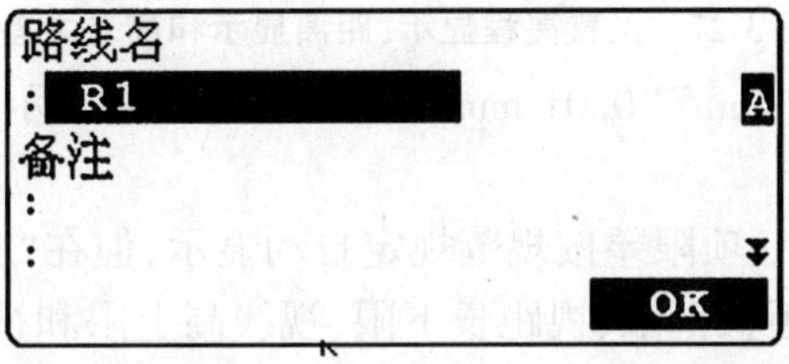

图 3-23　新建一条线路

（4）继续按键盘上的向下键，输入起点点名和起点高程（见图 3-24）。

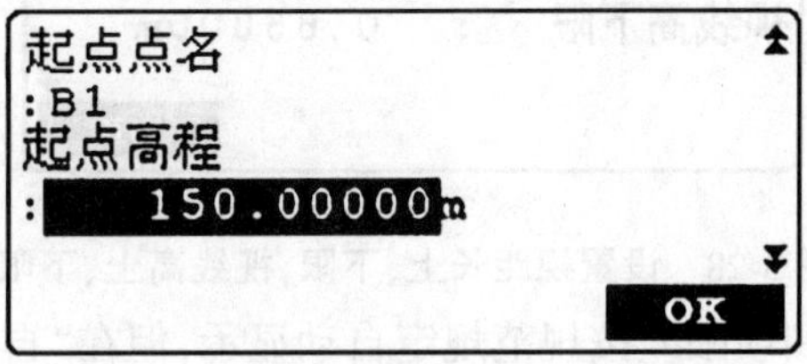

图 3-24　路线起点设置

（5）按键盘上的向下键，输入终点点名和终点高程（见图 3-25）。

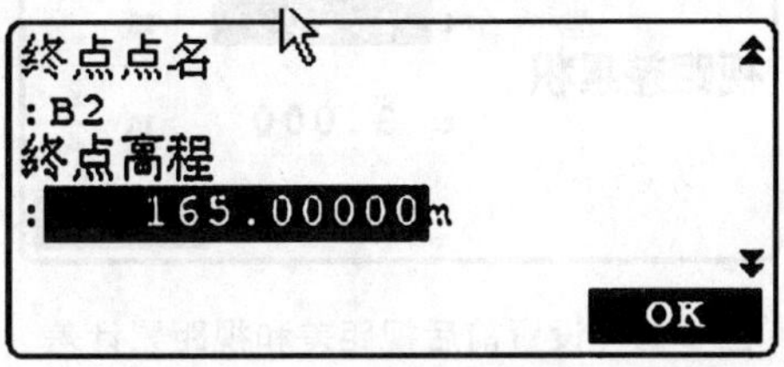

图 3-25　路线终点设置

（6）按键盘上的向下键，进行往返设定、等级设定、平均次数设定（见图 3-26）。

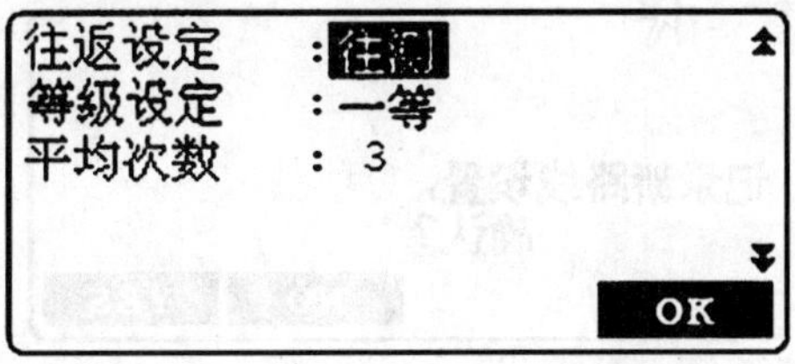

图 3-26　往返、等级、平均次数设定

往返设定可选择“往测”“返测”，等级设定共分“一等”“二等”“三等”“四等”“自设”五个选项；平均次数“一等”默认 3 次，“二等”默认 2 次，其他“1 次”。

只要等级设定完毕，观测顺序仪器自动显示。“B”表示后视，“F”表示前尺，对于一、二等水准来说，前面的“a”表示奇偶数站交替。

(7)按向下键,设置高程显示、距离显示和高差之差(见图3-27)。

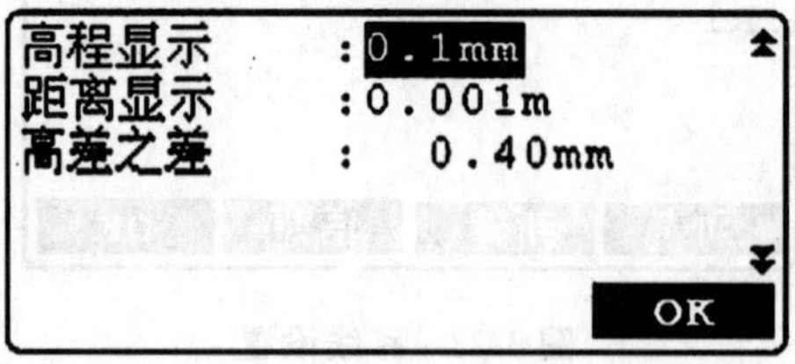

图3-27 设置高程显示、距离显示和高差之差

高程显示"1 mm" "0.1 mm""0.01 mm"三个选项;距离显示"0.1" "0.01""0.001"三个等级可供选择。

设置好水准等级后,这三项限差按规范规定自动显示,但在"自设等级"下可进行修改。

(8)按向下键,设置视距长上限、视距长下限、视线高上限和视线高下限(见图3-28)。

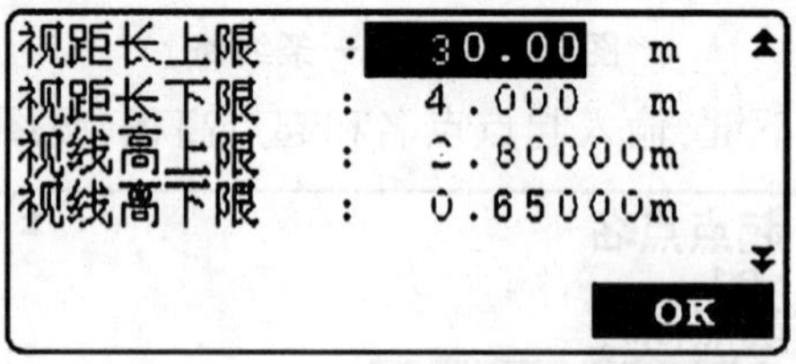

图3-28 设置视距长上、下限,视线高上、下限

设置好水准等级后,这四项限差按规范规定自动显示,但在"自设等级"下,可进行修改。

(9)设置前后视距差、视距累计差(见图3-29)。

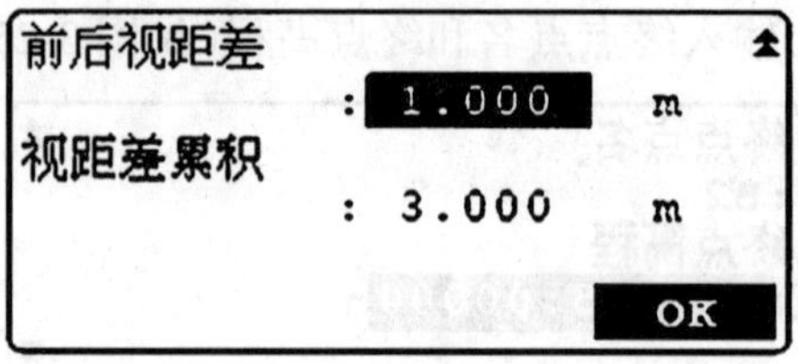

图3-29 设置前后视距差和视距累计差

设置好水准等级后,这两项限差按规范规定自动显示,但在"自设等级"下可修改。

完成各数据项设置后按"OK"键,再按"YES"键确认(见图3-30)。

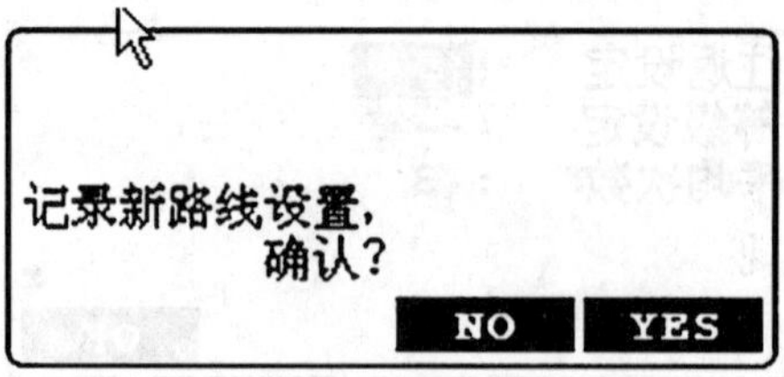

图3-30 设置确认

2. 高差测量

在路线设置好以后,按回车键,自动回到高差测量界面。

(1)在"高差测量菜单"下选取"气象条件",设置气象数据、测量员、备注等信息(见图3-31)。

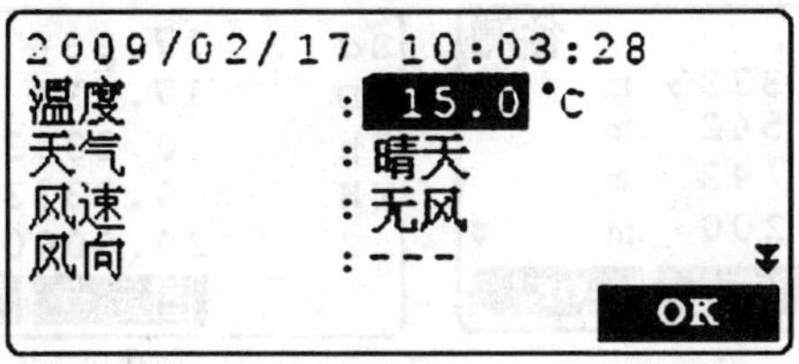

图 3-31　设置气象数据、测量员、备注等信息

(2)气象条件设置完成后按“OK”键确认并记录。

(3)按{ }键进入预测量(见图 3-32)。

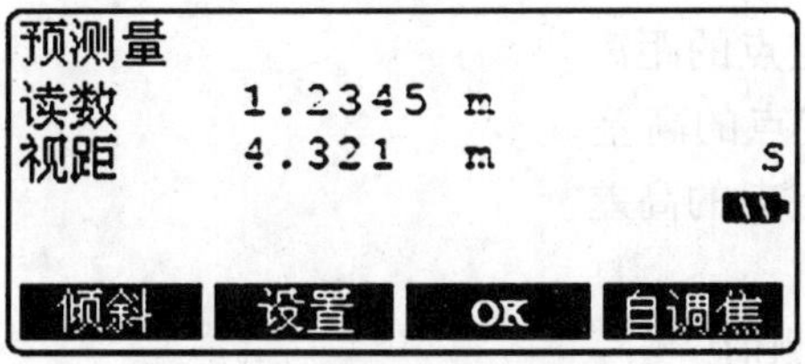

图 3-32　预测量

每一站的开始都要经过预测量,目的是检验前后视距差是否超限,如果想省去这一步,可以直接按“OK”键,直接进入正式测量阶段。

(4)正式测量(见图 3-33)。(以一个测站后—前—前—后的顺序为例)

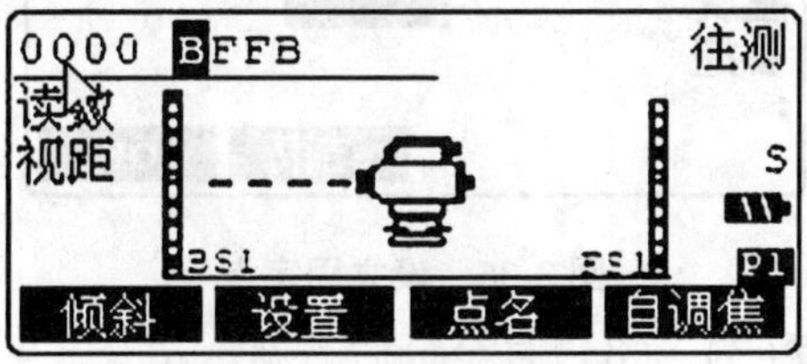

图 3-33　正式测量

“自调焦”:用于完成自动调焦。

“点名”:用于点名的更改输入。

“设置”:用于测量的有关设置。

照准后视的尺子,调焦清晰后,按“测量”键进行测量。

(5)检查测量结果后按“OK”键确认(见图 3-34)。

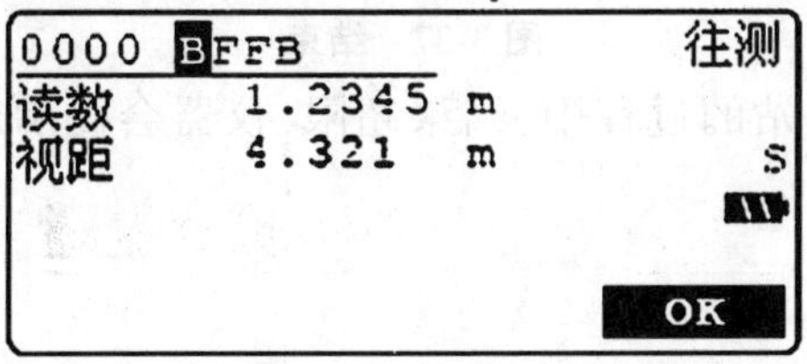

图 3-34　测量结果确认

(6)按“测量”键进行前视第 2 次读数,检查测量结果后按“OK”键确认。

(7)照准后视标尺,按“测量”键进行后视第 2 次读数,检查测量结果后按“OK”键确认。

(8)一个测站结束,屏幕会显示如图 3-35 所示的结果。

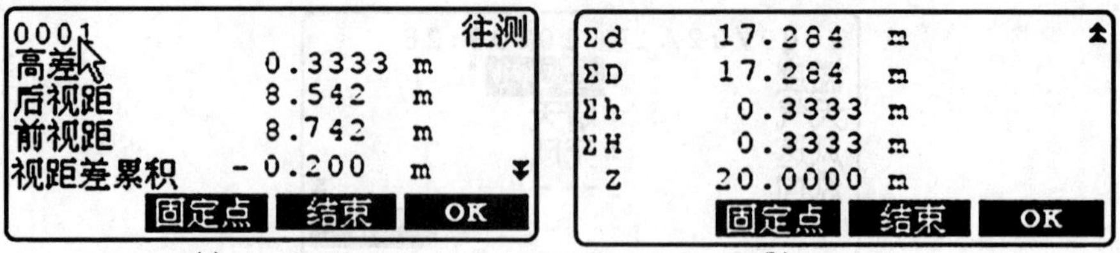

(a) (b)

图 3-35　一个测站结束结果显示

其中字母表示如下含义:

$\sum d$:前视点至上个固定点的距离。

$\sum D$:前视点至首个固定点的距离。

$\sum h$:前视点至上个固定点的高差。

$\sum H$:前视点至首个固定点的高差。

Z:前视点高程。

高差:前后视点高差观测值。

在本步中按“固定点”键可设立固定点,输入温度和备注后按“OK”键将所观测点设为固定点,如图 3-36 所示。

图 3-36　设立固定点

(9)仪器迁站,重复步骤(3)~(8),直至最后一站。

(10)完成最后测站观测并检查测量结果后按“结束”键结束,如图 3-37 所示。

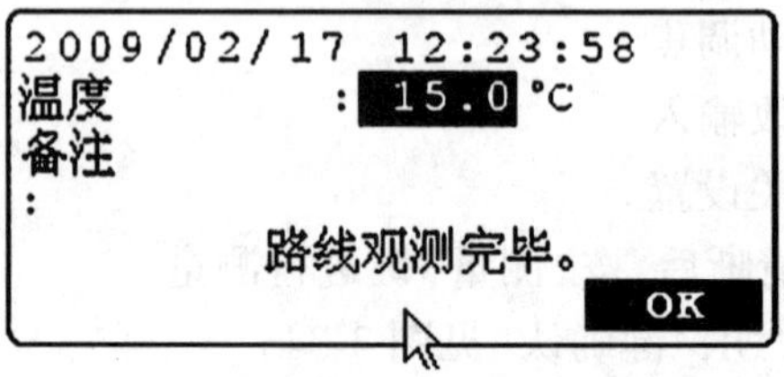

图 3-37　结束

注意:如果在观测某一站的过程中,结果超限,仪器会提示超限,并要求重测,可选择“是”,重测这一步即可。

➢ 知识点

一、我国水准仪系列及其基本技术参数

我国水准仪系列按精度分类有 S_{05} 型、S_1 型、S_3 型等。S 是“水”字的汉语拼音第一个字母,S 后面的数字表示每千米往返平均高差的偶然中误差的毫米数。我国水准仪系列及基

本技术参数列于表 3-3。

二、光学测微器的工作原理

光学测微器由平行玻璃板、测微器分划尺、传动杆和测微螺旋等部件组成。平行玻璃板传动杆与测微分划尺相连。测微分划尺上有 100 个分格，它与 10 mm 相对应，即每分格为 0.1 mm，可估读至 0.01 mm。每 10 格有较长分划线并注记数字，每两长分划线间的格值为 1 mm。当平行玻璃板与水平视线正交时，测微分划尺上初始读数为 5 mm。转动测微螺旋时，传动杆就带动平行玻璃板相对于物镜做前俯后仰，并同时带动测微分划尺做相应的移动。平行玻璃板相对于物镜做前俯后仰，水平视线就会向上或向下做平行移动。若逆转测微螺旋，使平行玻璃板前俯到测微分划尺移至 10 mm 处，则水平视线向下平移 5 mm；反之，顺时针转测微螺旋使平行玻璃板后仰到测微分划尺移至 0 处，则水平视线向上平移 5 mm。

表 3-3　我国水准仪系列及基本技术参数

技术参数项目		水准仪系列型号			
		S_{05}	S_1	S_3	S_{10}
每千米往返平均高差中误差		≤0.5 mm	≤1 mm	≤3 mm	≤10 mm
望远镜放大率		≥40 倍	≥40 倍	≥30 倍	≥25 倍
望远镜有效孔径		≥60 mm	≥50 mm	≥42 mm	≥35 mm
管状水准器格值		10″/2 mm	10″/2 mm	20″/2 mm	20″/2 mm
测微器有效量测范围		5 mm	5 mm		
测微器最小分格值		0.1 mm	0.1 mm		
自动安平水准仪补偿性能	补偿范围	±8′	±8′	±8′	±10′
	安平精度	±0.1″	±0.2″	±0.5″	±2″
	安平时间，≤	2 s	2 s	2 s	2 s

在图 3-38 中，当平行玻璃板与水平视线正交时，水准标尺上读数应为 a，a 在两相邻分划 148 与 149 之间，此时测微分划尺上读数为 5 mm，而不是 0。转动测微螺旋，平行玻璃板做前俯，使水平视线向下平移与就近的 148 分划重合，这时测微分划尺上的读数为 6.50 mm，而水平视线的平移量应为(6.50−5) mm，最后读数 a 为

$$a = 148\ \text{cm} + 6.50\ \text{mm} - 5\ \text{mm}$$

即

$$a = 148.650\ \text{cm} - 5\ \text{mm}$$

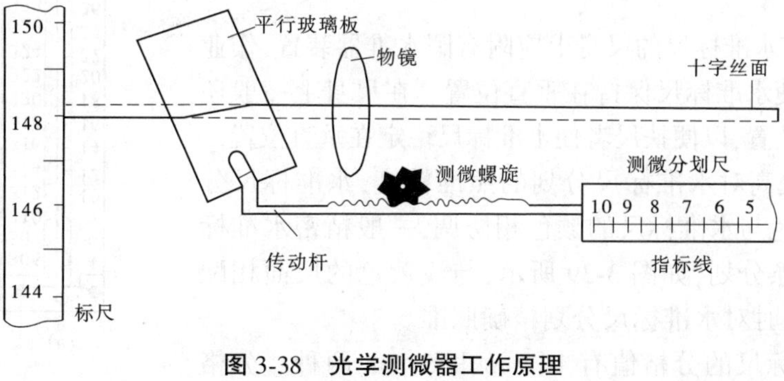

图 3-38　光学测微器工作原理

由上述可知，每次读数中应减去常数(初始读数) 5 mm，但因在水准测量中计算高差时能自动抵消这个常数，所以在水准测量作业时，读数、记录、计算过程中都可以不考虑这个常

数。但在单向读数时就必须减去这个初始读数。

光学测微器的平行玻璃板安置在物镜前面的望远镜筒内。在平行玻璃板的前端,装有一块带楔角的保护玻璃,实质上是一个光楔罩,它一方面可以防止尘土侵入望远镜筒内,另一方面光楔的转动可使视准轴倾角 i 做微小的变化,借以精确地校正视准轴与水准轴的平行性。光学平行玻璃板测微器可直接读至 0.1 mm,估读到 0.01 mm。

三、精密水准标尺

精密水准标尺

精密水准仪的结构构成

水准标尺是测定高差的长度标准,如果水准标尺的长度有误差,则对精密水准测量的观测成果带来系统性质的误差影响,为此对精密水准标尺提出如下要求:

(1)当空气的温度和湿度发生变化时,水准标尺分划间的长度必须保持稳定,或仅有微小的变化。一般精密水准尺的分划是漆在因瓦合金带上,因瓦合金带则以一定的拉力引张在木质尺身的沟槽中,这样因瓦合金带的长度不会受木质尺身伸缩变形影响。水准标尺分划的数字是注记在因瓦合金带两旁的木质尺身上的,如图 3-39 所示。

(2)水准标尺的分划必须十分正确与精密,分划的偶然误差和系统误差都应很小。水准标尺分划的偶然误差和系统误差的大小主要取决于分划刻度工艺的水平,当前精密水准标尺分划的偶然中误差一般在 8~11 μm。由于精密水准标尺分划的系统误差可以通过水准标尺的平均每米真长加以改正,所以分划的偶然误差代表水准标尺分划的综合精度。

(3)水准标尺在构造上应保证全长笔直,并且尺身不易发生长度和弯扭等变形。一般精密水准标尺的木质尺身均应以经过特殊处理的优质木料制作。为了避免水准标尺在使用中尺身底部磨损而改变尺身的长度,在水准标尺的底面必须钉有坚固耐磨的金属底板。

在精密水准测量作业时,水准标尺应竖立于特制的具有一定重量的尺垫或尺桩上。尺垫和尺桩的形状如图 3-40 所示。

(4)在精密水准标尺的尺身上应附有圆水准器装置,作业时扶尺者借以使水准标尺保持在垂直位置。在尺身上一般还应有扶尺环的装置,以便扶尺者使水准标尺稳定在垂直位置。

(5)为了提高对水准标尺分划的照准精度,水准标尺分划的形式和颜色与水准标尺的颜色相协调,一般精密水准标尺都为黑色线条分划,如图 3-39 所示,与浅黄色的尺面相配合,有利于观测时对水准标尺分划精确照准。

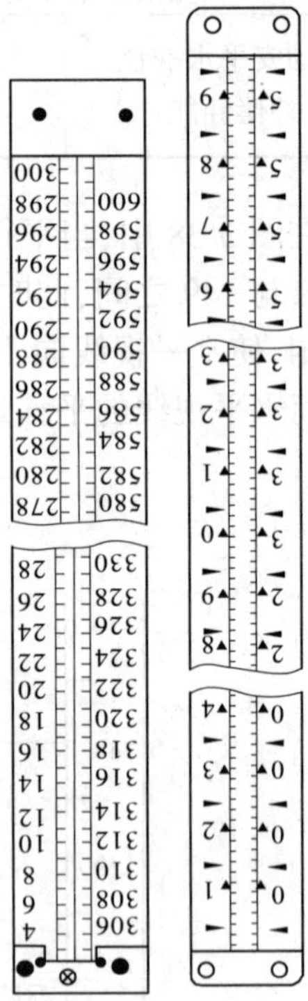

(a)　(b)

图 3-39　精密水准标尺

精密水准标尺的分格值有 10 mm 和 5 mm 两种。分格值为 10 mm 的精密水准标尺如图 3-39(a)所示,它有两排分划,尺面右边一排分划注记从 0~300 cm,称为基本分划,左边一排分划注记从 300~600 cm 称为辅助分划,同一高度的基本分划与辅助分划读数相差一个常数,称为基辅差,通常又称尺常数,该常数值 10 mm 尺为 30155,5 mm 尺为 60650。基辅差的作用是防止和发现读数粗差,水准测量作业时可以用以检查读数的正确性。分格值为 5 mm 的精密水准标尺如图 3-39(b)所示,它也有两排分划,但两排分划彼此错开 5 mm,所以实际上左边是单数分划,右边是双数分划,也就是单数分划和双数分划各占一排,而没有辅助分划。木质尺面右边注记的是米数,左边注记的是分米数,整个注记从 0.1~5.9 m,实际分格值为 5 mm,分划注记比实际数值大了 1 倍,所以用这种水准标尺所测得的高差值必须除以 2 才是实际的高差值。

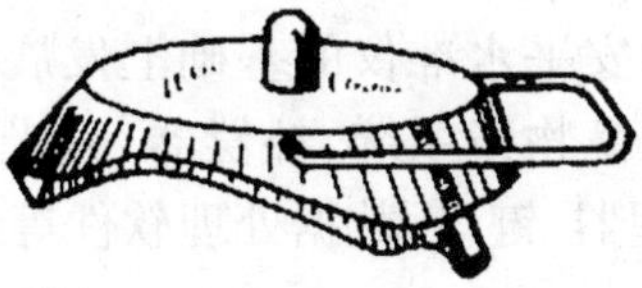
(a) 尺垫

(b) 尺桩

图 3-40 尺垫和尺桩

四、数字水准仪和编码标尺的认识

(一)引言

自 1990 年瑞士徕卡公司发明全自动化的水准仪 NA2000 以来,这种仪器一直被称为"Digital Level",翻译成中文是"数字水准仪"。但是近年来,有关测绘期刊和网页上出现了"电子水准仪(Electronic Level)""数字电子水准仪(Digital Electronic Level)"和"数字(电子)水准仪(Digital Electronic Level)"等称谓。

国际标准 ISO 9849(Optics and optical instruments—Geodetic and surveying instruments—Vocabulary)对"数字水准仪"和"电子水准仪"的定义为:

数字水准仪是用于自动化水准测量的仪器,它采用 CCD 阵列传感器获取编码水准尺的图像,依据图像处理技术来获取水准标尺的读数,标尺图像处理及其处理结果的显示均由仪器内置计算机完成。

电子水准仪是用于标明目标点水平位置的仪器。

从 ISO 9849 的定义可以看出,数字水准仪和电子水准仪是有区别的:电子水准仪是泛指,而数字水准仪却是特指。除徕卡公司外,国外其他三个仪器生产厂家的产品型号也均是指数字水准仪。

数字水准仪较传统的光学水准仪具有无可比拟的优越性,它集电子光学、图像处理、计算机技术于一体,是当代最先进的水准测量仪器。它具有测量速度快、精度高、使用方便、作业劳动强度轻、便于用电子手簿记录、实现内外业一体化等优点,因此投放市场后很快受到用户青睐。数字水准仪定位在中精度和高精度水准测量范围,分为两个精度等级,中精度的标准差为:±(1.0~1.5)mm/km,高精度的标准差为:±(0.3~0.4)mm/km。

数字水准仪有广阔的应用前景,大体上应用在以下几个方面:

(1)快速的精密水准测量,其读数快且精度高,较传统的精密水准测量提高30%~50%的工作效率,用于建筑物的变形沉降观测和工业设备的精密安装测量。

(2)数字水准仪与计算机连接,可以实现实时、自动的连续高程测量,在应用软件的支持下可实现内外业信息的一体化。

(3)在标准测量、地形测量、线路测量及施工测量等领域有着更为广泛的应用。

(二)数字水准仪的基本部件

目前,世界上生产数字(电子)水准仪的厂家有瑞士徕卡(Leica DNA03、NA3003、NA2002等)、德国蔡司(Zeiss DiNi11、DiNi12、DiNi22等)、日本拓普康(Topcon DL-101C/102等)和日本索佳(Sokkia SDL1/SDL2)。数字水准仪测量系统的测量原理如图3-41(a)所示,它由条码尺和主机两部分构成。其中,条码尺是由宽度相等或不等的黑白(黄)条码按某种编码规则进行有序排列而成的,这些黑白条码不同的排列方法构成了目前各仪器生产厂家自主知识产权的核心;主机则是在自动安平水准仪的基础上发展起来的。数字水准仪主机结构原理如图3-41(b)所示,它由望远镜物镜系统、补偿器、分光棱镜、目镜系统、CCD传感器(或其他类型的光电传感器)、微处理器、键盘、数据处理软件等组成。

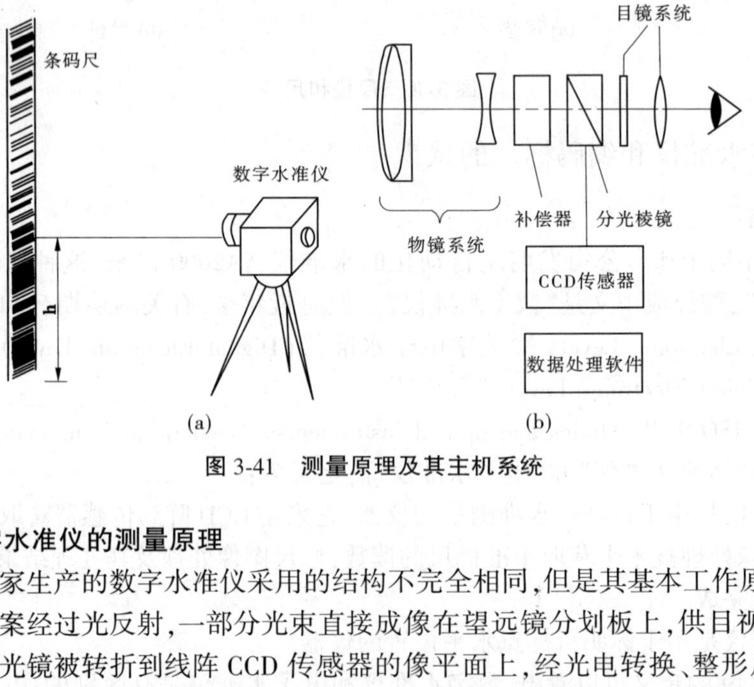

图3-41 测量原理及其主机系统

(三)数字水准仪的测量原理

虽然各厂家生产的数字水准仪采用的结构不完全相同,但是其基本工作原理相似,即标尺上的条码图案经过光反射,一部分光束直接成像在望远镜分划板上,供目视观测;另一部分光束通过分光镜被转折到线阵CCD传感器的像平面上,经光电转换、整形后再经过模数转换,输出的数字信号被送到微处理器进行处理和存储,并将其与仪器内存的标准码(参考信号)按一定方式进行比较,即可获得高度读数。

(四)标尺编码规则

当前数字水准仪采用了原理上相差较大的三种自动电子读数方法。

1. 相关法

徕卡公司的数字水准仪采用相关法。它的标尺一面是伪随机条形码供电子测量用,另一面为区格式分划供光学测量用。望远镜照准标尺并调焦后,可以将条码清晰地成像在分划板上供目视观测,同时条码图像也被分光镜成像在探测器上,供电子读数。如图3-42(a)

所示,左边是与徕卡数字水准仪配套的水准标尺的伪随机条码,该条码图像已被存储在数字水准仪中作为参考信号。

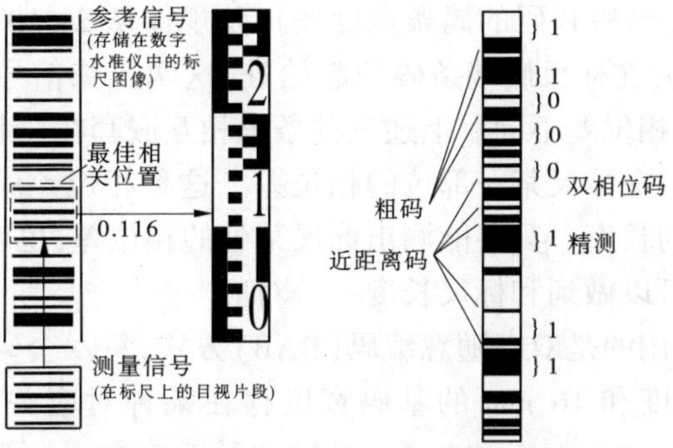

图 3-42 徕卡标尺和蔡司标尺

左边伪随机码的下面是望远镜照准伪随机码后截取的伪随机码片段。该伪随机码片段成像在探测器上后,被探测器转换成电讯号,即为测量信号。该信号在数字水准仪中与事先已存储好的代表水准标尺伪随机码的参考信号进行比较,这就是相关过程,称为相关。将望远镜截取的伪随机码片段与条码标尺上的伪随机码自下而上地比较,直到两码相同,或说两信号相同为止,即图 3-42(a)中虚线位置时,也就是最佳相关位置时,读数就可以确定。

2. 几何法

蔡司 DiNi10/20 采用几何法原理读数,其标尺采用双相位码,标尺上条码的片段见图 3-42(b)。

仪器人工照准标尺并调焦后,条码标尺的像经分光镜[见图 3-42(b))],一路成像在分划板上,供通过目视观测,一路成像在 CCD 行阵上,供电子读数。DiNi 系列的标尺每 2 cm 划分为一个测量间距,其中的码条构成一个码词,每个测量间距的边界由黑白过渡线构成,其下边界到标尺底部的高度,可由该测量间距中的码词判读出来,就像区格式标尺上的注记一样。

3. 相位法

拓普康数字水准仪采用相位法原理。望远镜光路见图 3-43(a)。标尺的条码图像经望远镜、物镜、调焦镜、补偿器的光学零件和分光镜后,分成两路。一路成像在 CCD 线阵上,用于进行光电转换;另一路成像在分划板上,供目视观测。

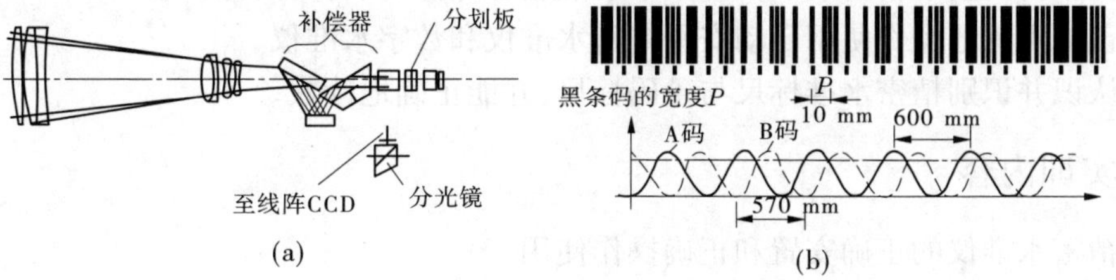

图 3-43 望远镜光路图和蔡司标尺编码

拓普康数字水准仪标尺采用 RAB 条码(随意双向编码),如按图 3-43(b)所示,尺上有三种不同条码,一是参考码 R 码,它为三道等宽的黑色码条,以中间条码的中心线为基准,每隔 3 cm 就有一组 R 码。信息码 A 和 B 分别位于 R 码的两边,上边 10 mm 处为 A 码,下边 10 mm 处为 B 码。A 码和 B 码的码条宽度按正弦规律从 2~10 mm 改变,其信号波长分别为 330 mm 和 300 mm,在标尺底端条码的起始处,这两正弦信号有一个 $\pm\pi/2$ 的相位差,但是在标尺的不同部位相位差不同。上述三种条码相互嵌套在一起。对三组条码进行快速傅立叶变换后,可以获得在标尺某一部位的相位差。这种相位差就好像传统水准标尺上的分划,可由它标出标尺的长度。只要能测出标尺某处的相位差,也就可以知道该处到标尺底部的高度,因为相位差可以做到和标尺长度一一对应。

索佳数字水准仪采用的是双向随意编码(RAB)方式,每六个码组成一个宽度变化的间隔,其中每个码元的宽度和 16 mm 的基码宽度存在某种对应关系,这种对应关系为 1 = 4:12,2 = 6:10,3 = 8:8,4 = 10:6,5 = 12:4。通过这种对应关系,每个码的码词便能被判读出来。

五、数字水准仪的特点

数字水准仪是以自动安平水准仪为基础,在望远镜中增加了分光镜和探测器(CCD),并采用条码标尺和图像处理电子系统而构成的光机电测量一体化的高科技产品。采用普通标尺时,又可像一般自动安平水准仪一样使用。它与传统仪器相比,有以下共同特点:

(1)读数客观。不存在误读、误记问题,没有人为读数误差。

(2)精度高。视线高和视距读数都是采用大量条码分划经图像处理后取平均得出来的,因此削弱了标尺分划误差的影响。多数仪器都有进行多次读数取平均的功能,可以削弱外界条件的影响。不熟练的作业人员也能进行高精度测量。

(3)速度快。由于省去了报数、听记、现场计算以及人为出错的重复测量,测量时间与传统仪器相比可以节省 1/3 左右。

(4)效率高。只需调焦和按键就可以自动读数,减轻了劳动强度。视距还能自动记录、检核、处理并能输入计算机进行后续处理,可实现内外业一体化。

➢ 实训任务

一、实训目的

(1)认识自动安平精密水准仪和数字水准仪各部件的名称及功能。

(2)正确熟练地操作使用自动安平精密水准仪和数字水准仪。

(3)认识并识别精密水准标尺与条码标尺,并能正确地读数。

二、实训内容

(1)精密水准仪的正确安置和正确操作使用。

(2)精密水准标尺的认识和正确竖立方法。

(3)光学测微器读数法练习。

(4)初步进行基辅分划读数,体会基辅差的作用。

(5)进行上下丝读数和视距的计算,并通过和实际丈量距离的对比,体会视距法的测距原理。

三、实训设备与物品

自动安平精密水准仪或者数字水准仪 1 台和配套脚架 1 个、标尺 1 对、扶尺杆 4 支、尺垫 2 个、测绳 1 条、记录板 1 个、记录纸、铅笔等。

四、注意事项

(1)在三脚架上架设仪器时,务必固紧三角基座制动控制杆和中心螺丝,防止仪器跌落伤人。

(2)架设仪器前务必将脚架螺丝固紧,防止三脚架倒下伤人。

(3)搬运三脚架时,禁止将脚尖对准他人以免碰伤。

(4)架设三脚架时,应注意防止手和脚被三脚架脚尖刺伤。

(5)严禁将仪器直接置于地面上,以避免沙土对基座中心螺孔或螺旋造成损坏。

(6)防止仪器受到强烈振动或撞击。

(7)在雨天使用仪器时,应使用测伞或防水罩保护仪器。

(8)操作人员离开架设于三脚架上的仪器时,应将仪器护罩罩在仪器上。

(9)迁站时必须将仪器从三脚架上取下。

(10)卸下电池前必须先关闭仪器电源。

(11)仪器装箱前应卸下电池。

(12)关闭仪器箱前务必确保仪器和箱内干燥,以免造成仪器锈蚀。

(13)水准标尺不用时必须尺面朝上放置于地面,禁止斜靠在其他物体上。

五、上交资料

(1)前后两把标尺上丝、下丝基本分划读数和视距、视距差的计算成果。

(2)前后两把标尺中丝基本分划、辅助分划读数和基辅差的计算成果。

(3)每把标尺上丝、下丝基本分划读数的中数与中丝基本分划读数的比较成果。

任务三　仪器的选用与检校

➢ 任务描述

某市区域已布设新旧二等水准点 67 个,加上一等水准点 5 个,整网共布点 72 个,单程路线总长约 350 km。路线串联了市域及周边其他测绘单位布设的旧点约 35 个,整网由 13 个闭合环组成。根据技术设计要求,需要测量工作者按照国家二等水准的测量要求进行测量工作。在测量进行前,请首先进行仪器的选用和检验。

➢ 任务分析

在高程控制测量中,高差的测定主要是使用水准测量仪器来进行的,那么究竟采用什么等级的水准仪是首先考虑的问题,即仪器的选用问题。仪器选好后,接下来就要考虑选用的仪器是否满足仪器设计的各项要求,是否能达到测量的标准。大家知道,仪器的设计和制造不论如何精细,各主要部件之间的关系也不可能完全满足理论要求;另外,仪器在使用过程中,由于振动、磨损和温度变化的影响,仪器各部件之间的正确关系也会改变;此外,电子元件也会自然老化,这些变化将导致仪器运行不良、技术指标降低、观测误差增大。为了全面掌握仪器的性能,合理利用仪器获得合格的测量成果,仪器在使用过程中,必须对仪器进行定期的检验和校正。国家计量检定规程规定,水准仪的检定周期不能超过1年,仪器只有经过国家授权的鉴定部门鉴定合格,并颁发年检合格证明才能持证上岗,其测绘的产品才能被认可。所以,仪器在使用前必须经过鉴定。

➤ 任务流程

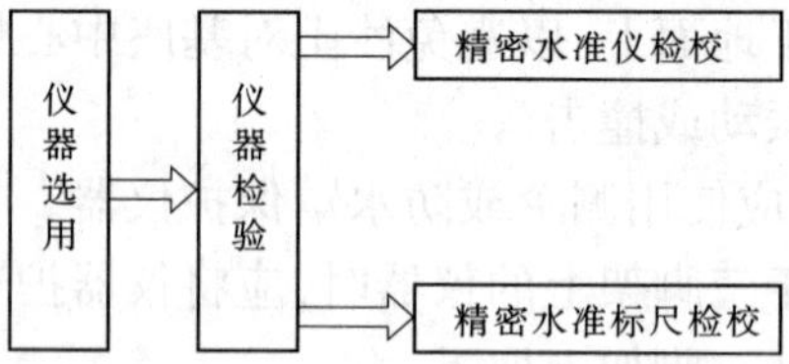

一、仪器选用

水准测量中仪器的选用是根据设计的等级、作业方法和单位的实际情况来决定的,不论采用何种仪器设备,首先考虑的是必须满足相应的等级精度要求,在精密水准测量中,通常按表3-4的规定执行。

表3-4 仪器选用标准

序号	仪器名称	最低型号				备注
		一等	二等	三等	四等	
1	自动安平光学水准仪,自动安平数字水准仪,气泡式水准仪	DSZ_{05} DS_{05}	DSZ_1 DS_1	DSZ_3 DS_3	DSZ_3 DS_3	用于水准测量,其基本参数见《水准仪》(GB/T 10156—2009)
2	线条式因瓦标尺,条码式因瓦标尺			—	—	用于水准测量

二、仪器检校

(一)精密水准仪检校

水准规范规定的检校项目包括如表3-5所示的内容,其中有以下几项常规的检校需要测量工作者在使用前进行。

1. 水准仪器检视

(1)外观。水准仪各个部件是否清洁,有无出现划痕、污点、脱胶、镀膜脱落等现象。

(2)转动部件。转动部件、各转动轴和调制螺旋等,转动是否灵活、平稳;各部件有无松动、失调、明显晃动;螺纹的磨损程度等。

(3)光学性能。望远镜视场是否明亮、清晰、均匀,调焦性能是否正常。

(4)补偿性能。自动安平水准仪的补偿是否正常,有无粘摆现象。

(5)设备件数。仪器附件以及备用零件是否齐全。

精密水准仪和水准标尺的检视

表 3-5　水准规范规定的检校项目

序号	仪器	检校项目	新仪器	作业前	跨河水准测量
1		水准仪的检视	+	+	+
2		水准仪上概略水准器的检校	+	+	+
3		光学测微器隙动差和分划值的测定	+	+	+
4		视线观测中误差的测定	+		
5		自动安平水准仪补偿误差的测定	+		
6		十字丝的检校	+		
7		视距常数的测定	+		
		数字水准仪视线距离测量误差	+		
8	水准仪	调焦透镜运行误差的测定	+		+
9		气泡式水准仪交叉误差的检校	+	+	+
10		i 角检校	+	+	+
11		双摆位自动安平水准仪摆差 $2C$ 角的测定	+	+	+
12		测站高差观测中误差和竖轴误差的测定	+		
13		自动安平水准仪磁致误差的测定	+		
14		倾斜螺旋隙动差、分划误差和分划值的测定	+		
15		符合水准器分划值的测定			+
16		系统分辨率检定	+		

2. 圆水准器检校

用脚螺旋将水准器气泡导至中央,然后旋转仪器 180°,此时若气泡偏离中央,则用水准器改正螺丝改正其偏差的一半,用脚螺旋改正另一半,以使气泡回到中央。如此反复校验,直到仪器无论转向任何方向,气泡中心始终位于中央位置。

3. 光学测微器隙动差和分划值的测定

转动测微螺旋使测微器移动 L 个分化,视线在标尺上相应地移动一段距离 d,则测微器的格值 g 为 $g=d/L$。

对于标尺的同一分划,用测微器进行旋进和旋出的读数,根据旋进和旋出的读数差 Δ 的大小,就可以评定测微器的效用正确性。

4. i 角误差检校

1)准备

如图 3-44 所示,在一平坦场地上用钢卷尺量取一直线 I_1ABI_2,其中 I_1、I_2 为安置仪器处,

A、B 为立标尺处。在线段 I_1ABI_2 上，使 $I_1A=BI_2$。设 $D_1=I_1A$，$D_2=I_1B$，使近标尺距离 D_1 为 5~7 m，远标尺距离 D_2 为 40~50 m，分别在 A、B 处各打一尺桩。

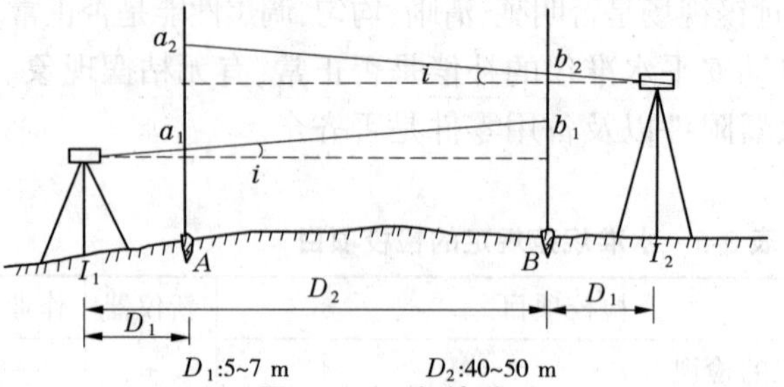

图 3-44　i 角检验

2)观测方法

在 I_1、I_2 处先后安置仪器，仔细整平仪器后，分别在 A、B 标尺上各照准读数基本分划四次。对于双摆位自动安平水准仪，第 1、4 次置摆Ⅰ位置，第 2、3 次置摆Ⅱ位置。

3)计算方法

$$\Delta = \frac{(a_2 - b_2) - (a_1 - b_1)}{2} \tag{3-1}$$

$$i = \Delta \cdot \rho/(D_2 - D_1) - 1.61 \times 10^{-5} \times (D_1 + D_2) \tag{3-2}$$

式中　i——i 角值，(″)；

a_2——在 I_2 处观测 A 标尺的读数平均值，mm；

b_2——在 I_2 处观测 B 标尺的读数平均值，mm；

a_1——在 I_1 处观测 A 标尺的读数平均值，mm；

b_1——在 I_1 处观测 B 标尺的读数平均值，mm；

ρ——206 265，(″)；

D_1——仪器距近标尺距离，mm；

D_2——仪器距远标尺距离，mm。

4)校正

对于 i 角大于 15″的仪器，必须进行校正。对于自动安平水准仪，应送有关修理部门进行校正。对于气泡式水准仪，按下述方法校正。

在 I_2 处，用倾斜螺旋将望远镜视线对准 A 标尺上应有的正确读数 a_2'，a_2' 按式(3-3)计算：

$$a_2' = a_2 - \Delta \cdot D_2/(D_2 - D_1) \tag{3-3}$$

然后校正水准器改正螺丝使气泡居中。校正后将仪器望远镜对准 B 标尺读数 b_2'，其读数应与式(3-4)的计算结果一致，以此作为检校。

$$b_2' = b_2 - \Delta \cdot D_1/(D_2 - D_1) \tag{3-4}$$

校正需反复进行，使 i 角合乎要求为止。

此项检验范例见表 3-6。

《国家一、二等水准测量规范》(GB/T 12897—2006)规定：作业开始后的一周内，自动安平水准仪每天检校 i 角一次，水准管式水准仪每天上午、下午各检校一次；此后，若 i 角较为稳定，每隔 15 天检校一次。

表 3-6 *i* 角的检校

仪器：Ni004 No. 71001	方法：I_1ABI_2	观测者：
日期：1989-08-10	标尺：10796 10797	记录者：
时间：08:10	呈像：清晰稳定	检查者：

仪器距近标尺距离 $D_1=6.0$ m，仪器距远标尺距离 $D_2=41.0$ m

仪器站	I_1		I_2	
观测次序	A 尺读数 a_1	B 尺读数 b_1	A 尺读数 a_2	B 尺读数 b_2
1	298 712	299 140	310 952	311 394
2	704	142	956	410
3	708	154	944	396
4	708	150	958	400
中数	298 708	299 146	310 952	311 400
高差 $(a-b)$，mm	−2.19		−2.24	

方法：I_1ABI_2

$$\Delta=[(a_2-b_2)-(a_1-b_1)]/2=-0.025\ \text{mm}$$

$$i''=\Delta\cdot\rho''/(D_2-D_1)-1.61\times10^{-5}\times(D_1+D_2)=-0.147-0.757=-0.90''$$

校正：$a_2'=a_2-\Delta\cdot D_2/(D_2-D_1)=$

$$b_2'=b_2-\Delta\cdot D_1/(D_2-D_1)=$$

（二）精密水准标尺检校

精密水准标尺检校项目见表 3-7。

表 3-7 精密水准标尺检校项目

序号	仪器	检校项目	新仪器	作业前	跨河水准测量
1	水准标尺	标尺的检视	+	+	+
2		标尺上圆水准器的检校	+	+	+
3		标尺分划面弯曲差的测定	+	+	+
4		标尺名义米长及分划偶然中误差的测定	+	+	+
5		标尺温度膨胀系数的测定	+		
6		一对水准标尺零点不等差的测定（条码标尺） 一对水准标尺零点不等差及基辅分划读数差常数的测定	+	+	+
7		标尺中轴线与标尺底面垂直性测定	+		

1. 标尺的检视

(1)标尺结构是否完好,带尺与尺身连接是否牢固,扶尺环转动是否灵活,底板有无损坏,圆水准器是否完好,有无凹陷、裂缝、碰伤、划痕、脱漆等现象。

精密水准标尺

(2)标尺刻划线和注记是否粗细均匀、清晰、有无异常伤痕,能否读数。

2. 圆水准器的检校

(1)在距水准仪约 50 m 处的尺桩上安置水准标尺,使水准标尺的中线(或边缘)与望远镜竖丝精密重合。如标尺上的气泡偏离,则用改正针将标尺圆形气泡导至中央。

(2)将水准标尺旋转 180°,使水准标尺的中线(或边缘)与望远镜竖丝精密重合。观察气泡,若气泡居中,表示标尺此面已垂直,否则应重新对水准仪十字丝进行检校。

(3)旋转水准标尺 90°,检查标尺另一面是否垂直,其检校方法同(1)、(2)两步。

(4)如此反复检校多次,使标尺能按标尺上圆水准器准确地位于垂直位置。

3. 水准标尺分划面弯曲差的测定

1)测定方法

通过标尺两端引张一细直线,在标尺尺面的两端及中央分别量取分划面至此细直线的距离。

2)计算方法

标尺弯曲差 f 按式(3-5)计算:

$$f = R_{中} - (R_{上} + R_{下})/2 \tag{3-5}$$

式中 $R_{中}$——中间读数,mm;

$R_{上}$——上端读数,mm;

$R_{下}$——下端读数,mm。

当名义米长测定值为标尺尺带弧长时,f 不得大于 4.0 mm,否则长度 l 必须按式(3-6)改正:

$$l = l' - 8f^2/3l' \tag{3-6}$$

式中 l'——标尺名义长度,mm。

4. 一对标尺零点不等差及基辅分划读数差常数的测定

标尺底面应为基本分划零点,否则其偏差为零点差。两根标尺零点差之差称一对标尺零点不等差。测定方法如下。

1)准备

在距水准仪 20~30 m 的等距离处打下 3 个尺桩,使桩顶间高差约 20 cm。

2)观测方法

此项检验应进行三个测回。每一测回中,分别在 3 个桩上依次安置一对标尺,每次用光学测微器按基、辅分划各读数三次,且望远镜的视准轴位置应保持不变,测回间应变换仪器高。

对于双摆位自动安平水准仪进行此项检验时,应将摆置于同一位置上。

3)计算方法

分别计算每根标尺基、辅分划所有读数的中数。两根标尺基本分划读数中数的差,即作为一对标尺零点不等差。每根标尺基本分划读数的中数与辅助分划读数的中数的差,即为每根标尺基辅分划读数差常数。实测常数与理论值之差若超过 0.05 mm(精密)或 0.1 mm(普通),则观测时要采用实测值。

此项检验范例见表 3-8。

表 3-8 一对标尺零点不等差及基辅分划读数差常数的测定

标尺:线条式因瓦标尺:0619 0620 观测者:×××

日期:1993-08-13 记录者:×××

仪器:No. 58823 检查者:×××

测回	桩号	No. 0619 标尺读数			No. 0620 标尺读数		
		基本分划(mm)	辅助分划(mm)	基辅分化读数差(mm)	基本分划(mm)	辅助分划(mm)	基辅分化读数差(mm)
Ⅰ	1	121 8.84	423 4.30	301 5.46	121 8.80	423 4.32	301 5.52
		8.80	4.30	5.50	8.84	4.34	5.50
		8.76	4.32	5.56	8.82	4.40	5.58
	2	142 7.70	444 3.22	5.52	142 7.82	444 3.28	5.46
		7.70	3.18	5.48	7.84	3.34	5.50
		7.72	3.20	5.48	7.80	3.32	5.52
	3	162 8.92	464 4.44	5.52	162 9.04	464 4.52	5.48
		8.88	4.42	5.54	9.04	4.50	5.46
		8.92	4.40	5.48	9.02	4.48	5.46
	平均	142 5.14	444 0.64	301 5.50	142 5.22	444 0.72	310 5.50
Ⅱ	1	124 4.48	425 9.92	5.44	124 4.54	426 0.04	301 5.50
		4.46	9.86	5.40	4.50	0.02	5.52
		4.44	9.86	5.42	4.50	0.02	5.48
	2	145 3.40	446 8.74	5.34	145 3.50	446 8.88	5.38
		3.42	8.80	5.38	3.50	8.94	5.44
		3.32	8.70	5.38	3.52	8.94	5.42
	3	165 4.54	467 0.02	5.48	165 4.66	467 0.16	5.50
		4.52	456 9.94	5.42	4.72	0.14	5.42
		4.56	9.98	5.42	4.72	0.20	5.48
	平均	145 0.79	446 6.20	301 5.41	145 0.91	446 6.37	301 5.46

续表 3-8

测回	桩号	No.0619 标尺读数			No.0620 标尺读数		
		基本分划(mm)	辅助分划(mm)	基辅分化读数差(mm)	基本分划(mm)	辅助分划(mm)	基辅分化读数差(mm)
Ⅲ	1	126 6.78	428 2.24	5.46	126 6.90	428 2.42	301 5.52
		6.80	2.22	5.42	6.90	2.38	5.48
		6.78	2.26	5.48	6.88	2.34	5.46
	2	147 5.68	449 1.14	5.46	147 5.78	449 1.24	5.46
		5.62	1.10	5.48	5.70	1.22	5.52
		5.64	1.12	5.48	5.74	1.24	5.50
	3	167 6.82	469 2.26	5.44	167 6.92	469 2.38	5.46
		6.80	2.28	5.48	7.00	2.44	5.44
		6.80	2.24	5.44	6.98	2.44	5.46
	平均	147 3.08	448 8.54	301 5.46	147 3.20	448 8.68	301 5.48
总中数		144 9.67	446 5.13	301 5.46	144 9.78	446 5.26	301 5.48

注:一对标尺基辅分划读数差常数平均值为 3 015.47 mm;一对标尺零点不等差,基本分划为 0.11 mm,辅助分划为 0.13 mm。

5. 一对水准标尺平均名义米长的检测

标尺上名义上相隔 1 m 的两分划线(例如半厘米分划标尺的 200 和 400 两分划线)之间的真长叫名义米长,此项检测又称每米真长的测定。对于一、二等,应送有关检定单位检定,且根据规定,需要时加做野外检测。三、四等可由作业队按《国家三、四等水准测量规范》(GB/T 12898—2009)规定检测。野外检测方法如下。

1)准备

选择温度稳定的室内进行此项检测。在检测前 2 h 将检查尺(野外比长器)和被检测的水准标尺放入检测处。检测时,水准标尺应放置在一平台上,且使标尺背面与平台充分接触。

2)观测方法

每一标尺的基本分划与辅助分划均须检测。基本分划和辅助分划各须进行往返测。往测时,测定基本分划面的 0.25~1.25 m、0.85~1.85 m、1.45~2.45 m 三个米间隔;返测时测定 2.75~1.75 m、2.15~1.15 m、1.55~0.55 m 三个米间隔。辅助分划面检定时,往测时测定 0.40~1.40 m、1.00~2.00 m、1.60~2.60 m 三个米间隔;返测时测定 2.90~1.90 m、2.30~1.30 m、1.70~0.70 m 三个米间隔。

往测的观测:观测员 1 注视检查尺的左端,观测员 2 注视检查尺的右端,两观测员同时读取米间隔的两个分划线左边缘在检查尺上的读数,接着读取这两个分划线右边缘在检查尺上的读数。两次“左右端读数差”的差应不大于 0.06 mm,否则立即重测。如此依次测定三个米间隔。每测定一个米间隔须读记温度。

返测的观测：返测时两观测员应互换位置，其他操作与往测相同。

3）计算方法

此项检测要求计算出每根标尺的名义米长平均值。以往测为例，基辅分划中每一间隔的名义米长按式（3-7）计算：

$$l_i = \frac{1}{2}(A_{2L} - A_{1L} + A_{2R} - A_{1R}) + \Delta l_i \qquad (3\text{-}7)$$

式中　A_{1L}——1 号观测员分划左边缘读数，mm；

A_{1R}——1 号观测员分划右边缘读数，mm；

A_{2L}——2 号观测员分划左边缘读数，mm；

A_{2R}——2 号观测员分划右边缘读数，mm；

Δl_i——检查尺尺长及温度改正值，mm；

l_i——每米间隔名义米长值，mm。

此项检验用于作业期间检测标尺名义米长的变化，检测的结果一、二等不作为标尺改正用，三、四等可作为标尺改正用。此项检测范例见表 3-9。

表 3-9　标尺名义米长测定

标尺：线条式因瓦合金水准标尺：10797　　观测者：×××，×××

检查尺：一级线纹米尺 No. 1119　　记录者：×××

日期：1993-05-20　　检查者：×××

$l=(1\,000-0.07)\text{mm}+18.5\ \text{mm}\times10^{-3}(t-20\ ℃)$

分划面	往返测	标尺分划间隔	温度	检查尺读数		右-左		检查尺尺长及温度改正	分划面名义米长
				左端	右端	右-左	中数		
1	2	3	4	5	6	7	8	9	10
		m	℃	mm	mm	mm	mm	mm	mm
基本分划	往测	0.25~1.25	24.7	1.24	1 001.22	999.98	999.97	+0.017	999.987
				4.24	1 004.20	999.96			
		0.85~1.85	24.9	0.48	1 000.46	999.98	999.99	+0.021	1 000.011
				3.48	1 003.48	1 000.00			
		1.45~2.45	24.9	2.38	1 002.40	1 000.02	1 000.02	+0.021	1 000.041
				5.36	1 005.38	1 000.02			
	返测	2.75~1.75	25.0	0.42	1 000.38	999.96	999.97	+0.022	999.992
				3.42	1 003.40	999.98			
		2.15~1.15	25.0	0.72	1 000.68	999.96	999.97	+0.022	999.992
				3.70	1 003.68	999.98			
		1.55~0.55	25.0	0.52	1 000.48	999.96	999.96	+0.022	999.982
				3.52	1 003.48	999.96			

续表 3-9

分划面	往返测	标尺分划间隔	温度	检查尺读数		右-左		检查尺尺长及温度改正	分划面名义米长
				左端	右端	右-左	中数		
1	2	3	4	5	6	7	8	9	10
		m	℃	mm	mm	mm	mm	mm	mm
辅助分划	往测	0.40~1.40	25.0	1.30	1 001.28	999.98	999.97	+0.022	999.992
				4.32	1 004.28	999.96			
		1.00~2.00	25.0	1.82	1 001.76	999.94	999.96	+0.022	999.982
				4.80	1 004.78	999.98			
		1.60~2.60	25.0	0.78	1 000.76	999.98	999.99	+0.022	1 000.012
				3.76	1 003.76	1 000.00			
	返测	2.90~1.90	25.0	2.30	1 002.30	1 000.00	999.99	+0.022	1 000.012
				5.26	1 005.24	999.98			
		2.30~1.30	25.0	1.56	1 001.56	1 000.00	999.99	+0.022	1 000.012
				4.54	1 004.52	999.98			
		1.70~0.70	25.0	0.64	1 000.62	999.98	999.99	+0.022	1 000.012
				3.62	1 003.62	1 000.00			
一根标尺名义米长									1 000.002
一对标尺平均名义米长									1 000.004
另一标尺 10789 的检验记录从略,其名义米长									1 000.006

➢ 任务实训

一、实训目的

(1)熟悉水准仪视准轴与水准器轴之间的正确几何关系。
(2)理解 i 角误差对水准测量的影响。
(3)掌握 i 角检验与校正的方法与程序。

二、实训内容

精密水准仪 i 角的检验与校正。

三、实训设备及物品

每组 S_1(或 S_{05})级水准仪 1 台(含脚架 1 个)、尺垫 2 只、标尺 1 对、扶尺杆 4 支、皮尺 1 个、记录板 1 块、自备文具。

四、实训内容及步骤

参照“任务流程”介绍的方法步骤进行。

五、注意事项

(1)测量仪器属精密仪器，使用时必须严格按照操作程序，在任何时候，仪器必须有人看管，做到“人不离仪器”，正确使用测微器，利用楔形丝进行读数。

(2)标尺不用时，应尺面朝上正确放置于地面上，切勿斜靠在树上、墙上或其他物体上。

(3)观测过程中，除正常操作仪器螺旋外，尽量不要用手长时间扶仪器及脚架，以免引起仪器温度的变化或碰动仪器，影响观测精度。

(4)各小组成员密切配合，不可三心二意。

六、上交资料

每人上交一份合格的 i 角检验表(参照表 3-6 自己制作)。

任务四　精密水准观测

精密水准观测

➤ 任务描述

某市于 2005 年 3~5 月完成了覆盖全市约 3 000 km^2 的二等水准布设工作。该网采用逐级控制的总体原则，在国家一等水准网控制下布设的多节点二等水准控制网。共设计完成水准路线 190 条，构成 74 个水准环。网内共有水准点 422 座，其中，一等水准点 18 座，浅基岩水准点 6 座，深基岩水准点 2 座，基本水准点 29 座。水准网路线如图 3-45 所示。

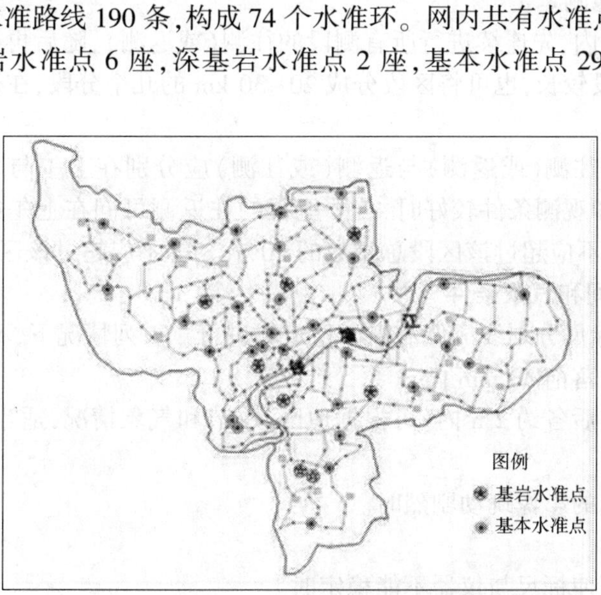

图 3-45　某市二等水准路线及布点图

根据设计要求和任务计划,在接下来的工作中,需要测量工作者完成整个水准网的外业观测任务,即精密水准外业观测。

➢ 任务分析

根据任务描述,知道本任务需要进行二等水准观测,其属于精密水准测量的范畴。在接下来的工作中,须按照技术设计要求和《国家一、二等水准测量规范》(GB/T 12897—2006)的要求,按照规定的程序、方法、步骤和有关的限差要求,进行精密水准的外业施测任务。

➢ 任务流程

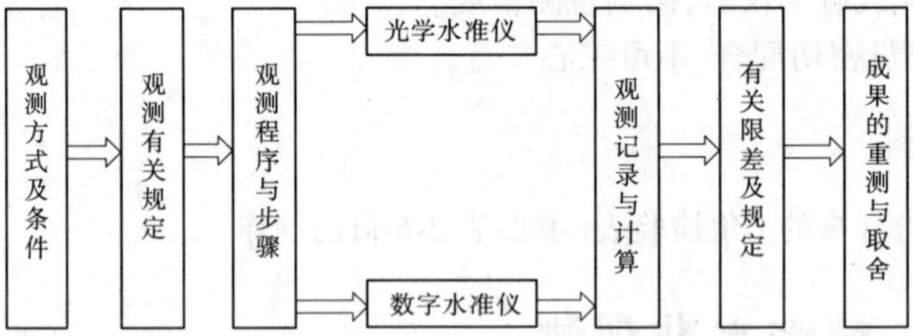

一、观测方式及条件

(一)观测方式

(1)精密水准测量采用单程往返观测,同一区段的往返测,应采用同一类型的仪器和转点尺承沿同一道路施测。

(2)在每一区段内,先连续进行所有测段的往测(或返测),随后再连续进行该区段的返测(或往测)。若区段较长,也可将区段分成20~30 km的几个分段,在分段内连续进行所有测段的往返观测。

(3)同一测段的往测(或返测)与返测(或往测)应分别在上午与下午进行。在日间气温变化不大的阴天和观测条件较好时,若干里程的往返测可同在上午或下午进行。但这种里程的总站数,一等不应超过该区段总站数的20%,二等不应超过该区段总站数的30%。

(二)观测的时间和气象条件

水准观测应在标尺分划线成像清晰而稳定时进行。下列情况下,不应进行观测:

(1)日出后与日落前30 min内。

(2)太阳中天前后各约2 h内(可根据地区、季节和气象情况,适当增减,最短间歇时间不少于2 h)。

(3)标尺分划线的影像跳动剧烈时。

(4)气温突变时。

(5)风力过大而使标尺与仪器不能稳定时。

二、观测有关规定

根据各种误差的性质及其影响规律,水准规范中对精密水准测量的实施做出了各种相应的规定，目的在于尽可能消除或减弱各种误差对观测成果的影响。

(1)观测前30 min，应将仪器置于露天阴影处，使仪器与外界气温趋于一致；观测时应用测伞遮蔽阳光；迁站时应罩以仪器罩。使用数字水准仪前应先进行预热，预热时间以不少于20次单次测量时间为准。

(2)对气泡式水准仪，观测前应测出倾斜螺旋的置平零点，并做标记，随着气温变化，应随时调整置平零点的位置。对于自动安平水准仪的圆水准器，应严格置平。

(3)在连续各测站上安置水准仪的三角架时，应使其中两脚与水准路线方向平行，而第三脚轮换置于路线方向的左侧与右侧。除路线转弯处外，每一测站上仪器与前后标尺的三个位置，应接近一条直线。

(4)仪器距前、后视水准标尺的距离应尽量相等，其差应小于规定的限值。这样，可以消除或削弱与距离有关的各种误差对观测高差的影响，如i角误差和垂直折光等影响。

(5)同一测站上观测时，不得两次调焦；转动仪器的倾斜螺旋和测微螺旋，其最后旋转方向均应为旋进，以避免倾斜螺旋和测微器隙动差对观测成果的影响。

(6)在两相邻测站上，应按奇、偶数测站的观测程序进行观测，对于往测奇数测站按“后前前后”、偶数测站按“前后后前”的观测程序在相邻测站上交替进行。返测时，奇数测站与偶数测站的观测程序与往测时相反，即奇数测站由前视开始，偶数测站由后视开始。这样的观测程序可以消除或减弱与时间成比例均匀变化的误差对观测高差的影响，如i角的变化和仪器的垂直位移等影响。

(7)每一测段的往测与返测，其测站数均应为偶数，由往测转向返测时，两水准标尺应互换位置，并应重新整置仪器。在水准路线上每一测段仪器测站安排成偶数，可以削减两水准标尺零点不等差等误差对观测高差的影响。

(8)每一测段的水准测量路线应进行往测和返测，往测和返测应在不同的气象条件下进行，如分别在上午和下午观测。这样，可以消除或减弱性质相同、正负号也相同的误差影响，如水准标尺垂直位移的误差影响。

(9)使用补偿式自动安平水准仪观测的操作程序与水准器水准仪相同。观测前对圆水准器应严格检验与校正，观测时应严格使圆水准器气泡居中。

(10)水准测量的观测工作间歇时，最好能结束在固定的水准点上结束；否则，应选择两个坚稳可靠、光滑突出、便于放置水准标尺的固定点，作为间歇点加以标记，间歇后，应对两个间歇点的高差进行检测，检测结果如符合限差要求(对于二等水准测量，规定检测间歇点高差之差应≤1.0 mm)，就可以从间歇点起测。若仅能选定一个固定点作为间歇点，则在间歇后应仔细检视，确认没有发生任何位移，方可由间歇点起测。

三、观测程序与步骤

(一)测站设置

精密水准观测，应根据水准路线的土质选用尺桩或尺台作为转点尺承，特殊地段也可采用大帽钉作为转点尺承。仪器的架设除严格整平外，视线长度、视距差、视线高度、数字水准仪重复观测次数等必须满足规范的要求，如表3-10所示。

表 3-10　水准测量视距和视线高度的要求　　(单位:m)

等级	仪器类别	视线长度		前后视距差		任一测站上前后视距差累积		视线高度		数字水准仪重复测量次数
		光学	数字	光学	数字	光学	数字	光学(下丝读数)	数字	
一等	DSZ_{05}、DS_{05}	≤30	≥4 且≤30	≤0.5	≤1.0	≤1.5	≤3.0	≥0.5	≤2.80 且≥0.65	≥3 次
二等	DSZ_1、DS_1	≤50	≥3 且≤50	≤1.0	≤1.5	≤3.0	≤6.0	≥0.3	≤2.80 且≥0.55	≥2 次

注:下丝为近地面的视距丝。几何法数字水准仪视线高度的高端限差一、二等允许到 2.85 m,相位法数字水准仪重复测量次数可以为本表中数值减少 1 次。所有数字水准仪,在地面震动较大时,应随时增加重复测量次数。

数字水准仪在往返测量前,还必须在仪器中进行如下项的设置。

1. 仪器设置

测量的高程单位和记录到内存的单位为米(m)。

最小显示位为 0.000 01 m。

设置日期格式为实时年、月、日。

设置时间格式为实时 24 小时制。

2. 测站限差参数设置

视距限差的高端和低端。

视线高限差的高端和低端。

前后视距差限差。

前后视距差累积限差。

两次读数高差之差限差。

3. 作业设置

建立作业文件;

建立测段名;

选择测设模式:"aBFFB";

输入起始点参考高程;

输入点号(点名);

输入其他测段信息。

4. 通信设置

按仪器说明书操作。

光学水准仪案例

(二)观测程序与步骤

1. 光学水准仪

1)观测程序

奇数站

往测时,奇数测站的观测程序简称"后前前后",即

后尺基本分划→前尺基本分划→前尺辅助分划→后尺辅助分划

往测时,偶数测站的观测程序简称"前后后前",即

前尺基本分划→后尺基本分划→后尺辅助分划→前尺辅助分划

返测时,奇、偶数测站照准标尺的顺序与往测时的顺序正好相反,并由往测改为返测时,

要互换标尺的位置。

2)操作步骤

光学水准仪观测采用光学测微法,其一测站的操作步骤如下(以往测奇数测站为例):

偶数站

(1)将仪器整平(气泡式水准仪望远镜绕垂直轴旋转时,水准气泡两端影像的分离不得超过1 cm,自动安平水准仪的圆气泡位于指标环中央)。

(2)将望远镜对准后视标尺(此时,利用标尺上圆水准器整置标尺垂直),使符合水准器两端的影像近于符合(双摆位自动安平水准仪应置于第Ⅰ摆位)。随后用上丝、下丝照准标尺基本分划进行视距读数。视距第四位数由测微鼓直接读得。然后,使符合水准器气泡准确符合,转动测微鼓用楔形平分丝精确照准标尺基本分划,并读定标尺基本分划与测微鼓读数(读至测微鼓的最小分划)。

(3)旋转望远镜照准前视标尺,并使符合水准气泡两端影像准确符合(双摆位自动安平水准仪仍在第Ⅰ摆位),用楔形平分丝精确照准标尺基本分划,并读定标尺基本分划与测微鼓读数,然后用上丝、下丝照准标尺基本分划进行视距读数。

(4)用微动螺旋转动望远镜,照准前视标尺的辅助分划,并使符合水准气泡两端影像准确符合(双摆位自动安平水准仪置于第Ⅱ摆位),用楔形平分丝精确照准并进行标尺辅助分划与测微鼓读数。旋转望远镜,照准后视标尺的辅助分划,并使符合水准气泡的影像准确符合(双摆位自动安平水准仪仍在第Ⅱ摆位),用楔形平分丝精确照准并进行辅助分划与测微鼓的读数。

2. 数字水准仪

1)观测程序

往、返测奇数测站的观测程序是"后前前后",即

后视标尺 → 前视标尺 → 前视标尺 → 后视标尺

数字水准观测

往、返测偶数测站的观测程序是"前后后前",即

前视标尺 → 后视标尺 → 后视标尺 → 前视标尺

2)操作步骤

数字水准仪一测站操作步骤如下(以奇数站为例):

(1)将仪器整平(望远镜绕垂直轴旋转,圆气泡始终位于指标环中央)。

(2)将望远镜对准后视标尺(此时,标尺应按圆水准器整置于垂直位置),用垂直丝照准条码中央,精确调焦至条码影像清晰,按"测量"键。

(3)显示读数后,旋转望远镜照准前视标尺条码中央,精确调焦至条码影像清晰,按测量键。

(4)显示读数后,重新照准前视标尺,按测量键。

(5)显示读数后,旋转望远镜照准后视标尺条码中央,精确调焦至条码影像清晰,按测量键。显示测站成果。测站检核合格后迁站。

四、观测记录与计算

精密水准测量的外业观测成果,按记录载体可分为电子记录和手簿记录两种方式,应优

先采用电子记录,在不适宜电子记录的特殊地区亦可采用手簿记录。

使用光学水准仪时,每测站应记录上丝、下丝在前后标尺的读数,楔形平分丝在前后标尺基、辅分划面的读数。使用数字水准仪时,每测站应记录前后标尺距离和视线高读数。

外业各测站观测的数据必须当场记录,并及时进行测站的计算,以判断是否合乎限差要求,只有测站成果合限后,方可迁站。

下面是手簿记录方式示例:在表 3-11 中第(1)~(8)栏是读数的记录部分,第(9)~(18)栏是计算部分,现以往测奇数测站的观测程序为例来说明计算内容与计算步骤。

表 3-11　一、二等水准观测记录手簿

往测自________至________　　20　　年　月　日

时间　始　　时　　分　末　　时　　分　　成像________

温度________　云量________　　风向风速________

天气________　土质________　　太阳方向________

测站编号	后尺 上丝 / 下丝 后距 视距差 d	前尺 上丝 / 下丝 前距 $\sum d$	方向及尺号	标尺读数 基本分划 (一次)	标尺读数 辅助分划 (二次)	基+K-辅 (一减二)	备注
	(1)	(5)	后	(3)	(8)	(14)	
	(2)	(6)	前	(4)	(7)	(13)	
	(9)	(10)	后-前	(15)	(16)	(17)	
	(11)	(12)	h	—		(18)	
			后				
			前				
			后-前				
			h	—			

视距部分的计算:

(9)=(1)-(2)

(10)=(5)-(6)

(11)=(9)-(10)

(12)=(11)+前站(12)

高差部分的计算与检核:

(13)=(4)+K-(7)

(14)=(3)+K-(8)

(15)=(3)-(4)

(16)=(8)-(7)

(17)=(14)-(13)=(15)-(16)检核

(18)=$\frac{1}{2}\times$[(15)+(16)]

式中,K 为基辅差(对于 1 cm 水准标尺而言,K=3.015 5 m;对于 5 mm 水准标尺而言,K=6.065 0 m)。

以上为一测站全部操作与观测过程。一、二等精密水准测量外业计算尾数取位如

表 3-12 所示。

表 3-12 一、二等精密水准测量外业计算尾数取位

等级	往(返)测距离总和(km)	测段距离中数(km)	各测站高差(mm)	往(返)测高差总和(mm)	测段高差中数(mm)	水准点高程(mm)
一等	0.01	0.1	0.01	0.01	0.1	1
二等	0.01	0.1	0.01	0.01	0.1	1

五、有关限差及规定

(一)视距与视线高度的要求

各等水准测量视距和视线高度的要求见表 3-13。

表 3-13 各等水准测量视距和视线高度的要求

等级	仪器类型	视线长度(m)	前后视距差(m)	任一测站上前后视距差累积(m)	视线高度(下丝读数)(m)
一等	DSZ_{05}, DS_{05}	≤30	≤0.5	≤1.5	≥0.5
二等	DS_1, DS_{05}	≤50	≤1.0	≤3.0	≥0.3
三等	DS_3	≤75	≤2.0	≤5.0	三丝能读数
	DS_1, DS_{05}	≤100			
四等	DS_3	≤100	≤3.0	≤10.0	三丝能读数
	DS_1, DS_{05}	≤150			

(二)水准测量的限差

各等水准测量的限差见表 3-14 和表 3-15。

表 3-14 水准测量测站观测限差

等级		基辅分划读数的差(mm)	基辅分划所测高差的差(mm)	左右路线转点差(mm)	检测间歇点高差的差(mm)	上下丝读数平均值与中丝读数的差	
						0.5 cm 刻划	1.0 cm 刻划
一等		0.3	0.4	—	0.7	1.5	3.0
二等		0.4	0.6	—	1.0	1.5	3.0
三等	中丝读数法	2.0	3.0	—	3.0	—	—
	光学测微法	1.0	1.5	1.5	3.0	—	—
四等(中丝读数法)		3.0	5.0	4.0	5.0	—	—

表 3-15 水准测量高差不符值和闭合差限差

等级	检测已测测段高差之差(mm)	路线、区段、测段往返测高差不符值(mm)	左右路线高差不符值(mm)	附合路线闭合差或三、四等环线闭合差(mm)	环闭合差(mm)
一等	$\pm3\sqrt{R}$	$\pm1.8\sqrt{K}$	—	—	$\pm2\sqrt{F}$
二等	$\pm6\sqrt{R}$	$\pm4\sqrt{K}$	—	$\pm4\sqrt{L}$	$\pm4\sqrt{F}$
三等	$\pm20\sqrt{R}$	$\pm12\sqrt{K}$	$\pm8\sqrt{K}$	平原:$\pm12\sqrt{L}$ 山区:$\pm15\sqrt{L}$	—
四等	$\pm30\sqrt{R}$	$\pm20\sqrt{K}$	$\pm14\sqrt{K}$	平原:$\pm20\sqrt{L}$ 山区:$\pm25\sqrt{L}$	—

注:1. 表中的 R、L、F 分别为测段、路线、环线长度,以 km 为单位;K 为路线或区段、测段长度,以 km 为单位。
2. 水准环由不同等级路线构成,环闭合差的限差应按各等级路线分别计算,然后取其平方和的平方根为限差。
3. 表中“检测已测测段高差之差”的限差对单程检测和双程(往、返)检测均适用。
4. 一测段长度小于 1 km 时,按 1 km 计算。
5. 使用双摆位自动安平水准仪观测时,不计算基辅分划读数差。
6. 对于数字水准仪,同一标尺两次读数差不设限差,两次读数所测高差的差执行基辅分划所测高差之差的限差。
7. 测站观测误差超限,在本站发现后可立即重测。若迁站后检查才发现,则应从水准点或间歇点(应经检测符合限差)起始,重新观测。

六、成果的重测与取舍

测段往返测高差不符值超限,应先就可靠程度较小的往测或返测进行整测段重测,并按下列原则取舍:

(1)若重测的高差与同方向原测高差的不符值超过往返测高差不符值的限差,但与另一单程高差的不符值不超出限差,则取用重测结果。

(2)若同方向两高差不符值未超出限差,且其中数与另一单程高差的不符值亦不超出限差,则取同方向中数作为该单程的高差。

(3)若(1)中的重测高差[或(2)中两同方向高差中数]与另一单程的高差不符值超出限差,应重测另一单程。

(4)若超限测段经过两次或多次重测后,出现同向观测结果靠近而异向观测结果间不符值超限的分群现象,如果同方向高差不符值小于限差之半,则取原测的往返高差中数作为往测结果,取重测的往返高差中数作为返测结果。

(5)区段、路线往返测高差不符值超限时,应就往返测高差不符值与区段(路线)不符值间符号中较大的测段进行重测,若重测后仍超出限差,则应重测其他测段。

(6)附合路线和环线闭合差超限时,应就路线上可靠程度较小(往返测高差不符值较大或观测条件较差)的某些测段进行重测,如果重测后仍超出限差,则应重测其他测段。

(7)每千米水准测量的偶然中误差 M_{Δ} 超出限差时,应分析原因,重测有关测段或路线。

(8)测段重测与原测时间超过了 3 个月,且重测高差与原测高差之差超过检测限差时,应按规定进行该测段两端点可靠性的检测。

➢ 知识点

一、水准测量中的几个术语

(1)结点:水准网中至少连接三条水准路线的水准点。

(2)水准路线:同级水准网中两相邻结点间的测线。

(3)区段:水准路线中两相邻基本水准点间的水准测线。

(4)测段:两相邻水准点间的水准测线。

(5)联测:将水准点或其他高程点包含于水准路线中的观测。

(6)支测:自路线中任一水准点起,至其他任何固定点的观测。

(7)接测:新设水准路线中任意点连接其他路线上水准点的观测。

(8)检测:检查已测高差的变化是否超过规定而进行的观测。

(9)重测:因成果质量不合格而进行的观测。

(10)复测:每隔一定时间对已测水准路线进行的测量。

二、水准测量电子记录

随着电子计算技术的普及,各等水准测量应尽量使用电子记录。电子记录不仅减轻了记录员的繁重记录、计算和检查限差的劳动,且提高了工作效率,还可彻底避免由于记录员计算或检查限差的错误而导致的返工重测。

电子记录的具体操作方法随具体的水准测量电子记录程序的不同而不同。记录员要认真学习程序说明书,熟悉程序操作方法及操作中应注意的事项。这里只对记录程序应具备的功能、观测数据的处理和输出格式做简要说明。

(一)记录程序应具备的功能

(1)对每项输入的数据,能按观测限差进行检核;出现超限数据时,能提示作业员调整并重测。

(2)对于一、二等水准测量,能够记录标题信息和观测条件信息。

(3)能够识别往返测向和奇偶数站,分别进行往测或返测记录。

(4)能做观测间歇记录。

(5)能做检测记录。

(6)能做退站观测处理。

(7)能做基本标石上下标志观测记录。

(8)能做短跨距渡河水准的记录。

(9)能打印或显示观测成果。

(10)能录制观测成果磁带(或其他存储介质)。

(11)能记录仪器 i 角的检验。

(二)观测数据的处理

(1)对输入记录器的各项观测数据,应按《国家一、二等水准测量规范》(GB/T 12897—2006)的要求逐项进行检查。当可调查值(如视距不等差)不符合规定时,记录器可显示超差数值,供观测员调整测站或立尺点的位置,重新观测。当不可调查值不符合规定时,记录器只能显示超差提示符,重新观测。

(2)一、二等水准测量中应存储各路线与各测段的标题信息、观测条件信息,存储每个测站的视距长度与前后视标尺基、辅分划面的中丝读数。计算并存储每个测段各站视距和、高差和。统计并存储每个测段的作废测站数、退站次数及各退站处的编号。

(3)三、四等水准测量中应计算并存储测段中测站各读数的累加值,计算并存储测段各站的视距和、高差和。

(4)已经完成的完整测段往测或返测成果,不论采用与否,应一律按规定格式输出测段的各项数据,并编入野外高差表,对不予采用者应说明原因。

(三)输出格式

(1)一、二等水准测量,可以采用全记录磁带配手簿贴高差纸带做记录载体,也可采用全记录纸带配手簿贴高差纸带做记录载体。若采用前者,须将全部记录信息录制在盒式磁带上,同时亦须将各测段的说明信息、观测条件信息、测段距离、测段高差及作业质量信息打印成高差纸带。其格式参见《水准测量电子记录规定》(CH/T 2006—1999)。若采用后者,应将各测段的说明信息、观测条件信息、测段距离、测段高差及作业质量信息各站观测数据全部打印在纸带上,称为全记录纸带。

(2)三、四等水准测量中,可以抄录记录器显示的各项信息,以代替相应的高差纸带,填写在手簿的相应位置上。数据或字符抄错后不得涂改,并需重抄该条记录。抄录成果时,应由两人分别抄入手簿正本和副本,并进行校对。

三、水准手簿记录

一切外业观测值和记事项目,应在现场直接记录。

手簿一律用铅笔填写,记录的文字与数字力求清晰、整洁,不得潦草模糊。手簿中任何原始记录不得涂擦,对原始记录有错误的数字与文字,应仔细核对后以单线划去,在其上方填写更正的数字与文字,并在备考栏内注明原因,但厘米以下读数一律不得涂改,不允许连续更改和转抄。对作废的记录,亦用单线划去,并注明原因及重测结果记于何处。重测记录应加注“重测”二字。手簿记录格式见图3-46。水准记录手簿见表3-16。

Ⅰ宜柳线宜州—沂城段

一(二)等水准观测手簿 No.05

2007 年

返测记于 No.06

前接手簿 No.03　后接手簿 No.07

国家测绘局第一大地测量队

(测量单位名称)

图 3-46　水准观测手簿封面

水准路线由宜州起经小城至柳城止

仪器名称 DS_1　No: 71002

制造厂名 北京测绘仪器厂

望远镜放大倍率 40×　视距常数 100

水准器分划值 10″/2 mm　测微器分划值 0.05 mm

倾斜螺旋分划值 无

仪器检查校正情况 良好

标尺名称 线条式因瓦标尺　No 25　No 26

制造厂名 扬州测绘仪器厂

读数差常数 无

刻划间隔 0.5 mm

标尺检查校正情况 良好

观测者 ×××

记簿者 ×××

水准路线图

(标出图幅分幅线、水准路线、点位、号数及与路线联测的三角点或其他点)

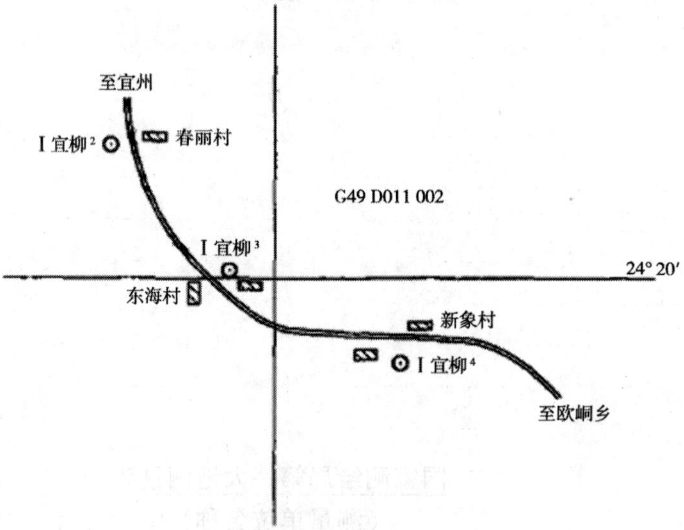

1 : 20 000

注：经纬线用红色绘出。

续图 3-46

表 3-16　水准记录手簿

往测自 Ⅰ宜柳 2 至 Ⅰ宜柳 3　　2000-05-05

时间　始 7 时 05 分　　末 ___ 时 ___ 分　　成像 清晰

温度 24.5 ℃　　云量 3　　风向风速 右后 2 级

天气 多云　　道路土质 柏油路坚实　　太阳方向 左

测站编号	后尺 上丝 / 下丝	前尺 上丝 / 下丝	方向及尺号	标尺读数		基+K-辅（一减二）	备注
	后距	前距		基本分划（一次）	辅助分划（二次）		
	视距差 d	$\sum d$					
	（1）	（5）	后	（3）	（8）	（13）	
	（2）	（6）	前	（4）	（7）	（14）	后前前后记录顺序
	（9）	（10）	后-前	（15）	（16）	（17）	
	（11）	（12）	h		（18）		
1			后				
			前				
			后-前				
			h				
2			后				
			前				
			后-前				
			h				
3			后				
			前				
			后-前				
			h				标尺温度 20.0 ℃
4			后				
			前				
			后-前				
			h	（以下各站格式相同）			
测段计算	$D_{往}$		后	$h_{往}$			
	$D_{返}$		前	$h_{返}$			
	$D_{中}$		后-前	$h_{中}$			
			h	$W=$____$<\pm4\sqrt{D_{中}}$ mm（二等）			
			后				
			前				
			后-前				
			h				

一、二等水准测量记录的小数取位按照表 3-12 的规定执行。

四、间歇与检测

观测间歇时,最好在水准点上结束;否则,应在最后一站选择两个坚稳可靠、光滑突出、便于放置标尺的固定点,作为间歇点。如无固定点可选择,则间歇前应对最后两测站的转点尺桩(用尺台)做转点尺承时,可用两个带帽钉的木桩做妥善安置,作为间歇点。

数字水准仪测量间歇可用建立新测段等方法检测,检测有困难时最好收测在固定点上。

间歇后应对间歇点进行检测,比较任意两尺承点间歇前后所测高差,若符合限差(见表 3-14)要求, 即可由此起测;若超过限差,可变动仪器高度再检测一次,如仍超限,则应从前一水准点起测。

检测成果应在手簿中保留,但计算高差时不采用。

五、水准点和"其他固定点"的观测

观测水准点和"其他固定点"时,应仔细查对该点的位置、编号和名称是否与计划及点之记的记载相符。

观测这些点时,须卸下标尺底面的尺环,按下面的规定放置标尺:

(1)观测基本水准标石时,标尺置于上标志上;观测岩层基本水准标石时,标尺置于主标志上。若上标志(或柱石)与主标志损坏,则标尺置于下标志或暗标志上。第一次观测基本水准标石时,须测定上标志、下标志间或主标志与暗标志间的高差两次。测定应用同一根标尺两个仪器位置进行。两次高差之差不得大于 1mm。

(2)观测普通水准标石时,标尺置于水准标志上。

(3)观测"其他固定点"时,标尺置于须测定其高程的位置上。

(4)观测至两条水准路线的交叉点时,须在"水准交叉点接测图"上详细记录接测情况。若交叉点为基本水准标石,应同时对其附近 100~500 m 范围内所埋设的普通水准标石予以连测。

(5)当水准路线与已测水准点连测时,须单程检测一已知测段。对已测水准路线的检测,按新设路线的等级进行;对低等级路线的检测,按已测路线的等级进行。

六、水准测量的精度评定

水准测量的精度根据往返测的高差不符值来评定,因为往返测的高差不符值集中反映了水准测量各种误差的共同影响,这些误差对水准测量精度的影响,不论其性质和变化规律都是极其复杂的,其中有偶然误差的影响,也有系统误差的影响。

根据研究和分析可知,在短距离,如一个测段的往返测高差不符值中,偶然误差是得到反映的,虽然也不排除有系统误差的影响,但毕竟由于距离短,所以影响很微弱,因而从测段的往返高差不符值 Δ 来估计偶然中误差,还是合理的。在长的水准线路中,例如一个闭合环,影响观测的,除偶然误差外,还有系统误差,而且这种系统误差在很长的路线上也表现有偶然性质。环形闭合差表现为真误差的性质,因而可以利用环形闭合差 W 来估计含有偶然误差和系统误差在内的全中误差,现行水准规范中所采用的计算水准测量精度的公式,就是以这种基本思想为基础而导得的。

由 n 个测段往返测的高差不符值 Δ 计算每千米单程高差的偶然中误差(相当于单位权观测中误差)的公式为

$$\mu = \pm \sqrt{\frac{\frac{1}{2}\left[\frac{\Delta\Delta}{R}\right]}{n}} \tag{3-8}$$

往返测高差平均值的每千米偶然中误差为

$$M_{\Delta} = \frac{1}{2}\mu = \pm \sqrt{\frac{1}{4n}\left[\frac{\Delta\Delta}{R}\right]} \tag{3-9}$$

式中 Δ——各测段往返测的高差不符值,mm;

R——各测段的距离,km;

n——测段的数目。

式(3-9)就是水准规范中规定用以计算往返测高差平均值的每千米偶然中误差的公式,这个公式是不严密的,因为在计算偶然误差时,完全没有顾及系统误差的影响。顾及系统误差的严密公式,形式比较复杂,计算也比较麻烦,而所得结果与式(3-9)所算得的结果相差甚微,所以式(3-9)可以认为是具有足够可靠性的。

按水准规范规定,一、二等水准路线须以测段往返高差不符值按式(3-9)计算每千米水准测量往返高差中数的偶然中误差 M_{Δ}。当水准路线构成水准网的水准环超过 20 个时,还须按水准环闭合差 W 计算每千米水准测量高差中数的全中误差 M_W。

计算每千米水准测量高差中数的全中误差的公式为

$$M_W = \pm \sqrt{\frac{\boldsymbol{W}^{\mathrm{T}}\boldsymbol{Q}^{-1}\boldsymbol{W}}{N}} \tag{3-10}$$

式中 $\boldsymbol{W}$——水准环线经过正常水准面不平行改正后计算的水准环闭合差矩阵,$\boldsymbol{W}$ 的转置矩阵 $\boldsymbol{W}^{\mathrm{T}} = (w_1, w_2, \cdots, w_N)$,$w_i$ 为 i 环的闭合差,以 mm 为单位;

N——水准环的数目;

$\boldsymbol{Q}$——协因数矩阵 $\boldsymbol{Q}$ 中对角线元素为各环线的周长 $F_1, F_2, \cdots, F_N$,非对角线元素,如果图形不相邻,则一律为零,如果图形相邻,则为相邻边长度(千米数)的负值。

每千米水准测量往返高差中数偶然中误差 M_{Δ} 和全中误差 M_W 的限值列于表 3-17 中。偶然中误差 M_{Δ}、全中误差 M_W 超限时,应分析原因,重测有关测段或路线。

表 3-17 每千米水准测量往返高差中数偶然中误差 M_{Δ} 和全中误差 M_W 的限值

等级	一等(mm)	二等(mm)
M_{Δ}	≤0.45	≤1.0
M_W	≤1.0	≤2.0

➤ 任务实训

一、实训目的

(1)熟悉精密水准测量的作业组织和一般作业规程。

(2)掌握二等精密水准测量的观测方法、步骤和作业流程。

(3)熟练掌握精密水准测量的手簿记录、计算与检查。

二、实训内容及要求

(1)每组选定一条0.5~1 km的闭合水准环线,按二等水准要求进行往返观测。

(2)每组每人至少完成往返各两测站连续的观测、记录、计算任务。

三、实训所需设备及物品

每组领取精密水准仪1台(配套脚架1个),因瓦水准标尺一对,尺垫一副,扶尺杆4支,测绳(或皮尺)一条,伞一把,记录板一个,自备小刀、铅笔、记录手簿(格式见表3-11)。

四、实训步骤与程序

(一)作业组织

每组由6~8人组成,具体分工是:观测1人,记录1人,打伞1人,扶尺2人,量距2人。

(二)限差及作业规定

水准测量视距和视线高度的要求及各测站的观测限差见表3-18。

表3-18 水准测量技术要求

等级	仪器类型	视线长度	前后视距差	视距累积差	视线高度	基辅读数之差	基辅高差之差	上下丝读数平均值与中丝读数的差	
								1.0 cm尺	0.5 cm尺
二等	DS_1 DS_{05}	≤50 m	≤1.0 m	≤3.0 m	≥0.3 m	≤0.4 mm	≤0.6 mm	≤3 mm	≤1.5 mm

观测的作业规定如下:

(1)一测段的测站数应布置成偶数,仪器和前后标尺应尽量在一条直线上。

(2)观测时要注意消除视差,气泡严格居中,各种螺旋均应旋进方向终止。

(3)视距读至1 mm,基辅分划读至0.1 mm。

(4)各项记录正确整齐、清晰,严禁涂改。原始读数的米、分米值有错时,可以整齐地划去,现场更正,但厘米及其以下读数一律不得更改,如有读错记错,必须重测,严禁涂改。

(5)每一站上的记录、计算待检查全部合格后才可迁站。

(6)测完一闭合环计算环线闭合差,其值应小于$\pm 4\sqrt{L}$,L为环线长度,以km为单位。

(三)观测程序

往测奇数站的观测程序为:后前前后。

往测偶数站的观测程序为:前后后前。

返测奇数站的观测程序为:前后后前。

返测偶数站的观测程序为:后前前后。

由往测转换为返测时,两标尺位置互换。

(四)一站操作步骤(以往侧奇数测站自动安平水准仪观测为例)

(1)在测站置平仪器。

(2)望远镜照准后视水准标尺，通过旋转测微螺旋用上、下视距丝平分水准标尺的相应基本分划读取上、下丝读数，中丝的楔形丝照准基本分划读取中丝读数，读数时标尺分划的位数和测微器的数字要连贯读出。

(3)望远镜照准前视水准标尺，通过旋转测微螺旋用中丝的楔形丝照准基本分划读取中丝读数，再用上、下视距丝平分水准标尺的相应基本分划读取上、下分划读数。

(4)旋转水平微动螺旋使仪器照准辅助分划，旋转测微螺旋用中丝的楔形丝照准前尺辅助分划读取中丝读数。

(5)望远镜转向后尺，旋转测微螺旋用中丝的楔形丝照准后尺的辅助分划读取中丝读数。

(6)至此，一站的观测完成，迁站后按偶数测站的观测程序进行，以此类推，依次交换程序进行。

五、注意事项

(1)量距要保证通视，前、后视距相等和保持一定的视线高度，并尽量使仪器和前后标尺在一条直线上。

(2)扶尺员在观测之前必须将标尺立直扶稳。严禁双手脱开标尺，以防摔坏标尺的事故发生。

(3)在观测中，不允许为通过限差规定而凑数，以免成果失去真实性。

(4)记录员除记录和计算外，还必须检查观测条件是否合乎规定，限差是否满足要求，否则应及时通知观测员重测。记录员必须牢记观测程序，注意不要记录错误。字迹要整齐、清晰，不得涂改，更不允许描字和就字改字。在一个测站上应等计算和检查完毕，确信无误后才可搬站。

六、上交资料

(1)水准路线略图。
(2)往测观测记录手簿。
(3)往返水准环闭合差计算成果。
(4)水准观测小结。

任务五 精密水准测量外业计算

精密水准外业计算

➢ 任务描述

某一条三等水准附合路线的外业观测已全部结束，接下来，请根据外业观测成果和已知高程数据，完成外业高差和高程表的编制，计算出各水准点的概略高程，并对野外测量进行精度评定。

➢ 任务分析

水准外业测量结束后，获得了大量的水准观测数据，这些数据是计算各个高程控制点高程值的重要基础数据,所以既要保证数据的完整性,更要保证数据质量的可靠性。水准测量外业计算是水准测量的重要环节,在这一阶段要对外业观测数据进行整理、检查和质量评定,对不合格的产品甚至还需要返工重测。有了合格的数据后,接下来就需要利用表格、计算工具(包括计算器、计算机和相关的计算软件)来完成数据的编算,以期得到最终的平差高程值。

➢ 任务流程

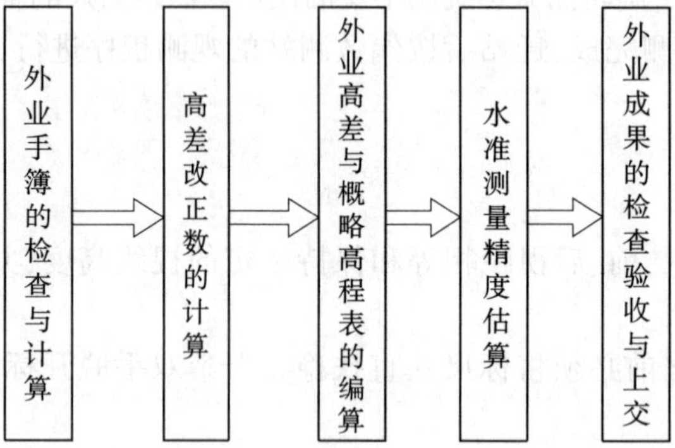

一、外业手簿的检查与计算

为了确保外业观测成果的正确无误,并符合限差要求,必须全面认真地对外业观测手簿进行计算和检查。主要如下:

(1)仪器至前后标尺的视距之和是否正确。

(2)基辅分划差是否正确。

(3)基辅分划所测高差及高差之差是否正确。

(4)高差中数及符号是否正确。

(5)前视和后视之和是否正确。

(6)前后视距差是否计算正确。

(7)正、负高差中数之和是否正确。

(8)检查下列各项是否符合限差规定:①视线长度;②前后视距差以及前后视距累积差;③基辅分化差以及基辅分化所测高差之差;④读数是否符合视线高度要求;⑤间歇点间高差之差;⑥测段往返闭合差。

二、高差改正数的计算

对于一、二等水准测量,要求进行下述五项改正计算:

(1)水准标尺长度误差改正 δ。

(2)水准标尺温度改正 ∂ 。

(3)正常水准面不平行改正 ε。

(4)重力异常改正 λ。

(5)固体潮改正 U。

对于三、四等水准测量,要进行以下三项改正:

(1)水准标尺长度误差改正 δ。

(2)正常水准面不平行改正 ε 。

(3)路线(环线)闭合差的改正 v。

(一)水准标尺长度误差的改正

水准标尺每米长度误差对高差的影响是系统性质的。根据规定,当一对水准标尺每米长度的平均误差 f 大于±0.02 mm 时,就要对观测高差进行改正。

水准标尺长度误差改正 δ:

$$\delta = fh \tag{3-11}$$

式中 f——一对标尺名义米长误差,mm/m;

h——测段高差,m。

$$f = L - 1\ 000 \tag{3-12}$$

式中 L——一对标尺名义米长,mm。

对于一个测段的改正 $\sum \delta_f$ 可按式(3-13)计算,即

$$\sum \delta_f = f\sum h \tag{3-13}$$

由于往返测观测高差的符号相反,所以往返测观测高差的改正数也将有不同的正、负号。

例如,某一对标尺经检定得,一米间隔的平均真长为 999.96 mm,则 $f = (999.96-1\ 000) = -0.04$(mm),用该对标尺观测某测段的往返测高差 $h = \pm 20.345$ m ,则该测段往返测高差的改正数 $\sum \delta_f$ 为

$$\sum \delta_f = -0.04 \times (\pm 20.345) = \mp 0.81(\text{mm})$$

(二)正常水准面不平行改正

按水准规范规定,各等级水准测量结果,均须计算正常水准面不平行的改正。正常水准面不平行改正数 ε 可按式(3-14)计算,即

$$\varepsilon_i = -AH_i\Delta\varphi' \tag{3-14}$$

式中 ε_i ——水准测量路线中第 i 测段的正常水准面不平行改正数;

A ——常系数,当水准测量路线的纬度差不大时,常系数 A 可按水准测量路线纬度的中数 φ_m 为引数在现成的系数表 3-19 中查取,$A = 0.000\ 001\ 537\ 1\sin 2\varphi$;

H_i ——第 i 测段始末点的近似高程,m;

$\Delta\varphi'$——$\Delta\varphi' = \varphi_2 - \varphi_1$,(′),$\varphi_1$ 和 φ_2 为第 i 测段始末点的纬度,其值可由水准点点之记或在水准测量路线图中查取。

在表 3-20 中,按水准路线平均纬度 $\varphi_m = 24°18'$ 在表 3-19 中查得常系数 $A = 1\ 153\times 10^{-9}$。第一测段,即Ⅰ柳宝 $35_{基}$ 到Ⅱ宜柳 1 水准测量路线始末点近似高程平均值 H 为 $(425+445)/2 = 435$(m),纬度差 $\Delta\varphi = -3'$,则第一测段的正常水准面不平行改正数 ε_1 为

$$\varepsilon_1 = -1\ 153\times 10^{-9}\times 435\times(-3) = +1.5(\text{mm})$$

表 3-19　正常水准面不平行改正数的系数 A

φ	0′	10′	20′	30′	40′	50′	φ	0′	10′	20′	30′	40′	50′
(°)	10^{-9}	10^{-9}	10^{-9}	10^{-9}	10^{-9}	10^{-9}	(°)	10^{-9}	10^{-9}	10^{-9}	10^{-9}	10^{-9}	10^{-9}
0	000	009	018	027	036	045	30	1 331	1 336	1 340	1 344	1 349	1 353
1	054	063	072	080	089	098	31	1 357	1 361	1 365	1 370	1 374	1 378
2	107	116	125	134	143	152	32	1 382	1 385	1 389	1 393	1 397	1 401
3	161	170	178	187	196	205	33	1 404	1 408	1 411	1 415	1 418	1 422
4	214	223	232	240	249	258	34	1 425	1 429	1 432	1 435	1 438	1 441
5	267	276	285	293	302	311	35	1 444	1 447	1 450	1 453	1 456	1 459
6	320	328	337	340	354	363	36	1 462	1 465	1 467	1 470	1 473	1 475
7	372	381	389	398	406	415	37	1 478	1 480	1 482	1 485	1 487	1 489
8	424	432	441	449	458	466	38	1 491	1 494	1 496	1 498	1 500	1 502
9	475	483	492	500	509	517	39	1 504	1 505	1 507	1 509	1 511	1 512
10	526	534	542	551	559	567	40	1 514	1 515	1 517	1 518	1 520	1 521
11	576	584	592	601	609	617	41	1 522	1 523	1 525	1 526	1 527	1 528
12	625	633	641	650	658	666	42	1 529	1 530	1 530	1 531	1 532	1 533
13	674	682	690	698	706	714	43	1 533	1 534	1 534	1 535	1 535	1 536
14	722	729	737	745	753	761	44	1 536	1 536	1 537	1 537	1 537	1 537
15	769	776	784	792	799	807	45	1 537	1 537	1 537	1 537	1 537	1 536
16	815	822	830	837	845	852	46	1 536	1 536	1 535	1 535	1 534	1 534
17	860	867	874	882	889	896	47	1 533	1 533	1 532	1 531	1 530	1 530
18	903	911	918	925	932	939	48	1 529	1 528	1 527	1 526	1 525	1 523
19	946	953	960	967	974	981	49	1 522	1 521	1 520	1 518	1 517	1 515
20	988	995	1 002	1 008	1 015	1 022	50	1 514	1 512	1 511	1 509	1 507	1 505
21	1 029	1 035	1 042	1 048	1 055	1 061	51	1 504	1 502	1 500	1 498	1 496	1 494
22	1 068	1 074	1 081	1 087	1 093	1 099	52	1 491	1 489	1 487	1 485	1 482	1 480
23	1 106	1 112	1 118	1 124	1 130	1 136	53	1 478	1 475	1 473	1 470	1 467	1 456
24	1 142	1 148	1 154	1 160	1 166	1 172	54	1 462	1 459	1 456	1 453	1 450	1 447
25	1 177	1 183	1 189	1 195	1 200	1 206							
26	1 211	1 217	1 222	1 228	1 233	1 238							
27	1 244	1 249	1 254	1 259	1 264	1 269							
28	1 274	1 279	1 284	1 289	1 294	1 299							
29	1 304	1 308	1 313	1 318	1 322	1 327							

表 3-20 正常水准面不平行改正与路线闭合差的计算

二等水准路线：自宜河至柳城　　　　计算者：×××

水准点编号	纬度 φ (° ′)	观测高差 h(m)	近似高程 (m)	平均高程 H(m)	纬差 Δφ (′)	HΔφ	正常水准面不平行改正 ε=−AHΔφ (mm)	附记
Ⅱ柳贵$35_{基}$	24 28		425					已知：Ⅱ柳贵$35_{基}$高程为424.876 m，Ⅱ柳南$1_{基}$高程为573.128 m，本例的A按平均纬度24° 18′查表为$1\ 153\times10^{-9}$
		+20.345		435	−3	−1 305	+1.5	
普通Ⅲ宜柳1	24 25		445					
		+77.304		484	−3	−1 452	+1.7	
普通Ⅲ宜柳2	24 22		523					
		+55.577		550	−3	−1 650	+1.9	
普通Ⅲ宜柳3	24 19		578					
		+73.451		615	−3	−1 845	+2.1	
普通Ⅲ宜柳4	24 16		652					
		+17.094		660	−2	−1 320	+1.5	
普通Ⅲ宜柳5	24 14		669					
		+32.772		686	−3	−2 058	+2.4	
普通Ⅲ宜柳6	24 11		702					
		+80.548		742	−2	−1 484	+1.7	
普通Ⅲ宜柳7	24 9		782					
		+11.745		788	−1	−788	+0.9	
普通Ⅲ宜柳8	24 8		794					
		−18.037		785	+1	785	−0.9	
普通Ⅲ宜柳9	24 9		776					
		−10.146		711	+1	771	−0.9	
普通Ⅲ宜柳10	24 10		766					
		−101.098		716	+1	716	−0.8	
普通Ⅲ宜柳11	24 11		665					
		−61.960		634	+1	1 268	−1.5	
普通Ⅲ宜柳12	24 13		603					
		−54.996		576	+2	1 152	−1.3	
普通Ⅲ宜柳13	24 15		548					
		+10.051		553	+2	1 106	−1.3	
普通Ⅲ宜柳14	24 17		558					
		+15.649		566	+3	1 698	−2.0	
Ⅱ柳南$1_{基}$	24 20		573					
	$\varphi=24°18'$						$\sum\varepsilon=+5.0$	

(三)水准路线闭合差计算与分配

1. 水准路线闭合差计算

水准路线闭合差 W 的计算公式为

$$W=(H_0-H_n)+\sum h'+\sum\varepsilon \tag{3-15}$$

式中 H_0、H_n——水准测量路线两端点的已知高程；

$\sum h'$——水准测量路线中各测段观测高差加入尺长改正数 δ_f 后的往返测高差中数之和；

$\sum\varepsilon$——水准测量路线中各测段的正常水准面不平行改正数之和。

根据表 3-20 和表 3-21 中的数据按式(3-15)计算水准路线的闭合差:

$$W=(424.876-573.128)\ \text{m}+148.2565\ \text{m}+5.0\ \text{mm}=9.5\ \text{mm}$$

2. 水准路线闭合差的分配

水准测量路线中每个测段的高差分配可按式(3-16)计算,即

$$v=-\frac{R}{\sum R}W \tag{3-16}$$

即按水准测量路线闭合差 W 按测段长度 R 成正比的比例配赋到各测段的高差中。在表 3-21 中,水准测量路线的全长 $\sum R=80.9$ km,第一测段的长度 $R=5.8$ km,则第一测段的高差改正数为

$$v=-\frac{5.8}{80.9}\times 9.5=-0.7(\text{mm})$$

见表 3-21 中第 21 栏。

三、外业高差与概略高程表的编算

根据已知点高程及改正后的高差可计算各水准点的概略高程,即

$$H_i=H_0+\sum h'_i+\sum \varepsilon_i+\sum v_i \tag{3-17}$$

高差与概略高程表是一条水准路线外业计算的汇总表格。上述的计算项目,可直接在此表 3-21 上进行计算,有的在他处计算后将结果填入此表。待分配完闭合差后,还应在表上逐点算出各点的概略高程。

表 3-21 为一条三等水准附合路线高差和概略高程表的计算示例。若为一、二等水准测量,还需增加水准标尺温度改正、重力异常改正、固体潮改正和海潮负荷改正等项目。

四、水准测量精度估算

(一)每千米水准测量偶然中误差 M_Δ 的计算

每完成一条水准路线的测量,须进行往返测高差不符值及每千米水准测量偶然中误差 m_Δ 的计算(小于 100 km 或测段数不足 20 个的路线,可纳入相邻路线一并计算)。

$$M_\Delta=\pm\sqrt{\frac{1}{4n}\left[\frac{\Delta\Delta}{R}\right]} \tag{3-18}$$

式中　Δ——测段往返测高差不符值,mm;

R——测段长度,km;

n——测段数。

(二)每千米水准测量全中误差 M_W 的计算

当构成水准网的水准环超过 20 个时,应按环线闭合差 W 计算每千米水准测量全中误差 M_W。

$$M_W = \pm\sqrt{\frac{1}{N}\left[\frac{WW}{F}\right]} \tag{3-19}$$

式中 W——水准环闭合差,mm;

F——水准环线周长,km;

N——水准环线数。

五、外业成果的检查验收与上交

水准测量工作完成后,首先应当按照《测绘产品检查验收规定》(CH 1002—1995)进行检查验收并编写检查验收报告。在检查验收之后,还需按照《测绘产品质量评定标准》(CH 1003—1995)的要求进行水准测量成果的质量评定。

其次要进行技术总结,技术总结是对技术设计书和技术标准执行情况、技术方案、作业方法、技术的应用、完成质量和主要问题的处理等进行分析和总结。它是与测绘成果有直接关系的技术性文件,是永久保存的重要技术档案。技术总结按照《测绘技术总结编写规定》(CH/T 1001—2005)编写,并由单位主要技术负责人审核签名,方可上交。

最后是资料的整理与上交。经过检查验收后的水准测量成果,应按路线进行清点整理、装订成册、编制目录、开列清单,上交资料管理部门。

上交的资料范围如下:

(1)技术设计书。

(2)水准点点之记的纸质文本及其数字化后的电子文本。

(3)水准路线图、结点接测图及其数字化后的电子文本。

(4)测量标志委托保管书。

(5)水准仪、水准标尺检验资料及标尺长度改正数综合表。

(6)水准观测手簿、磁带、磁盘、光盘等能长期保存的其他介质,水准点上重力测量资料。

(7)水准测量外业高差及概略高程表两份。

(8)外业高差各项改正数计算资料。

(9)外业技术总结。

(10)验收报告。

➤ 任务实施

某三等附合水准路线易柳线自易山到柳林由 15 个测段组成,各测段的有关观测数据和已知点高程数据如表 3-21 所示。标尺名义米长误差经测前、测后测定为:$f = -0.04$ mm/m。完成该条水准路线的外业概算。

表 3-21　三等水准测量外业高差与

路线名称：Ⅲ宜柳线　自　宜山　到　柳州　　　　施测年份：1993 年

标石类型 / 水准点编号	水准点位置（至重要地物的方向与距离）	纬度 φ (° ′)	测段编号	测段距离 R (km)	距起算点距离 (km)	往测方向	土质(土、砂、石松紧与植被等)	天气(阴晴与风力) 往测	天气(阴晴与风力) 返测
1	2	3	4	5	6	7	8	9	10
基本 Ⅱ柳贵35$_{基}$	宜山县第三中学院内	24　28			0.0				
			1	5.8		东南	坚实黏土	阴 无风	阴晴不定 2级风
普通 Ⅲ宜柳1	宜山县太平公社良山村2号电线杆北20 m处	24　25			5.8				
			2	5.6		东南	坚实土	阴 1~2级风	晴 无风
普通 Ⅲ宜柳2	宜山县太平公社春丽村13号公里碑东50 m处	24　22			11.4				
			3	5.0		东南	坚实土	晴 2~3级风	阴 无风
普通 Ⅲ宜柳3	宜山县太平公社东海村东南约200 m处	24　19			16.4				
			4	6.0		东南	带砂实土	阴晴不定 无风	阴 1~2级风
普通 Ⅲ宜柳4	忻城县欧峒山公社新象村小学北100 m处	24　16			22.4				
			5	5.4		南	坚实土	阴晴不定 1~2级风	晴 2~3级风
普通 Ⅲ宜柳5	忻城县欧峒公社龙门村西南55 m处	24　14			27.8				
			6	5.7		南	坚实土	阴 无风	晴 2级风
普通 Ⅲ宜柳6	忻城县欧峒公社中学北58 m处	24　11			33.5				
			7	5.9		东南	坚实土	阴 3级风	阴晴不定 1~2级风
普通 Ⅲ宜柳7	忻城县大塘公社明江村32号公里碑西50 m处	24　9			39.4				
			8	4.9		东南	坚实黏土	晴 1~2级风	晴 2级风
普通 Ⅲ宜柳8	忻城县大塘公社青龙观村南80 m处	24　8			44.3				
			9	5.3		东	实土	阴晴不定 无风	阴 1~2级风
普通 Ⅲ宜柳9	忻城县里高公社双桥村东南70 m处	24　9			49.6				
			10	4.8		东	带砂实土	阴 1~2级风	晴 无风
普通 Ⅲ宜柳10	忻城县里高公社光明村南50 m处	24　10			54.4				
			11	5.6		东	带砂实土	阴 无风	阴 3级风
普通 Ⅲ宜柳11	柳江县三都公社平阳村小学西北150 m处	24　11			60.0				
			12	5.2		东北	坚实土	阴晴不定 2~3级风	阴晴不定 1~2级风
普通 Ⅲ宜柳12	柳江县三都公社粮食仓库院内	24　13			65.2				
			13	4.7		东北	坚实土	阴 无风	晴 1级风
普通 Ⅲ宜柳13	柳江县汽车站东南300 m处	24　15			69.9				
			14	5.9		东北	实土	阴 1~2级风	阴 无风
普通 Ⅲ宜柳14	柳江县北关公社小学西50 m处	24　17			75.8				
			15	5.1		东北	坚实土	晴 2级风	阴 1~2级风
基本 Ⅱ柳南1$_{基}$	柳州市公安局院内	24　20			80.9				

$W=(H_0-H_n)+\sum h'+\sum \varepsilon=+9.5$ mm

注："*"为已知高程，计算时应用红色填写。

概略高程表

编算者：×××　　校查者：×××　　检算者：×××

往测 施测月日	往测 测站数 上午	往测 测站数 下午	返测 施测月日	返测 测站数 上午	返测 测站数 下午	观测高差 h / 标尺长度改正 δ 往测(m)	观测高差 h / 标尺长度改正 δ 返测(m)	往返测高差不符值 Δ (m)	不符值积累 (mm)	加 δ 后往返测高差中数 h' / 正常水准面不平行改正 ε / 闭合差改正 v(mm)	概略高程 $H=H_0+\sum h'+\sum\varepsilon+\sum v$ (mm)	备注
11	12	13	14	15	16	17	18	19	20	21	22	23
07-02 07-03	60	38	07-28 07-29	38	58	+20.344 42 − 81	−20.346 28 + 81	−1.86	+0.00	+20 344.5 + 1.5 − 0.7	*424 876	
07-03 07-04	40	60	07-26 07-27	60	38	+77.304 18 + 3 09	−77.302 85 − 3 09	+1.33	−1.86	+77 300.4 + 1.7 − 0.7	445 221	
07-05	34	40	07-24	40	32	+55.576 08 − 2 22	−55.577 65 + 2 22	−1.57	−0.53	+55 574.6 + 1.9 − 0.6	522 523	
07-06 07-07	58	40	07-22 07-23	38	58	+73.450 18 − 2 94	−73.451 80 + 2 94	−1.62	−2.10	+73 448.0 + 2.1 − 0.7	578 099	
07-07 07-08	38	56	07-20 07-21	54	40	+17.094 70 − 68	−17.094 10 + 68	+0.60	−3.72	+17 093.7 + 1.5 − 0.6	651 548	
07-10	40	42	07-19	40	40	+32.770 58 − 1 31	−32.772 95 + 1 31	−2.37	−3.12	+32 770.5 + 2.4 − 0.7	668 643	
07-11 07-12	56	38	07-17 07-18	38	54	+80.548 52 − 3 22	−80.547 05 + 3 22	+1.47	−5.49	+80 544.6 + 1.7 − 0.7	701 415	
07-12 07-13	34	60	07-16 07-17	62	32	+11.745 28 − 47	−11.745 02 + 47	+0.26	−4.02	+11 744.7 + 0.9 − 0.6	781 960	$f=$ −0.04
08-03	38	40	08-22	38	38	−18.074 48 + 72	+18.071 82 − 72	−2.66	−3.76	+18 072.4 − 0.9 − 0.6	793 705	
08-04	40	40	08-21	36	38	−10.145 55 + 41	+10.146 12 − 41	+0.57	−6.42	−10 145.4 − 0.9 − 0.6	775 632	
08-05 08-06	60	42	08-19 08-20	40	58	−101.097 35 + 4 04	−101.099 32 − 4 04	+1.97	−5.85	−101 094.3 − 0.8 − 0.7	765 485	
08-06 08-07	38	58	08-18 08-19	58	38	−61.959 32 + 2 48	+61.959 85 − 2 48	+0.53	−3.88	−61 957.1 − 1.5 − 0.6	664 389	
08-08	36	38	08-17	36	36	−54.996 60 + 2 20	+54.996 18 − 2 20	−0.42	−3.35	−54 944.2 − 1.3 − 0.6	602 430	
08-10 08-11	62	40	08-14 08-15	38	60	+10.050 25 − 40	−10.051 68 + 40	−1.43	−3.77	−10 050.6 − 1.3 − 0.7	547 434	
08-11 08-12	32	54	08-13 08-14	52	30	+15.648 22 − 63	−15.649 72 + 63	−1.50	−5.20	−15 648.3 − 2.0 − 0.6	557 482	
									−6.70		*573 128	

步骤：

(1)标尺长度误差的改正计算。

各测段按照公式 $\delta = fh$ 计算出本测段的尺长改正值，记入表 3-21 第 17、18 列中。

(2)正常水准面不平行改正 ε 的计算。

根据公式 $\varepsilon_i = -AH_i(\Delta\varphi)'$，其中 $A = 0.000\ 001\ 537\ 1\sin 2\varphi$。

计算各测段正常水准面不平行改正值 ε，亦可在单独表格中，通过以 A 为引数，查表计算各个改正值(见表 3-21)。

(3)往返测高差不符值的计算。

各测段往返测高差不符值按下式计算：

$$\Delta_i = h_{i往} + h_{i返}$$

式中　$h_{i往}$、$h_{i返}$——经过尺长改正后的高差，即 $h_{i往(返)} = h_{i测往(返)} + \delta_{i往(返)}$

(4)往返测高差中数的计算。

往返测高差中数按下式计算：

$$H_{i中} = (h_{i往} - h_{i返})/2$$

注意：这里 $h_{i往}$、$h_{i返}$ 为经过尺长改正后的高差。

(5)附合(闭合)路线闭合差的计算与分配。

①附合(闭合)路线闭合差的计算：

$$W = (H_0 - H_n) + \sum H_{i中} + \sum \varepsilon_i$$

式中　H_0、H_n——始、末已知高程点的高程值。

②闭合差分配值 v_i 的计算。

按测段长度进行分配：

$$v_i = -\frac{R_i}{\sum R_i} W$$

式中　R_i——各测段的长度，km。

(6)各点概略高程值的计算。

$$H_i = H_0 + \sum H_{i中} + \sum \varepsilon_i + \sum v_i$$

(7)精度评定。

每千米高差中数的偶然中误差为

$$M_\Delta = \pm\sqrt{\frac{1}{4n}\left[\frac{\Delta\Delta}{R}\right]}$$

(8)高差及概略高程表的编算和精度的评定。

高差及概略高程计算表见表 3-21，精度评定结果见表 3-22。

表 3-22 往返测高差不符值和每千米高差中数偶然中误差的计算

路线名称:Ⅲ宜山—柳州　　仪器:No. 58812　　日期:1993 年 5 月 6 日

测段编号	R(km)	$\sum R$ (km)	Δ(mm)	$\sum\Delta$ (mm)	Δ^2	Δ^2/R
1	5.8	5.8	−1.86	−1.86	3.459 6	0.596 5
2	5.6	11.4	+1.33	−0.53	1.768 9	0.315 9
3	5.0	16.4	−1.57	−2.10	2.464 9	0.493 0
4	6.0	22.4	−1.62	−3.72	2.624 4	0.437 4
5	5.4	27.8	+0.60	−3.12	0.360 0	0.066 7
6	5.7	33.5	−2.37	−5.49	5.616 9	0.985 4
7	5.9	39.4	+1.47	−4.02	2.160 9	0.366 2
8	4.9	44.3	+0.26	−3.76	0.067 6	0.014 9
9	5.3	49.6	−2.66	−6.42	7.075 6	1.335 0
10	4.8	54.4	+0.57	−5.85	0.324 9	0.067 7
11	5.6	60.0	+1.97	−3.88	3.880 9	0.693 0
12	5.2	65.2	+0.53	−3.35	0.280 9	0.054 0
13	4.7	69.9	−0.42	−3.76	0.176 4	0.037 5
14	5.9	75.8	−1.43	−5.20	2.044 9	0.346 6
15	5.1	80.9	−1.50	−6.70	2.250 0	0.441 2
Σ	6.251 1					
$M_\Delta=\pm\sqrt{\frac{1}{4n}\left[\frac{\Delta\Delta}{R}\right]}=\pm\sqrt{\frac{1}{4\times15}\times6.2511}=\pm0.32\text{(mm)}$						

➢ 知识点

正常水准面是与正常重力相联系的概念。正常重力可简单地理解为假定地球的形状为一标准旋转椭球,质量分布也没有异常的情况下产生的重力,正常水准面则是由这样的正常重力产生的水准面。由于地球自转产生的离心力在赤道上为最大,两极为零,因而椭球面上的正常重力值在赤道上为极小值,往两极逐渐变大,在南北极点上取得极大值。而正常水准面间的距离则相反,在赤道处最宽,在两极处最窄,也就是正常水准面在大尺度上考察是不平行的。

实际水准面的排列状况与正常水准面大体一致,只是有些地方略有偏离。水准面的这种不平行性在高程测量中必须顾及。如图 3-47 所示,假定路线 AB 经过的地区重力基本正常,实际水准面与正常水准面大致相同,椭球面与大地水准面、似大地水准面符合较好,又假定 A、B 在同一水准面上。现从 A 至 B 进行水准观测,因水准观测视线总是沿水准面的,因而观测高差为 0,但由图 3-47 可知: $H_B>H_A$,其差距为 ε。这是由于正常水准面不平行引起的,所以要在水准观测高差中加一个正常水准面不平行改正 ε。

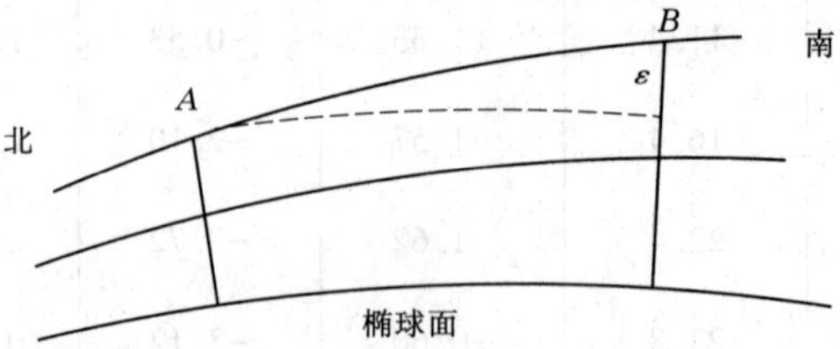

图 3-47　正常水准面不平行改正

➤ 任务实训

一、实训目的

(1) 了解水准测量概算的意义和作用。

(2) 掌握水准概算的内容及计算步骤。

(3) 掌握水准概算的计算方法,熟练进行水准外业高差及概略高程计算和成果的质量评定。

二、实训内容

一条三等附合水准路线,观测数据见表 3-23。已知 Ⅰ 太平堡交点的高程为 818. 266 m, Ⅰ 官厅交点的高程为 358. 779 m,标尺尺长改正数 $f=-0.035$ mm/m,请完成该水准路线的概算任务,并对结果质量予以评定。

三、实训工具

Excel 表格计算或手工计算器计算。

四、计算步骤

见任务流程内容。

五、上交资料

(1) 正常水准面不平行改正计算表(见表 3-20)。

(2) 三等水准测量外业高差与概略高程计算表(见表 3-23)。

(3) 往返测高差不符值和每千米高差中数偶然中误差的计算表(见表 3-22)。

表 3-23　三等水准测量外业高差与概略高程计算表

路线名称:______自____至____　施测年份:______年　编算者:______检查者:______校算者:______

标石类型 / 水准点编号	水准点位置(至重要地物的方向与距离)	纬度 φ (°　′)	测段编号	测段距离 R (km)	距起算点距离 (km)	往测方向	土质(土、砂、石松紧与植被等)	天气 往测	天气 返测	往测 施测月日	往测 测站数 上午	往测 测站数 下午	返测 施测月日	返测 测站数 上午	返测 测站数 下午	观测高差 标尺长度改正 δ (mm) 往测 (m)	观测高差 标尺长度改正 δ (mm) 返测 (m)	往返测高差不符值 Δ (mm)	不符值累积 (mm)	加 δ 后往返测高差中数 h' / 正常水准面不平行改正 ε / 闭合差改正 v(mm)	概略高程 $H=H_0+\sum h'+\sum\varepsilon+\sum v$ (mm)	备注
1	2	3	4	5	6	7	8	9	10	11	12	13	14	15	16	17	18	19	20	21	22	23
I 太平堡交点	—	48 08																			*818 266	
			1	5.1		—	—	—	—	—	—	—	—	—	—	-54.533 56	+54.532 42					
Ⅲ太官 1	—	48 09																				
			2	5.9		—	—	—	—	—	—	—	—	—	—	-46.998 20	+46.997 92					
Ⅲ太官 2	—	48 09																				
			3	4.7		—	—	—	—	—	—	—	—	—	—	-67.522 09	+67.523 88					
Ⅲ太官 3	—	48 10																				
			4	5.2		—	—	—	—	—	—	—	—	—	—	-28.061 97	+28.060 41					
Ⅲ太官 4	—	48 11																				
			5	5.6		—	—	—	—	—	—	—	—	—	—	-47.449 65	+47.450 39					
Ⅲ太官 5	—	48 12																				
			6	4.8		—	—	—	—	—	—	—	—	—	—	-29.427 06	+29.429 82					
Ⅲ太官 6	—	48 13																				
			7	5.3		—	—	—	—	—	—	—	—	—	—	-14.812 54	+14.813 55					
Ⅲ太官 7	—	48 14																				
			8	4.9		—	—	—	—	—	—	—	—	—	—	-32.385 81	+32.384 62					
Ⅲ太官 8	—	48 16																				
			9	5.9		—	—	—	—	—	—	—	—	—	—	-54.562 75	+54.563 74					
Ⅲ太官 9	—	48 17																				
			10	5.7		—	—	—	—	—	—	—	—	—	—	-30.609 37	+30.609 51					
Ⅲ太官 10	—	48 18																				
			11	5.4		—	—	—	—	—	—	—	—	—	—	-4.095 07	+4.095 90					
Ⅲ太官 11	—	48 15																				
			12	6.0		—	—	—	—	—	—	—	—	—	—	-49.048 187	+49.046 53					
I 官厅交点	—	48 15																			*358 779	
$W=(H_0-H_n)+\sum h'+\sum\varepsilon=$																						

注:“*”为已知高程,计算时应用红色填写。

项目小结

本项目根据外业水准测量的过程和要求,通过任务的形式来讲述每小节的知识点和注意事项,详细介绍了从外业选线选点、仪器的使用和检校、外业测量和计算流程。通过本项目的学习,要求学生能够掌握水准路线的选线、选点与埋石的流程,了解精密水准仪检校项目及方法,掌握精密水准外业观测的程序和外业计算方法;能够熟练使用精密水准仪,合作完成外业观测工作并进行精度评估,在学习实训过程中,培养团队合作能力,加强专业素养,培养工匠精神。

思政小课堂

(1)外业测量前的选点、埋石会对测量工作产生很大的影响,在学习过程中,要培养学生的职业素养,具有严谨认真的工作作风。

(2)通过对比精密水准仪和学生学习过的普通水准仪,更能很好地对精密水准进行学习,培养学生的自主学习能力。

(3)外业观测条件对学生来说可能不尽如人意,在学习过程中,结合老一辈测绘人的实践经历,培养学生不怕辛苦、甘于奉献的工匠精神。

(4)通过在外业观测过程中遇到的问题,进一步规范学生操作过程,培养学生科学严谨的工作精神。

(5)测绘是城市建设工作的“排头兵”,重要性不言而喻,学习过程中培养学生的行业认同感,激励学生能更好地投身于祖国建设发展。

虚拟仿真

二等水准观测

习题演练

单选题

多选题

判断题

试 卷

上学期试卷(一)

上学期试卷(二)

上学期试卷(三)

下学期试卷(一)

下学期试卷(二)

下学期试卷(三)

期末试卷(一)

期末试卷(二)

期末试卷(三)

期末试卷(四)

参考文献

[1] 许永朋. 控制测量[M]. 郑州:黄河水利出版社,2015.
[2] 杨国清. 控制测量学[M]. 郑州:黄河水利出版社,2010.
[3] 孔祥元,郭际明. 控制测量学(上、下册)[M]. 武汉:武汉大学出版社,2006.
[4] 程鹏飞,成英燕,文汉江,等. 2000 国家大地坐标系实用宝典[M]. 北京:测绘出版社,2008.
[5] 中华人民共和国国家质量监督检验检疫总局,中国国家标准化管理委员会. 全站仪:GB/T 27633—2011[S]. 北京:中国标准出版社,2012.
[6] 国家质量技术监督局. 国家三角测量规范:GB/T 17942—2000[S]. 北京:中国标准出版社,2000.
[7] 国家测绘局测绘标准化研究所. 大地测量术语:GB/T 17159—2009[S]. 北京:中国标准出版社,2009.
[8] 国家测绘局测绘标准化研究所. 中、短程光电测距规范:GB/T 16818—2008[S]. 北京:中国标准出版社,2008.
[9] 中华人民共和国国家质量监督检验检疫总局,中国国家标准化管理委员会. 光电测距仪:GB/T 14267—2009 [S]. 北京:中国标准出版社,2009.
[10] 国家测绘局. 国家一、二等水准测量规范:GB/T 12897—2006[S]. 北京:中国标准出版社,2006.
[11] 中华人民共和国国家质量监督检验检疫总局,中国国家标准化管理委员会. 国家三、四等水准测量规范:GB/T 12898—2009 [S]. 北京:中国标准出版社,2009.
[12] 中华人民共和国国家质量监督检验检疫总局,中国国家标准化管理委员会. 水准仪:GB/T 10156—2009[S]. 北京:中国标准出版社,2009.
[13] 中华人民共和国建设部,中华人民共和国国家质量监督检验检疫总局. 工程测量规范:GB/T 50026—2007[S]. 北京:中国计划出版社,2008.
[14] 国家测绘局. 测绘设计技术规定:CH/T 1004—2005[S]. 北京:测绘出版社,2006.
[15] 国家测绘局. 测绘技术总结编写规定:CH/T 1001—2005[S]. 北京:中国标准出版社,2009.
[16] 国家测绘局. 三、四等导线测量规范:CH/T 2007—2001[S]. 北京:测绘出版社,2001.
[17] 中华人民共和国住房和城乡建设部. 城市测量规范:CJJ/T 8—2011[S]. 北京:中国标准出版社,2012.
[18] 中华人民共和国建设部. 城市轨道交通工程测量规范:GB 50308—2008[S]. 北京:中国计划出版社,2008.